国家科学技术学术著作出版基金资助出版

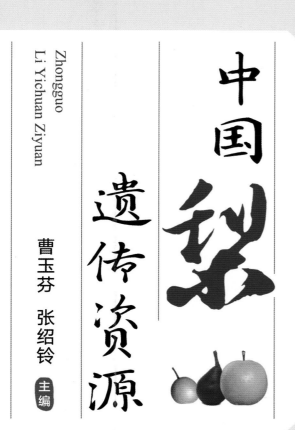

Zhongguo
Li Yichuan Ziyuan

中国梨
遗传资源

曹玉芬 张绍铃 主编

中国农业出版社
北　京

图书在版编目（CIP）数据

中国梨遗传资源 / 曹玉芬，张绍铃主编. —北京：中国农业出版社，2020.12
国家科学技术学术著作出版基金资助出版
ISBN 978-7-109-26808-1

Ⅰ.①中… Ⅱ.①曹…②张… Ⅲ.①梨-种质资源-中国 Ⅳ.①S661.202.4

中国版本图书馆CIP数据核字（2020）第073882号

审图号：GS（2020）3082号

中国农业出版社出版
地址：北京市朝阳区麦子店街18号楼
邮编：100125
责任编辑：黄　宇　阎莎莎　郭　科　杨　春　刘丽香
版式设计：杜　然　责任校对：周丽芳
印刷：北京通州皇家印刷厂
版次：2020年12月第1版
印次：2020年12月北京第1次印刷
发行：新华书店北京发行所
开本：889mm×1194mm　1/16
印张：53.75
字数：1600千字
定价：820.00元

《中国梨遗传资源》著者名单

主　编：曹玉芬　张绍铃

Chief Editors: Cao Yufen Zhang Shaoling

副主编：施泽彬　胡红菊　张　莹　吴　俊

Vice Editors: Shi Zebin Hu Hongju Zhang Ying Wu Jun

著　者：曹玉芬　张绍铃　施泽彬　胡红菊　张　莹　吴　俊　王少敏
　　　　刘　军　田路明　董星光　陶书田　吴巨友　戴美松　魏树伟
　　　　霍宏亮　齐　丹　徐家玉　刘　超　张靖国　范　净　李　晓
　　　　李坤明　冉　昆　殷　豪　谷　超　黄小三　乔　鑫　王利彬
　　　　张明月　李甲明　詹俊宇　常耀军　王　超　张思梦

Editorial Committee: Cao Yufen Zhang Shaoling Shi Zebin Hu Hongju
Zhang Ying Wu Jun Wang Shaomin Liu Jun
Tian Luming Dong Xingguang Tao Shutian Wu Juyou
Dai Meisong Wei Shuwei Huo Hongliang Qi Dan
Xu Jiayu Liu Chao Zhang Jingguo Fan Jing Li Xiao
Li Kunming Ran Kun Yin Hao Gu Chao
Huang Xiaosan Qiao Xin Wang Libin Zhang Mingyue
Li Jiaming Zhan Junyu Chang Yaojun Wang Chao
Zhang Simeng

主编单位：中国农业科学院果树研究所　南京农业大学

Chief Editors' Affiliation:

Research Institute of Pomology, CAAS; Nanjing Agricultural University

序 一

　　梨原产我国，是我国三大水果之一，栽培历史悠久，分布广泛，种植面积90多万hm²左右，占世界总面积的2/3以上。我国梨遗传资源丰富，经过60多年的收集、保存、鉴定、评价、创新和利用，建立了国家梨种质资源圃，收集保存梨遗传资源1 300余份，并开展了系统深入的研究，积累了大量科学数据和技术资料。《中国梨遗传资源》是在全面总结我国梨遗传资源工作基础上，采用图文并茂方式展现我国梨野生资源和地方品种的分布规律及其遗传多样性，阐明了梨育成品种的遗传背景，提出了梨的亲缘关系、演化与进化路线，介绍了梨分子评价与基因挖掘的进展。该书内容丰富、数据翔实，科学性和可读性较高，具有重要的实用价值和理论意义，有利于促进我国梨遗传资源的保护和利用，保障我国梨产业的健康可持续发展。

中国工程院院士　刘旭

2020年4月24日于北京

序　二

　　梨是世界性大宗果树。我国是世界梨第一生产和消费大国；按年产量，排在我国水果前三位。梨分布较广，在我国南北均有种植，是广大乡村脱贫致富、农民奔小康的支柱产业。通过品种布局以及贮藏，目前，已基本实现梨鲜果的周年供应，以满足广大消费者的需求。

　　我国是梨的起源地，野生和半野生资源丰富。长期的人为选择驯化和培育，进一步丰富了梨种质资源。今天，消费者能通过果实大小、形状、色泽、风味等体会梨丰富的遗传多样性。半个世纪以来，我国科技工作者通过对梨种质资源的评价，逐步厘清了其种类品种分布范围、表型特征，与此同时，进一步挖掘利用、杂交创新，使得梨资源更加丰富多彩。近年来，结合现代的组学手段，更加深入认识该树种的遗传基础、性状演化和驯化的历史进程，以及品种、种之间的关系等。

　　国家现代农业（梨）产业技术体系的专家们在过去同行的研究基础上，经过多年的调查研究和整理，编写出该书，实属不易。该书系统介绍了梨属植物的起源与演化，梨遗传资源的多样性、分子评价与功能基因挖掘，品种创制和品种介绍等内容。特别是利用数码技术对品种资源进行了重新拍摄，汇集了数百份梨资源的叶、花及果实的图片，十分珍贵。

　　该书的编写出版既是对过去梨属资源和遗传育种工作的总结，也是对我国文化传承的重要实践。我相信，该书的出版对促进梨种质资源与遗传改良研究，以及推动我国乃至世界梨产业可持续发展均具有重要作用，特此作序。

华中农业大学教授　邓秀新　2019.11.12
中国工程院院士

前 言

梨是蔷薇科（Rosaceae）苹果亚科（Maloideae）或梨亚科（Pomideae）梨属（*Pyrus* L.）多年生落叶果树，原产中国，因其适应性强，分布广，在全球80多个国家和地区都有种植，是世界性主要水果之一。梨的原种起源于第三纪中国西部或西南部山区，从起源中心向东、向西扩散分别形成东方梨和西方梨，天山和兴都库什山为东方梨与西方梨的地理分界线。在梨的传播过程中，形成了三个次生中心，即中国中心、中亚中心和近东中心。已知的梨属植物种有30个以上，其中我国原产的梨属植物有13个种，品种资源在3 000份以上。

梨在我国约有3 000年的栽培历史。我国梨的种类、品种繁多，但是一些主栽品种的果实综合品质不够优，在国际市场的竞争力较弱，因此亟待梨果品质的遗传改良与调控，加强梨种质资源收集、评价及其重要农艺性状形成的理论基础研究，挖掘和利用关键性种质资源，创制出突破性品种。为此，中国农业科学院果树研究所1952年开始开展梨种质资源收集、保存与鉴定评价工作，1953年起在辽宁省兴城市砬子山试验场建立果树原始材料圃，保存包括梨在内的果树种质资源。1979—1985年承担农业部"果树资源的收集、保存、建圃"项目。"国家果树种质兴城梨、苹果圃"始建于1981年，1988年建成并通过农业部验收。30多年来，在国家"七五"科技攻关专题"果树种质资源主要性状鉴定评价"、"八五"科技攻关专题"果树种质资源收集、保存和鉴定评价研究"、"九五"科技攻关计划"果树优良种质资源评价与利用研究"、"十五"科学技术部科技基础性工作专项资金项目专题"梨、苹果种质资源收集、整理与保存"、"十一五"以来农业部作物种质资源保护项目"梨、苹果种质资源繁殖更新、鉴定评价与利用"和国家科技基础条件平台工作"梨、苹果种质资源标准化整理、整合及共享试点"等项目的支持下，完成了我国东北、华北、西北、黄河故道、长江流域、华中等地区梨种质资源的考察、收集及入圃安全保存工作，并对梨种质资源的形态特征、品质性状、主要农艺性状开展了鉴定评价工作，获得了大量的鉴定与评价数据。2006年以来，先后出版了著作《梨种质资源描述规范和数据标准》，以及农业行业标准《农作物种质资源鉴定技术规程 梨》（NY/T 1307—2007）、《农作物优异种质资源评价规范 梨》（NY/T 2032—2011）、《梨种质资源描述规范》（NY/T 2922—2016），相关著作以及系列标准的出版促进了梨种质资源的描述、评价及共享利用的系统化及规范化，促进了梨种质资源的共享利用。国家梨产业技术体系2008年启动，设立了种质资源评价岗位，开启了梨遗传资源研究由表型评价向分子、基因组水平评价的提升。

遗憾的是，我国迄今为止还没有一本能全面、系统反映梨种质资源情况的书籍。为此，国家梨种质资源圃负责人、国家梨产业技术体系种质资源收集与评价岗位科学家、中国农业科学院果树研究所果树资源与育种研究中心主任曹玉芬研究员，与国家现代农业（梨）产业技术体系首席科学家、南京农业大学梨工程技术研究中心主任张绍铃教授合作，于2016年11月在南京农业大学召开了《中国梨遗传资源》编写启动会，并促成了本书的编写与出版。2016—2017年，编写团队完成了本书工作量最大的章节即第八章梨品种图谱的图片与数据采集、整理及初稿编写工作。2018年根据梨树体发育的物候期，对列入本书中的梨资源的花性状、叶片性状、果实性状等描述符进行了全面核对，2017年和2018年组织编写团队对梨属植物的主要野生资源豆梨、川梨、砂梨、秋子梨等的生态特征及多样性在我国9个省（自治区、直辖市）进行了广泛的原生境考察与数据采集工作，基本摸清了我国梨野生资源的本底情况，获得了大量的数据，为本书第五章梨野生近缘种的遗传多样性的编写奠定了基础。2018年启动本书其他章节的编写工作。

本书共分八章，第一章概述，概括了梨遗传资源的分布、研究历史、现状以及梨遗传资源对梨产业的贡献，由张绍铃、曹玉芬编写；第二章梨属植物的起源与演化，介绍了梨属植物的起源与传播、梨属植物的进化与驯化事件，由吴俊、张绍铃、张明月、李甲明、陶书田、曹玉芬、董星光编写；第三章梨遗传资源表型多样性，描述了梨属植物的植物学特征、生物学特性，由张莹、曹玉芬编写；第四章梨遗传资源的分子评价与功能基因挖掘，揭示了梨的亲缘关系与基因挖掘，由张绍铃、吴俊、谷超、陶书田、吴巨友、黄小三、殷豪、乔鑫、王利彬编写；第五章梨野生近缘种的遗传多样性，介绍了我国杜梨、豆梨、川梨、秋子梨、木梨和砂梨的地理分布与生长环境、植物学特征、生物学特性和应用价值，由曹玉芬、田路明、董星光、施泽彬、霍宏亮、刘超、张莹、李坤明编写；第六章中国梨地方品种遗传多样性与品种群，从果实性状、枝条及叶片性状、花性状介绍梨地方品种主要特性，以及地方品种的遗传多样性与品种群，由曹玉芬、张莹、施泽彬编写；第七章梨遗传资源的创制，介绍了我国梨遗传资源创制概况、育成品种遗传背景，由施泽彬、张绍铃、曹玉芬、戴美松编写；第八章梨品种图谱，利用特征彩色图片结合文字进行描述，展示672个梨品种的基本信息，以及形态特征、果实性状、物候期等26个以上描述符性状，每份种质以

12～13张标准图像照片展示品种特征，由曹玉芬、张莹、胡红菊、王少敏、刘军、田路明、董星光、霍宏亮、齐丹、徐家玉、刘超、施泽彬、戴美松、王超、詹俊宇、张靖国、范净、魏树伟、冉昆、李晓、殷豪、常耀军、张思梦编写。

本书中物候期标注为武汉的梨资源，其性状由湖北省农业科学院果树茶叶研究所相关专家采集，标注为北京的由北京市农林科学院采集，标注为泰安的由山东省农业科学院果树研究所采集，标注为杭州的由浙江省农业科学院园艺研究所采集，标注为石家庄的由河北省农林科学院石家庄果树研究所采集，未做标记的资源其性状均由中国农业科学院果树研究所采集。

本书内容基于多年的数据积累并经科学分析、反复斟酌、仔细推敲，尽力做到科学严谨。本书的出版对于我国梨遗传资源保护和利用研究、新品种选育、基础理论研究以及产业技术研发等方面均具有较高的参考价值，并能促进我国从梨资源丰富大国发展成梨遗传资源研究和利用强国。本书读者对象主要为我国果树科研和教学工作者，对大专院校学生和生产单位人员亦有参考价值。

本书的出版获得了国家科学技术学术著作出版基金资助。中国农业出版社领导和编辑、中国农业科学院果树研究所和南京农业大学等单位对于本书的出版给予大力支持，在此一并感谢。

由于作者的业务水平和掌握的资料有限，有待以后进一步补充完善，遗漏与偏见在所难免，敬请专家和读者批评指正。

曹玉芬　张绍铃

2019 年 9 月

Foreword

　　Pear is a perennial and deciduous fruit tree belonging to the genus *Pyrus* in the subfamily Maloideae or Pomoideae in the family Rosaceae. Pear, which originated in China, displays adaptation to broad agro-ecological ranges. It has widespread distribution, being cultivated in morethan 80 countries and diverse regions, making it one of the most important fruits in the world. Pear originated in the Tertiary period in the Western or Southwestern mountains of China, with dispersion from the centers of origin to the East and West, respectively, eventually evolving into two major groups: Occidental pear and Oriental pear. Tian Shan Mountains and Hindu Kush Mountains are the geographical features dividing the ranges of the European and Asian pears. Three sub-centers of pear genetic diversity, including the Chinese center, the Central Asiatic center and the Near Eastern center, formed gradually in the course of its dispersal. The genus *Pyrus* comprises at least 30 recognized species including 13 species that originated in China, with more than 3 000 accessions.

　　Pear has been cultivated for more than 3 000 years in China and a high number of pear varieties are maintained. However, the fruit qualities of some major cultivars are poor, which make them less competitive in the global market. Therefore, there is an urgent need to improve pear fruit quality through genetic improvement and regulation, enhanced collection and assessment of pear germplasm resources, strengthening basic research on the mechanisms of the formation of important agronomic traits, and eventually, bread or create novel and improved varieties following the identification and exploitation of excellent germplasm resources.

　　The Research Institute of Pomology of the Chinese Academy of Agricultural Sciences (CAAS) began to collect, preserve, and assess pear germplasms in 1952. In 1953, a basic germplasm repository was set up for the preservation of various fruit tree germplasms including pear at the Lazishan experimental farm (Xingcheng, Liaoning). From 1979 to 1985, a project, "Collection, preservation, and repository construction of fruit tree germplasms", funded by the Ministry of Agriculture of the People's Republic of China, was carried out. In addition, the Chinese National Pear and Apple Germplasm Repository was set up from 1981, and sanctioned by the Ministry of Agriculture in 1988. Over the past 30 years, we have conducted investigations and collections, and preserved pear germplasm resources from Northeastern China, Northern China, Northwestern China, the old course of the Yellow River area, the Yangtze River Basin, and Central China. In addition, morphological characteristics, quality features, and major agronomic traits of pear germplasms have been examined, assessed, and documented, and extensive phenotypic data acquired.

The above initiatives have been supported by various national research funding programs including the National Key Technologies R & D Program of China during the "7th Five-Year Plan" Period (Identification and assessment of major agronomic traits of fruit tree germplasm resources), the "8th Five-Year Plan" Period (Collection, preservation, identification, and assessment of germplasm resources of fruit trees), and the "9th Five-Year Plan" Period (Assessment and exploitation of superior germplasm resources of fruit trees); the Special Program for Science and Technology Basic Research of the Ministry of Science and Technology during the "10th Five-Year Plan" Period (Collection, arrangement, and preservation of germplasm resources of pear and apple); the Program for Crop Germplasm Resource Protection of the Ministry of Agriculture during the "11th Five-Year Plan" Period (Reproduction, renovation, assessment, and exploitation of germplasm resources of pear and apple), and the National R&D Infrastructure and Facility Development Program of China (Standardized arrangement, integration, and sharing of germplasm resources of pear and apple).

Since 2006, we have compiled and published a series of books and national standards, including the book *Descriptors and Data Standard for Pear* (*Pyrus* spp.), and national agricultural industry standards, *Technical code for evaluating germplasm resources-pear*(*Pyrus* L.) (NY/T 1307−2007), *Evaluating standards for elite and rare germplasm resources-Pear* (*Pyrus* L.) (NY/T 2032−2011), *Descriptors for pear germplasm resources* (NY/T 2922−2016). The above books and standards promote the standardization of descriptions, assessment, sharing, and exploitation of pear germplasm resources. In 2008, China Agriculture Research System (Pear) was initiated, with a professional department for assessing pear germplasm resources established and a research scientist recruited. The activities have ushered a new era in study of pear germplasms using molecular biology techniques and high-throughput sequencing.

However, there has been no comprehensive book providing information on pear germplasm resources. For this reason, professor Cao Yufen, the principal of the China National Pear Germplasm Repository, a scientist on collection and evaluation of pear germplasm resources at the China Agriculture Research System (Pear) and director of Fruit Germplasm Resources and Breeding, the Research Institute of Pomology of CAAS, and professor Zhang Shaoling, the Chief Scientist of the China Agriculture Research System (Pear) and Director of the Pear Engineering Technology Research Center at Nanjing Agricultural

University, collaborated on the editing and publication of this book, and the launch meeting for the project was held on November 2016 at Nanjing Agricultural University. In 2016–2017, image collection, data collection and organization, and a first draft of the most elaborate chapter, Chapter VIII "the pear varieties performance", were completed. In 2018, based on the phenological stages of pear development, the descriptions of pear resources included in this book such as flower, leaf, and fruit characteristics, were checked exhaustively. In 2017 and 2018, the organization and writing team conducted numerous original habitat exploration and data collection activities for the major wild pear resources, including wild resources such as Callery Pear, Pashia Pear, Sand Pear, and Ussurian Pear, in addition to surveying the ecological diversity across nine provinces (autonomous regions, municipalities). The activities explored the origins of the wild pear resources in China and obtained vast data, which laid a foundation for Chapter V of this book, "the genetic diversity of wild pear species". Other chapters of the book began to be written in 2018.

This book is divided into eight chapters: Chapter I, overview, is an overview of the distribution, history of research, and current status of pear genetic resources, and the contributions of pear genetic resources to the pear industry, and is written by Zhang Shaoling and Cao Yufen; Chapter II, the origin and evolution of pear genus, introduces the origin and dispersal, and evolution and domestication events of the pear genus, and is written by Wu Jun, Zhang Shaoling, Zhang Mingyue, Li Jiaming, Tao Shutian, Cao Yufen and Dong Xingguang; Chapter III, the phenotypic diversity of pear genetic resources, describes the botanical and biological characteristics of pear, and is written by Zhang Ying and Cao Yufen; Chapter IV, the molecular evaluation and gene mining of pear genetic resources, explores the relationships among pears and the genetic mining of pear resources, and is written by Zhang Shaoling, Wu Jun, Gu Chao, Tao Shutian, Wu Juyou, Huang Xiaosan, Yin Hao, Qiao Xin and Wang Libin; Chapter V, the genetic diversity of wild pear species, introduces the geographical distribution and growth habitats, botanical characteristics, biological characteristics and the applications of Birch-leaf Pear, Callery Pear, Pashia Pear, Ussurian Pear, Sand Pear, and Arid Pear in China, and is written by Cao Yufen, Tian Luming, Dong Xingguang, Shi Zebin, Huo Hongliang, Liu Chao, Zhang ying and Li Kunming; Chapter VI, the genetic diversity and variety group of pear Landraces in China, introduces the major characteristics of different pear Landrace varieties, including fruit traits, branch and leaf traits, flower characteristics, as well as genetic diversity and Variety groups of pear Landraces, and is written by Cao Yufen, Zhang Ying and Shi Zebin; Chapter VII, the enhancement of pear genetic resources, introduces the development of pear genetic resources in China, and the genetic origins of the breeding varieties, and is written by Shi Zebin, Zhang Shaoling, Cao Yufen, and Dai Meisong; Chapter VIII, pear varieties performance, uses colored pictures combined with text to present and describe basic information of 672 pear varieties in addition to morphological characteristics, fruit characteristics, phenological stages, using more than 26 descriptors, with each accession having 12 to 13 standard images to display the characteristics, and is written by Cao Yufen, Zhang Ying, Hu Hongju, Wang Shaomin, Liu Jun, Tian Luming, Dong Xingguang, Huo Hongliang, Qi Dan, Xu Jiayu, Liu Chao, Shi Zebin, Dai Meisong, Wang Chao, Zhan Junyu, Zhang Jingguo, Fan Jing, Wei Shuwei, Ran Kun, Li Xiao, Yin Hao, Chang Yaojun and Zhang Simeng.

The performance of pear resources marked Wuhan in this book are collected by experts from the Institute of Pomology and Tea Research, Hubei Academy of Agricultural Sciences, performance of resources marked Beijing are collected by the Beijing Academy of Agricultural and Forestry Sciences, marked Tai'an are collected by the Institute of Pomology, Shandong Academy of Agricultural Sciences, marked Hangzhou are collected by the Institute of Horticulture, Zhejiang Academy of Agricultural Sciences, marked shijazhuang are collected by the Institute of pomology, Hebei Acadcmy of Agrcultuve and Forestry Sciences. All the unmarked performance of resources are collected by the Research Institute of Pomology, Chinese Academy of Agricultural Sciences.

The contents of this book are the products of many years of data collection and scientific analysis with repeated and careful deliberation. The publication of this book has high reference value in numerous aspects, including conservation and exploitation of pear genetic resources, the selection of novel varieties, basic research, research and development for industry technologies, and promote the development of China from country with rich pear resources into a powerful nation leading in the research and exploitation of pear genetic resources. The readers of this book are mainly pomology researchers and teaching faculty in China, in addition to college students and production unit personnel.

This book was funded by the National Fund for Academic Publication in Science and Technology, and got great support from the leaders and editors of China Agriculture Press, the Research Institute of Pomology, and Nanjing Agricultural University. We acknowledge their help to the book greatly.

Due to the authors' limited professional qualifications and the limited information available, omissions and prejudices are inevitable in this book, which should be further refined in the future. We welcome criticism from experts and other readers.

Cao Yufen Zhang Shaoling

Sep. 2019

目　录

第一章 概　述

第一节　梨属植物种类繁多分布广

一、梨种类繁多、品种资源多样

(一) 梨属植物种类

梨属 (*Pyrus* L.) 植物属于蔷薇科 (Rosaceae) 苹果亚科 (Maloideae) 或梨亚科 (Pomideae)，起源于新生代第三纪中国西部或西南部山区 (Jang et al.，1991；Potter D. et al.，2007；Wu et al.，2018)。梨属植物经过长期的传播扩散、自然选择和人工驯化，形成了丰富多样的种、变种和类型。目前被大多数分类学家认可的梨属植物的种有30多个，其中基本种有20个左右，其余则为这些种之间的杂种 (张绍铃，2013；滕元文等，2004)。这些种可以分为两大种群：①西方梨种群 (occidental pears or European pears)，包含20个种左右；②东方梨种群 (oriental pears or Asian pears)，包含13 ~ 15个种 (Rubtsov，1944；蒲富慎，1988；张绍铃，2013；滕元文，2017)。

中国是梨的起源中心，拥有丰富的梨属植物资源 (图1-1)。我国于20世纪50年代和80年代先后两次开展了大规模的梨遗传资源调查收集工作，自2015年起，农业部组织开展第三次全国农作物种质资源普查与收集行动，基本明确了我国梨属植物主要种类的分布情况，并先后命名了中国原产种13个，包括基本种5个：砂梨 (*P. pyrifolia*)、秋子梨 (*P. ussuriensis*)、川梨 (*P. pashia*)、杜梨 (*P. betulaefolia*)、豆梨 (*P. calleryana*) (图1-1)；非基本种8个：白梨 (*P. bretschneideri*)、新疆梨 (*P. sinkiangensis*)、麻梨 (*P. serrulata*)、褐梨 (*P. phaeocarpa*)、河北梨 (*P. hopeiensis*)、滇梨 (*P. pseuodopashia*)、杏叶梨 (*P. armeniacaefolia*) 和木梨 (*P. xerophila*)。其中河北梨、褐梨、滇梨、麻梨、杏叶梨目前在我国仅有零星分布或难以找到自然群体。这13个原产种包括4个栽培种 (白梨、砂梨、秋子梨和疆梨)，其中秋子梨和砂梨既含有栽培品种又有野生类型；9个种 (木梨、川梨、杜梨、豆梨、滇梨、杏叶梨、褐梨、麻梨和河北梨) 有野生或半野生类型。

(二) 梨品种资源

中国是栽培梨的多样性中心之一，梨品种资源丰富，在1963年版的《中国果树志·第三卷·梨》中记载的梨品种超过1 000个，其中白梨类品种459个、砂梨类452个、秋子梨类72个、新疆梨类29个、川梨类10个 (蒲富慎和王宇霖，1963)。

梨栽培品种主要分属于砂梨、白梨、秋子梨、新疆梨和西洋梨5个种；有较大面积栽培的品种多

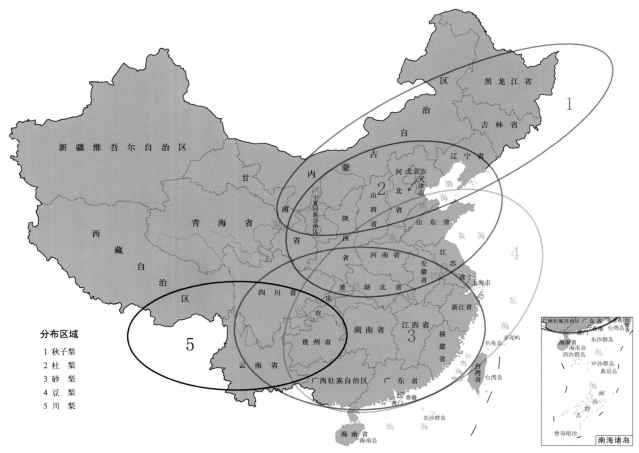

图 1-1 梨属植物基本种在我国的分布区域

审图号：GS（2020）3082 号

达 100 个。从来源上来看，我国梨栽培品种主要以传统地方品种为主，有砀山酥梨、鸭梨、南果梨、京白梨、库尔勒香梨、雪花梨、苍溪雪梨、三花梨等，约占栽培总面积的 60%；其次是我国自主选育品种，如黄冠、翠冠、玉露香梨等，约占总面积的 30%；引进品种比例较小，有丰水、圆黄、秋月等，约占总面积的 10%。传统地方品种为我国梨产业发展做出了巨大贡献，并且还将继续发挥重要作用（曹玉芬，2014），但是由于新优品种的不断涌现，加之部分地方品种果实品质相对欠佳或栽培区域所限等因素，地方品种的栽培占比逐年下降。

从栽培品种产出梨果实的商业用途来看，主要以鲜食品种为主，占 90% 以上（乔勇进等，2007），用于加工的梨品种非常少。加工品种栽培面积小，产量低，梨果的加工量占总产量的 8% 左右（邓秀新等，2018）。

20 世纪 80 年代，我国早熟、中熟、晚熟梨品种的比例不够均衡，存在晚熟品种比例过大、优质早熟品种相对缺乏的问题（陈学森等，2019）。20 世纪 90 年代以来，我国选育出 100 余个梨新品种。随着这些新品种的推广应用，早、中熟品种的比例不断提升，晚熟品种比例过大的问题逐步得到缓解（张绍铃等，2018）。

二、梨遗传资源的利用历史与栽培文化史

（一）梨遗传资源的利用历史悠久

中国是梨的原生地和东方梨的分化中心，蕴藏着非常丰富的梨属植物遗传资源。我国梨树遗传资源的利用历史已经超过 3 000 年。野生梨树是非常重要的遗传资源，具有较强的地方适应性、逆境抵抗能力以及独特的形态、生理特性，常常被用作栽培梨树的砧木，调整果树的长势，增加果树的适应性

及抗病虫能力，从而提高梨果产量和品质。

中国素有"世界园林之母"的美称，早在3 000年前的殷周时期，已有"囿"的营造。西周开国元勋召公便以棠梨树为房，并要求不准修剪、破坏和拔除，作为休息游憩之所。最早有文字记载梨树栽培和利用的是《诗经·召南·甘棠》，当中记载："蔽芾甘棠，勿翦勿伐，召伯所茇。蔽芾甘棠，勿翦勿败，召伯所憩。蔽芾甘棠，勿翦勿拜，召伯所说。"当时的人们对梨树遗传资源的利用，不仅是食用，还将其用作庭院装饰树。北魏期间的农学巨著《齐民要术》中，已提出梨树实生繁殖有劣变现象，谈到了砧木与接穗的互相影响，应用梨树的嫁接技术，人们的趋向选择有利于栽培优异遗传资源（缪启愉，1982）。

梨新品种的增多与梨遗传资源的利用有关。唐代的梨树种植技术在继承传统的基础上又利用梨属多样的遗传资源进行改良，不仅梨果产量大大提高，还培育出许多誉满天下的优良品种。如洛阳报德寺梨重达3kg；窦州梨，梨大如拳；成家梨，蒸食味美；还有曹州及扬州淮口的夏梨，长安的哀家梨和咸阳的水蜜梨，都是当时培植出的梨优良品种，也体现出当时对梨遗传资源的利用（张俊霞，2011）。秦汉以后，梨树即常用于宫苑、庭院绿化，成为我国园艺的重要用材（左芬等，2007）。梨的园艺价值不仅体现在皇家园林、私人庭院中，据考证，在东汉时期的墓穴壁画中，就有盆栽梨树植物的形象，唐宋时期，由盆栽艺术加工而成的盆景与山水画互为影响。

野生梨属植物资源是梨优良性状来源和生物多样性的重要组成部分。豆梨原产于我国，但国内并未选育出品种。19世纪初，美国西洋梨因遭受火疫病而损失重大，Frank Reimer发现豆梨具有抗火疫病特性，经美国农业部（USDA）官方批准，由中国引种豆梨进入美国以挽救西洋梨。野生山梨本身就是巨大的水果基因库，利用前景广阔。山梨富含糖类和果酸，此外还含有多种氨基酸及矿物质，除生食外，可加工成果脯、蜜饯、果酒或冰糖煎膏，冰冻成"冻梨"，肉软可食。梨果的医用价值很高，据古农书记载，梨果能够帮助消化，润肺凉心，消痰止咳，退热，解疮毒、酒毒，另外，梨花、梨叶、梨树皮、梨树根皆可入药。梨树可作为防风林、城市绿化以及行道树，极有利用价值。山梨木材坚实而重，呈美丽的淡棕褐色，易于磨光，宜于用来制作细工和旋制木器等，也是培育抗寒等梨新品种不可缺少的优良砧木和宝贵材料。同时，野生山梨花白如雪，在林缘、坡地、庭院内可孤植或丛植，在公园内也可片植，可供观赏及作为生态旅游景观。

（二）梨栽培的文化史

梨栽培文化是中国农业文明的重要组成部分，是中国农业文化中的一道灿烂风景。梨树从野外自然生长到自发种植、自觉种植，经过野生种间杂交形成人工栽培，再经人类的杂交选择和精心培育，到今天已形成了极其丰富的品种资源，因此中国被誉为"梨果之乡"。同时，我国人民在漫长的梨栽培、生产过程中形成了独特的种植传统，植梨、食梨、咏梨、艺梨等生产生活实践中创造了丰富多彩的梨文化。

我国第一部诗歌总集《诗经·秦风·晨风》篇中，就有"山有苞棣，隰有树檖"的记载，其中的"檖"便是指山梨、野梨。中国梨栽培文化在先秦时期萌芽，后不断发展，走向成熟。在今陕西省岐山县发现的"召伯甘棠"石碑，所刻古树株高丈*余，腰围七尺**，枝干嶙峋，更证实了《诗经》中的记载。

先秦时期，以野生梨为主。古书中最早记载梨的是《诗经》，《诗经》中涉及野生梨的诗歌共有六篇，分别是《唐风·杕杜》《唐风·有杕之杜》《小雅·杕杜》《召南·甘棠》《秦风·终南》《秦风·晨风》，"杜"即指野生梨。可知杜分布在唐国、王瓷、召南、秦国之地，即今山西太原一带，河南洛阳一带，河南西部及陕西、甘肃大部分地区（张俊霞，2011）。从《诗经》中诗歌创作的年代来看，其所处的地理区域属于今黄河流域，东至渤海，西达六盘山，北起滹沱河，南到江汉流域，包括《风》之十三个周王朝分封给诸侯的领地与《雅》《颂》发源的西周王畿和东周都城。可以看出《诗经》时代，梨主要分布在黄河流域中上游，这些地方也成为早期梨的栽培集中地，也是现在优质梨的产地。

春秋战国时期，野生梨经过天然异花授粉的演变，逐渐成为脆美的果品，梨的栽培逐渐兴盛。秦汉后，

---

*　丈为非法定计量单位，1丈约3.33米；**　尺为非法定计量单位，1尺约0.333米。

梨作为经济作物的种植区域不断扩大，如新疆塔里木盆地、陕西等中原地区和长江流域一带，具有优良品质的品种也不断增多。欧阳修的《广志》记载产于洛阳北邙的张公夏梨，"甚甘，海内唯有一树"，还有"常山真定梨、山阳钜野梨、梁国睢阳梨、齐郡临淄梨"；《齐民要术》称"阳城"有"秋梨、夏梨"；《齐民要术》不仅记载中原地区的多种梨树品种，还总结了梨果的贮藏技术。西晋《荆州土地记》称"江陵有名梨"，《史记》更有记载："淮北荥南河济之间，有千树梨，其人与千户侯等。"将"千树梨"与"千户侯"（古代的封号，意为食邑千户的侯爵，有向一千户以上的人家征税的权力）相提并论，可见梨树种植的规模之大和梨果产量之高（黄欢，2010）。在民间，《永嘉郡记》描述"青田村人家多种梨，名曰'官梨'，子大一围五寸，恒以供献，名为'御梨'""落至地即融释"，梨果开始被作为珍贵的贡品（南朝宋·郑辑之）。

唐宋时期，梨树的栽培十分兴盛。总体分布面广，品种繁多，呈现高度发展，南北、东西、关内外相互推广的态势，充分体现出唐宋梨种植的繁盛。

据《大唐西域记》记载，"阿耆国，引水为田，土宜穈、麦、香枣、葡萄、梨诸果""屈支国，东西千余里，南北六百余里……蒲萄、石榴、多梨、奈、桃、杏。"（芮传明，2008），可见新疆梨在唐代广为种植，经考证，新疆梨类型是汉代张骞出使西域时带去的内地梨与当地野生梨杂交产生的。而在新疆吐鲁番盆地边缘，阿斯塔那古墓发掘出唐代墓葬中的梨干遗物，墓葬竹简上写着"有廿六文买梨"，可见梨在当地更是作为商品进行交易。同时，梨乃为宫廷庭院里栽植的重要作物品种。唐太宗曾说"园梨始带红"；《新唐书》称"梨言席上之珍"，并记载了"武后尝季秋出梨花示群臣"（黄欢，2010）。从唐代有关果树贡品的记载，唐诗以及诗文、笔记、小说的记述来看，梨主要分布于河南道的虢州、河南府、汝州、曹州，河东道的太原府、绛州、河中府，河北道镇州，江南道睦州，淮南道扬州等。

进入宋代，随着中国的气候变化（宋代的气候处于第三寒冷期）、人口的南迁、经济中心的南移，梨树这一经济作物种植也从北方传统产区扩展到南方区域。因有了大面积的人工梨园，品种选育也被种植者所注重，有关优良品种的记载也越来越多。《本草图经》记载了北方梨树品种，其中有产于宣城的乳梨皮厚而肉实，产于京州郡及北都的鹅梨皮薄而浆多，禾白鹅梨味差短于乳梨，其香则过之"（苏颂，1994）；《洛阳花木记》记载了洛阳种植的梨树品种；《吴郡志》中记载产于常熟韩邱的韩梨，"皮褐色，肉如玉，每岁所生不多，价极贵。凡梨削皮切片不移时，色必变，惟韩梨虽经日不变，所以独贵"；南宋《三山志》表明南方地区的福建也广种梨树（张俊霞，2011）。陆游《入蜀记》卷四记载巫山县"大溪口……出美梨，大如升"（黄欢，2010），说明当时的重庆出产高质量的好梨。

元明清时，梨树的栽培区域化，全国各地也培育出了不少珍贵梨品种，并且梨在果品中的地位逐渐上升，《农桑辑要》和《王祯农书》把梨列为首位，排在众多水果之前，可见当时的人们对梨的喜爱和尊崇。在《农政全书》"树艺"篇中阐述"好梨多产于北土，南方惟宣城者为胜"，正如《广群芳谱》所描述："梨树似杏高二三丈，叶亦似杏，微厚大而硬色青光腻，有细齿老则斑照，二月间开白花如雪六出。"《元一统志》载"惠州、兴州、中州、建州皆土产梨"。《热河志》称"蒙古谓梨为阿里玛图，建昌县境内有阿里玛图谷，亦以有梨处得名"。明王世懋《福建通志闽部疏》载"入延境，特多梨花"，这也说明，明朝南方已大量种植梨树，并呈规模化、区域化。北镇为辽宁西部著名梨产区，除唐书有记载外，《大清一统志》记载"有广宁巫间山梨为贡品"，这说明东北在这一时期已成为梨的主要产地。清顺治十四年（1657）《西镇志》中记载"梨河西皆有，唯肃州、西宁为佳"。清康熙二十五年（1686）《兰州志》中还有"金瓶梨、香水梨、鸡腿梨、酥密梨、平梨、冬果"的记载。清雍正六年（1728）《甘肃通志》中记载"兰州出梨""梨花靖远最多""梨兰州者佳"，这些说明了清代初期兰州、靖远、河西梨的分布情况（集中产区是靖远，肃州即今酒泉）。明代嘉靖年间《山东通志》记载："梨六府皆有之。其种曰红消、秋白、香水、鹅梨、瓶梨，出东昌、临清、武城者为佳。"梨在南方亦广泛种植，《浙江通志》及万历《常山县志》记载梨有数种，有青皮梨、樝梨及大而甘脆者雪梨（张俊霞，2011）。

中华人民共和国成立后，农业生产得到了快速发展，梨的栽培生产与梨文化的旅游推广在很多地区成为支柱产业，得到社会各界的关注。除了食用，梨还可以用来观花、观果、观叶，同时还寄托着人们的喜悦、欢乐和期盼，常植于庭院观赏，适于庭院孤植、丛植。各地举办的梨花文化节，进一步壮大了梨产业。江苏丰县、山东冠县、河北赵县、四川苍溪、山东莱阳、湖北老河口、安徽砀山等，每年在梨花盛开的季节，举办民俗节日活动，从不同侧面宣传、弘扬我国传统的梨文化，不但加强了人们对中国梨文化的认识，而且对增强文化自信带动农村旅游产业发展，促进乡村振兴起到了重要的推动作用。此外，由于生态适应性广，抗性较强，梨也是华北、西北地区防护林及沙荒造林优良树种，为生态文明建设提供了重要保障。21世纪以来，随着现代信息技术的发展，许多高校科研院所的梨研究团队、地方政府的推广部门及有关企业设立了梨相关的网站，如依托南京农业大学的中国梨在线（http://pear.njau.edu.cn/），把梨文化推向了一个新的境界。

三、梨遗传资源的分布

（一）梨遗传资源的自然分布特征

梨树的适应性强，它对土壤的要求不高，不论是山地、丘陵、沙荒地、盐碱地还是红壤，都能生长、开花和结果。梨在我国分布范围广泛，从南到北，无论寒温带、中温带、暖温带、亚热带及热带地区，均有梨的种植和分布。根据梨树的自然地理分布，可以划分为8个生态区，即寒地梨树分布区、干寒地带梨树分布区、温带梨树分布区、暖温带梨树分布区、亚热带梨树分布区、热带梨树分布区、云贵高原梨树垂直分布区和青藏高原梨树分布区（图1-2）。我国栽培的梨品种由于分属于5个种，其在

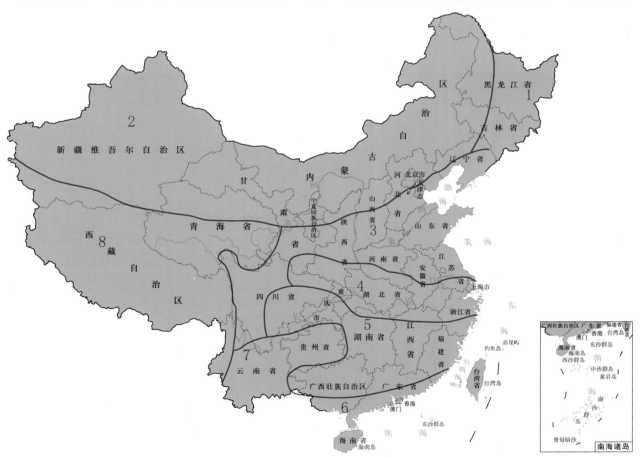

图1-2　中国梨的生态分布区域

审图号：GS（2020）3082号

1.寒地梨树分布区　2.干寒地带梨树分布区　3.温带梨树分布区　4.暖温带梨树分布区　5.亚热带梨树分布区
6.热带梨树分布区　7.云贵高原梨树垂直分布区　8.青藏高原梨树分布区

特定地区经过长期栽培和自然选择，适应性亦有很大差异。秋子梨主要分布在辽宁、吉林，耐寒力强。白梨主要分布在黄河、秦岭以北至长城以南，适合温暖干燥气候环境栽培，黄河流域栽培品质好。长江流域及其以南为砂梨的分布区，它适合高温多湿环境。黄河、秦岭以南，长江、淮河以北是砂梨和白梨的混交带。西洋梨主要在山东的胶东半岛栽培，喜冷凉的气候条件。新疆梨多分布于新疆、甘肃、青海等地，耐寒、耐旱力特强。

（二）梨优势区域规划

从种植区域看，我国梨树种植范围较广，北至黑龙江，南至广东，西到新疆，东到台湾，除海南、港澳地区外其余各省（自治区、直辖市）均有种植。在长期的自然选择和人工栽培过程中，逐渐形成了环渤海（辽、冀、京、津、鲁）秋子梨、白梨产区，西部地区（新、甘、陕、滇）白梨产区，黄河故道（豫、皖、苏）白梨、砂梨产区，长江流域（川、渝、鄂、浙）砂梨产区。2009年，农业部颁布了《全国梨重点区域发展规划（2009—2015年）》，将传统的梨优势产区划分为"三区四点"，即华北白梨区、西北白梨区和长江中下游砂梨区三区，辽宁南部鞍山和辽阳的南果梨重点区域、新疆库尔勒和阿克苏的库尔勒香梨重点区域、云南泸西和安宁的红梨重点区域、胶东半岛西洋梨重点区域四点。在"三区四点"中，河北的鸭梨和雪花梨、安徽的砀山酥梨、新疆的库尔勒香梨、辽宁的南果梨都是全国乃至世界知名的梨品种，具有区域特色和生产优势。华北白梨区是我国最大的梨产区，其产量约占全国梨总产量的19%，其次为长江流域砂梨区及环渤海秋子梨和白梨区。近年来，在国家梨产业技术体系等科研项目经费的稳定支持下，北方白梨产区和长江流域梨产区都保持着强劲的发展势头，形成了品种特色鲜明的生产优势区域，推动了我国梨产业稳步、高效发展。

第二节　梨遗传资源的研究历史与现状

一、梨遗传资源的收集与保存

（一）遗传资源的调查与收集

梨遗传资源包括栽培梨及其近缘的所有梨属植物（蒲富慎，1988）。开展梨遗传资源的收集和保存是评价和利用的基础。20世纪初美国等一些国家开始有目的地进行梨属植物遗传资源的收集和保存。中国是梨的起源地，也是东方梨的次生分化中心，具有丰富的梨属植物遗传资源，包括野生资源、半栽培类型、地方品种、选育品种或品系，以及国外引进种质资源等。相对来说，目前保存的梨种质资源主要以栽培种和地方品种为主，而对野生资源的考察和收集工作不够完善。野生及地方遗传资源具备良好的环境适应性和抗性，应进一步加强收集和保护，为创新梨优良品种提供优异基因资源。

（二）遗传资源的保存情况

我国梨遗传资源的系统收集始于1952年，在辽宁省兴城市中国农业科学院果树研究所砬子山试验场建立梨原始材料圃。1958—1967年，在全国范围内陆续完成河南、安徽、江苏、山东、贵州、云南、新疆、陕西、江西、四川、甘肃、青海等省份的梨遗传资源考察收集，收集材料均收入梨原始材料圃保存。1979年农业部启动了"果树资源的收集、保存、建圃"项目；1979—1987年，中国农业科学院果树研究所对我国西南、中南、东南、东北13个省份的梨遗传资源进行了考察、收集；1988年"国家果树种质兴城梨、苹果圃"通过了农业部验收。目前，我国有5个国家种质资源圃长期保存梨遗传资源，分别是"国家果树种质兴城梨、苹果圃""国家果树种质武昌砂梨圃""国家果树种质寒地果树圃""国家果树种质新疆特有果树及砧木圃"和"国家果树种质云南特有果树及砧木圃"。近20年来,中国农业科学院果树研究所重点针对东北、西北、华北、华中、西南、华南20余个省份的野生资源及地方品种进行考察收集,截至2018年底,国家圃共保存梨资源约2 800份(含重复),均采用田间保存。

此外,还有一些科研院所为了方便育种和科学研究也各有侧重地建立了不同规模的梨遗传资源圃,如南京农业大学、中国农业科学院郑州果树研究所等单位都保存了一定数量的梨种质资源。半个世纪以来,我国虽然在梨遗传资源的收集、国家圃保存及资源圃建设方面取得了一定的成绩,但是仍存在资源管理不规范、资源重复保存、共享联动性差及野生种资源收集不足等问题,亟须从国家层面建立资源圃联动机制,规范管理,对野生梨资源实施抢救性收集、保存,实现信息共享,互通有无,以建立国际一流的梨遗传资源圃。

二、遗传资源的命名与性状描述规范

(一) 性状描述与评价规范

由科学技术部和财政部共同立项,作为国家自然科技资源共享平台建设的重要任务之一,《农作物种质资源技术规范》以作物为基础分册出版,其中《梨种质资源描述规范和数据标准》由中国农业科学院果树研究所主持编写,中国农业出版社于2006年出版发行。该规范标准主要包括梨种质资源描述规范、梨种质资源数据标准和梨种质资源质量控制规范三部分,共确定了141个描述符,其中必选描述符、可选描述符、条件描述符分别为57个、74个和10个。此后,相关农业行业标准《农作物种质资源鉴定技术规程　梨》(NY/T 1307—2007)、《农作物优异种质资源评价规范　梨》(NY/T 2032—2011)、《梨种质资源描述规范》(NY/T 2922—2016)也陆续出版发行。

(二) 同名异物及同物异名的问题与对策

我国是世界第一大产梨国家,栽培面积和产量占全球的2/3以上,在国际梨市场具有举足轻重的地位。随着我国梨产业的快速发展,以及育种、引种工作的不断推进,生产上梨的品种也日渐增多,而规范的品种命名对于梨新品种权益保护,乃至促进梨产业发展都具有十分重要的意义。在新品种命名方面,由于梨品种的命名原则相对宽松,加上地域间的频繁交流,造成了部分梨品种出现同名异物或同物异名的问题。

梨品种的命名应遵循果树产品命名法则,从果实的形态特征、经济性状,历史起源或产地环境以及谐音等方面综合考虑。我国园艺学泰斗吴耕民先生在1984年拟定了果树品种命名方法及原则,促进了我国果树品种名称统一。要解决梨遗传资源同名异物及同物异名的问题,需对已收集的资源进行评价和鉴定。对于相似度高、鉴别难度大的品种可以采用分子手段进行鉴定。此外,还要重视国外引进品种的命名,根据实际情况,应逐步建立科学统一的命名原则,比如在遵循原产地的发音或引进国的发音的基础上,统一实行音译的方式。统一命名不是生搬硬套,对栽培时间较久、已经被消费者广泛接受的梨品种,可以考虑沿用原有的命名方式。

三、表型评价与优异资源的挖掘

(一) 表型评价内容与方法

为了对所收集的梨遗传资源进行系统的评价和比较,各国研究者分别建立了相应的资源评价体系,包括评价的具体内容和指标。例如:美国最早发布的梨遗传资源评价指标包含病虫害、形态学、生长对称性、生产性、物候学等几大类的51个描述符。我国梨属植物遗传资源的表型评价起始于1950年,而系统评价从1980年开始。《果树种质资源目录》第一集和第二集(中国农业科学院果树研究所,

1993，1998）共收录了652份梨种质资源的农艺性状和果实性状等表型特征，包括生育期、早果性、果实外观、可溶性固形物、可滴定酸、维生素C、特异性状及用途等。《中国梨品种》对我国174个栽培梨品种进行了中英文及附图描述（曹玉芬，2014）。张莹等（2016，2018）对"国家果树种质兴城梨、苹果圃"内保存的梨13个种625份资源的花器官主要性状进行评价，并研究了种内和种间变异，且对13个种548份资源的叶片和枝条23个表型性状进行数据采集及整理，发现幼叶颜色和叶基形状的变异指数较高。

（二）优异遗传资源的挖掘

对收集保存的梨遗传资源进行表型评价，挖掘具有早熟、红色、低石细胞含量、矮化、自交亲和及抗性强等优异性状的资源，可以直接应用于生产，也可用作杂交亲本或研究材料，例如，"国家果树种质兴城梨、苹果圃"对715个梨品种（系）的果实成熟期进行了统计分析，发现10份极早熟资源，占1.4%（曹玉芬等，2000）；采用重量法经3年石细胞含量测定，从304个供试品种中筛选出8个石细胞含量极低的品种，即早酥、赤穗、德胜香、玛丽娅、泗阳青梨、康佛伦斯、巴梨、青魁（曹玉芬等，2010；田路明等，2011）；采用田间人工接种的方法，对保存于国家梨种质资源更新圃的梨6个种的182个品种进行果实轮纹病抗性评价，发现两年均未发病的资源占39.56%（田路明等，2011）。

图1-3　梨果肉石细胞含量测定

四、分子评价与核心种质构建

（一）分子评价的方法

分子评价指基于DNA序列的变化评估个体在群体中的遗传多样性。开展种质资源的分子评价有助于了解资源的系统发育及彼此之间的亲缘关系，为系统分类和优异基因资源的挖掘提供技术支撑，也为杂交育种的亲本选配提供理论基础。随着分子生物学技术的发展，相继有十几种不同的分子标记技术陆续得到开发和使用，在梨分子评价中利用较多的有RAPD、AFLP、SSR及SNP等。

（二）分子评价与核心种质构建

DNA指纹指具有完全个体特异的DNA多态性，其识别个体的能力等同于人类的手指指纹。DNA指纹图谱由一系列DNA指纹组建而成，可用于鉴别个体身份及其相互之间的亲缘关系。用于梨种质资源遗传多样性研究的分子标记方法众多，但目前用于鉴定资源分子身份的标记仅有SSR（simpe sequence repeqt）及其衍生的ISSR（inter simple sequence repeat）标记。高源等（2012）首先用10对SSR标记构建了能够鉴别92个梨品种的指纹图谱，与此同时，单江华等（2012）用筛选出的10对ISSR标记鉴定了24份梨资源的DNA指纹，并首次构建了用于识别资源的数字指纹图谱。但是，由于获得分子标记的数量有限，对梨遗传资源的分子评价受到限制。直至2013年初，在梨全基因组测序工作完成后，由南京农业大学梨工程技术研究中心系统开发了梨全基因组高密度SSR分子标记（Chen et al., 2015），并从中筛选出134对核心标记，用于解析385份梨种质资源的遗传多样性和群体结构，成功分离出88份核心种质（Liu et al., 2015）。核心种质的构建为优异基因资源的挖掘和杂交育种过程中亲本的合理选配提供了试材，有利于聚合种质资源的优异性状。

第三节　梨种质资源的利用

一、生产栽培

我国梨种质资源丰富，特别是地方品种，其在原产地通常具有较好的适应性和抗逆性，并具有相对优异的果实性状，通过开发利用，可以培育出特色的原产地品牌，产生较好的经济效益。优良的地方品种作为栽培品种直接应用于生产的现象极为普遍，如砀山酥梨、库尔勒香梨、南果梨等地方名特优梨品种。

砀山酥梨原产安徽省砀山县，有500年的栽培历史，具有优异的鲜食品质、广泛的栽培适应性以及高产稳产及耐贮藏等优点。该品种已从安徽砀山发展到在黄河故道、华北及西北等地区均有大面积栽培，总面积和总产量均居全国第一。

库尔勒香梨原产新疆，是新疆独有的梨品种，果实品质极优，耐贮藏，抗病虫能力较强，主要栽培于新疆南部地区，以库尔勒地区生产的最为有名，是"国家质量监督检验检疫总局地理标志产品"，年产值近5亿元。

其他如河北的鸭梨、雪花梨、山东的莱阳茌梨、辽宁的南果梨、吉林的苹果梨、四川的苍溪雪梨等，均为享誉全国的地方知名品种，为当地的经济发展做出了重要贡献。

二、育种（砧木）材料

我国梨地方品种和野生资源丰富，部分具有优良的果实性状，也有部分具有较强的抗性性状，都可以作为重要的育种材料，许多新优品种都是利用这些资源育成。据统计，1949—2018年，我国报道育成的301个亲本来源明确的品系，主要由137个亲本育成，其中49个品系的亲本是国内的地方品种（张绍铃等，2018）。

砧木选育及利用方面，需针对不同地域的土壤和气候条件，选择合适的砧木品种，但我国梨栽培中使用的砧木多是野生种，主要为杜梨、豆梨和山梨等。其中杜梨耐盐碱、耐旱、抗涝、耐瘠薄，抗寒和抗病虫害能力较强，与绝大多数栽培品种亲和性好，嫁接树生长旺盛，结果早，丰产，寿命长，主要作为我国西北、华北和辽宁南部等地区栽培梨砧木。豆梨抗腐烂病、抗梨火疫病、梨衰弱病和棉蚜等病虫害的能力强，较耐盐碱、耐旱、抗涝、耐瘠薄，适应性较强，在恶劣的条件下也可生长，但植株比杜梨矮，根系较浅，抗寒能力较差，适于温暖湿润的气候，主要作为我国长江流域及其以南地区栽培梨砧木。山梨抗寒性极强，抗黑星病、腐烂病能力强，但耐盐碱能力较差，实生苗根系旺盛，须根繁多，嫁接树冠大，乔化作用强，是东北地区、华北北部、西北北部地区主要砧木类型，是极度严寒地区主要的梨树砧木。

三、科学研究

我国梨种质资源丰富多样，包含有白梨、砂梨、秋子梨、新疆梨、西洋梨五大栽培种和众多野生种，其携带的丰富基因信息和多样化的表型性状，为梨的科学研究提供了重要、可靠的研究材料。在梨进化，自交不亲和性，重要品质性状包括糖、酸、石细胞、色泽和芳香物质等方面的研究均依赖于此。比如南京农业大学利用113个栽培梨及野生梨种质研究了亚洲梨和欧洲梨多样性及独立驯化过程；鸭梨的芽变品种金坠和闫庄鸭梨，黄花的芽变品系大果黄花，库尔勒香梨的芽变品系沙01，以鸭梨为母本、青云为父本杂交获得的自交亲和性品种早冠等都被用于自交亲和性品种培育和梨自交不亲和机制研究；巴梨红色芽变品种红巴梨，茄梨红色芽变品种红茄梨等常用于果皮着色机制研究和红皮梨新品种培育；大香水芽变品种单花梨，多数花序仅着生一朵花，已被用于梨花发育相关研究，也可用于培育有自疏花能力的省力化栽培新品系。此外，秋子梨品系的实生材料具有较高的组织培养再生率，已被用于梨遗传转化和功能基因研究。

四、梨遗传资源研究及利用面临的挑战与机遇

种质资源是梨育种和应用的重要材料，种质资源收集、保存及评价等对梨产业发展意义重大。中华人民共和国成立前的百余年间，由于国家战乱，民不聊生，无数梨园遭到破坏，许多地方品种资源遭重创。中华人民共和国成立后，国家分别在辽宁、湖北、新疆、云南及吉林等地建立了国家果树（梨）种质资源圃，但仍然存在一定的困境，如由于保护意识不强、部分地区交通不便、木本果树保存场地受限等主客观条件的限制，许多颇具特色的优良地方品种和野生资源正在逐渐消失或濒临灭绝。

随着科学技术的发展，种质资源的研究、利用也迎来了新的机遇，梨基因组及众多品种的重测序工作已经完成，从基因层面解析了重要农艺性状形成的分子机理（Wu et al., 2013）；高通量表型性状监测及分析技术得到大力发展，从基因到表型的多组学解析，为种质资源的研究、利用提供了科学理论依据和技术支撑。另一方面，生物技术及细胞工程研究的进步，为梨种质资源的长期保存提供了便利条件，如组织培养离体保存，细胞融合创建新种质等，成为传统资源圃保存形式外的一个重要补充形式。

第二章 梨属植物的起源与演化

第一节 梨属植物的起源

梨原产我国，栽培历史悠久，遗传资源丰富，国内外目前收集保存的大约有5 000份，其总体分成两大种群，即东方梨和西方梨。关于梨属的种，存在多种不同的分类及命名，但被国内外学者普遍认可的原始种大约有20个左右。我国是世界上梨品种资源类型最丰富的国家之一，原产我国的梨有13个种。目前，国际上作为主要栽培种的有白梨、砂梨、秋子梨、新疆梨和西洋梨，在我国均有栽培和分布。

对于梨属植物的起源问题，一般认为梨的原种（stock species）起源于第三纪（或者更早时期）的中国西部或者西南部山区，因为这些地区集中分布着丰富的蔷薇科植物。据考古发现，先后在奥地利、格鲁吉亚的高加索地区和日本鸟取县的第三纪地层中发现了梨叶片的化石；在瑞士和意大利发现了梨果实的后冰期遗物；而在美洲大陆、澳大利亚、新西兰没有发现梨的化石遗物，这与梨的原生分布只限于欧亚大陆及北非的一些区域是吻合的（Rubtsov，1944）。

梨的起源地在中国，在传播过程中，形成了3个次生中心。第一个是中国中心，第二个是中亚中心，第三个是近东中心。根据已有文献推测，梨的传播路径是从起源地北上向东移动，经过中国大陆延伸到朝鲜半岛和日本形成了东亚种群。向西移动中，一部分到达中亚和周边，另一部分经过高加索和小亚细亚，最后到达欧洲，形成了西方梨种群（Vavilov，2013）。为进一步探明梨的起源与传播路径，Wu等（2018）在完成梨全基因组测序的基础上，对来自世界范围的57个野生梨资源进行了群体遗传结构分析，结果将不同来源地的野生梨分成3个群体，分别是欧洲群体Ⅰ、亚洲群体Ⅱ和亚洲群体Ⅲ（图2-1）。

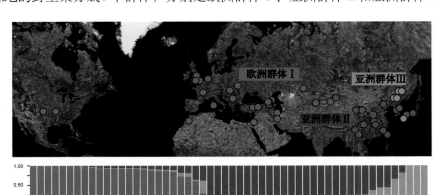

图2-1 不同地域来源的野生梨群体结构分析

（Wu et al., 2018）

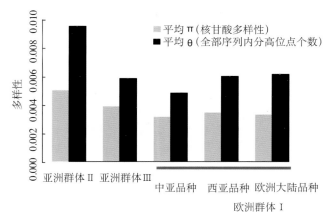

图2-2 野生梨群体的遗传多样性分析

（Wu et al., 2018）

进一步对不同地域来源的野生梨进行遗传多样性分析（图2-2），发现欧洲梨遗传背景相对单一，遗传多样性低；亚洲梨遗传组成复杂，表现出较高的遗传多态性，特别是来自中国西南地区的野生梨资源呈现较高的遗传多样性，支持了梨原种起源于中国西南地区，经过亚欧大陆传播到中亚地区，最后到达亚洲西部和欧洲的推测。

除了利用全基因组序列信息开展梨起源与传播路径的分析，我国学者曾利用DNA分子标记对部分地区的梨品种资源关系进行了探讨。Teng等（2004）研究揭示了原产于东亚的栽培品种主要有秋子梨、白梨、砂梨、新疆梨，通过DNA标记的研究认为至少有一些日本的砂梨品种或其祖先可能是从古代中国和韩国引进的，并利用RAPD、AFLP和SSR标记分析，发现了我国白梨与砂梨亲缘关系最为密切。Bao等（2007）采用SSR标记技术对亚洲梨栽培种的亲缘关系进行了分析，将98个东亚原产梨品种分成了17个组，研究结果表明日本梨、中国白梨和中国砂梨起源于同一祖先。

Xue等（2017）采用28个SSR标记分析了29个四川、云南和西藏交界地区的梨资源，30个云贵川交界区域的砂梨，以及8个秋子梨的遗传多样性（图2-3）。28个SSR标记显示高度多态性，总共检测202个等位基因。聚类分析表明，四川、云南、西藏交界地区的梨与砂梨的遗传关系密切；群体结构分析揭示了在金沙江东西两侧梨的基因流受到了地理隔离的限制。5个地理种群的多样性统计结果表明，四川、云南两省向川西、西藏东部和滇西北交界地区发生迁移事件。以上分析表明，云贵川交界地区的梨可能是由四川和云南地区的砂梨传播而来。

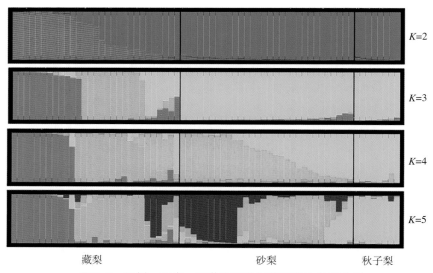

图2-3 四川、云南、西藏交界地区的梨群体结构分析

（Xue et al., 2017）

Xue等（2018）利用梨的17个高多态性SSR标记，对分布在东亚地区的砂梨资源，包括中国的砂梨地方品种、选育品种和西南地区分布的野生资源，以及来自日本和韩国的砂梨，共478份品种资源的群体结构进行了分析。结果表明，所检测的梨品种资源分成了4个分布区域彼此相邻的地理种群，不同地理种群的遗传多样性和近似贝叶斯分析，揭示了砂梨可能起源于中国西南部，自西南藏区沿着珠江

和长江流域由西向东蔓延,而日本和韩国的砂梨极有可能是从中国传入的。

叶绿体DNA(cpDNA)是单性遗传,且基因间元重组,通过单性遗传及基因间无重组,母性遗传受地理结构的影响大,种子传播相对花粉传播导致的变异是很有限的,cpDNA变异研究可揭示物种的迁移。Chang等(2017)从34对cpDNA引物中挑选8对通用引物评价中国北方132份梨资源的遗传多样性,研究基于cpDNA的分型首次揭示了我国北方梨的传播路线(图2-4),认为山西作为传播路径的起点,向东传到河北,再到辽宁、吉林、黑龙江;向西到甘肃,再分别传播到青海和新疆。

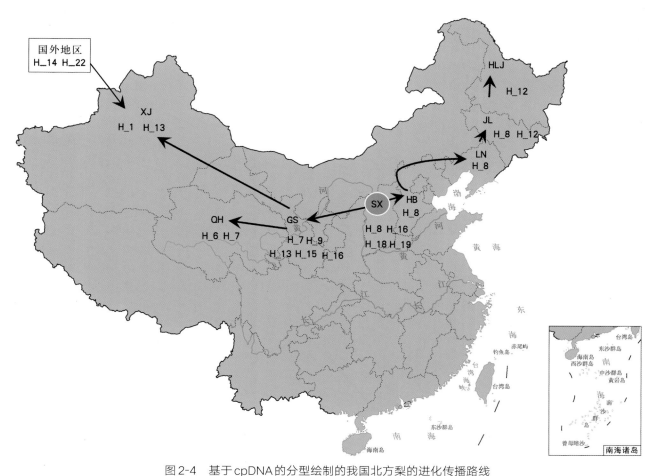

图2-4 基于cpDNA的分型绘制的我国北方梨的进化传播路线

审图号:GS(2020)3082号

HLJ.黑龙江 JL.吉林 LN.辽宁 HB.河北 SX.山西 GS.甘肃 QH.青海 XJ.新疆

(Chang et al., 2017)

最近,Yue等(2018)收集到覆盖中国和日本的441份梨资源,结合母代遗传基因标记(cpDNA序列)和亲代遗传核标记(nSSRs)的分析,对东亚地区梨传播提出3种假设。第一种假设认为:砂梨的栽培种首先从西南地区(四川及云南)和长江中游河谷地区分化而来,进一步向南(福建、广东及广西)、向东(安徽及江苏)、向北(陕西、山西、山东、河南、河北、吉林及辽宁)传播。第二种假设认为:西北地区(甘肃及青海)和南部地区(福建、广东及广西)的砂梨栽培是由西南(四川及云南)种群直接传播而来。第三种假设:西北地区(甘肃及青海)的砂梨栽培种是由西南(四川及云南)种群传播而来,西南(四川及云南)种群向北传播到陕西、山西、山东、河南、河北、吉林及辽宁。

第二节　梨属植物的演化

Rubtsov（1944）通过对梨属植物进行详细的地理分布和形态调查，认为杂交是梨属植物种分化和进化的主要方式。梨属植物因种间容易自然迁移杂交、种的逃逸、杂种基因渗透，再加上人为的转移和杂交，使得基于植物形态特征的分类难以知道其起源或栽培种的祖先。

随着实验技术的发展，研究者曾经根据一些系统分类的信息开展梨属植物关系的探索，如叶片解剖（姚宜轩和许方，1992）、化学成分（Challice and Westwood，2010）、同工酶（林伯年和沈德绪，1983）、花粉超微结构（Westwood and Bjornstad，1971）等。

近年来，DNA分子检测技术的发展为梨属植物系统关系的研究提供了新的手段。Iketani等（1998）是最早利用DNA标记研究梨属植物亲缘关系的研究小组，他们对7个亚洲梨和6个西洋梨进行了叶绿体基因组的RFLP分析，并推断亚洲梨和西洋梨可能是独立进化的。

Zheng等（2014）结合叶绿体DNA的2个非编码区域 *trn*L-*trn*F 和 *acc*D-*psa*I 序列数据，对涵盖梨属植物的25个种、51份样本进行系统发育研究，鉴定出的7个 *trn*L-*trn*F 单倍型属于亚洲梨特有，而9个只存在于西洋梨中；在32个 *acc*D-*psa*I 单倍型中，除了采自乌克兰的 *P.caucasica*（可能有亚洲梨基因的渐渗）中有亚洲梨的单倍型外，亚洲梨和西洋梨的单倍型是截然不同的。而建立的基于 *LFY2int2* 序列的系统发育树中亚洲梨和西洋梨都是截然分开的，进一步支持独立进化的观点（图2-5）。

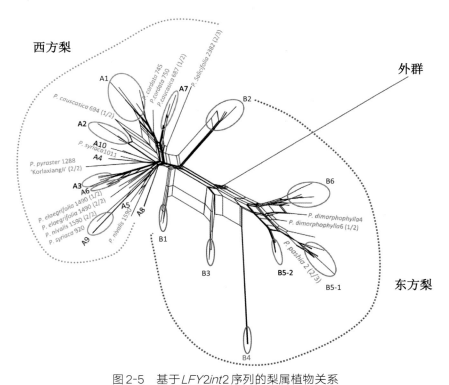

图2-5　基于 *LFY2int2* 序列的梨属植物关系

（A1至A10进化枝代表不同的西洋梨，B1至B6进化枝代表不同的亚洲梨）

（Zheng et al.，2014）

利用基因组学研究方法，Wu等（2018）通过来自蔷薇科不同物种的420个单拷贝保守基因构建了系统树（图2-6），并且通过化石时间推算出亚洲梨与西洋梨的分化时间是在330万～660万年前。进一步对野生与栽培种群的选择驯化分析发现，亚洲梨的选择驯化区间为9.29Mb，西洋梨的选择驯化区间为5.35Mb，但是两个群体共有的选择驯化区间仅有515kb，更大范围是不同的选择驯化区间，进一步支持了亚洲梨与西洋梨独立驯化的观点。在亚洲梨与西洋梨群体选择驯化区间包含与梨果实品质、抗性等相关的基因，但是即使是同一性状及代谢通路，受选择驯化的却是不同的基因，这一研究结果从遗传上解释了亚洲梨与西洋梨在果实品质等性状上截然不同的根本原因。

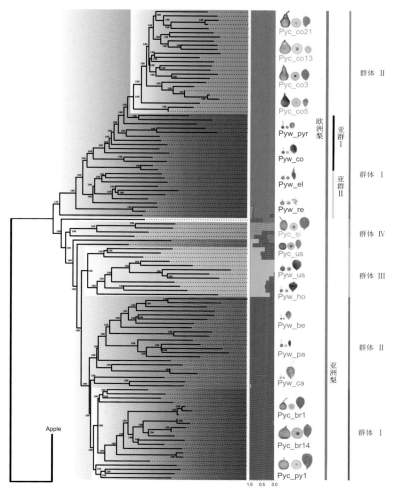

图2-6　基于全基因组重测序的梨品种资源系统进化树

（Wu et al., 2018）

　　结合梨不同资源的群体结构和系统关系，Wu等（2018）提出了梨五大栽培种的演化模型（图2-7），梨的祖先种很早就分化出亚洲梨与西洋梨两大种群；在亚洲种群中，栽培砂梨和白梨来源于共同的祖先野生砂梨，秋子梨来源于野生山梨；栽培的西洋梨来源于其野生种祖先 *P.pyraster*；新疆梨来源于亚洲的白梨或砂梨与西洋梨的种间杂交后代。基于遗传相似度分析（IBD）进一步揭示了亚洲梨和西洋梨对新疆梨的基因组贡献率，发现亚洲梨对于新疆梨的基因组贡献（45.3%～61.8%）高于西洋梨（17.9%～35.3%）（Wu et al., 2018）。从历史背景上看，新疆梨的形成可能与2 000多年前的西汉丝绸之路有关。汉代，张骞出使西域时开辟了商路。此后，中国内地的砂梨、白梨品种被带到新疆一带进行贸易和栽培；同时，西洋梨品种通过商道传入我国新疆一带，极有可能进行了杂交，不断适应新疆一带的地理气候环境形成新疆梨栽培种。考古研究曾发现，在新疆吐鲁番盆地边缘，阿斯塔那古墓发掘出唐代墓葬中的梨干遗物，墓葬竹简上写着"有廿六文买梨"，可见唐代梨在新疆已经作为商品进行交易。

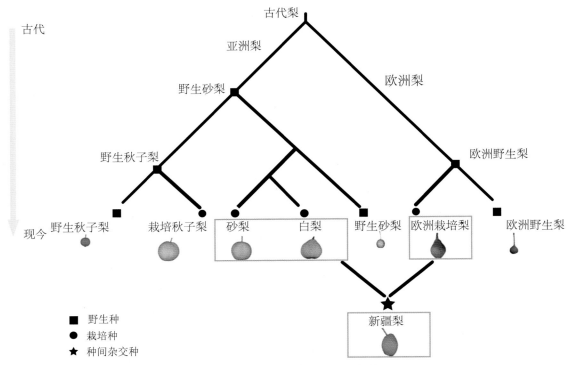

图 2-7　梨 5 个栽培种的来源与分化关系

（Wu et al., 2018）

　　自然界复杂的种间和品种间杂交与长期的人工选择，是植物进化的一个重要因素。我国梨的栽培品种，除自发的芽变外，绝大多数都是自然杂交的结果。根据古代文献的记载，梨是实生繁殖的果树。《齐民要术》称："种者梨熟时全埋之，经年至春，地释，分栽之。"相传到 20 世纪初叶，通过种子繁殖的实生变异，形成了我国梨树品种的多样性。一些地方品种的名称如自生子（辽宁）、子母梨、天生梨（山东）、子母秧（河北）、子儿梨（山西）、遗生、二乙（陕西）、二转子（新疆）、自生梨（贵州），顾名思义，其都是由自然杂交实生得来。实生变异在我国梨的品种形成上占有极为重要的位置，其可以增强品种的适应性，使梨树产生新的特性，因此在栽培上具有重要的意义（蒲富慎，1979）。已经证实，新疆梨是白梨或砂梨与西洋梨的种间杂种，其植株性状倾向于白梨，而果形偏向西洋梨，肉质则兼有脆软两种，它们分布区域广，在新疆、甘肃、青海等地均有栽培。例如伊宁赛来克木提、可口阿木提、叶城埃昆切特乃西木提、甘肃敦煌一带热长把、酸长把、蜜长把，以及兰州的花长把、酥木梨、夏梨等都属于新疆梨品种。蒲富慎和王宇霖等（1963）提出我国东北、华北秋子梨的油秋子品种群以及长江流域的霉梨品种群也可能分别是秋子梨与白梨，以及砂梨与豆梨天然杂交的产物，再经过长时期的演化，也可能分别独立演变为新种。Jiang 等（2016）开发了具有高度多态性的 SRAP 标记，分析了 93 个原产于亚洲的梨群体结构，结果表明几乎所有亚洲梨种都经历了杂交，均来自 5 个原始基因库。

第三节　基因组进化

　　果树生命周期较长、基因组的杂合度较高、重复序列较多，且多数果树遗传背景不清晰，这些因素限制了果树分子生物学研究。然而，近些年，随着测序技术的发展、测序效率的提高和测序成本的降低，果树全基因组测序工作在全球迅速展开。自 2007 年完成第一个果树植物葡萄（*Vitis vinifera*）基因组测序以来，不到10年时间，番木瓜、梨、柑橘等果树植物的全基因组测序工作相继完成，为果树分子生物学研究搭建了平台，不仅有助于了解果树的基因组结构和功能，对于探索果树植物的起源与进化、开展重要功能基因的定位和克隆、加速分子育种进程等均具有重要的指导意义。梨作为典型的自交不亲和性果树，表现高度的杂合特征，因此在基因组组装上难度较大。为解决这一问题，Wu等（2013）最先尝试了BAC-by-BAC与高通量短读长测序相结合的策略，最终高质量组装了梨全基因组512.0 Mb序列，约占基因组全长序列的97.1%；注释42 812个蛋白质编码基因，其中28.5%的基因存在可变剪切；重复序列长271.9 Mb，占梨基因组的53.1%。梨基因组序列信息的揭秘为进一步探索其物种进化特征奠定了基础。

物种进化过程中基因组结构总在发生改变，包括经历染色体加倍、染色体重排和丢失等，这些现象与物种分化、功能进化紧密相关。研究表明，在植物中普遍存在着大规模加倍事件，几乎所有的被子植物基因组都经历过多倍化过程，说明其可能是促进基因组进化的重要因素之一。其中，双子叶植物祖先在1 300万年前发生过一次共同的全基因组三倍化事件。真双子叶植物亲缘与起源的研究表明，多倍化的遗传因素与白垩纪中期的环境因素共同导致了双子叶植物爆发式的产生。双子叶植物祖先基因组三倍化事件为其适应剧烈的生态环境变化提供了潜在优势，最终导致了这一类物种进化上的巨大成功。桃、草莓、梅、梨和苹果都属于蔷薇类植物中的Ⅰ类真蔷薇分支（eurosids Ⅰ），通过比较这些物种的基因组发现它们都经历了古老的全基因组三倍化事件，葡萄与蔷薇类（rosids）植物都来源于同一个双子叶植物共同的古六倍体祖先。

在古三倍化事件后，有些植物基因组发生了近代多倍化（polyploidy）事件。研究表明，多次的基因组多倍化与广泛的基因组重排使得基因序列的组合发生了改变；物理与遗传图谱显示，非特异重组（illegitimate recombination）和基因置换（gene conversion）频繁在染色体末端附近出现。全基因组加倍后，物种在之后的演化过程中多倍化产生的大量重复基因普遍发生了丢失。梨（Wu et al., 2013）和苹果（Velasco et al., 2010）的基因组研究表明，两者都经历了近期的全基因组复制事件，且在复制事件之后分化；而草莓则在基因组复制之前就与梨和苹果分化，因此在基因组共线性比对中发现草莓的一条染色体对应梨和苹果的两条染色体。长期以来，关于蔷薇科不同物种的染色体基数差异比较大的问题，一直没有明确的解释，对于梨和苹果的17条染色体组成，到底是祖先染色体基数8，通过全基因组复制后增加1条染色体形成的？或者祖先染色体基数9，经过全基因组复制后减少1条染色体形成的？还是8条染色体与9条染色体的异源重组形成的？通过对不同物种基因组单拷贝旁系同源基因的系统进化分析，证实了梨和苹果的17条染色体是经过祖先染色体9条加倍，并且发生了染色体的融合和丢失形成的（图2-8）。另外，对于亲缘关系比较近的梨基因组（约530Mb）和苹果基因组（约750Mb）为什么存在比较大的差异问题，通过比较发现，苹果和梨全基因组大小的差异主要是由重复序列造成的（Wu et al., 2013），重复序列在两个基因组中所占比例分别为67%和53.1%，而基因区大小在两个物种间是相似的。依据系统进化树估算，梨和苹果的分化时间在1 680万～820万年前。

在明确梨基因组信息的基础上，进一步对全基因组范围内的重复基因进行了系统鉴定，共发现5种不同类型的重复基因，分别来源于全基因组复制（WGD）、串联复制（TD）、邻近复制（PD）、转座复制（TRD）和随机散布复制（DSD）。进化分析表明，不同类型重复基因具有差异的进化速率，其中串联/邻近复制产生的重复基因进化速率较快，更容易产生新功能突变，对于梨树适应复杂多变的环境具有重要作用。基因复制对于梨农艺性状进化也具有重要贡献，其中串联/邻近复制促使山梨醇代谢途径相关基因家族在梨基因组中发生特异扩张，从而加强梨的山梨醇代谢，而全基因组复制（或称基因组加倍）导致蔗糖代谢途径相关基因家族在梨基因组中的扩张。通过比较重复基因在梨不同组织以及不同发育阶段的转录组表达谱发现，随着进化时间增长，重复基因在不同组织之间的表达分化逐渐增强，这对于重复基因抵御基因组清除机制从而在梨基因组中长期保留具有重要作用（Qiao et al., 2019）。

杜梨（*P. betuleafolia*）是原产于我国的梨野生种，在中国北方地区广泛分布，其根系极发达，富

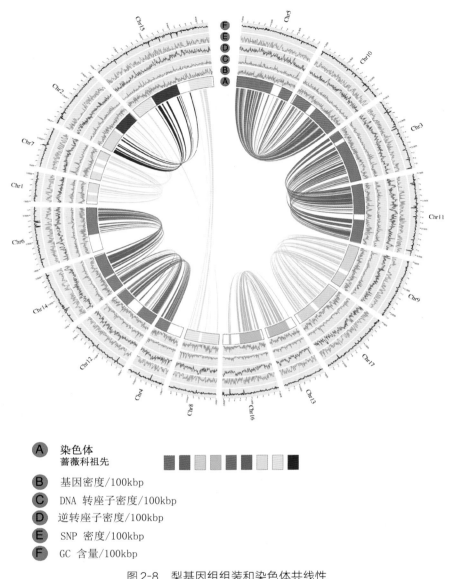

A 染色体
蕾薇科祖先

B 基因密度/100kbp

C DNA 转座子密度/100kbp

D 逆转座子密度/100kbp

E SNP 密度/100kbp

F GC 含量/100kbp

图 2-8 梨基因组组装和染色体共线性

（Wu et al., 2013）

有须根；对严寒、干旱、水涝和盐碱等环境具有非常强的忍耐能力，且与亚洲梨与西洋梨均有很好的嫁接亲和性，是我国北方地区梨栽培品种的主要砧木类型。分子系统学研究发现，杜梨是系统进化树上唯一单源的东方梨，属于比较原始的梨属物种，且是连接亚洲梨与西洋梨的过渡类型（Zheng et al., 2014）。Dong 等（2019）结合了 PacBio 三代测序、Bionano 光学图谱、Hi-C 技术组装出高质量的杜梨参考基因组序列，进一步丰富了梨属植物功能基因组信息。该杜梨基因组组装大小为 532.7Mb，其中 500 Mb（94%）序列锚定在 17 条染色体上，contig N50 为 1.57Mb，重复序列总长度 247.4Mb，占总基因组的 46.43%，BUSCO 评估显示 94.8% 的单拷贝直系同源基因组装完整。砀山酥梨和杜梨的基因组大小、重复序列组成相近，大部分的转座子插入发生在最近的 50 万年，处于较活跃的状态，说明白梨与杜梨基因组从共同祖先分化后以相似的进化速率进化（图 2-9）。

杜梨基因组共注释 59 552 个蛋白质编码基因，其中高可信基因 42 520 个。与其他蕾薇科植物基因家族收缩和扩张分析，发现杜梨基因组中与次生代谢物质积累相关的基因发生谱系特异性扩增，可能影响杜梨强的逆境适应性。通过计算梨属植物直系同源基因之间非同义替换（Ka）和同义替换（Ks），

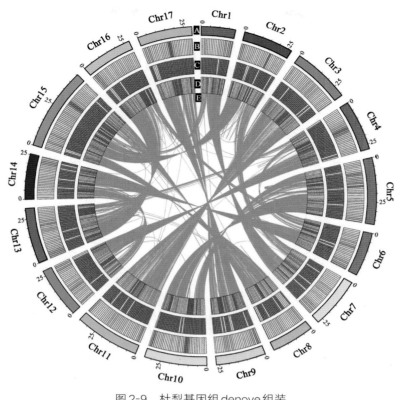

图2-9　杜梨基因组denove组装

(Dong et al., 2019)

发现亚洲梨大多数直系同源基因的Ka/Ks接近于零，其驯化过程中经历强烈的纯化选择，与果实大小、糖代谢和运输以及光合效率相关的基因在东方梨驯化过程中被正向选择。杜梨基因组总共鉴定出573个NBS类型抗病基因，其中150个是TNL型抗病基因，在已公布蔷薇科基因组中数量最多，TNL基因在蔷薇科植物的抗病性中发挥着重要作用，从而解释了杜梨的强抗病性。梨属植物在驯化过程中果实酸涩味逐渐消失，研究发现杜梨原花青素合成结构基因拷贝数显著多于白梨，影响了原花青素的积累，同时花青素还原酶（ANR）代谢途径是原花青素合成的唯一途径；山梨醇转运蛋白（SOT）跨膜转运可能是影响可溶性有机物质积累的主要因素。

第四节　叶绿体DNA进化

　　叶绿体是绿色植物进行能量转化和光合作用的主要场所，是细胞中具有半自主性的细胞器，自身拥有相对独立的遗传物质，即叶绿体DNA（cpDNA）。cpDNA高度保守，在胞质遗传、植物系统发育、DNA条形码的开发、遗传多样性和亲缘关系等方面发挥着重要作用。高等植物叶绿体基因组在组织结构上较为稳定，多为典型的共价闭合4段式双链环状结构，包括2个序列基本相同、方向相反的反向重复区（inverted repeats，IR_A和IR_b）和大单拷贝区（large single copy，LSC）、小单拷贝区（small single copy，SSC）4个部分。叶绿体DNA大小一般为120～160kb，其中IR区长度为20～28kb，LSC区和SSC区长度分别为80～90kb和16～27kb。但有少数物种的cpDNA大小超出这一范围，如银杉（*Cathaya argyrophylla*）的叶绿体基因组大小只有107 kb，天竺葵（*Pelargonium hortorum*）却高达218 kb。叶绿体基因组大小上的差异主要是由反向重复区（IR）的收缩、扩张或缺失引起的。就天竺葵而言，其叶绿体基因组的IR区出现了显著的扩张，达到75 kb，是目前最大的叶绿体基因组。相反，日本黑松（*Pinus thunbergii*）的IR区严重收缩，长度仅有495 bp，而豌豆（*Pisum sativum*）的反向重复区甚至完全消失。除此之外，核苷酸序列的插入缺失、内含子和基因间隔区的长度变化也会影响叶绿体基因组大小。果树叶绿体DNA结构同大多数高等植物一样，砂梨（*Pyrus pyrifolia*）叶绿体基因组大小为159 922bp，包括87 901bp的大单拷贝区、19 237bp的小单拷贝区和2个26 392bp的反向重复区（图2-10）（Terakami et al., 2012）。

梨叶绿体基因组总共预测到129个基因，包括了79个蛋白质编码基因，30个tRNA基因，梨叶绿体基因组与之前的被子植物基因组非常相似。将蔷薇科果树中梨、苹果、李的叶绿体基因组进行比较，发现了220 bp的indel，除了*ycf1*和*ycf2*在编码区包含缺失，其余都在基因间区和内含子部分包含变异，在苹果与李的相同位点发现了3个插入片段、13个缺失片段，通过比较梨与苹果的89个非编码区，发现*ndh*C-*trn*V与*trn*R-*atp*A属于高变区域。在梨与苹果中，反向重复区域与长单拷贝区域比李中的要短62 bp，同时在其边界处和*trn*H中也存在一些高变区域。在梨的叶绿体基因组中总共开发了67个SSR标记，重复次数达10次以上，这些indel与SSR标记将成为研究种内和种间进化的有效工具，系统进化树同时揭示了在梨属和李属间较近的进化关系（Terakami et al., 2012）。果树叶绿体基因组IR区的变异也是其基因组大小不同的主要原因，如cpDNA大小为176kb的美国蔓越桔（*Vaccinium macrocarpon*），其IR区就发生了显著的扩张，长达34 232bp，这是目前果树中已测得的最大的叶绿体基因组（Fajardo et al., 2013）；香蕉的IR区达到35 064bp，使得其叶绿体基因组也较大（Martin et al., 2013）；而中华猕猴桃（*Actinidiachinensis*）叶绿体基因组的IR区则出现了收缩，*rps19*基因未出现在IR区中，变成一个单拷贝基因，因此其IR区较短（Yao et al., 2015）。

叶绿体基因组编码110～130个基因，其中位于IR区的基因含有2个拷贝。这些基因按功能可分为三类。第一类为与光合作用相关的基因（约80个），主要包括光系统 I 基因、光系统 II 基因、ATP合酶和细胞色素 b6/f 复合物基因、核酮糖1,5-二磷酸羧化酶/加氧酶大亚基基因等；第二类为与叶绿体自身转录和翻译相关的基因，包括位于反向重复区中的核糖体 RNA（rRNA）基因（约4种）、转运RNA（tRNA）基因（约30种）、RNA聚合酶亚基基因、核糖体蛋白翻译基因等；第三类为其他生物合成基因（如*matK*、*clp*P、*accD*等）和一些未知功能的开放阅读框（如*ycf1*、*ycf2*等），其中部分基因含有1个内含子，*clp*P、*ycf3*和*rps12*基因可能含有2个内含子，大多数内含子为 II 型内含子，只有*rps12*基因存在一个反式剪接内含子。除了这些功能基因外，叶绿体基因组中也会存在包含多个终止密码子的基因，推测为假基因（如*ycf68*等）。

叶绿体基因组是闭环双链DNA，具有基因组较小、单拷贝、编码区进化速率慢而非编码区进化速率快等特点，非常适合DNA的扩增、测序和序列分析以及亲缘关系的研究。有学者认为，cpDNA的编码区高度保守，而非编码区不能提供充足的遗传变异信息，不适用于植物较低分类阶元，如属及属以下的亲缘关系研究（Muller et al., 2006）。但是叶绿体非编码区因两端序列保守性高，进化速率快，易扩增，适用于种间及种以下的分类研究，如*trnK*、*trnG*、*trnL*、*rps16*、*rpl16*及*rpo*C1等基因的内含子和基因间区已经广泛应用于植物的遗传多样性和亲缘关系的研究中。而其中*trn*T-*trn*F、*trn*D-*trn*T、*atp*B-*rbc*L、*rbc*L-*atp*B和*trn*H-*psb*A等基因间区应用最广泛，在较低分类阶元的植物亲缘关系和遗传多样性研究中取得了较理想的效果。有学者用6个叶绿体非编码区对来自5个梨种的8个品种进行分析，发现在5.7 kb的序列中仅仅发现38个插入或缺失，其中*trn*F-*trn*L的变异率最高（Kimura et al., 2003）。通过*accD-psaI*基因间区的序列分析发现，砂梨存在219bp的缺失，而西洋梨、秋子梨和豆梨等在此区域没有缺失突变（Katayama et al., 2007）。通过对中国云南地区的梨种质资源的调查，利用叶绿体基因组上*accD-psaI*和*trn*L-*trn*F间区，对总共266份资源，22个群体进行多样性分析，揭示了系统进化结构，鉴定了13个单体型，多态性很高，变异度达到59.61%，群体间的遗传差异大，云南滇梨的群体扩张预计发生在62万～21万年前。

随着植物基因组学研究的不断深入，学者们在植物叶绿体基因组（cpDNA）的非编码区发现了大量的遗传变异，cpDNA随后在地理种群研究中得到了越来越广泛的应用。由于通用引物在叶绿体基因组非编码区的开发，植物的地理种群关系研究飞速发展，但是和核基因组序列相比，cpDNA较为保守，在种间或种内的地理种群关系研究中无法提供足够的位点信息（Wolfe et al., 1987）。在被子植物中，cpDNA多为母系遗传，在降低有效种群数的情况下，会增大遗传漂变在群体分化中的作用，由母系遗传的cpDNA计算的结果往往会显示较高的种群分化和种群迁移范围的过高估计；而核基因组是二倍体或多倍体，因此在雌雄同株植物中，核基因能提供的有效遗传变异信息是cpDNA的多倍。

Katayama和Uematsu（2003）利用*Sal*I、*Xho*I、*Bam*HI、*Sac*I和*Pst*I五种限制性酶构建了梨叶绿体DNA（cpDNA）的物理图谱，梨cpDNA分子大小约156kb，其中两个24.8kb的反向重复序列将分子分成小的（17kb）和大的（90kb）单拷贝区。在梨cpDNA物理图谱上定位了29个基因。梨cpDNA的基因组大小与序列与烟草、拟南芥cpDNA基本相同，但与禾本科植物不同。采用RFLP技术分析了梨5个种（砂梨、秋子梨、豆梨、胡秃子叶梨、西洋梨）的cpDNA，发现梨突变数目比其他被子植物少，表明了梨属植物具有高度的基因组保守性。

叶绿体基因组所包含的遗传信息虽远小于核基因组，但其基因序列和结构在揭示物种的系统发育和解读栽培作物起源驯化等方面可发挥重要作用。因此，叶绿体全基因组测序成为目前研究植物生物学的重要手段。Terakami等（2012）将获得的砂梨叶绿体全基因组序列与其他物种特别是蔷薇科果树（苹果、李）的叶绿体基因组进行比较分析，基于81个叶绿体基因组序列分析35个分类群，绘制出系统发育关系图（图2-10），结果表明梨属与李属的亲缘关系更近，同时证实梨属和李属都是桑属的姊妹

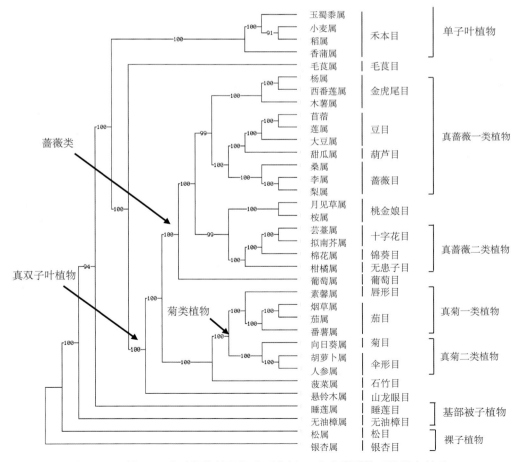

图2-10　基于81个叶绿体基因组序列分析35个分类群的系统发育关系

（Terakami et al., 2012）

群。利用日本砂梨叶绿体基因组研究开发了SSR分子标记，标记稳定性好、多态性高，达到了每个位点3～6个条带，在总共13个位点中多态性达到0.71，10个SSR标记可以在西洋梨中得到扩增，同时也具有较高的多态性（Yoshikawa et al., 2012）。Bao等（2016）用20个物种的叶绿体编码序列构建进化树，发现在苹果亚科中海棠果（*Malus prunifolia*）与梨属的亲缘关系最近（Bao et al., 2016）。

果树叶绿体基因组测序得到了一定的发展，越来越多的果树种类完成了测序，但目前NCBI中登录的果树叶绿体基因组数目只是很少的一部分，而且以蔷薇科果树居多，其他科的果树较少，这制约了果树的物种起源及系统发育等方面的研究，未来需要对更多的果树种类进行叶绿体全基因组测序，为包括系统进化和物种起源研究在内的以叶绿体基因组序列为基础的研究提供足够的数据基础。

第三章　梨遗传资源表型多样性

第一节　植物学特征

一、枝　干

(一)树姿

成龄梨树的自然姿态依主枝基角不同分为：1.抱合；2.直立；3.半开张；4.开张；5.下垂（图3-1）。

1　　　　　　　　　　　2　　　　　　　　　　　3

<table>
<tr><td style="text-align:center">4</td><td style="text-align:center">5</td></tr>
</table>

图3-1 树姿

（二）主干树皮特征

主干树皮特征分为：1.光滑；2.纵裂；3.片状剥落（图3-2）。

<table>
<tr><td style="text-align:center">1</td><td style="text-align:center">2</td><td style="text-align:center">3</td></tr>
</table>

图3-2 主干树皮特征

（三）一年生枝长度、一年生枝粗度、节间长度

根据对549份梨资源的统计分析，一年生枝长度为19.0～108.5cm，均值为57.6cm，变异系数为23.70%。一年生枝长度50.0～70.0cm的频率分布最大，占55.92%；一年生枝长度评价划分为5个等级（图3-3，表3-1）。

一年生枝粗度为2.3～7.9mm，均值为5.3mm，变异系数为15.08%。一年生枝粗度5.0～6.0mm的频率分布最大，占55.74%；一年生枝粗度评价划分为5个等级（图3-3，表3-2）。

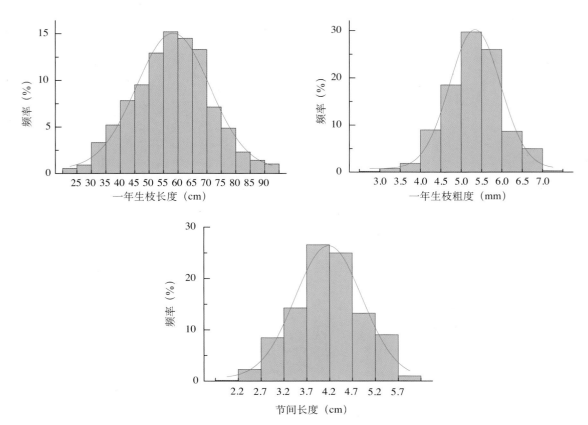

图3-3　一年生枝长度、一年生枝粗度与节间长度多样性分布

表3-1　一年生枝长度评价等级及参照资源

分级	评价标准（cm）	参照资源
极短	<30.0	晋酥梨、荆门豆梨
短	30.0～50.0*	八月雪、派克汉姆
中	50.0～70.0	苹果梨、早生赤
长	70.0～90.0	锦丰梨、利布林
极长	≥90.0	寒香梨、细把清水

表3-2　一年生枝粗度评价等级及参照资源

分级	评价标准（mm）	参照资源
极细	<4.0	晋酥梨、荆门豆梨
细	4.0～5.0	八月酥梨、居特路易斯
中	5.0～6.0	秋白梨、茄梨
粗	6.0～7.0	苹果梨、国长
极粗	≥7.0	懋功梨

　　节间长度为1.8～6.7cm，均值为4.2cm，变异系数为19.33%。节间长度3.7～4.7cm的频率分布最大，占51.73%；节间长度评价划分为5个等级（图3-3，表3-3）。

＊　组距下限归类于下一组，下同。

表3-3　节间长度评价等级及参照资源

分级	评价标准（cm）	参照资源
极短	＜2.7	油饺团、哈代
短	2.7～3.7	花长把、伏茄
中	3.7～4.7	荏梨、圆黄
长	4.7～5.7	苍溪雪梨、丰水
极长	≥5.7	德胜香、甘川

（四）一年生枝颜色

一年生枝颜色通过比色卡进行判别，英国皇家园艺学会比色卡（RHS）颜色与一年生枝颜色对应分类见表3-4。一年生枝颜色分为：1.绿黄色；2.灰褐色；3.黄褐色；4.绿褐色；5.红褐色；6.褐色；7.紫褐色；8.黑褐色（图3-4）。根据对617份梨资源的统计分析，一年生枝条为黄褐色最多，占70.50%；其次为红褐色，占16.86%（图3-11）。

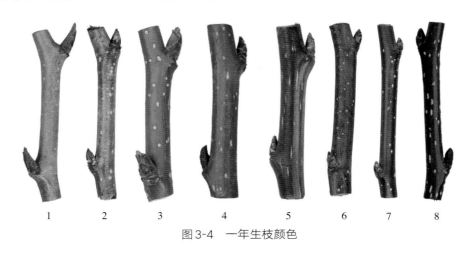

图3-4　一年生枝颜色

表3-4　一年生枝颜色与英国皇家园艺学会比色卡颜色代码的对应关系

一年生枝颜色	英国皇家园艺学会比色卡颜色代码
绿黄色	199A,199B
灰褐色	N200B,N200C
黄褐色	164A,165A,165B,166A,166B,166C,167A,N170A,171A,175A,175B,175C,177A,177B,N199B,N199C,N199D,200D
绿褐色	N199A
红褐色	176A,178A,178B,183A,183B
褐色	200B,200C
紫褐色	187A,187B
黑褐色	200A

（五）一年生枝皮孔数量

一年生枝皮孔数量根据单位面积皮孔数量多少评价，分为：1.无或极少（皮孔数＜2.0个/cm²）；3.少（2.0个/cm²≤皮孔数＜4.0个/cm²）；5.中（4.0/cm²≤皮孔数＜10.0个/cm²）；7.多（皮孔数≥10.0个/cm²）（图3-5）。根据对599份梨资源的统计分析，一年生枝皮孔数量表现为中的资源最多，占75.29%（图3-11）。

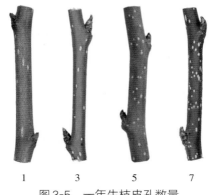

图3-5 一年生枝皮孔数量

（六）针刺

梨树枝条上针刺分为：0.无；1.有（图3-6）。

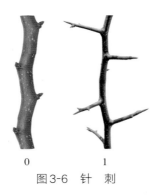

图3-6 针 刺

（七）叶芽姿态

叶芽姿态分为：1.贴生；2.斜生；3.离生（图3-7）。根据对616份梨资源的统计分析，叶芽为斜生的资源最多，占93.34%；其次为贴生的资源，占6.49%（图3-11）。

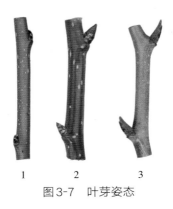

图3-7 叶芽姿态

（八）叶芽顶端特征

叶芽顶端特征分为：1.尖；2.钝；3.圆（图3-8）。根据对616份梨资源的统计分析，叶芽顶端为钝的资源最多，占79.22%；其次为尖的资源，占16.56%（图3-11）。

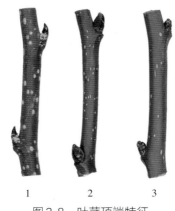

1   2   3

图3-8   叶芽顶端特征

（九）芽托大小

芽托大小分为：3.小；5.中；7.大（图3-9）。根据对616份梨资源的统计分析，芽托为中的资源最多，占75.81%（图3-11）。

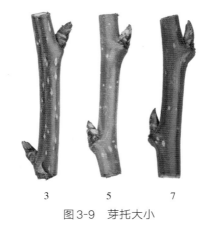

3   5   7

图3-9   芽托大小

（十）花芽大小

根据对549份梨资源的统计分析，花芽长度为4.1～17.0mm，均值为9.9mm，变异系数为20.62%。花芽长度8.5～11.0mm的频率分布最大，占46.81%；按花芽长度可将资源分5级评价（图3-10，表3-5）。

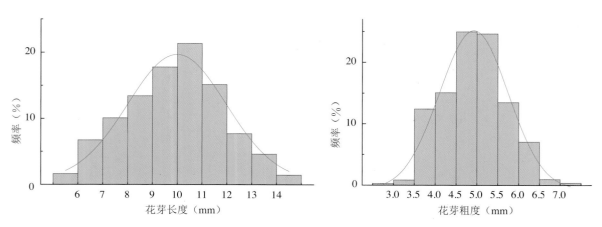

图3-10   花芽大小多样性分布

表3-5　花芽长度评价等级及参照资源

分级	评价标准（mm）	参照资源
极短	<6.0	白枝母秧、费莱茵
短	6.0～8.5	砀山酥梨、利布林
中	8.5～11.0	秋白梨、哈代
长	11.0～13.5	鸭梨、晚三吉
极长	≥13.5	独里红、昆明麻

　　花芽粗度为2.5～7.9mm，均值为4.9mm，变异系数为16.66%。花芽粗度4.5～5.5mm的频率分布最大，占49.91%；按花芽粗度可将资源分5级评价（图3-10，表3-6）。

表3-6　花芽粗度评价等级及参照资源

分级	评价标准（mm）	参照资源
极细	<3.5	河北梨
细	3.5～4.5	伏茄、南果梨
中	4.5～5.5	砀山酥梨、圆黄
粗	5.5～6.5	金川雪梨、晚三吉
极粗	≥6.5	独里红、海棠酥

（十一）花芽茸毛

　　花芽茸毛分为：0.无；1.有。根据对590份梨资源统计分析，花芽无茸毛的较多，占97.63%（图3-11）。

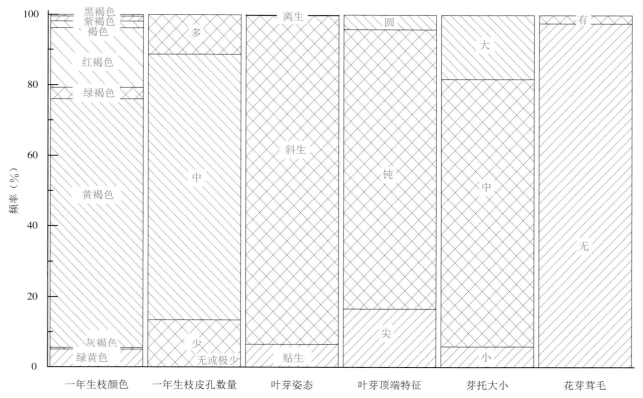

图3-11　一年生枝和芽表型性状多样性分布

二、叶

（一）幼叶颜色

幼叶颜色分为：1.绿色；2.绿微着红色；3.绿着红色；4.红着绿色；5.红微着绿色；6.红色（图 3-12）。根据对622份梨资源的统计分析，幼叶颜色为绿微着红色的资源最多，占31.35%；其次为绿色的资源，占26.05%（图3-22）。

图 3-12　幼叶颜色

（二）叶片大小

根据对549份梨资源的统计分析，叶片长度为5.9～15.5cm，均值为10.8cm，变异系数为17.25%。叶片长度9.5～12.0cm的频率分布最大，占48.82%；按叶片长度可将资源分5级评价（图3-13，表3-7）。

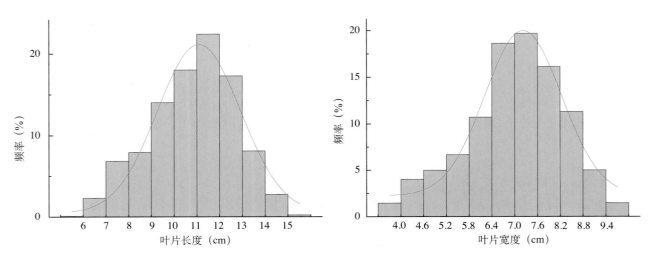

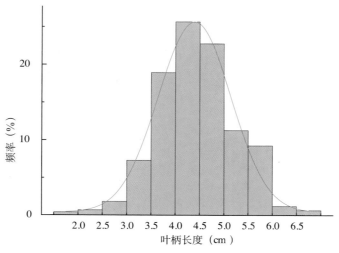

图3-13　叶片大小多样性分布

表3-7　叶片长度评价等级及参照资源

分级	评价标准（cm）	参照资源
极短	<7.0	黄麻梨、蓓蕾沙
短	7.0～9.5	花长把、茄梨
中	9.5～12.0	砀山酥梨、晚三吉
长	12.0～14.5	鸭梨、丰水
极长	≥14.5	惠水金盖、莥梨

　　叶片宽度为3.0 ～ 11.0cm，均值为7.0cm，变异系数为19.04％。叶片宽度5.8 ～ 7.6cm的频率分布最大，占49.18％；按叶片宽度可将资源分5级评价（图3-13，表3-8）。

表3-8　叶片宽度评价等级及参照资源

分级	评价标准（cm）	参照资源
极窄	<4.0	黄麻梨、蓓蕾沙
窄	4.0～5.8	色尔克甫、茄梨
中	5.8～7.6	锦丰、圆黄
宽	7.6～9.4	鸭梨、早生赤
极宽	≥9.4	龙灯早梨、金花梨

　　叶柄长度为1.4 ～ 7.6cm，均值为4.3cm，变异系数为21.06％。叶柄长度4.0 ～ 5.0cm的频率分布最大，占48.45％；按叶柄长度可将资源分5级评价（图3-13，表3-9）。

表3-9　叶柄长度评价等级及参照资源

分级	评价标准（cm）	参照资源
极短	<3.0	居特路易斯、蓓蕾沙
短	3.0～4.0	宝珠梨、波罗底斯卡
中	4.0～5.0	鸭梨、圆黄

分级	评价标准（cm）	参照资源
长	5.0～6.0	苍溪雪梨、江岛
极长	≥6.0	京白梨、花长把

（三）叶片形状

叶片形状分为：1.圆形；2.卵圆形；3.椭圆形；4.披针形；5.裂叶形（图3-14）。根据对596份梨资源的统计分析，叶片为卵圆形的资源最多，占86.07%；其次为椭圆形，占13.59%（图3-22）。

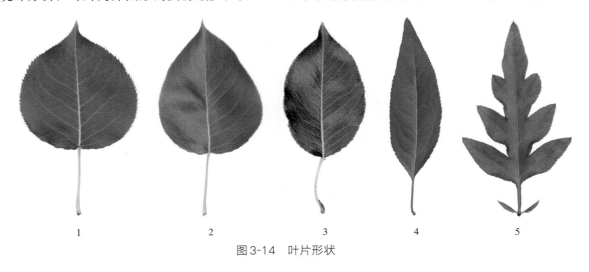

图3-14　叶片形状

（四）叶基形状

叶基形状分为：1.狭楔形；2.楔形；3.宽楔形；4.圆形；5.截形；6.心形（图3-15）。根据对595份梨资源的统计分析，叶基为宽楔形的资源最多，占75.29%；其次为心形和圆形，分别占15.46%和4.54%（图3-22）。

图3-15　叶基形状

（五）叶尖形状

叶尖形状分为：1.渐尖；2.钝尖；3.急尖；4.长尾尖（图3-16）。根据对595份梨资源的统计分析，急尖的资源最多，占65.55％；渐尖和长尾尖的资源较少，分别占17.65％和16.81％（图3-22）。

1　　　　　　2　　　　　　3　　　　　　4

图3-16　叶尖形状

（六）叶缘

叶缘分为：1.全缘；2.圆锯齿；3.钝锯齿；4.锐锯齿；5.复锯齿（图3-17）。根据对595份梨资源的统计分析，叶缘为锐锯齿的资源最多，占84.20％；圆锯齿和钝锯齿的资源较少，分别占7.23％和6.89％（图3-22）。

1　　　　2　　　　3　　　　4　　　　5

图3-17　叶　缘

（七）刺芒

刺芒分为：0.无；1.有（图3-18）。根据对595份梨资源的统计分析，有刺芒的资源最多，占85.38％（图3-22）。

0　　　　　　　　　　　　1

图3-18　刺　芒

（八）叶面伸展状态

叶面伸展状态分为：1.平展；2.抱合；3.反卷；4.波浪（图3-19）。根据对595份梨资源的统计分析，叶面伸展状态为抱合的资源最多，占51.43%；其次为波浪的资源，占34.96%（图3-22）。

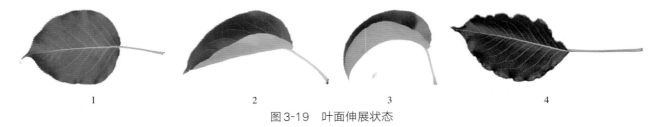

图3-19 叶面伸展状态

（九）叶姿

叶姿分为：1.斜向上；2.水平；3.斜向下（图3-20）。根据对548份梨资源的统计分析，叶姿为斜向下的资源最多，占86.68%；其次为水平叶姿的资源，占8.39%；斜向上的最少（图3-22）。

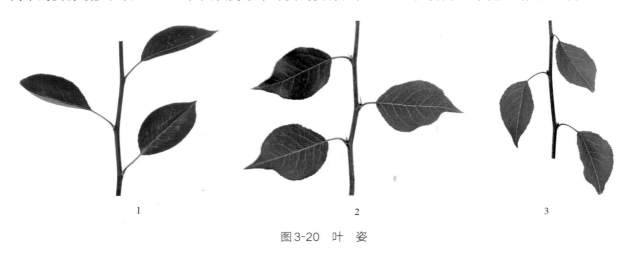

图3-20 叶 姿

（十）托叶

托叶分为：0.无；1.有（图3-21）。根据对548份梨资源的统计分析，无托叶的资源较多，占94.16%；有托叶的资源较少，多数为西洋梨资源（图3-22）。

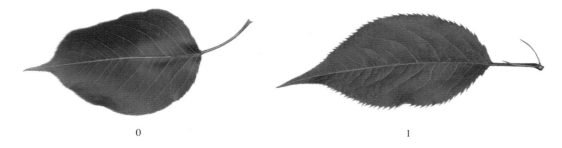

图3-21 托 叶

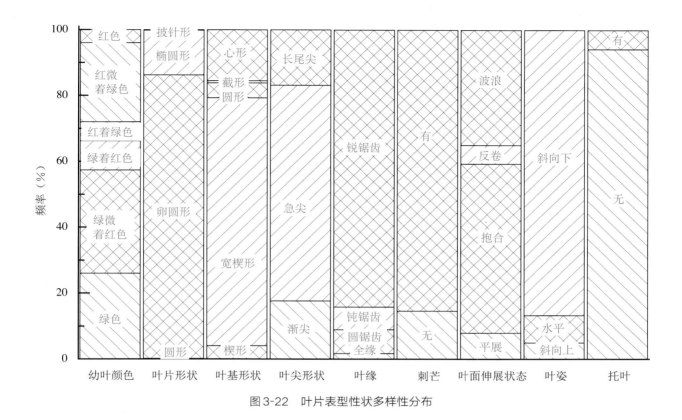

图 3-22　叶片表型性状多样性分布

三、花

（一）花蕾颜色

花蕾颜色分为：1.白色；2.淡粉红色；3.粉红色；4.深粉红色（图3-23）。根据对609份梨资源的统计分析，白色花蕾资源最多，占70.94%；其次为淡粉红色，占22.99%，粉红色和深粉红色较少（图3-29）。

1　　　　　　2　　　　　　3　　　　　　4

图 3-23　花蕾颜色

（二）花药颜色

花药颜色根据与英国皇家园艺学会比色卡相应颜色的代码比较评价，RHS 比色卡颜色与花药颜色对应分类见表3-10。花药颜色分为：1.黄白色；2.淡粉色；3.淡紫红色；4.淡紫色；5.粉红色；6.红色；7.紫红色；8.紫色；9.深紫红色；10.深紫色（图3-24）。根据对610份梨资源的统计分析，花药颜色为紫红色的资源最多，占56.72%；其次为淡紫红色和淡紫色，分别为9.51%和9.18%（图3-29）。

表3-10 花药颜色与英国皇家园艺学会比色卡颜色代码的对应关系

花药颜色	英国皇家园艺学会比色卡颜色代码
黄白色	1D,2D,4D
淡粉色	58D,62A,62B,62C,63C,65A,65B,65C,65D,68C,68D,69A,73C
淡紫红色	63C,64D,67D,70C,72D,73A,73B
淡紫色	N74C,N74D,75A,75B,75C,76A,76B,77C,N77D,N78D,N80C,N80D
粉红色	52A,N57A,N57B,N57C,58B,58C,61D,68B
红色	53A,53B
紫红色	58A,59C,59D,60A,60B,60C,60D,61A,61B,61C,63A,63B,64A,64B,64C,67A,67B,67C,70A,70B,71A,71B,71C,71D,72A,72C,N74A,N74B
紫色	72B,77B,N77B,N78A,N78B,N78C,N79C,N79D,N80A,N80B,N81B,N81C
深紫红色	59A,59B
深紫色	N79A,N79B

图3-24 花药颜色

（三）花瓣相对位置

花瓣相对位置分为：1.分离；2.邻接；3.重叠；4.无序（图3-25）。根据对612份梨资源的统计分析，花瓣相对位置为重叠和无序的资源最多，占82.02%；只有少量资源表现为分离和邻接（图3-29）。

图3-25 花瓣相对位置

（四）花瓣形状

花瓣形状分为：1.圆形；2.卵圆形；3.椭圆形；4.心形（图3-26）。根据对612份梨资源的统计分析，花瓣形状为卵圆形的资源最多，占57.68%；其次为椭圆形和圆形，分别为15.52%和14.22%（图3-29）。

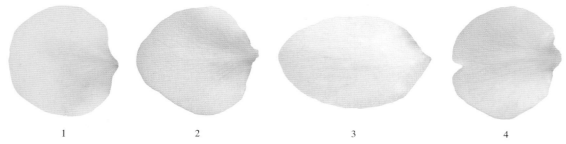

图3-26　花瓣形状

（五）柱头位置

柱头位置分为：1.低于花药；2.与花药等高；3.高于花药（图3-27）。根据对611份梨资源的统计分析，柱头高于花药的资源最多，占50.08%；其次为等高，占46.15%（图3-29）。

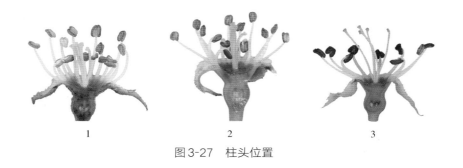

图3-27　柱头位置

（六）花柱基部茸毛

花柱基部茸毛分为：0.无；1.有（图3-28）。根据对610份梨资源的统计分析，花柱基部无茸毛的资源最多，占72.79%（图3-29）。

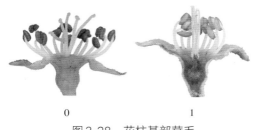

图3-28　花柱基部茸毛

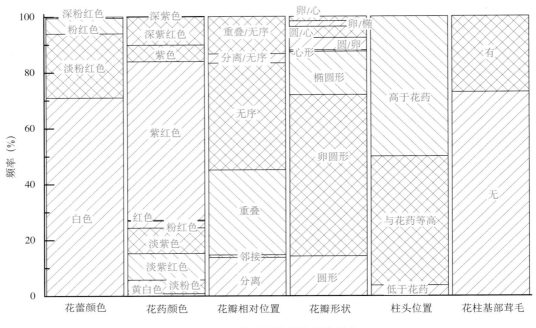

图 3-29　花表型性状多样性分布

（七）每花序花朵数

根据对662份梨资源的统计分析，每花序花朵数为3 ～ 15朵，均值为6.7朵，变异系数为18.20%。每花序花朵数6 ～ 8朵的频率分布最大，占65.90%；按每花序花朵数可将资源分5级评价（图3-30，表3-11）。

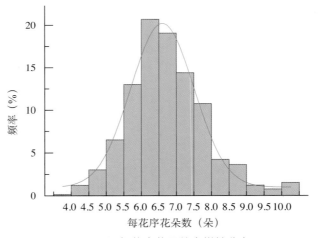

图 3-30　每花序花朵数多样性分布

表 3-11　每花序花朵数评价等级及参照资源

分级	评价标准（朵）	参照资源
极少	<5.0	茌梨、费莱茵
少	5.0～6.0	面酸、哈代
中	6.0～7.0	砀山酥梨、巴梨
多	7.0～8.0	苍溪雪梨、朱丽比恩
极多	≥8.0	细花麻壳、京白梨

（八）花冠直径

根据对662份梨资源的统计分析，花冠直径为2.1 ～ 6.1cm，均值为4.0cm，变异系数为14.34%。花冠直径3.7 ～ 4.3cm的频率分布最大，占46.34%。按花冠直径可将资源分5级评价（图3-31，表3-12）。

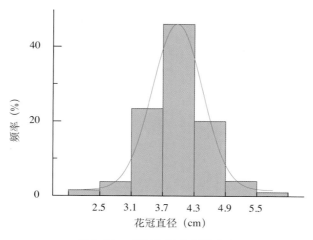

图3-31 花冠直径多样性分布

表3-12 花冠直径评价等级及参照资源

分级	评价标准（cm）	参照资源
极小	<3.1	奎克句句、朱丽比恩
小	3.1～3.7	中梨1号、巴梨
中	3.7～4.3	库尔勒香梨、阿巴特
大	4.3～4.9	苍溪雪梨、珍妮阿
极大	≥4.9	安梨、鸭广梨

（九）雄蕊数

根据对662份梨资源的统计分析，雄蕊数分为16 ～ 34枚，均值为22枚，变异系数为13.29%。雄蕊数19 ～ 23枚的频率分布最大，占68.65%；按雄蕊数可将资源分4级评价。雄蕊数少的资源主要为杜梨和野生秋子梨，雄蕊数极多的资源主要以砂梨资源为主，还有少量的白梨、秋子梨和西洋梨（图3-32，表3-13）。

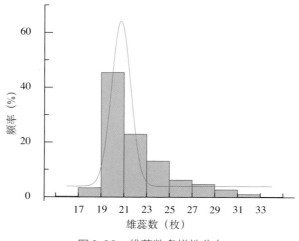

图3-32 雄蕊数多样性分布

表3-13　雄蕊数评价等级及参照资源

分级	评价标准（枚）	参照资源
少	<19.0	青糖、河北梨1号
中	19.0～23.0	砀山酥梨、派克汉姆
多	23.0～27.0	库尔勒香梨、红茄梨
极多	≥27.0	巍山红雪梨、佳娜

（十）柱头数

根据对662份梨资源的统计分析，柱头数为2～8枚，均值为4.8枚，变异系数为10.90%。柱头数4.9～5.9枚的资源占74.89%；按柱头数可将资源分4级评价。柱头数极少的资源主要为杜梨、豆梨、褐梨和麻梨，柱头数极多的资源主要以砂梨资源为主，有幸水、美人酥和巍山红雪梨等（图3-33，表3-14）。

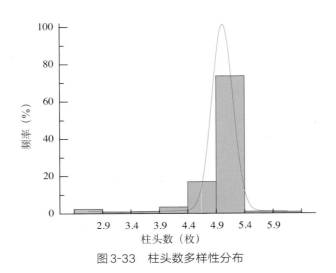

图3-33　柱头数多样性分布

表3-14　梨柱头数评价等级及参照资源

分级	评价标准（枚）	参照资源
极少	<3.9	豆梨、杜梨
少	3.9～4.9	秋白梨、保利阿斯卡
中	4.9～5.9	砀山酥梨、巴梨
多	≥5.9	巍山红雪梨、幸水

四、种　子

种子形态特征分为：1.圆形；2.卵圆形（图3-34）。

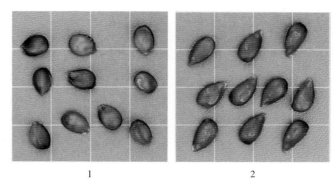

图3-34 种子形状

第二节 果实性状

一、果实感官性状

（一）果实大小

果实大小可用单果重或果实横径、纵径表示（图3-35）。梨单果重最小不足1g，最大可达500g以上。

图3-35 果实大小

根据对318份脆肉型梨资源的统计分析，脆肉型梨单果重33 ~ 495g，均值为210g，变异系数为33.38%；果实横径3.8 ~ 9.5cm，均值为7.1cm，变异系数为11.80%；纵径3.8 ~ 10.5cm，均值为7cm，变异系数为15.34%；按单果重、果实横径或果实纵径可将脆肉型梨资源分4级评价（图3-36，表3-15至表3-17）。

表3-15 脆肉型梨单果重评价等级及参照资源

分级	评价标准（g）	参照资源
小	<100	鹅蛋、胎黄梨
中	100~200	鸭梨、秋白梨
大	200~300	雪花梨、砀山酥梨
极大	≥300	满丰、苍溪雪梨

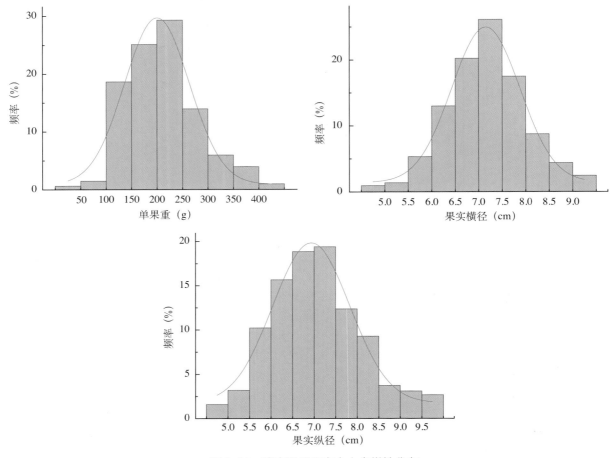

图3-36　脆肉型梨果实大小多样性分布

表3-16　脆肉型梨果实横径评价等级及参照资源

分级	评价标准（cm）	参照资源
小	<5.5	鹅蛋、胎黄梨
中	5.5～7.5	鸭梨、秋白梨
大	7.5～8.5	雪花梨、满丰
极大	≥8.5	奎星麻壳、华山

表3-17　脆肉型梨果实纵径评价等级及参照资源

分级	评价标准（cm）	参照资源
小	<5.5	鹅蛋、新水
中	5.5～7.0	秋白梨、水红宵
大	7.0～8.5	砀山酥梨、鸭梨
极大	≥8.5	金花梨、苍溪雪梨

　　根据对53份秋子梨的统计分析，秋子梨单果重33～167g，均值为79.4g，变异系数为40.42%；果实横径3.8～6.6cm，均值为5.2cm，变异系数为14.05%；果实纵径3.3～6.3cm，均值为4.7cm，变异系数为15.15%；按单果重、果实横径或果实纵径可将秋子梨资源分3级评价（图3-37，表3-18至表3-20）。

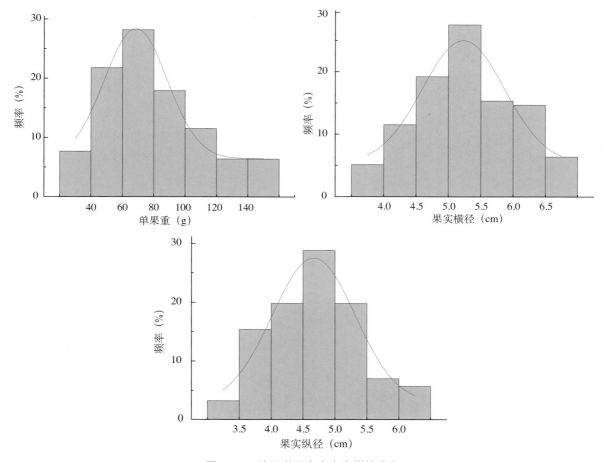

图3-37　秋子梨果实大小多样性分布

表3-18　秋子梨单果重评价等级及参照资源

分级	评价标准（g）	参照资源
小	＜50.0	小香水、八里香
中	50.0～120.0	南果梨、大香水
大	≥120.0	京白梨、白花罐

表3-19　秋子梨果实横径评价等级及参照资源

分级	评价标准（cm）	参照资源
小	＜4.5	小香水、八里香
中	4.5～6.0	南果梨、大香水
大	≥6.0	京白梨、安梨

表3-20　秋子梨果实纵径评价等级及参照资源

分级	评价标准（cm）	参照资源
小	＜4.0	小香水、八里香
中	4.0～5.5	南果梨、大香水
大	≥5.5	尖把梨、鸭广梨

根据对73份西洋梨的统计分析，西洋梨单果重53～357g，均值为170g，变异系数为40.54%；果实横径4.4～8.7cm，均值为6.5cm，变异系数为14.50%；果实纵径4.8～12.6cm，均值为8.1cm，变异系数为20.85%。按单果重、果实横径或果实纵径可将西洋梨资源分4级评价（图3-38，表3-21至表3-23）。

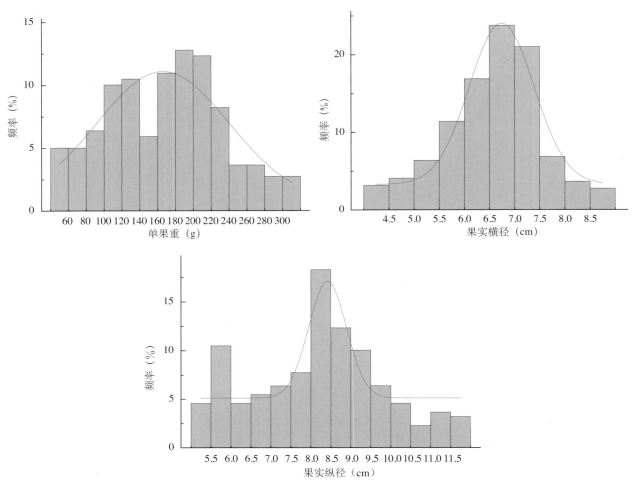

图3-38　西洋梨果实大小多样性分布

表3-21　西洋梨单果重评价等级及参照资源

分级	评价标准（g）	参照资源
小	＜100.0	伏茄、保利阿斯卡
中	100.0～200.0	红茄梨、康佛伦斯
大	200.0～300.0	派克汉姆、三季
极大	≥300.0	瓢梨、佳娜

表3-22　西洋梨果实横径评价等级及参照资源

分级	评价标准（cm）	参照资源
小	＜5.5	伏茄、保利阿斯卡
中	5.5～7.0	红茄梨、康佛伦斯
大	7.0～8.5	三季、派克汉姆
极大	≥8.5	瓢梨、佳娜

表3-23　西洋梨果实纵径评价等级及参照资源

分级	评价标准（cm）	参照资源
小	<6.0	海寿慈卡、波
中	6.0~9.0	红茄梨、康佛伦斯
大	9.0~11.0	三季、红巴梨
极大	≥11.0	瓢梨、阿巴特

（二）果实形状

果实形状分为：1.扁圆形；2.圆形；3.长圆形；4.卵圆形；5.倒卵形；6.圆锥形；7.圆柱形；8.纺锤形；9.细颈葫芦形；10.葫芦形；11.粗颈葫芦形（图3-39）。根据对562份梨资源的统计分析，扁圆形和圆形的资源最多，分别占25.09%和24.38%；其次为倒卵形的资源，占16.01%（图3-49）。

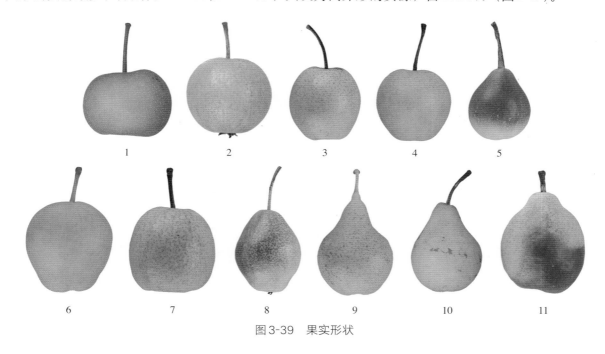

图3-39　果实形状

（三）果实底色

果实底色分为：1.黄色；2.绿黄色；3.黄绿色；4.绿色；5.黄褐色；6.褐色；7.红色（图3-40）。根据对562份梨资源的统计分析，黄绿色的资源最多，占38.61%；其次为黄色和绿黄色的资源，分别占19.22%和16.73%（图3-49）。

图3-40　果实底色

（四）果面盖色

果面盖色分为：1.淡红色；2.橘红色；3.鲜红色；4.暗红色（图3-41）。根据对562份梨资源的统计分析，果面盖色的资源中，橘红色和淡红色的资源最多，分别占41.77%和31.01%（图3-49）。

1　　　　　2　　　　　3　　　　　4

图3-41　果面盖色

（五）着色类型

着色类型分为：1.条红；2.片红（图3-42）。根据对562份梨资源的统计分析，在着色资源中，片红资源最多，占92.41%（图3-49）。

1　　　　　　　　　　2

图3-42　着色类型

（六）果点明显程度

果点明显程度分为：3.明显；5.中等；7.不明显（图3-43）。根据对562份梨资源的统计分析，果点明显程度为中等的资源最多，占80.43%；其次为明显的资源，占10.85%（图3-49）。

3　　　　　5　　　　　7

图3-43　果点明显程度

（七）果锈数量

果锈数量分为：1.无或极少（果锈面积与果实面积比值＜1/16）；3.少（1/16≤果锈面积与果实面积比值＜1/8）；5.中（1/8≤果锈面积与果实面积比值＜1/4）；7.多（果锈面积与果实面积比值≥1/4）（图3-44）。根据对562份梨资源的统计分析，少和无或极少的资源最多，分别占46.09%和43.24%；其次为中的资源，占5.52%（图3-49）。

　　1　　　　　　3　　　　　　5　　　　　　7

图3-44　果锈数量

（八）果锈位置

果锈位置分为：1.胴部；2.萼端；3.梗端；4.全果（图3-45）。根据对562份梨资源的统计分析，在有果锈的资源中，果锈位于梗端的最多，占33.54%；其次为全果和胴部，分别占18.81%和18.18%（图3-49）。

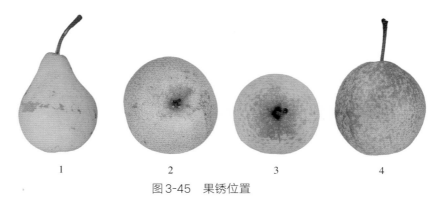

　　1　　　　　　2　　　　　　3　　　　　　4

图3-45　果锈位置

（九）棱沟

棱沟有无分为：0.无；1.有（图3-46）。根据对562份梨资源的统计分析，无棱沟的资源最多，占81.14%（图3-49）。

（十）果面光滑程度

果面光滑程度分为：3.粗糙；5.中等；7.平滑。根据对562份梨资源的统计分析，果面光滑程度中等的资源最多，占91.46%；其次为平滑的资源，占7.65%（图3-49）。

　　0　　　　　　　1

图3-46　棱　沟

（十一）果梗基部膨大

果梗基部膨大分为：0.无；1.有（图3-47）。根据对562份梨资源的统计分析，无果梗基部膨大的资源最多，占85.05%（图3-49）。

（十二）果肉颜色

果肉颜色分为：1.白色；2.乳白色；3.绿白色；4.淡黄色；5.黄色；6.红色（图3-48）。根据对562份梨资源的统计分析，乳白色的资源最多，占32.38%；其次为白色和淡黄色的资源，分别占28.47%和28.29%（图3-49）。

0　　　　　1

图3-47　果梗基部膨大

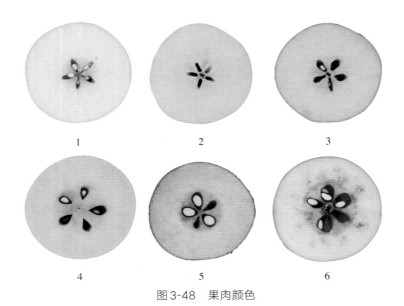

1　　　　　2　　　　　3

4　　　　　5　　　　　6

图3-48　果肉颜色

图3-49　果实表型性状多样性分布-1

（十三）果梗长度、果梗粗度

根据对562份梨资源的统计分析，果梗长度1.0～7.0cm，均值为3.9cm，变异系数为28.58%；按果梗长度可将资源分5级评价（图3-50，表3-24）。

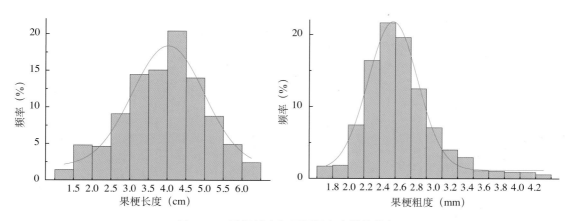

图3-50 果梗长度和果梗粗度多样性分布

表3-24 果梗长度评价等级及参照资源

分级	评价标准（cm）	参照资源
极短	<1.5	满园香、粉酪
短	1.5～3.0	南果梨、波罗底斯卡
中	3.0～4.5	湘南、玉露香
长	4.5～6.0	巍山红雪梨、鸭梨
极长	≥6.0	黄县长把、雪花梨

果梗粗度1.1～4.9mm，均值为2.6mm，变异系数为18.47%；按果梗粗度可将资源分5级评价（图3-50，表3-25）。

表3-25 果梗粗度评价等级及参照资源

分级	评价标准（mm）	参照资源
极细	<2.0	京白梨、长把酥
细	2.0～2.4	八里香、花长把
中	2.4～2.8	巍山红雪梨、安梨
粗	2.8～3.2	雁荡雪、派克汉姆
极粗	≥3.2	三季、红火把

（十四）果梗姿态

果梗姿态分为：1.直生；2.斜生；3.横生（图3-51）。根据对562份梨资源的统计分析，直生的资源最多，占59.43%；其次为直生和斜生都有的资源，占29.72%（图3-62）。

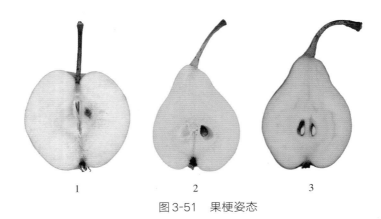

图 3-51　果梗姿态

（十五）梗洼深度

梗洼深度分为：1.无或极浅；3.浅；5.中；7.深（图3-52）。根据对562份梨资源的统计分析，梗洼深度为中的资源最多，占58.54%；其次为梗洼深度浅的资源，占27.40%（图3-62）。

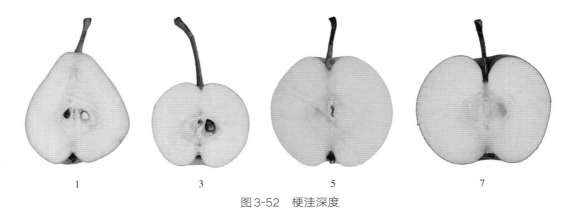

图 3-52　梗洼深度

（十六）梗洼广度

梗洼广度分为：3.狭；5.中；7.广（图3-53）。根据对562份梨资源的统计分析，梗洼广度为中的资源最多，占64.77%；其次为广的资源，占33.81%（图3-62）。

图 3-53　梗洼广度

（十七）萼洼深度

萼洼深度分为：1.平或极浅；3.浅；5.中；7.深（图3-54）。根据对562份梨资源的统计分析，萼洼深度为中的资源最多，占64.06%；其次为浅的资源，占32.03%（图3-62）。

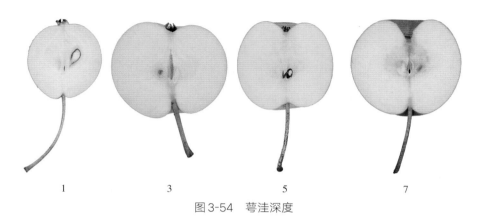

1　　　　3　　　　5　　　　7

图3-54　萼洼深度

（十八）萼洼广度

萼洼广度分为：3.狭；5.中；7.广（图3-55）。根据对562份梨资源的统计分析，萼洼广度为中的资源最多，占63.88%；其次为广的资源，占35.94%（图3-62）。

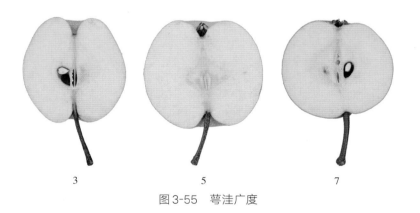

3　　　　5　　　　7

图3-55　萼洼广度

（十九）萼洼状态

萼洼状态分为：1.平滑；2.皱状；3.肋状；4.隆起（图3-56）。根据对562份梨资源的统计分析，皱状的资源最多，占27.4%；其次为肋状和平滑的资源，分别占22.60%和18.86%（图3-62）。

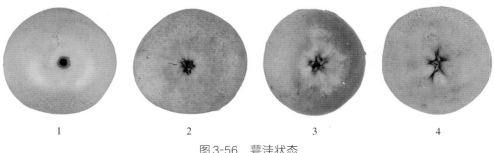

1　　　　2　　　　3　　　　4

图3-56　萼洼状态

(二十) 萼片状态

萼片状态分为：1.脱落；2.残存；3.宿存（图3-57）。根据对562份梨资源的统计分析，宿存的资源最多，占30.25%；宿存和残存都有的资源占18.86%；脱落的资源占18.68%（图3-62）。

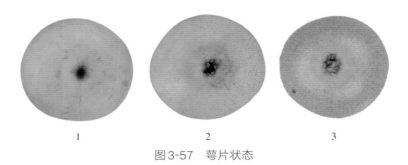

1　　　　　　　2　　　　　　　3

图3-57　萼片状态

(二十一) 萼片姿态

萼片姿态分为：1.聚合；2.直立；3.开张（图3-58）。根据对562份梨资源的统计分析，在萼片宿存的资源中，聚合的资源最多，占71.40%（图3-62）。

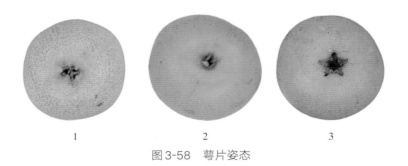

1　　　　　　　2　　　　　　　3

图3-58　萼片姿态

(二十二) 果心位置

果心位置分为：1.近梗端；2.中位；3.近萼端（图3-59）。根据对562份梨资源的统计分析，近萼端的资源最多，占67.08%（图3-62）。

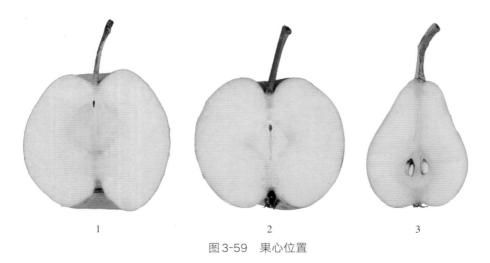

1　　　　　　　2　　　　　　　3

图3-59　果心位置

（二十三）果心大小

果心大小采用果心横切面直径与果实横切面直径的比值评价，分为：1.极小（比值＜1/4）；3.小（1/4≤比值＜1/3）；5.中（1/3≤比值＜1/2）；7.大（比值≥1/2）（图3-60）。按梨果心大小可将梨资源分4级评价（图3-61，表3-26）。根据对562份梨资源的统计分析，果心大小为中的资源最多，占72.24%，其次为小和大的资源，分别占14.06%和13.17%（图3-62）。

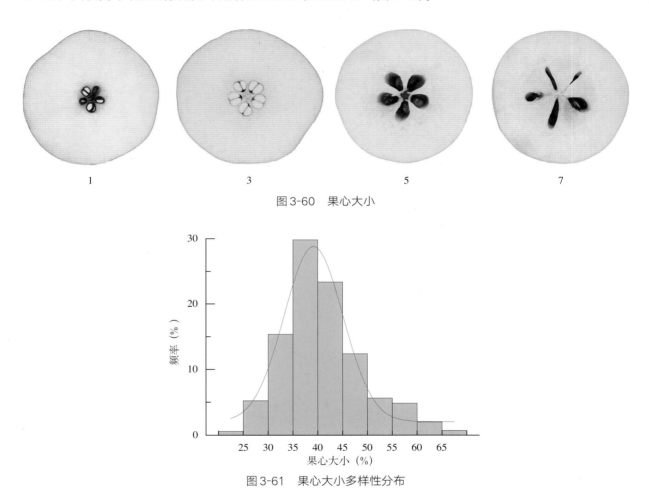

| 1 | 3 | 5 | 7 |

图3-60　果心大小

图3-61　果心大小多样性分布

表3-26　果心大小评价等级及参照资源

分级	评价标准	参照资源
极小	＜1/4	蒲瓜梨、德尚斯梨
小	1/4～1/3	锦丰、砀山酥梨
中	1/3～1/2	金川雪、南果梨
大	≥1/2	八里香、红八里香

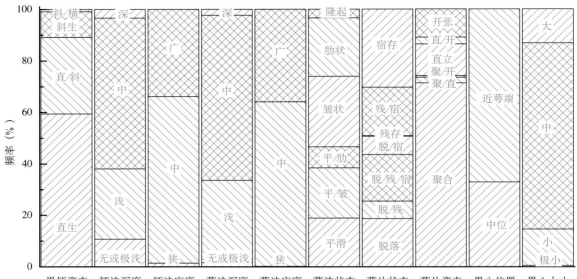

图3-62 果实表型性状多样性分布-2

（二十四）果实心室数

根据对613份梨资源的统计分析，梨果实心室数2～8个，均值为4.9个，变异系数为8.37%。按果实心室数可将资源分4级评价。果实心室数极少的资源主要为野生杜梨、豆梨、褐梨和麻梨，果实心室数多的资源主要以砂梨资源为主，有幸水、美人酥和巍山红雪梨等（图3-63，表3-27）。

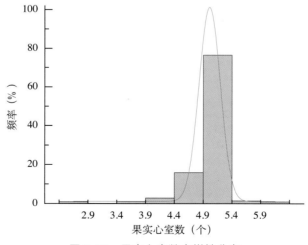

图3-63 果实心室数多样性分布

表3-27 果实心室数评价等级及参照资源

等级	评价标准（个）	参照资源
极少	<3.9	豆梨、杜梨
少	3.9～4.9	秋白梨、保利阿斯卡
中	4.9～5.9	砀山酥梨、巴梨
多	≥5.9	巍山红雪梨、幸水

二、果实风味品质

（一）果肉质地

果肉质地分为：1.极粗；3.粗；5.中；6.较细；7.细；9.极细。根据对562份梨资源的统计分析，果肉质地为中和较细的资源最多，分别占31.32%和29.54%；其次为果肉质地细的资源，占25.98%（图3-64）。

（二）果肉类型

果肉类型可分为：1.软溶；2.软；3.软面；4.松软；5.沙面；6.疏松；7.松脆；8.脆；9.紧脆；10.紧密。根据对562份梨资源的统计分析，松脆的资源最多，占40.57%；其次为软的资源，占26.51%（图3-64）。

（三）汁液

汁液多少可分为：1.极少；3.少；5.中；7.多；9.极多。根据对562份梨资源的统计分析，梨汁液多和中的资源最多，分别占51.60%和41.46%（图3-64）。

（四）风味

果实风味可分为：1.甘甜；2.甜；3.淡甜；4.酸甜；5.甜酸；6.微酸；7.酸。根据对562份梨资源的统计分析，梨果实风味甜酸的资源最多，占27.94%；其次为酸甜和甜的资源，分别占23.31%和21.00%（图3-64）。

（五）香气

果实香气可分为：1.无或几乎无；3.微香；5.香；7.浓香。根据对562份梨资源的统计分析，果实无或几乎无香气的梨资源最多，占64.06%；其次为微香的资源，占20.82%（图3-64）。

（六）涩味

梨果实涩味可分为：0.无；1.有。根据对562份梨资源的统计分析，梨果实无涩味的资源最多，占79.18%（图3-64）。

（七）内质综合评价

果实内质综合评价可分为：3.下；5.中；6.中上；7.上；9.极上。根据对562份梨资源的统计分析，梨果实内质综合评价中上的资源最多，占38.16%；其次为评价中的资源，占32.56%（图3-64）。

（八）果肉硬度

根据对318份脆肉型梨资源的统计分析，脆肉型梨资源果肉硬度3.7～12.8kg/cm²，均值为6.9kg/cm²，变异系数为22.16%（图3-65）。按果肉硬度可将脆肉型梨资源分3级评价（表3-28），果肉硬度<6kg/cm²的资源果肉类型一般为疏松或松脆，6～9kg/cm²的资源果肉类型一般为松脆或脆，≥9kg/cm²的资源果肉类型一般为紧密或紧脆。

根据对53份秋子梨资源的统计分析，秋子梨果肉硬度2.3～8.8kg/cm²，均值为4.7kg/cm²，变异系数为26.46%（图3-65）。按果肉硬度可将秋子梨资源分3级评价（表3-29），果肉硬度<3kg/cm²的资源果肉类型一般为软溶或软，3～6kg/cm²的资源果肉类型一般为软、软面或松软，≥6kg/cm²的资源果肉类型一般为松脆或脆。

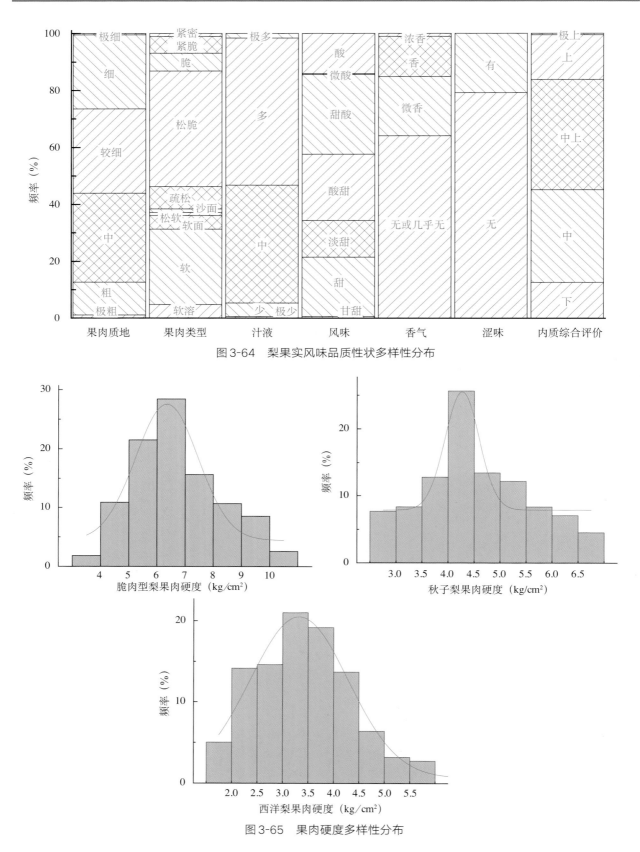

图3-64 梨果实风味品质性状多样性分布

图3-65 果肉硬度多样性分布

根据对73份西洋梨的统计分析，西洋梨果肉硬度1.4～5.7kg/cm²，均值为3.4kg/cm²，变异系数为25.89%（图3-65）。按果肉硬度可将西洋梨资源分3级评价（表3-30）。

表3-28　脆肉型梨果肉硬度评价等级及参照资源

分级	评价标准（kg/cm²）	参照资源
低	<6.0	砀山酥梨、玉露香
中	6.0~9.0	雪花梨、水红宵
高	≥9.0	绥中马蹄黄、子母梨

表3-29　秋子梨果肉硬度评价等级及参照资源

分级	评价标准（kg/cm²）	参照资源
低	<3.0	南果梨、小香水
中	3.0~6.0	面酸、京白梨
高	≥6.0	秋子、甜秋子

表3-30　西洋梨果肉硬度评价等级及参照资源

分级	评价标准（kg/cm²）	参照资源
低	<2.0	小早熟洋梨、波16
中	2.0~4.0	红茄、三季
高	≥4.0	斯伯丁、哈罗甜

（九）可溶性固形物含量

根据对318份脆肉型梨资源的统计分析，脆肉型梨资源可溶性固形物含量9.3%～17.1%，均值为12.3%，变异系数为9.14%（图3-66）。按可溶性固形物含量可将脆肉型资源分5级评价（表3-31）。

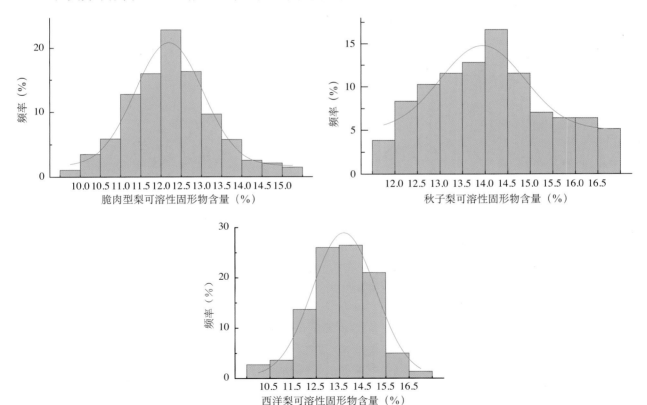

图3-66　可溶性固形物含量多样性分布

表3-31　脆肉型梨资源可溶性固形物含量评价等级及参照资源

分级	评价标准（%）	参照资源
极低	<10.5	奎星麻壳、湘南
低	10.5～11.5	严州雪梨、苍溪雪梨
中	11.5～13.0	砀山酥梨、雪花梨
高	13.0～14.0	丰水、宝珠梨
极高	≥14.0	锦丰、晋酥梨

根据对53份秋子梨资源的统计分析，秋子梨可溶性固形物含量11.8%～18.7%，均值为14.2%，变异系数为10.51%（图3-66）。按可溶性固形物含量可将秋子梨资源分5级评价（表3-32）。

表3-32　秋子梨可溶性固形物含量评价等级及参照资源

分级	评价标准（%）	参照资源
极低	<12.0	小五香、辉山白
低	12.0～13.0	秋子、甜秋子
中	13.0～15.0	京白梨、大香水
高	15.0～16.0	花盖、安梨
极高	≥16.0	南果梨、八里香

根据对73份西洋梨的统计分析，西洋梨可溶性固形物含量10.2%～16.4%，均值为13.5%，变异系数为9.69%（图3-66）。按可溶性固形物含量可将西洋梨资源分5级评价（表3-33）。

表3-33　西洋梨可溶性固形物含量评价等级及参照资源

分级	评价标准（%）	参照资源
极低	<11.0	保利阿斯卡、夏血梨
低	11.0～12.5	达马列斯、朱丽比恩
中	12.5～14.0	三季、红茄梨
高	14.0～15.5	伏茄、康佛伦斯
极高	≥15.5	好本号、马道美

（十）可滴定酸含量

根据对318份脆肉型梨资源的统计分析，脆肉型梨资源可滴定酸含量0.04%～1.16%，均值为0.28%，变异系数为66.00%（图3-67）。按可滴定酸含量可将脆肉型梨资源分5级评价（表3-34）。可滴定酸含量小于0.08%的梨资源果实风味一般为淡甜，0.08%～0.16%的资源果实风味一般为淡甜或甜，0.16%～0.40%的资源果实风味一般为甜和酸甜，0.40%～0.88%的资源果实风味一般为甜酸，≥0.88%的资源果肉风味一般为酸。

根据对53份秋子梨资源的统计分析，秋子梨果实可滴定酸含量0.14%～1.61%，均值为0.68%，变异系数为54.10%（图3-67）。按可滴定酸含量可将秋子梨资源分5级评价（表3-35）。可滴定酸含量小于0.25%的资源果实风味一般为甜或酸甜，0.25%～0.35%的资源果实风味一般为酸甜或甜酸，0.35%～0.85%的资源果实风味一般为酸甜、甜酸或酸，≥0.85%的资源果实风味一般为甜酸或酸。

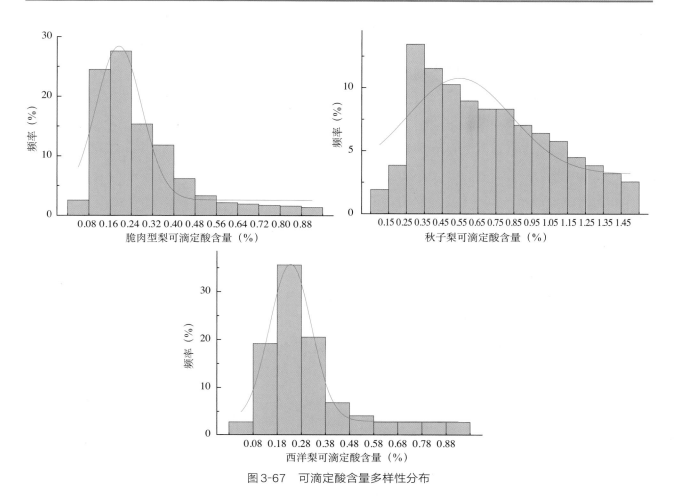

图3-67　可滴定酸含量多样性分布

表3-34　脆肉型梨可滴定酸含量评价等级及参照资源

分级	评价标准（%）	参照资源
极低	<0.08	严州雪梨、金花梨
低	0.08~0.16	茌梨、砀山酥梨
中	0.16~0.40	苹果梨、宝珠梨
高	0.40~0.88	红苕棒、砀山马蹄黄
极高	≥0.88	黄酸梨、鹅蛋

表3-35　秋子梨可滴定酸含量评价等级及参照资源

分级	评价标准（%）	参照资源
极低	<0.25	京白梨、兴城谢花甜
低	0.25~0.35	热秋子、早蜜
中	0.35~0.85	南果梨、小香水
高	0.85~1.25	安梨、面酸
极高	≥1.25	白八里香、红八里香

　　根据对73份西洋梨的统计分析，西洋梨可滴定酸含量0.06%~1.09%，均值为0.30%，变异系数为62.86%（图3-67）。按可滴定酸含量可将西洋梨资源分5级评价（表3-36）。可滴定酸含量小于

0.18%的资源果实风味一般为甘甜、甜或酸甜，0.18%～0.48%的资源果实风味一般为甜、酸甜或甜酸，0.48%～0.88%的资源果实风味一般为酸甜或甜酸，≥0.88%的资源果实风味一般为酸。

表3-36　西洋梨可滴定酸含量评价等级及参照资源

分级	评价标准（%）	参照资源
极低	<0.08	波罗底斯卡、伊特鲁里亚
低	0.08～0.18	康佛伦斯、派克汉姆
中	0.18～0.48	红茄梨、红巴梨
高	0.48～0.88	哈罗甜、底卡拉
极高	≥0.88	哈巴罗夫斯克

第三节　物　候　期

一、花芽萌动期

根据对780份梨资源花芽萌动期的统计分析，在辽宁兴城，梨资源花芽萌动期最早在3月中旬，最晚在4月上旬，集中分布在3月下旬（图3-68）。按花芽萌动期可将梨资源分5级评价（表3-37）。

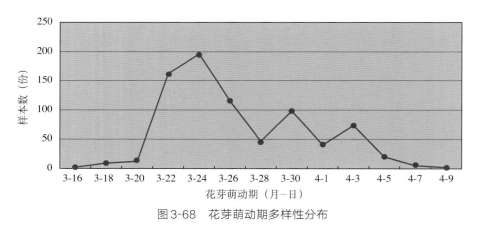

图3-68　花芽萌动期多样性分布

表3-37　花芽萌动期分级及参照资源

分级	参照资源
极早	琦簇山梨、繁花山梨
早	安梨、面酸
中	秋白梨、雪花梨
晚	好本号、红巴梨
极晚	派克汉姆、基理拜瑞

二、初　花　期

根据2019年对580份梨资源的统计分析，在辽宁兴城，初花期最早在4月上旬，最晚在4月下旬，集中分布在4月中旬（图3-69）。秋子梨野生资源初花期极早，西洋梨初花期较晚，一般在4月下旬。按初花期可将梨资源分5级评价（表3-38）。

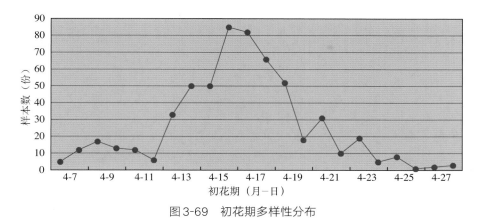

图3-69　初花期多样性分布

表3-38　初花期分级及参照资源

分级	参照资源
极早	琦簇山梨、繁花山梨
早	南果梨、八里香
中	秋白梨、砀山酥梨
晚	早玉、红茄梨
极晚	佳娜、玛利亚

三、盛 花 期

根据2019年对580份梨资源的统计分析，在辽宁兴城，盛花期最早在4月上旬，最晚在4月底，集中分布在4月中旬（图3-70）。按盛花期可将梨资源分5级评价（表3-39）。

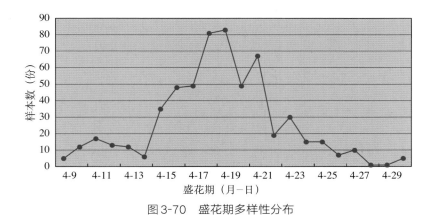

图3-70　盛花期多样性分布

表3-39　盛花期分级及参照资源

分级	参照资源
极早	琦簇山梨、繁花山梨
早	南果梨、八里香

(续)

分级	参照资源
中	秋白梨、砀山酥梨
晚	早玉、红茄梨
极晚	佳娜、玛利亚

四、果实成熟期

　　根据对580份梨资源的统计分析，在辽宁兴城，梨果实成熟期最早在6月下旬，最晚在10月中旬，集中分布在9月下旬（图3-71）。极早成熟的梨大多数为西洋梨，西洋梨和秋子梨果实成熟期较早，白梨和砂梨大多数在9月之后成熟。

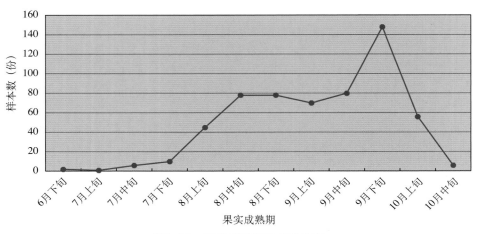

图3-71　果实成熟期多样性分布

五、落叶期

　　根据2016年对789份资源的统计分析，在辽宁兴城，落叶期最早在10月中旬，最晚在11月底，集中分布在11月中旬（图3-72）。按落叶期可将梨资源分5级评价（表3-40）。

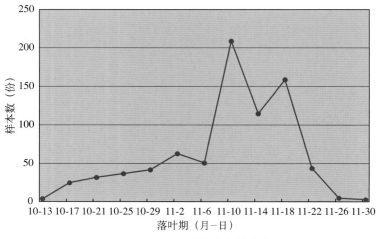

图3-72　落叶期多样性分布

表3-40 落叶期分级及参照资源

分级	参照资源
极早	琦簇山梨、繁花山梨
早	小香水、车头梨
中	鸭梨、茌梨
晚	富源黄梨、蓓蕾沙
极晚	丽江香梨、红粉梨

六、果实发育期

根据对580份梨资源的统计分析，在辽宁兴城，梨资源果实发育期60 ~ 177d，均值为138d（图3-73）。按果实发育期可将梨资源分5级评价（表3-41）。

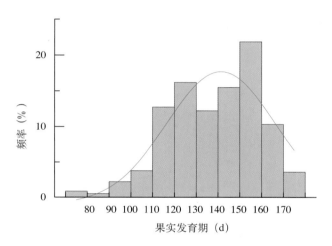

图3-73 果实发育期多样性分布

表3-41 果实发育期评价等级及参照资源

分级	评价标准（d）	参照资源
极早	<100	保利阿斯卡、珍珠梨
早	100~120	早酥、红茄梨
中	120~150	黄冠、玉露香
晚	150~170	砀山酥梨、鸭梨
极晚	≥170	槎子梨、安梨

七、营养生长天数

根据对580份梨资源的统计分析，在辽宁兴城，梨资源营养生长天数200 ~ 245d，均值为220d（图3-74）。按营养生长天数可将梨资源分3级评价（表3-42）。

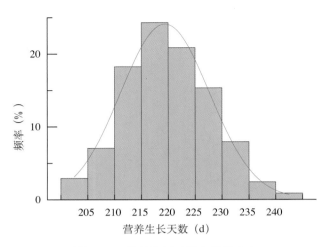

图3-74 营养生长天数多样性分布

表3-42 营养生长天数评价等级及参照资源

分级	评价标准（d）	参照资源
短	<210	市原早生、新水
中	210~230	砀山酥梨、鸭梨
长	≥230	蒲梨宵、迟咸丰

第四章　梨遗传资源的分子评价与功能基因挖掘

第一节　梨遗传资源的DNA分子评价

优异的种质资源作为开展育种工作的物质基础，历来受到世界各国的重视。如何有效利用大量的种质资源，成为育种家们共同面对的难题。由于以往对种质资源的研究和评价仅局限于形态特征及农艺性状的一些简单鉴定与描述，因此目前虽然拥有了大量的种质资源却不能有效利用。随着分子生物学向其他生物学科的渗透，将分子标记引入种质资源的评价突破了过去利用表型鉴定评价的局限性。分子标记具有精确定位遗传图谱及挖掘与目标表型相连锁基因的优点，这弥补了过去利用表型进行种质资源评价的不足。主要用于梨遗传资源分子评价的分子标记技术有以下几种。

一、RAPD标记

RAPD（random amplified polymorphic DNA）是建立在PCR（polymerase chain reaction）基础之上的一种可对整个未知序列的基因组进行多态性分析的分子技术。以基因组DNA为模板，以单个人工合成的随机多态核苷酸序列（通常为10bp）为引物，在热稳定的DNA聚合酶（Taq酶）作用下，进行PCR扩增。

廖明安等（2002）用改良SDS法提取DNA，抑制酚的氧化，优化扩增程序和反应条件，建立起梨的RAPD分析技术体系，并对15个梨材料进行遗传多样性分析，将起源不同的东方梨和西洋梨明显分成两大类，证明了RAPD技术能在DNA分子水平上较好地揭示梨的遗传背景及亲缘关系。曲柏宏等（2002）利用RAPD技术，用筛选的12个10bp随机引物对梨属40个材料扩增，着重对其中的苹果梨类型进行了分子评价，针对苹果梨分类地位存在的异议，认为延边苹果梨应该归属于白梨系统。Teng等（2002）用22个RAPD标记分析72个新疆地方种，发现了新疆梨是杂种起源。

然而RAPD技术也有不足，RAPD提供的是显性标记，它不能区分同一位点扩增的片断是纯合还是杂合的；再现性差，需要对不同物种做大量的摸索工作，以确定每一物种的最佳引物和反应条件。通常将其转化为SCAR（sequenced characterized amplified regions）标记，原理是将多态性片段回收、克隆、测序之后，设计引物进行扩增，可以显著提高检测的稳定性和实用性，以便更加精确地鉴定杂交种后代与亲本的亲缘关系。

二、SSR标记

SSR（simple sequence repeats）标记是近年来发展起来的一种以特异引物PCR为基础的分子标记

技术，也称为微卫星DNA（microsatellite DNA），是一类由几个核苷酸（一般为1～6个）为重复单位组成的长达几十个核苷酸的串联重复序列。每个SSR两侧的序列一般是相对保守的单拷贝序列。SSR标记是目前地理种群研究中应用最多、最广泛的分子标记之一。相较于其他分子标记优点颇多，如突变率高、检测的多等位基因位点是单一的、所需DNA量少、呈共显性遗传、多态性高、重复性好等。

Yamamoto等（2002）利用7个SSR标记引物对6组亲子组合进行了确认，证明282-12是丰水与拉法兰西的杂交后代。Bassil等（2006）对保存于Corvallis资源圃的西洋梨野生资源等进行了SSR标记鉴定评价。Katayama等（2007）利用SSR和cpDNA对日本岩手山梨（*P.ussuriensis* var.*aromatica*）的遗传多样性进行研究，结果表明岩手山梨具有较高的遗传变异水平，同时也证明了将核基因和叶绿体基因的研究相结合，能够更全面地评价梨属植物的遗传多样性。曹玉芬等（2007）利用12个SSR标记对41个梨的栽培品种进行分析，发现2对SSR引物（BGT23b和CHO2D11）即可区分除芽变品种之外的全部供试品种。Liu等（2012）用14个核SSR标记和2个叶绿体间区评价浙江杜梨的遗传多样性，发现77个杜梨存在明显的地理结构所致的遗传分化。Cornille等（2013）用SSR标记研究发现欧洲苹果（*Malus sylvestris*）在第四纪冰期经历了种群收缩，并用近似贝叶斯分析（approximate bayesian computation）推测了3个欧洲苹果的种群地理分化区域。SSR标记以其独特的重复单元和高多态性，在植物地理种群关系研究中发挥着极其重要的作用。中国西南部地区因其极丰富的野生动植物资源而成为全球遗传多样性的研究热点（Mittermeier等，1999）。

随着砀山酥梨全基因组数据的公布（Wu et al.，2013），大量覆盖全基因组的分子标记，已经应用于梨种间和种内的遗传多样性分析中。Song等（2013）利用覆盖梨17个连锁群的134对高多态性SSR标记分析99个砂梨栽培品种的遗传关系，分析其群体遗传结构（图4-1），总共分成5个群体。结果表明，四川省在梨资源分布中发挥了重要作用，日本梨与中国梨具有相似的聚类关系，表明日本梨与中国梨的亲缘关系密切。进一步证明，日本梨与浙江梨之间的遗传交换较多，云南梨、湖北梨、四川梨之间的遗传交换较少。

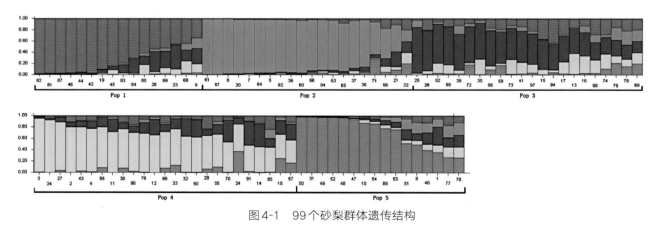

图4-1 99个砂梨群体遗传结构

注：横轴代表99个砂梨栽培品种，纵轴代表群体遗传组成

Liu等（2015）利用134对核心SSR标记对分属5个栽培种或种间杂交种的385份梨资源进行多样性分析，群体结构分析了*K*值为2～8时的遗传组成结构（图4-2），发现新疆梨表现出东西方梨杂种的遗传特征，白梨和砂梨拥有共同的祖先；群体结构组成的不同揭示了南北方梨由于环境和地理的不同造成的差异。

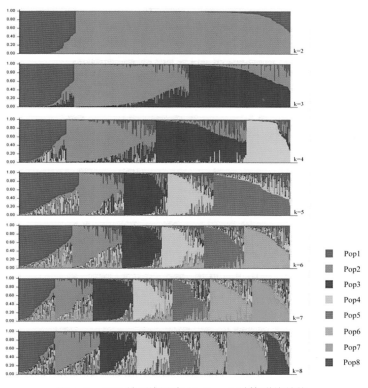

图 4-2　385 份梨资源在 K=2 ～ 8 时的群体结构

注：纵轴代表群体遗传组成，横轴代表 385 份梨资源。

三、AFLP 标记

AFLP（amplified fragment length polymorphism）技术是一项新的分子标记技术，是基于 PCR 技术扩增基因组 DNA 限制性片段，基因组 DNA 先用限制性内切酶切割，然后将双链接头连接到 DNA 片段的末端，接头序列和相邻的限制性位点序列，作为引物结合位点。

Lin 等（2002）利用 AFLP 方法对中国梨属的 10 个种进行了聚类分析，将其分为两大类：一类为原产于中国的 8 个种，其中砂梨与白梨亲缘关系最近；另一类包括西洋梨和杏叶梨 2 个种。王斐等（2007）利用 7 对荧光 AFLP 技术引物对 20 个梨新品种及其 23 个亲本进行聚类分析发现，20 个新品种的分类多数与传统的形态特征分类一致，可为杂交育种提供理论依据和参考。樊丽等（2009）利用荧光 AFLP 技术，对梨属 6 个栽培种 84 个品种进行研究，表明荧光 AFLP 技术用于梨品种鉴定的效率很高。鲁凤娟（2010）利用 AFLP 分子标记鉴定了库尔勒香梨的分类地位，证明库尔勒香梨与砂梨系统的亲缘关系最近。AFLP 技术在果树上的广泛应用解决了许多在田间栽培无法解决的问题，并且使许多设想成为可能。

四、SNP 标记

SNP（single nucleotide polymorphism）标记是在基因组水平上，由单个核苷酸引起的 DNA 序列的多态性。单拷贝或低拷贝核基因的识别、高通量测序技术等是 SNP 利用的主要途径，获得的 SNP 通过构建一致性序列（consensus sequences）便于后续分析。SNP 是植物基因组中最丰富、最广泛的遗传变异，主要存在形式有碱基替换、缺失、插入。在基因组中普遍存在的 SNP 标记，是分析地理种群关系和历史形成原因的较为理想的分子标记。但是由于核基因内部重组现象严重、通用引物设计困难、二倍体或多倍体的单倍型很难分离等原因，SNP 在地理种群关系研究中仍然存在一定的限制。

随着高通量测序技术和生物信息学的迅猛发展，越来越多的植物基因组测序完成，在基因组中发现了数量庞大的反转录转座子。反转录转座子的随机插入会引起基因突变，从而发生植物的遗传变异，基于反转录转座子插入的标记技术应运而生。应用较多的有基于长末端重复（LTR，long terminal repeats）反转录转座子的标记，反转录转座子广泛存在于植物基因组中，具有高度异质性、高多态性等特点。

基因特异性分子标记是从目标功能基因序列中功能性 SNP 位点或 InDels（碱基的插入—缺失）开发有效的分子标记。由于基因特异性分子标记涉及表型性状变异的功能基因内部的多态性位点的开发，其与随机 DNA 分子标记相比具有以下优势：准确跟踪、定位功能等位基因，在作物表型性状的鉴定中更具准确性；高效筛选出育种所需的有利基因；将影响相同或不同性状的等位基因特异性分子标记组合，用于分子设计育种；一旦基因特异性分子标记被开发出来，可直接应用于人工育种群体和自然群体中。近期，南京农业大学基于 113 份梨重测序结果开发了一张 200K 高通量芯片，其包括了亚洲梨与西洋梨的栽培与野生种遗传变异信息，并应用于梨的品种资源 SNP 分型、遗传图谱构建、染色体锚定和性状关联分析等，展现了广泛的应用前景（Li et al., 2019）。

基因特异性分子标记在种质资源的遗传分析、品种区分上有很好的精确性，具有极大的应用价值。基因特异性分子标记在植物种质资源育种中的应用非常有效，而目前特异性分子标记在梨育种中应用还较少，基于开发的特异分子标记能直接应用于生产实践，从而大大减少育种中的人力物力，特别是对梨树这种童期长、需要投入大量人力物力的果树，能加快育种进程，在今后育种中应加强特异分子标记的开发。

五、cpDNA 标记

近年来，cpDNA（叶绿体 DNA）分子标记技术为梨属种质资源的遗传多样性和地理种群关系的研究提供了新思路。基于 cpDNA 和 RFLP 标记分析表明，分布在不同地理区域的种群 cpDNA 单倍型不同（Iketani et al., 1998）。有学者用 6 个 cpDNA 非编码高变区对 5 个梨种进行了遗传变异研究，发现了 38 个（17 个 Indel 和 21 个碱基替换）突变位点，其中 trnL-trnF 区的变异率最高（Kimura et al., 2003）。Wu 等（2013）利用 cpDNA 中 accD-psaI 和 rps16-trnQ 区域研究了 12 个梨种的 186 个品种的遗传多样性。由于叶绿体 DNA 通过单性遗传及基因间无重组，母性遗传受地理结构的影响大，种子传播相对花粉传播导致的变异是很有限的，因此目前通过 cpDNA 变异研究以揭示物种的迁移。

第二节 自交不亲和性基因型鉴定

植物自交不亲和性（self-incompatibility，SI）是植物雌蕊和花粉相互识别的过程中抑制自身花粉或同一品系内的异株花粉在自身柱头上萌发或生长的特性，是开花植物防止自交退化，保持遗传多样性的一种常见的生殖隔离现象。然而，这一特性不利于梨等果树的生产，需要额外配置授粉树或者辅助的授粉方式，从而增加了生产成本。梨等蔷薇科果树表现出配子体型自交不亲和性（GSI），该反应由 S 位点（S-locus）的多对 S 等位基因，即雌蕊的 S-RNase 基因和花粉的 F-box 基因簇多重控制。自花授粉或相同 S 基因型品种间异花授粉，花粉虽然能在柱头上萌发，但在沿花柱向子房伸长途中被抑制而停止生长，无法完成受精，从而表现出不结实的现象。因此，梨种质资源 S 基因型的鉴定有助于完善亲本组合的选配，避免因自交不亲和性引发的不必要的经济损失，提高育种过程中（野生资源）优异性状的利用率；梨自交不亲和性作用机制的研究有助于创制自花结实性新品种，开发自花结实性调控技术，为梨树轻简化花果管理提供技术支撑。

一、梨资源 S 基因型的鉴定方法

梨自交不亲和性基因型的鉴定方法主要经历了田间授粉试验、花柱离体培养、S 糖蛋白电泳、PCR-

RFLP和基因芯片杂交5个阶段，详细方法如下。

（一）田间授粉试验

应用田间授粉试验来鉴定果树品种的S基因型是依据配子体型自交不亲和性果树具有相同S基因型品种间交配不亲和性和偏父不亲和性的原理而总结出的，也就是说，对于各品种的S基因型可依据田间品种间杂交及回交授粉结实率来确定。对于未知S基因型的品种与已知S基因型的品种进行杂交，若两品种杂交不亲和，则两品种的S基因型相同；杂交亲和时，进一步用其后代与父本回交，若仅有半数的群体回交亲和，则两品种间必有1个S基因型相同；若其后代与父本回交均表现出亲和性，则两品种没有相同的S基因型，这样就能弄清一些品种的S基因型。这种鉴定方法具有直观和易操作等优点。但其不足之处也很明显，首先是其田间人工授粉工作量大，其次是鉴定周期长、效率低。早期梨S基因型的确定主要是用田间授粉试验等传统方法，日本学者进行了大量的田间授粉试验，鉴定了超过10个日本梨品种的基因型（寺见广雄等，1946），但该方法耗物费时使得梨品种S基因型的鉴定工作进展十分缓慢。

（二）授粉花柱离体培养法

依据配子体型自交不亲和性果树授粉后，自花或相同S基因型异花花粉是在花柱中被抑制而停止生长的特性，通过观测花柱内花粉管生长情况及花粉管是否能达到花柱基部的方法，可以确定品种的S基因型。张绍铃等（2003）采用已知S基因型品种与待测品种授粉后切取花柱半离体培养的方法，确定了筑水的基因型为S_3S_4，喜水为S_4S_5，爱甘水为S_4S_5，花柱离体培养鉴定方法具有省工、高效等优点，但要求一定的试验条件和试验操作技能。

（三）花柱S糖蛋白电泳分析法

花柱自交不亲和性S-$RNase$基因产物是一种具有核糖核酸酶活性的糖蛋白（通常称为S糖蛋白），通过提取梨品种含苞待放花蕾花柱中的可溶性蛋白质，然后进行等电聚焦电泳（IEF-PAGE）分离后，用银染色图中各蛋白质的显色带来确定是否有S-$RNase$基因所表达的特异性蛋白质。通过鉴定各品种花柱S-$RNase$基因所对应的S糖蛋白就能够确定该品种的S基因型。Ishimizu等（1996）应用花柱可溶性蛋白质的等电聚焦电泳及分子标记技术等快速鉴定S基因型的方法，鉴定出了赤穗（S_1S_2）、八云（S_1S_4）、丰水（S_3S_5）等一系列品种的S基因型。花柱S糖蛋白电泳分析是鉴定S基因型的一种快捷、可靠的方法，由于其操作过程较复杂，特别是IEF-PAGE电泳的操作技术要求较高，因此目前应用此法来鉴定品种S基因型的报道尚少。

（四）S-$RNase$基因特异性PCR分析

20世纪末，日本学者通过对已知的7个S-$RNase$基因的DNA及cDNA序列比较发现，梨的S-$RNase$基因具有5个保守区、1个高变区（hypervariable region，HV）及1个内含子区，其HV区是在自交不亲和反应中特异识别花粉的专一功能区，且不同S-$RNase$基因间HV区的多态性很高。随着苹果、梨等果树S-$RNase$基因核苷酸序列的逐渐增多，Sassa等（1993）建立梨S-$RNase$等位基因PCR-RFLP系统，即根据S-$RNase$基因中保守序列设计引物，对基因组DNA进行PCR扩增，利用长度多态性或用特异性的限制性内切酶消化扩增片段，通过鉴别酶切片段的长度多态性，确定未知品种的S基因型。与田间授粉试验、蛋白质电泳分析等方法相比较，PCR-RFLP技术具有速度快、准确率高、取样简便等优点，同时结合DNA测序等其他方法可以鉴定出未知的S-$RNase$基因。Tan等（2005）利用PCR-RFLP结合测序的方法从中国砂梨中分离鉴定了7个新的S-$RNase$基因，确定近20个中国砂梨的S基因型。此后，利用该方法在亚洲梨和欧洲梨中又发现了60个新S-$RNase$基因，鉴定了462个梨品种的S基因型（表4-1）（Tan et al.，2007；Heng et al.，2018；江南等，2015；Wang et al.，2017）。

表4-1 梨品种资源S基因型

品种	S基因型	品种	S基因型	品种	S基因型	品种	S基因型
砀山酥梨	S_3S_{34}	新梨7号	$S_{28}S_d$	赤花梨	$S_{20}S_{15}$	延边大香水	$S_{12}S_{16}$
鸭梨	$S_{21}S_{34}$	新雅	S_4S_{34}	水红宵	$S_{16}S_{19}$	延边谢花甜	$S_{17}S_{31}$
雪花梨	S_4S_{16}	雅青	S_4S_{17}	脆绿	S_3S_4	野生类型山梨	S_8S_{27}
翠冠	S_3S_5	早冠	S_4S_{17}	翠星	S_1S_4	油红	$S_{13}S_{34}$
翠玉	S_3S_4	早美酥	S_9S_{35}	大青梨	S_1S_3	早白	$S_{19}S_{42}$
黄花	S_1S_2	早酥	$S_{22}S_{35}$	德胜香	S_3S_{29}	冬果梨	$S_{12}S_{35}$
初夏绿	S_3S_4	库尔勒香梨	$S_{22}S_{28}$	富源黄	$S_{16}S_{33}$	冬黄	$S_{20}S_{34}$
黄冠	S_4S_{16}	华冠	S_5S_d	红梨	S_4S_{36}	东宁5号大梨	S_1S_{17}
中梨1号	S_4S_{35}	冀蜜	S_1S_{16}	华丰	S_3S_9	鹅梨	$S_{13}S_{34}$
金花	S_3S_{18}	晋蜜梨	$S_{21}S_{28}$	锦香	$S_{34}S_{37}$	恩梨	S_1S_{19}
八月酥	S_3S_{16}	金水酥	S_4S_{21}	金香水	S_1S_1	鹅梨	$S_{13}S_{38}$
佳梨	S_3S_{19}	苹博香	S_1S_8	黄水	$S_{22}S_{34}$	高平大黄	S_1S_2
宝珠梨	$S_{22}S_{42}$	马蹄黄	$S_{16}S_{19}$	黄皮水	$S_{16}S_{42}$	灌阳雪梨	$S_{18}S_{27}$
八幸	S_4S_5	尖把梨	$S_{12}S_{30}$	华高	S_3S_9	海棠酥	$S_{17}S_{25}S_{19}$
红大阳	S_8S_{35}	南果梨	$S_{11}S_{17}$	华梨1号	S_1S_3	红皮酥	$S_{12}S_{26}$
锦丰	$S_{17}S_{19}$	雪青	S_3S_{16}	华梨2号	S_3S_4	黄香	S_4S_{27}
火把梨	$S_{20}S_{36}$	雪英	S_3S_{16}	青玉	S_3S_4	济南小黄梨	$S_{17}S_{25}S_{19}$
金坠	$S_{22}S_{34}$	青魁	S_1S_3	秋白	$S_{19}S_{34}$	金川雪梨	S_mS_{12}
苹果梨	S_1S_{17}	清香	S_3S_7	三花	S_2S_7	金锤子	$S_{16}S_{19}$
美人酥	S_4S_{12}	绿云	S_3S_{29}	晚大新高	S_3S_9	楚北香	S_1S_{15}
新雪	S_1S_3	满天红	S_4S_{12}	皮胎果	$S_{22}S_{43}$	丽江白梨	$S_{22}S_{42}$
新杭	S_3S_6	玉水	S_3S_4	青龙甜	S_2S_3	龙泉酥	S_3S_{22}
西子绿	S_1S_4	桂花	S_2S_{16}	红宵	$S_{16}S_{19}$	满顶雪	S_4S_{15}
杭青	S_1S_4	苍溪雪梨	S_9S_{15}	京白梨	$S_{16}S_{30}$	懋功梨	$S_{12}S_{13}$

（续）

品种	S基因型	品种	S基因型	品种	S基因型	品种	S基因型
红酥脆	S_4S_{12}	柠檬黄	$S_{31}S_{32}$	小香水	$S_{29}S_{34}$	麻子梨	$S_{19}S_{29}$
寒红	$S_{22}S_{34}$	迟咸丰	S_5S_{18}	小香水芽变	S_eS_x	威宁大黄梨	S_3S_{37}
寒香	$S_{12}S_{31}$	青梨	$S_{19}S_{19}$	谢花甜	$S_{29}S_{34}$	软儿梨	$S_{17}S_{31}$
红花盖	$S_{19}S_{32}$	青花酥	$S_{34}S_n$	兴城谢花甜	$S_{17}S_{31}$	鞍山11号	$S_{13}S_{31}$
花盖	$S_{34}S_d$	水冬瓜	$S_{15}S_{45}$	鸭广梨	$S_{19}S_{30}$	白八里香	$S_{19}S_{31}$
八里香	$S_{19}S_{30}$	胎黄梨	S_2S_{14}	软把子	$S_{16}S_{36}$	尖把子	$S_{22}S_h$
大南果	$S_{13}S_{34}$	天生伏	$S_{12}S_{29}$	香水	$S_{17}S_{31}$	假直把子	S_5S_{19}
福安尖把	$S_{16}S_{22}$	甜鸭梨	S_1S_{21}	无籽黄	$S_{16}S_{28}$	胡芦梨	S_aS_b
甘谷香水	S_xS_x	武山糖梨	S_8S_{19}	香庄	S_1S_{21}	甘谷黑梨	$S_{10}S_{34}$
冰糖	$S_{16}S_{19}$	面梨	$S_{19}S_{41}$	香檀	S_3S_{19}	乃希特阿木堤	$S_{19}S_{28}$
博山池	$S_{19}S_{27}$	大凹凹	$S_{12}S_{12}$	新梨1号	S_9S_{22}	奥连	S_9S_{32}
花盖王	$S_{31}S_{31}S_{34}S_{34}$	大凹凸	$S_{11}S_{22}$	延光梨	S_1S_{17}	甘谷红霞	$S_{16}S_x$
黄金对麻	$S_{19}S_{29}$	大慈梨	$S_{19}S_{27}$	耀县银梨	$S_{21}S_x$	贵德长把	$S_{19}S_{22}$
金花4号	$S_{13}S_{18}$	大核白	$S_{16}S_{19}$	硬枝青	S_1S_{12}	河政甘长把	$S_{22}S_d$
金梨	S_1S_1	大理鸡腿	$S_{17}S_{19}$	油青	$S_{16}S_{19}$	红那禾	$S_{22}S_{28}S_9S_{40}$
酒泉麦梨	S_6S_{17}	大面黄	S_1S_{19}	云南宝珠	$S_{22}S_x$	花长把	$S_{19}S_{22}$
六瓣	$S_{17}S_{17}$	龙香	$S_{16}S_{42}$	赵县大鸭梨	$S_1S_1S_{21}S_{21}$	黄匀匀	$S_{22}S_{34}$
六棱	$S_{16}S_{19}$	麦梨	$S_{31}S_{40}$	猪嘴酥	$S_{19}S_{22}$	黄琳	$S_{31}S_{40}$
礼县新八盘	S_xS_x	内蒙古山梨	$S_{29}S_{41}$	紫酥	$S_{19}S_{34}$	朝鲜洋梨	S_2S_3
蜜梨	$S_{19}S_{29}$	青长十郎	S_2S_3	文山红雪梨	$S_{31}S_{36}$	冬蜜	S_1S_{42}
惠阳红梨	$S_{40}S_{47}$	清澄	S_4S_5	延边明月	S_eS_e	红秀2号	S_1S_{21}
今村夏	S_5S_{13}	青沟沙疙瘩	$S_{36}S_d$	耀县红	S_1S_{21}	华金	S_aS_4
晶王	S_1S_6	大青皮	$S_{19}S_{34}$	圆香	$S_{15}S_{16}$	豆梨	$S_{30}S_{31}$
金秋梨	S_4S_{24}	大水核	S_7S_{19}	云南黄皮水	$S_{16}S_{19}$	褐梨	$S_{19}S_{29}$

（续）

品种	S基因型	品种	S基因型	品种	S基因型	品种	S基因型
金水1号	S_3S_9	大鸭梨	$S_1S_1S_{21}S_{21}$	云南麻梨1号	S_9S_{42}	兰州软儿	S_1S_{12}
金水2号	S_3S_{29}	台湾蜜梨	$S_{17}S_{22}$	云南麻梨2号	$S_{42}S_x$	辽阳大香水	$S_{10}S_{12}$
金水3号	S_5S_{29}	甜橙子	S_7S_{12}	云南无名梨	$S_{22}S_{29}$	萍乡梨	$S_{31}S_4$
金珠果梨	S_3S_{19}	扫帚苗子	$S_{15}S_{26}$	早梨18	S_4S_{28}	黄面	S_1S_{12}
白皮酥	$S_{3a}S_n$	山梨	$S_{13}S_{34}$	早蜜	$S_{19}S_{29}$	九泉长把梨	$S_{10}S_{22}$
半斤酥	S_5S_{21}	山梨2号	S_8S_{27}	早蜜新高	S_3S_9	康乐白果	S_9S_1
宝山酥	S_3S_{21}	山梨3号	S_9S_{41}	政和大雪梨	$S_{13}S_{43}$	康乐甘长把	$S_{22}S_d$
极矮化变体	S_1S_{17}	山梨4号	S_eS_{42}	糖梨	$S_{23}S_{30}$	雪芳	S_4S_{16}
康乐酥木梨	S_3S_h	山梨5号	S_4S_{42}	北丰	S_4S_a	雪芬	S_3S_x
库尔勒	$S_{22}S_{34}$	山鸭梨	$S_{30}S_{36}$	色尔克甫	$S_{22}S_{28}$	雪峰	S_4S_{16}
魁克句句	$S_{22}S_{28}$	酸梨大果	S_3S_{29}	沙01	$S_{22}S_{28}$	伊犁红句句	$S_{22}S_{28}$
昆切克	$S_{19}S_{28}$	兰州花长把	$S_{20}S_x$	漫路病窝果	$S_{12}S_{21}$	早熟句句	$S_{22}S_{28}$
酸梨锅子	$S_{19}S_{41}$	兴城2-23	S_1S_8	墨梨	$S_{26}S_b$	早香水	$S_{26}S_{42}$
兰州长把	$S_{19}S_{22}$	临夏黄麻	S_3S_e	S7	S_1S_{17}	中矮1号	S_1S_{17}
农家新高	S_3S_9	临夏萨拉	$S_{10}S_e$	沙疙瘩	$S_{30}S_d$	中矮2号	$S_{19}S_{34}$
璧山二号	S_4S_{16}	临夏香把	$S_{12}S_{21}$	顺宵	S_4S_e	张掖长把	$S_{19}S_{22}$
青花	S_1S_4	临姚麻甜梨	$S_{22}S_4$	杏叶梨	$S_{22}S_{28}$	中梨2号	S_4S_{31}
红句句梨	$S_{22}S_{28}$	绿句句	$S_{22}S_{28}$	丹泽	S_3S_5	武藏	S_2S_3
奎甜	S_4S_e	青面	S_1S_{18}	吊蛋	S_4S_e	须磨	S_2S_5
灵武杜梨	$S_{27}S_{36}$	七月酥	S_4S_d	斯尔克甫梨	$S_{22}S_{28}$	玉翠	S_2S_4
爱甘水(Aikansui)	S_3S_5	棋盘甜梨	$S_{22}S_{28}$	武都甜梨	$S_{26}S_1$	黄金(Whangkeumbae)	S_3S_4
八云(Yakumo)	S_1S_4	长十郎(Chojuro)	S_2S_3	新疆黄梨	$S_{22}S_{28}$	早生黄金(Josengwhangkeum)	S_3S_4
早玉(Hayatama)	S_1S_2	筑水(Chikusui)	S_3S_4	大果水晶(Shisho)	S_3S_9	奥嘎二十世纪(Osa-Nijisseiki)	$S_2S_4S_M$
丰水(Housui)	S_3S_5	水晶(Suisho)	S_3S_9	赤穗(Akaho)	S_1S_2	君家早生(Kimizukawase)	S_1S_5

（续）

品种	S基因型	品种	S基因型	品种	S基因型	品种	S基因型
新高(Niitaka)	S_3S_9	天之川(Amanogawa)	S_1S_9	早生喜水(Pre-Kisui)	S_3S_4	鲜黄(Sunhwang)	S_3S_5
二十世纪(Nijisseiki)	S_2S_4	菊水(kikusui)	S_2S_4	华山(Whasam)	S_3S_5	秀玉(Syuugyoku)	S_4S_5
喜水(Kisui)	S_4S_5	新水(Shinshui)	S_4S_5	独逸(Doitsu)	S_1S_2	朝日(Asahi)	S_3S_5
幸水(Kosui)	S_4S_5	晚三吉(Okusankichi)	S_3S_7	黄蜜(Imamuranatsu)	S_1S_6	早生长十郎(Wasechoujuurou)	S_2S_4
爱宕(Atago)	S_2S_5	博多青(Hakutasei)	$S_{22}S_{34}$	明月(Meigetsu)	S_8S_9	身不知(Mishirazu)	S_3S_d
新世纪(Shinseiki)	S_3S_4	湘南(Shounan)	S_1S_3	新星(Shinsei)	S_8S_9	Rosired Bartlett	$S_{101}S_{102}$
今村秋(Mimauraaki)	S_1S_6	秋水(Akisui)	S_1S_5	索美(Suomei)	$S_{36}S_{37}$	Rosmarie	$S_{101}S_{116}$
长寿(Choju)	S_1S_5	天皇(Yewang)	S_3S_9	新兴(Shinkou)	S_4S_9	Royal Red	$S_{108}S_{114}$
早生赤(Waseaka)	S_4S_5	早生赤(Waseaka)	S_4S_5	小梨(Minibae)	S_3S_{31}	Saint Mathieu	$S_{114}S_{116}$
Abbé Fétel	$S_{104}S_{105}$	Conference	$S_{108}S_{119}$	江岛(Enoshima)	S_5S_8	Santa Maria	$S_{102}S_{103}$
Alexandrine Douillard	$S_{102}S_{109}$	Coscia	$S_{103}S_{104}$	Idaho	$S_{101}S_{119}$	Seckel	$S_{101}S_{102}$
Angélys	$S_{103}S_{104}$	Covert	$S_{101}S_{118}$	Jeanne d'Arque	$S_{101}S_{104}$	Seigneur d'Espéren	$S_{101}S_{102}$
Ankara	$S_{105}S_{119}$	Dagan	$S_{101}S_{104}$	Joséphine de Malines	$S_{102}S_{104}$	Serenade	$S_{101}S_{108}$
Aurora	$S_{103}S_{119}$	Dana's Hovay	$S_{101}S_{111}$	Kaiser	$S_{107}S_{114}$	Sierra	$S_{101}S_{108}$
Ayers	$S_{101}S_{105}$	Delbard première	$S_{101}S_{109}$	Kieffer	$S_{102}S_{119}$	Silver Bell	$S_{101}S_{119}$
Ballad	$S_{101}S_{102}$	Delfrap	$S_{101}S_{109}$	Kalle	$S_{101}S_{108}$	Red Jewell	$S_{101}S_{102}$
Bartlett (William's)	$S_{101}S_{102}$	Délices d'Hardenpont	$S_{101}S_{102}$	Koonce	$S_{102}S_{105}$	Red Clapp's Favorite	$S_{101}S_{108}$
Bautomne	$S_{101}S_{108}$	Devoe	$S_{108}S_{118}$	Koshisayaka	$S_{102}S_{119}$	Red Hardy	$S_{108}S_{114}$
Besi de Saint-Waast	$S_{101}S_{118}$	Docteur Jules Guyot	$S_{101}S_{105}$	La France	$S_{101}S_{119}$	Reimer Red	$S_{104}S_{114}$
Beurré Bosc	$S_{107}S_{114}$	Doyenné d'hiver	$S_{101}S_{119}$	Lawson	$S_{119}S_{117}$	Sirrine	$S_{101}S_{107}$
Beurré Clairgeau	$S_{103}S_{118}$	Doyenné du Comice	$S_{104}S_{105}$	Le Lectier	$S_{104}S_{118}$	Spadona	$S_{101}S_{103}$
Beurré d'Anjou	$S_{101}S_{114}$	Doyenné Gris	$S_{102}S_{108}$	Limonera	$S_{101}S_{105}$	Spadona Estiva	$S_{101}S_{103}$
Beurré de l'Assomption	$S_{102}S_{106}$	Duchesse d'Angouleme	$S_{101}S_{105}$	Louise Bonne d'Avranches	$S_{101}S_{102}$	Spadoncina	$S_{102}S_{103}$
Beurré Giffard	$S_{101}S_{106}$	El Dorado	$S_{101}S_{107}$	Magness	$S_{101}S_{105}$	Star	$S_{101}S_{108}$

（续）

品种	S基因型	品种	S基因型	品种	S基因型	品种	S基因型
Beurré Hardy	$S_{108}S_{114}$	Ercolini	$S_{103}S_{104}$	Michaelmas Nelis	$S_{102}S_{107}$	Tosca	$S_{102}S_{104}$
Beurré Jean van Geert	$S_{102}S_{104}$	Espadona	$S_{101}S_{110}$	Moonglow	$S_{101}S_{114}$	Triomphede Vienne	$S_{105}S_{110}$
Beurré Lubrum	$S_{101}S_{104}$	Ewart	$S_{102}S_{114}$	Napoleon	$S_{101}S_{102}$	Turnbull Giant	$S_{104}S_{113}$
Beurré Precoce Morettini	$S_{101}S_{103}$	Fertility	$S_{107}S_{118}$	Norma	$S_{101}S_{104}$	Tyson	$S_{101}S_{105}$
Beurré Superfin	$S_{101}S_{110}$	Flemish Beauty	$S_{101}S_{108}$	Nouveau Poiteau	$S_{107}S_{114}$	Urbaniste	$S_{104}S_{119}$
Blickling	$S_{102}S_{110}$	Fondante Thirriot	$S_{101}S_{103}$	Old Home	$S_{101}S_{113}$	Verdi	$S_{101}S_{119}$
Bon Rouge	$S_{101}S_{102}$	Forelle	$S_{101}S_{116}$	Olivier de Serres	$S_{101}S_{110}$	William Precoce	$S_{101}S_{105}$
Blanquilla	$S_{101}S_{103}$	French Bartlett	$S_{101}S_{105}$	Onwards	$S_{101}S_{104}$	William's Bon-Chrétien	$S_{101}S_{102}$
Bon-Chrétien d'Hiver	$S_{101}S_{118}$	Garbar	$S_{107}S_{115}$	Orient	$S_{101}S_{102}$	Washington	$S_{101}S_{103}$
Bristol Cross	$S_{102}S_{119}$	General Leclerc	$S_{102}S_{118}$	Ovid	$S_{102}S_{118}$	Wilder	$S_{101}S_{111}$
California	$S_{101}S_{104}$	Gentile	$S_{101}S_{106}$	Packham's Triumph	$S_{101}S_{103}$	Winter Cole	$S_{101}S_{107}$
Canal Red	$S_{102}S_{104}$	Glou Morceau	$S_{104}S_{110}$	Passe Crassane	$S_{110}S_{119}$		
Cascade	$S_{101}S_{104}$	Grand Champion	$S_{101}S_{104}$	Pera d'Agua	$S_{101}S_{102}$		
Chapin	$S_{102}S_{115}$	Harrow Crisp	$S_{101}S_{105}$	Pierre Cornelle	$S_{101}S_{118}$		
Charles Ernest	$S_{105}S_{110}$	Harrow Delight	$S_{101}S_{105}$	Pierre Tourasse	$S_{102}S_{105}$		
Clapp's Favorite	$S_{101}S_{108}$	Harrow Sweet	$S_{102}S_{105}$	Precoce di Fiorano	$S_{101}S_{103}$		
Clapp's Rouge	$S_{101}S_{108}$	Hartman	$S_{101}S_{104}$	Precoce du Trevoux	$S_{101}S_{102}$		
Colorée de Juillet	$S_{101}S_{115}$	Harvest Queen	$S_{101}S_{102}$	President Héron	$S_{110}S_{118}$		
Comte de Flandre	$S_{102}S_{111}$	Highland	$S_{101}S_{104}$	Rocha	$S_{101}S_{105}$		
Comte de Lambertye	$S_{102}S_{110}$	Honey Sweet	$S_{102}S_{104}$	Red Anjou	$S_{101}S_{114}$		
Concorde	$S_{104}S_{108}$	Howell	$S_{101}S_{104}$	Rogue Red	$S_{105}S_{114}$		
Condo	$S_{104}S_{119}$	Marguerite Marillat	$S_{102}S_{105}$	Starking Delicious	$S_{101}S_{113}$		
Eletta Morettini	$S_{105}S_{114}$	Max Red Bartlett	$S_{101}S_{102}$	Summer Doyenne	$S_{101}S_{106}$		
Emile d'Heyst	$S_{102}S_{119}$	Maxine	$S_{101}S_{113}$	Sweet Blush	$S_{101}S_{119}$		

（五）基因芯片杂交

基因芯片（genechips）又称DNA芯片（DNA chips）或DNA微阵列（DNA microarray），是传统的核酸杂交技术与微加工技术以及化学合成技术相结合而产生的一个复合体，基因芯片杂交技术具有检测方法简单、快速、准确、高效、灵敏度高、可实现对多个梨品种S基因型同时检测及具有大量样品平行检测的优点。江南等（2006）首次使用梨S-RNase基因寡核苷酸芯片对梨品种S基因型进行鉴定，其检测结果获得成功，证明基因芯片杂交技术应用于梨品种自交不亲和性S-RNase基因和S基因型的检测是一种切实可行的方法。江南等（2008）又指出，基因芯片技术只能检测出已发现的梨S基因，不能鉴定出新的S基因，具有一定局限性。对于梨品种中存在的新S-RNase基因，还需结合PCR-RFLP、DNA测序及序列分析等技术进行鉴定。S-RNase基因寡核苷酸芯片技术是基于梨DNA序列进行杂交，存在内含子序列不同其杂交信号也会有差异的现象，因此需要用两种以上的芯片并行检测梨品种S-RNase基因，才能保证鉴定结果的准确性和可靠性。

二、梨资源自交（不）亲和性分子机制

梨是典型的配子体型自交不亲和性果树，绝大多数的资源均表现出自交不亲和性，仅少数品种表现出自交亲和性，如Osa-Nijisseiki、Abugo、Ceremeño、秋荣、金坠、早冠、沙01和大果黄花等（Hirata，1989；Qi et al.，2011；Sanzol，2009；Li et al.，2009；吴华清等，2007）。此外，Wang等（2017）和金子明等（2018）共检测了380余份梨遗传资源自交72h后的花粉管生长长度（图4-3），并结合自花结实的坐果率，发现了新雪和Meigetsu也具有自交亲和性。这些自交亲和性变异大体可归为以下3种类型。

（一）花柱S-RNase基因的变异

梨品种Osa-Nijisseiki是自交不亲和性品种Nijisseiki的芽变，以Osa-Nijisseiki为父本与Nijisseiki进行杂交表现出亲和性，但反交表现出杂交不亲和性（Hirata，1989）。经过20年的探索，日本学者Okada等（2008）构建了Osa-Nijisseiki和Nijisseiki基因组BAC文库，完成了对两个花柱S-RNase基因（S_2和S_4）周边序列的测序工作，发现一段包含S_4-RNase基因在内的236kb的片段缺失（图4-3），从而阐明了Osa-Nijisseiki是自交亲和性突变机制。

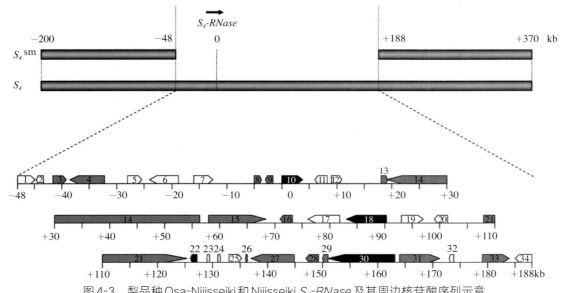

图4-3　梨品种Osa-Nijisseiki和Nijisseiki S_4-RNase及其周边核苷酸序列示意

Abugo 和 Ceremeño 是两个均包含 S_{21}-RNase 基因的欧洲梨品种，自花结实率很高，一半后代个体的基因型为 $S_{21}S_{21}$，表现出明显的孟德尔遗传规律。以这两个品种为父本，与自交不亲和且同样含有 S_{21}-RNase 基因的其他品种进行杂交，后代中没有发现基因型为 $S_{21}S_{21}$ 的个体，而反交后代中有 25% 的个体基因型为 $S_{21}S_{21}$，从而说明 Abugo 和 Ceremeño 是花柱 S_{21}-RNase 基因的突变。与 Osa-Nijisseiki 突变方式不同，Abugo 和 Ceremeño 的 S_{21}-RNase 基因序列与自交不亲和性品种的序列完全一致。进一步分析发现 S_{21}-RNase 基因在 Abugo 和 Ceremeño 的花柱中几乎不表达，而在其他含有 S_{21}-RNase 基因的自交不亲和性品种中的表达水平很高，从而推测 Abugo 和 Ceremeño 的自交亲和性是 S_{21}-RNase 基因的异常表达所导致。

早冠、新雅和雅清都是鸭梨×青玉的杂交后代，基因型均为 S_4S_{34}。早冠自交后代个体有两种 S 基因型（S_4S_{34} 和 $S_{34}S_{34}$），且分离比为 1∶1；以早冠为父本与自交不亲和性的雅清杂交表现出不亲和性，反交表现出杂交亲和性，且基因型及其分离比与早冠自交后代完全一致，从而说明早冠是花柱 S_{34}-RNase 基因的突变。然而，早冠和雅清 S_{34}-RNase 基因序列完全一致，且在各自花柱中的表达水平差异不显著，这与 Osa-Nijisseiki、Abugo 和 Ceremeño 的变异均不相同。进一步分析发现，S_{34}-RNase 蛋白在新雅和雅清中清晰可见，但在早冠中几乎不可见，说明 S_{34}-RNase 基因的突变体现在蛋白质的表达水平上，可能是由基因的转录后修饰元件所调控（图4-4）。

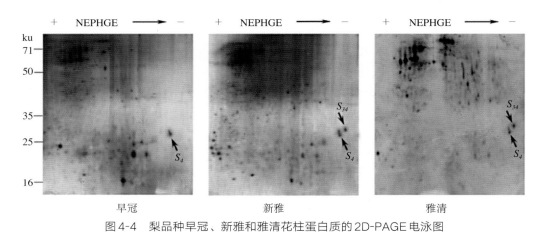

图 4-4　梨品种早冠、新雅和雅清花柱蛋白质的 2D-PAGE 电泳图

（二）基因组加倍

早在 20 世纪末，茄科植物中已经发现多倍化能够导致自交亲和性突变（Lu et al., 2001），而在 21 世纪初，蔷薇科核果类果树酸樱桃诸多品种中也发现多倍化引起的自交亲和性现象（Tsukamoto et al., 2006, 2008），而在仁果类果树中一直未见报道，因而一度被认为仁果类果树的自交不亲和性不受多倍化的影响（Sassa et al., 2010）。在国内，吴华清等（2007）曾报道梨品种大果黄花的自交亲和性可能与其染色体的加倍有关，但缺乏更精确的试验证据。Qi 等（2011）在研究库尔勒香梨（$S_{22}S_{28}$）四倍体芽变品种沙 01（$S_{22}S_{22}S_{28}S_{28}$）时，发现沙 01 同样表现出自交亲和性，且自交后代均含有 S_{22} 和 S_{28} 两种 S-RNase 基因。以沙 01 为父本与自交不亲和性的库尔勒香梨进行杂交，表现出了亲和性，且后代同样均含有 S_{22} 和 S_{28} 两种 S-RNase 基因，而反交表现出杂交不亲和性。因此，仅基因型为 $S_{22}S_{28}$ 的二倍体花粉能够表现出自交亲和性，这一结果与茄科植物中所报道的内容近乎一致，从而说明仁果类果树中同样存在因多倍化引起的自交亲和性现象。

（三）花粉自交不亲和性相关基因的变异

不同于已确定花粉 S 基因的核果类果树，梨等仁果类果树的花粉 S 基因还不明确（Wu et al., 2013a），但并不影响对自交不亲和性变异类型的判断。金坠（$S_{21}S_{34}$）是自交不亲和性品种鸭梨的芽变，自交坐果率高，且后代群体有3种S基因型（$S_{21}S_{21}$、$S_{21}S_{34}$、$S_{34}S_{34}$），但分离比不符合1：2：1的孟德尔遗传规律，表现出明显的偏分离现象（Wu et al., 2013b）。以金坠为母本与鸭梨进行杂交表现出不亲和性，而反交表现出杂交亲和性，且后代个体基因型及分离比与其自交后代结果基本一致。目前，在配子体型自交不亲和性植物的研究中，尚未见有花粉两个S基因均发生突变的报道，且在遗传学层面上认为两个S基因同时发现突变的概率极低，且不合理，因此认为金坠的自交亲和性突变是花粉中其他相关基因的变异所导致。类似的遗传方式同样发生在新雪梨品种上（Shi et al., 2018），但其机制有待深入研究，推测是由自交不亲和性修饰因子所调控。

第三节　梨重要农艺性状功能基因的挖掘

梨全基因组序列的解析和功能基因的预测，为快速挖掘重要农艺性状功能基因奠定了坚实基础。近年来，国内外研究者围绕梨的外观、内在品质及抗性等重要农艺性状开展了系统研究，共挖掘出色泽、糖、酸、石细胞、香气、抗性等性状相关功能基因49个（表4-2），并明确了其调控相应性状的功能和作用机制。

表4-2　梨重要农艺性状功能基因

性状	基因描述	基因名称		基因功能	参考文献
色泽	花青苷合成转录调控因子	MYB转录因子	*PyMYB114*	与*PyERF3*和*PybHLH3*形成复合体促进结构基因表达	Yao et al., 2017
			PyMYB10	与*bHLH*互作促进*PyDFR*的表达	Feng et al., 2015
			PyMYB10.1	与*bHLH*互作促进*PyDFR*的表达	Feng et al., 2015
			PbMYB10b	促进结构基因*PbDFR*的表达	Zhai et al., 2016
			PbMYB9	促进结构基因*PbUFGT1*的表达	Zhai et al., 2016
			PbMYB12b	促进结构基因*PbCHSb*的表达	Zhai et al., 2019
		ERF转录因子	*PyERF3*	与*PyMYB114*和*PybHLH3*形成复合体促进结构基因的表达	Yao et al., 2017
			Pp4ERF24	与*PpMYB114*互作促进*PpUFGT*的表达	Ni et al., 2019
			Pp12ERF96	与*PpMYB114*互作促进*PpUFGT*的表达	Ni et al., 2019
		bHLH转录因子	*PybHLH3*	与*PyMYB114*和*PyERF3*形成复合体促进结构基因的表达	Yao et al., 2017
			PybHLH	与*PyMYB10*形成复合体促进结构基因的表达	Feng et al., 2015
		WD40转录因子	*PyWD40*	与*PyMYB10*和*PybHLH*形成复合体促进结构基因的表达	Zhang et al., 2011
		bZIP转录因子	*PyHY5*	促进*PyCHS*的表达	Tao et al., 2018
		B-box锌指转录因子	*PpBBX16*	促进*PbMYB10*的表达	Bai et al., 2019a
			PpBBX18	与*PbHY5*互作促进*PbMYB10*的表达	Bai et al., 2019b
			PpBBX21	与*PbHY5*互作抑制*PpHY5-PpBBX18*复合体的形成	Bai et al., 2019b
		MADS-box转录因子	*PbrMADS11*	与*PbMYB10*和*PbbHLH3*形成复合体促进结构基因的表达	Wang et al., 2017
			PbrMADS12	与*PbMYB10*和*PbbHLH3*形成复合体促进结构基因的表达	Wang et al., 2017
		SPL转录因子	*PySPLs*	与花青苷调控复合体成员MYB互作，抑制复合体的形成	Qian et al., 2017
		小分子RNA	*miR156*	降解靶基因SPL转录因子，促进花青苷调控复合体的形成	Qian et al., 2017
		E3泛素连接酶	*PbCOP1.1*	通过泛素化MYB和HY5间接抑制花青苷合成	Wu et al., 2019
	花青苷转运	谷胱甘肽转移酶	*PyGST*	参与花青苷向液泡的转运	Wu et al., 2019

（续）

性状	基因描述	基因名称	基因名称	基因功能	参考文献
糖	糖转化	己糖激酶	*PbrHXK1*	磷酸化己糖	Zhao et al., 2019a
		果糖激酶	*PbrFRK1*	磷酸化果糖	赵碧英, 2014
	糖运转	液泡膜单糖转运蛋白	*PbrTMT4*	转运单糖	Cheng et al., 2018
		蔗糖转运蛋白	*PbrSUT2*	转运蔗糖	Wang et al., 2016
		己糖转运蛋白	*PbrHXT1*	转运己糖	张绍铃等, 2015
酸	酸转化	细胞质NAD-苹果酸脱氢酶	*PbrcyNAD-MDH*	催化草酰乙酸转化为苹果酸	Wang et al., 2018
		细胞质NADP-苹果酸酶	*PbrcyNADP-ME*	催化苹果酸生成丙酮酸	Wang et al., 2018
	酸运转	铝激活苹果酸转运蛋白	*PbrALMT*	转运苹果酸	Xu et al., 2018
石细胞	木质素合成调控因子	小分子RNA	*PbrmiR397a*	降低漆酶的表达，并降低木质素的含量	Xue et al., 2019a
		漆酶	*PbrLAC1/2/18*	催化苯二酚(氢醌)氧化成对苯醌	Xue et al., 2019a
		肉桂醇脱氢酶	*PpCAD2*	催化香豆醛、松柏醛和芥子醛还原为相对应的醇	Li et al., 2019
		KNOX转录因子	*PbKNOX1*	参与细胞壁增厚和木质素的生物合成，抑制木质素合成中涉及的关键结构基因的转录	Cheng et al., 2019
		MYB转录因子	*PbrMYB169*	木质素生物合成的转录激活因子，调节果核细胞中次生壁的形成	Xue et al., 2019b
抗病	抗病相关的结构蛋白	多聚半乳糖醛酸酶抑制蛋白	*pPGIP*	抑制病原菌分泌的内切多聚半乳糖醛酸酶的作用	Powell et al., 2000
		病程相关蛋白	*PbrPR1*	直接作用于病菌侵染部位的抗病过程	张绍铃等, 2018
		PbzsREMORIN	*PbzsREMORIN*	参与蛋白磷酸化，调节细胞抗氧化状态	付镇芳等, 2012
		几丁质酶	*Lchi1*	催化几丁质水解生成*N*-乙酰葡糖胺	李伟阳等, 2015
	抗病相关蛋白的调控因子	NAC转录因子	*PcNAC1*	调控下游抗病相关蛋白的表达活性	阚家亮等, 2017
抗逆	抗干旱	WRKY转录因子	*PbrWRKY53*	调控*PbrNCED1*的表达	Liu et al., 2019
		NAC转录因子	*PbeNAC1*	与*PbeDREBs*互作	Jin et al., 2017
		MYB转录因子	*PbrMYB21*	调控*PbrADC*的表达	Li et al., 2017
	耐低温	β-淀粉酶	*PbrBAM3*	直链淀粉分解成麦芽糖	Zhao et al. 2019b
		NAC转录因子	*PbeNAC1*	与*PbeDREBs*互作	Jin et al., 2017
		ICE转录因子	*PuICE1*	调控*PuDREBa*的表达	Huang et al., 2015
		MYB转录因子	*PbrMYB5*	调控*PbrDHAR2*的表达	Xing et al., 2018
		碱性螺旋-环螺旋转录因子	*PubHLH1*	清除植物体内ROS	Jin et al., 2016
	耐盐	Na$^+$/H$^+$转运蛋白	*PbrNHX2*	转运钠离子和钾离子	Dong et al., 2019

一、外观品质性状

梨果实的外观品质主要包括果实大小、形状、色泽和果面光洁度等，是影响果实商品性及经济效益的重要因素。与色泽相比，梨果实的大小、形状、光洁度等性状相对复杂，尚无明确功能基因的研究报道。

色泽是影响梨果实外观品质的第一要素，一直是研究者普遍关注的重要性状。由于红梨具有鲜艳的色泽而备受消费者青睐，但是我国的优质红梨资源比较匮乏，一些新选育的红梨品种存在着色不良或者着色不稳定的问题，在很大程度上影响了红梨的推广应用。因此，对红梨着色机制的研究对于指导品种改良和生产均具有重要意义。果实的花青苷合成起始于苯丙氨酸解氨酶（PAL）催化的苯丙氨酸到肉桂酸的反应，之后在肉桂酸-4-羟基化酶（C4H）和对-香豆酰-CoA连接酶（4CL）的催化下形成香豆素，香豆素和丙二酰-CoA在查尔酮合酶（CHS）的催化下形成查尔酮，在查尔酮异构酶（CHI）、黄烷酮-3-羟化酶（F3H）、类黄酮-3'-羟化酶（F3'H）和二氢黄酮醇还原酶（DFR）的作用下形成一系列中间产物，经过花色素合成酶（ANS）合成显色的花青素，在尿苷二磷酸葡萄糖及类黄酮-3-*O*-糖基转移酶（UFGT）的作用下生成花青苷（冯守千等，2008；俞波等，2012；Yang et al., 2013；Feng et al., 2015；Yao et al., 2017），之后再由谷胱甘肽转移酶（GST）转运到液泡中（Li et al., 2019）。另外，研究者还发现了一系列转录调控因子参与花青苷的合成调控，其中MYB、ERF、bHLH和WD40等形成花青苷合成调控复合体，如*PyMYB10-PybHLH*，*PyMYB10-PybHLH-PyWD40*和*PyERF3-PyMYB114-PybHLH3*调控复合体，这些转录调控复合体通过上调花青苷合成结构基因的表达促进花青苷的合成（Zhang et al., 2011；Feng et al., 2015；Yao et al., 2017；Ni et al., 2019）。除了形成调控复合体，MYB转录因子还可以直接调控花青苷结构基因，如*PbMYB9*、*PbMYB10b*和*PbMYB12b*分别通过激活*PbANR*和*PbUFGT1*，*PbDFR*，*PbCHSb*和*PbFLS*的启动子来促进花青苷和黄酮类物质的合成（Zhai et al., 2016, 2019）。对于亚洲红梨和部分西洋梨来说，果皮红色的形成受环境因子的影响，其中光照是影响花青苷合成的重要环境因子。光照除了通过影响花青苷合成相关酶的活性外，还通过光响应转录因子的作用调控花青苷的合成，如bZIP家族的*PpHY5*转录因子能够促进花青苷结构基因*PpCHS*的表达（Tao et al., 2018）；B-box锌指转录因子*PbBBX16*和*PbBBX18*（后者以*PbHY5-PbBBX18*调控复合体的形式）均能够促进*PbMYB10*的表达，进而调控花青苷的合成（Bai et al., 2019a, 2019b）；*PbrMADS11*和*PbrMADS12*分别与*PbMYB10*和*PbbHLH3*形成复合体促进花青苷合成结构基因的表达（Wang et al., 2017）。除了转录因子之外，小分子RNA也参与梨果皮花青苷合成的调控，如miR156通过降解靶基因SPL转录因子，减少该转录因子与复合体成员MYB转录因子的互作，促进花青苷转录调控复合体的形成，进而调控花青苷的合成（Qian et al., 2017）。另外，光形态建成抑制因子——E3泛素连接酶基因（COP1）参与了梨果皮花青苷合成的负调控，*PbCOP1.1*可能通过泛素化*MYB*和*HY5*间接抑制花青苷合成结构基因的表达（Wu et al., 2019）。

二、内在品质性状

梨果实的内在品质是决定品种受欢迎程度的关键，决定梨果实内在品质的因素主要包括糖、酸、石细胞、香气、质地、汁液、涩味、维生素C等。相比较其他性状而言，糖、酸、石细胞、香气等对梨果实风味的影响较大。因此，对梨内在品质的研究也主要集中在这些性状的功能基因挖掘和分子机制上。

（一）糖性状形成的分子机制

糖组分在梨果实风味形成过程中起到重要作用。葡萄糖、果糖、蔗糖和山梨醇是梨果实中最重要的糖组分。梨果实中的己糖激酶1基因（*PbrHXK1*）和果糖激酶1基因（*PbrFRK1*）可将葡萄糖或果糖磷酸化；其具有促进番茄植株生长，减少果实中葡萄糖、果糖和蔗糖积累的作用（Zhao et al., 2019a；赵碧英，2014）。葡萄糖和果糖合成之后可经液泡膜单糖转运蛋白4（PbrTMT4）运输而在液泡中积累（Cheng et al., 2018）。除了运输己糖外，PbrTMT4还可调控番茄的开花和成熟时间。定位于质膜上的蔗糖转运蛋白2（PbrSUT2）和己糖转运蛋白1（PbrHXT1）与PbrTMT4的作用相反——促进果实中蔗糖的积累，同时降低葡萄糖和果糖含量（Wang et al., 2016；张绍铃等，2015）。

（二）酸性状形成的分子机制

苹果酸和柠檬酸是梨果实中主要的酸组分。苹果酸主要在果肉细胞的细胞质中合成，梨细胞质 NAD-苹果酸脱氢酶基因（*PbrcyNAD-MDH*）参与这一过程。苹果酸在细胞质中合成后，一部分会被梨细胞质 NADP-苹果酸酶基因（*PbrcyNADP-ME*）编码的苹果酸酶所降解，形成丙酮酸（Wang et al., 2018）；另一部分可通过铝激活苹果酸转运蛋白（PbrALMT）运输到液泡中积累（Xu et al., 2018）。

（三）石细胞性状形成的分子机制

石细胞是由薄壁细胞壁次生加厚形成，木质素是石细胞壁的主要成分，含量达到细胞壁物质的 30%。因此，对石细胞性状形成分子机制的研究主要集中于木质素合成代谢的研究。对多个梨品种重测序分析发现木质素代谢相关基因如过氧化物酶基因（*POD*）、草酸羟基肉桂转移酶基因（*HCT*）等的差别可能导致了亚洲梨和欧洲梨石细胞含量的差异（Wu et al., 2018）；Tao 等（2015）发现 C4H 与梨果实石细胞、木质素的合成呈正相关关系；Xue 等（2019a）首次发现漆酶 1/2/18 基因（*PbrLAC1/2/18*）是促进梨果实中肉桂醇单体聚合形成木质素的重要功能基因，并发现 *PbrmiR397a* 前体的启动子序列中存在的单核苷酸多态性（SNP）与石细胞含量高低表型显著关联，通过一系列功能验证揭示了 *miRNA397a* 作用于靶基因 *PbrLAC*，抑制木质素合成，从而影响石细胞形成的分子调控机制。Xue 等（2019b）还发现转录因子 *PbrMYB169* 基因通过激活木质素合成通路中的香豆酸-3-羟化酶 1 基因（*C3H1*）、肉桂酰 CoA 还原酶 1 基因（*CCR1*）、咖啡酰 CoA-*O*-甲基转移酶 2 基因（*CCOMT2*）、肉桂醇脱氢酶基因（*CAD*）、4-香豆酸 CoA 连接酶 1 基因（*4CL1*）、4-香豆酸 CoA 连接酶 2 基因（*4CL2*）、莽草酸/奎宁酸羟基肉桂酰转移酶 2 基因（*HCT2*）和 *LAC18* 的表达而促进木质素合成。此外，研究发现过表达 *PpCAD2* 基因增加了梨茎、叶和果实果皮组织中木质素的含量（Li et al., 2019）；*PbKNOX1/BP* 可以降低木质素代谢途径中多个结构基因的转录水平，在梨果实中用特异的启动子驱动 *PbKNOX1/BP* 过表达可以在一定程度上抑制石细胞的形成，从而提高果实品质（Cheng et al., 2019）。

（四）香气性状形成的分子机制

香气是影响果实品质的重要因子，果实浓郁的香气能引导人们的消费趋向。梨果实香气基因功能研究开展较晚，目前，已有组学研究发现醇酰基转移酶（AAT）、脂氧合酶（LOX）、乙醇脱氢酶（ADH）、氢过氧化物裂解酶（HPL）等基因在梨果实发育及储藏过程中存在差异表达（Wei et al., 2016; Shi et al., 2018; Li et al., 2018; Chen et al., 2019），表明这些酶在梨果实香气形成过程中起重要作用，是香气合成的关键酶。其功能作用如下：亚油酸和亚麻酸在 LOX 作用下转化成氢过氧化脂肪酸，再由 HPL 裂解为 C6、C9 醛，继而在 ADH 的催化下氧化为相应的醇类，AAT 最终将醇类转化成酯类物质。上述关键基因在梨果实香气合成中的具体功能还有待进一步验证研究。

三、抗病和抗逆性状

数十年来，虽然我国梨产业得到迅速发展，但其经常遭遇各种生物因素（如黑星病和腐烂病等）和非生物因素（如干旱、冷害和盐等）胁迫，给梨产业造成了严重的损失。因此，培育抗逆性强和综合性状良好的抗逆新品种成为梨产业健康稳定发展的重要保障。近年来，研究者已挖掘出部分与梨抗病和抗逆性状相关的基因，并阐明了其分子调控机制。

（一）抗病的分子机制

梨树病害主要危害梨树叶片、新梢和果实，引起梨树早期落叶、落果和返青返花，降低梨果品质和产量。将多聚半乳糖醛酸酶抑制蛋白基因（*pPGIP*）在番茄中过表达，能够增强转基因番茄对灰霉病的抗性，从侧面反映出了 *pPGIP* 基因的抗病功能（Powell et al., 2000）。研究发现，在拟南芥中过表达梨病程相关蛋白1基因（*PbrPR1*）可显著提高植株对病菌侵染的抵抗力（张绍铃等，2018）。remorin 是细胞膜微结构域脂筏中的重要蛋白，在蛋白磷酸化中起重要作用。在烟草NC89中过表达梨 *PbzsREMORIN* 基因，增强了转基因烟草对烟草青枯病病原菌的抗性（付镇芳等，2012）。植物可以产生几丁质酶（Lchi），分解外界入侵的真菌病原菌细胞壁，从而降低病菌的侵染能力。研究发现，转梨 *Lchi1* 基因烟草较野生型烟草的抗腐烂病菌能力明显增强（李伟阳等，2015）。转录因子NAC通过调控下游抗病相关蛋白质的表达活性，从而参与植物抗病相关进程。阚家亮等（2017）研究发现，在本氏烟中瞬时表达梨 *PcNAC1* 基因，接种烟草疫霉病菌后发现 *PcNAC1* 可以通过调控植物激素通路防卫反应基因的表达来增强植物的抗病性。

（二）抗逆的分子机制

梨在生长发育过程中经常遭受低温、干旱和盐害等非生物逆境胁迫，对产业造成巨大的损失。Liu等（2019）研究发现，梨 *PbrWRKY53* 通过直接调控梨9-顺式环氧类胡萝卜素双加氧酶1基因（*PbrNCED1*）的表达来清除体内的活性氧，提高梨的抗旱能力。多胺是重要的胁迫应答物质，其合成涉及多个酶，精氨酸脱羧酶（ADC）是合成限速酶，其在植物抗逆中起重要作用。研究表明，梨 *PbrMYB21* 通过调控 *PbrADC* 基因的表达来调控多胺的合成，从而提高梨的抗旱能力（Li et al., 2017）。Xing等（2018）研究发现，梨 *PbrMYB5* 通过直接调控梨脱氢抗坏血酸还原酶2基因（*PbrDHAR2*）的表达来提高梨的抗寒性和抗坏血酸含量。Jin等（2016）研究发现，梨 *PubHLH1* 具有抗寒的功能；其另一个研究发现梨 *PbeNAC1* 与 *PbeDREBs* 互作从而提高梨的抗旱和抗寒性（Jin et al., 2017）。Huang等（2015）研究发现，*PuICE1* 与 *PuHHP1* 互作，共同调控其下游 *PuDREBa* 基因的表达来增强梨的抗寒性。Dong等（2019）研究发现，梨 *NHX2* 基因通过清除体内的ROS来提高梨的抗盐能力。Zhao等（2019b）研究发现，梨 β-淀粉酶3基因（*PbrBAM3*）受低温胁迫诱导，其编码蛋白质定位于叶绿体；过表达 *PbrBAM3* 显著提高了转基因植株的抗寒能力，而利用VIGS瞬时沉默该基因则减弱转基因植株的抗寒性，表明 *PbrBAM3* 在抗寒中起重要作用。由此可见，抗逆基因在抗逆反应中起到重要的作用，是抗逆遗传工程的理想基因，能使转基因梨的抗性得到综合改良。

第五章　梨野生近缘种的遗传多样性

梨属植物种质资源丰富，目前被大多数分类学家认可的种有30多个，其中基本种有20个左右。本章介绍了起源于中国的6个梨野生近缘种杜梨、豆梨、川梨、秋子梨、木梨和砂梨的生态学、植物学、生物学的遗传多样性及利用价值。

第一节　杜　梨

杜梨学名 *Pyrus betuleafolia* Bge.，别名棠梨、土梨、灰丁子。

一、地理分布与生长环境

（一）地理分布

杜梨主要分布于东经105.00°～120.76°、北纬30.53°～40.81°，海拔65～1 700m的范围内。在山西、陕西、甘肃、内蒙古、宁夏、山东、河南、河北、安徽、辽宁、北京等省（自治区、直辖市）有分布，其中山西吕梁山脉、中条山脉，河北、河南及山西的太行山脉最为常见。通过查阅中国数字植物标本馆（http://www.cvh.ac.cn/）、公开发表的文章以及笔者团队实地资源考察，获得杜梨分布位点信息，利用地理信息系统软件绘制了杜梨的分布图（图5-1）。

（二）生长环境

杜梨适合在干旱、较为寒冷的环境条件下生长，主要分布于半山坡、林缘、黄土高原阳坡以及山坡疏林中，植被类型多为阔叶林、灌丛或杂草类（图5-2）。

利用ArcGIS软件对MaxEnt模型计算结果与中国行政分区矢量图进行叠加分析，得到杜梨在中国的生态适宜区划图。其中，生态相似度70%以上的区域主要集中在山西、河南、河北、陕西（图5-3）。

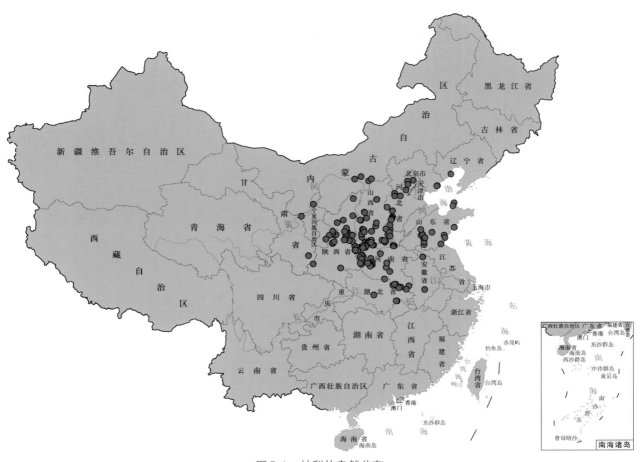

图5-1　杜梨的自然分布

审图号：GS（2020）3082号

黄土坡上（山西蒲县）　　　　　　黄土高原阳坡（陕西神木）

山坡上（湖北荆门）　　　　　　　　　　　山坡上（内蒙古大青山）

图5-2　杜梨的生长环境

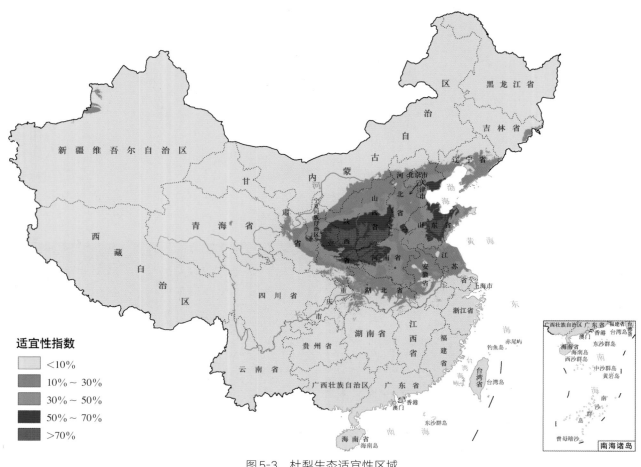

适宜性指数
- <10%
- 10% ~ 30%
- 30% ~ 50%
- 50% ~ 70%
- >70%

图5-3　杜梨生态适宜性区域

审图号：GS（2020）3082号

二、植物学特征

（一）枝叶

1. 树姿　在自然状态下杜梨树姿主要为半开张和开张，少数直立或下垂（图5-4）。

半开张

开张

直立

下垂

图5-4　杜梨树姿

　　2. 主干树皮特征　　杜梨幼树主干树皮特征表现为光滑，盛果期和衰老期梨树表现为纵裂或片状剥落（图5-5）。

　　3. 一年生枝和芽　　杜梨一年生枝颜色以灰色或灰褐色为主，少量表现为黄褐色，皮孔较少；叶芽顶端特征表现为尖或钝，芽托大小表现为中或大（图5-6）。

图5-5 杜梨主干树皮特征　　　　　　　　　　　图5-6 杜梨一年生枝和芽

4. **叶片** 杜梨幼叶颜色主要为绿色，少数为绿微着红色或绿着红色，多数幼叶背茸毛较多，不久脱落。叶片卵圆形，长4.1～7.4cm，宽2.2～4.8cm，叶柄长度4.1～4.7cm；叶缘锐锯齿，刺芒多数无，少数有刺芒，叶基宽楔形或圆形（图5-7）。

幼嫩叶片　　　　　　　　　　　　　　成熟叶片

图5-7 杜梨叶片

（二）花

杜梨每花序花朵数9～15朵；花蕾较小，花蕾颜色为白色或淡粉色。花较小，花冠直径1.7～2.9cm；柱头数主要为2～3枚；雄蕊数17～23枚，花药颜色有淡紫色、紫红色和深紫红色等；柱头位置与花药等高者较多，低于花药和高于花药者较少；花瓣形状以卵圆形和椭圆形为主（图5-8）。

花序

花　　　　　　　　　　　　　　　　　花（纵切）

图5-8　杜梨花性状

（三）果实

杜梨果实黄褐色，扁圆形、圆形或倒卵形，萼片脱落。单果重0.3～2.8g。果实横径0.75～1.70cm，果实纵径0.75～1.70cm，果梗长度1.91～3.64cm。果心大，果实心室数2个或3个；肉质中粗，汁液中多，稍涩或涩，淡酸，品质下等。果实在树上变黑后涩味消失，汁液多，风味较佳。种子卵圆形（图5-9）。

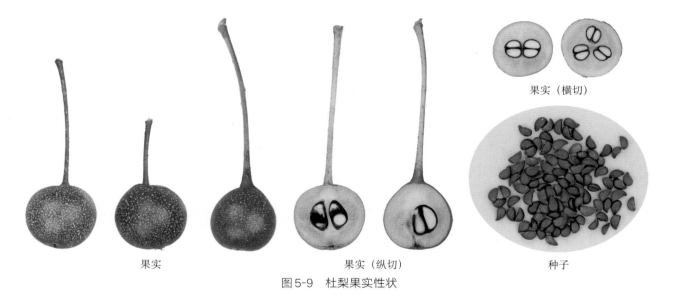

果实（横切）

果实　　　　　　　　　　果实（纵切）　　　　　　　种子

图5-9　杜梨果实性状

三、生物学特性

杜梨为落叶乔木，树势中庸或较强，树姿较为开张，萌芽率高，成枝力较弱，以短果枝结果为主；花量大，花芽萌动期晚，花期晚，落叶迟；果实9月中下旬至10月上中旬成熟。杜梨种子如果做砧木利用，果实适合在10月中下旬采收，种子为打破休眠需要层积60d左右。

四、其他特征特性

杜梨适合北方干旱的环境条件，耐寒凉，喜光，主要分布于干旱阳坡，根系能深入陡崖石缝中生长，对土壤要求不严，适合弱碱性土壤，在微酸性土壤中也能生长。杜梨与白梨、砂梨、秋子梨及西洋梨等都具有较好的亲和性，且较耐涝、耐盐碱，是我国华北、西北地区梨的主要砧木类型，也是荒山造林、防风和防护林的优良树种。杜梨木材致密、光滑，是优良的家具用材。花可以食用，是很好的蜜源；果实味酸，可酿酒、制醋，果实在树上自然变黑后风味极佳，适合制作果酱。杜梨染色体核型为$2n=2x=34=24m+10sm$。

第二节 豆 梨

豆梨学名 *Pyrus calleryana* Dcne，别名明杜梨、鹿梨、犬梨、鼠梨、阳檖、赤梨（尔雅）。

一、地理分布与生长环境

（一）地理分布

豆梨在中国主要分布于东经103.99°～122.11°、北纬21.83°～37.96°，海拔10～710m的范围内。在湖南、湖北、江西、福建、广东、广西、浙江、云南、贵州、安徽、河南、江苏、山东、陕西等省（自治区）均有分布，其中江西赣州、广西桂林及河池、湖北黄冈、湖南郴州、广东深圳等地有较大规模的豆梨野生分布。通过查阅中国数字植物标本馆（http://www.cvh.ac.cn/）以及笔者团队实地资源考察，获得豆梨分布位点信息，利用地理信息系统软件绘制了豆梨的分布图（图5-10）。

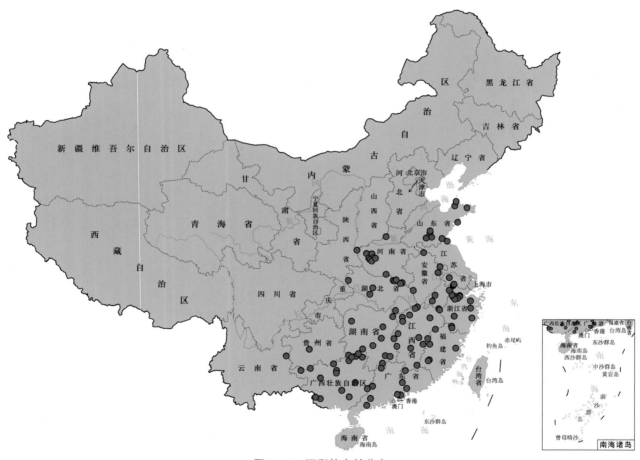

图5-10 豆梨的自然分布

审图号：GS（2020）3082号

（二）生长环境

豆梨主要生长于温暖潮湿的山坡、山谷、杂木林和阳坡山腰处，植被类型多为针叶阔叶混交林，生态系统类型多为森林生态系统。豆梨生长适宜的年平均气温为11～21℃，降水量700～2 200mm（图5-11）。

山坡上（湖南永兴）　　　　　　　　　　景区（浙江富阳）

山谷中（广西河池）　　　　　　　　　　山坡上（福建建宁）

图 5-11　豆梨的生长环境

  利用ArcGIS软件对MaxEnt模型计算结果与中国行政分区矢量图进行叠加分析，得到豆梨在中国的生态适宜区划图。其中，生态相似度70%以上的区域主要集中在湖南、湖北、安徽、江西、江苏、浙江、福建、广东、广西（图5-12）。

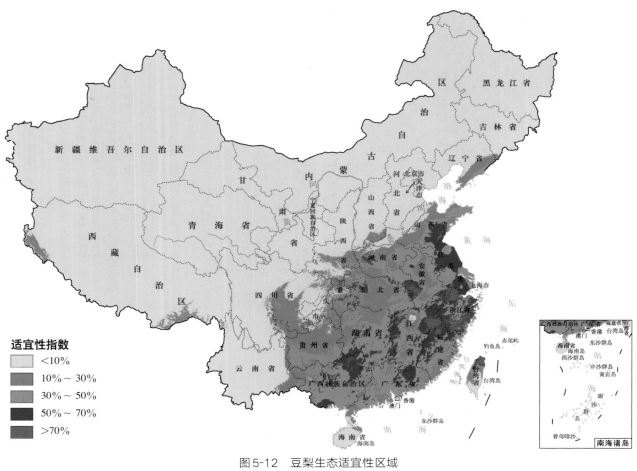

图5-12　豆梨生态适宜性区域

审图号：GS（2020）3082号

二、植物学特征

（一）枝叶

  1.树姿 自然条件下豆梨树姿表现为直立、半开张、开张（图5-13）。

  2.主干树皮特征 豆梨幼树主干树皮特征表现为光滑，盛果期和衰老期梨树表现为纵裂或片状剥落（图5-14）。

  3.一年生枝和芽 豆梨一年生枝颜色有绿黄色、绿色、黄褐色、绿褐色和红褐色，其中以黄褐色最为常见；叶芽姿态为斜生或离生，叶芽顶端特征分为尖和钝两种，多数为钝，少数为尖，芽托大小表现为中或大（图5-15）。

  4.叶片 豆梨幼叶颜色主要为绿色或绿微着红色。叶片卵圆形和椭圆形，叶尖主要为急尖和渐尖，叶基多为楔形、宽楔形和圆形，锯齿主要为钝锯齿和圆锯齿，叶背茸毛无。实生苗童期叶片部分有1～3层不等裂刻。叶片长度5.0～11.2cm，平均值7.4cm；叶片宽度3.2～7.2cm，平均值4.7cm；叶形指数1.24～3.00，平均值1.58；叶柄长度1.5～6.2cm，平均值2.8cm（图5-16至图5-18）；托叶叶质。

直立　　　　　　　　　　　　　半开张　　　　　　　　　　　　　开张

图5-13　豆梨树姿

图5-14　豆梨主干树皮特征　　　　　　　　　　图5-15　豆梨一年生枝和芽

幼嫩叶片　　　　　　　　　　　　　　成熟叶片

图5-16　豆梨叶片

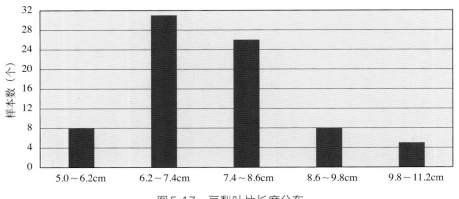

图 5-17　豆梨叶片长度分布

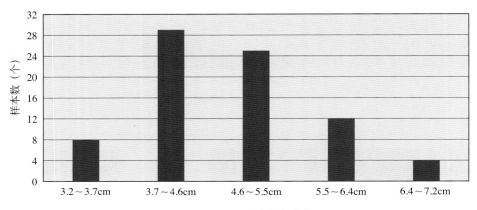

图 5-18　豆梨叶片宽度分布

（二）花

豆梨每花序花朵数为 6 ～ 17 朵，花蕾颜色为白色或浅粉色；花冠直径 1.5 ～ 3.0 cm，柱头数主要为 2 ～ 3 枚，稀 4 枚或 5 枚；雄蕊 17 ～ 25 枚，花药颜色为紫色或紫红色。花瓣数 5 枚，花瓣圆形、卵圆形或椭圆形。柱头位置与花药等高或高于花药，花柱基部无茸毛（图 5-19）。

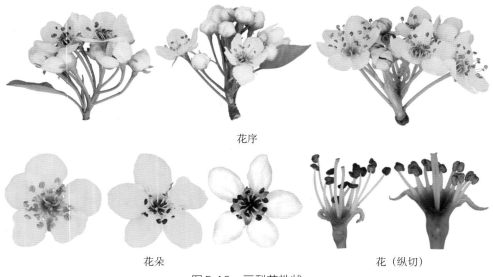

花序

花朵　　　　　　　　　　　　　花（纵切）

图 5-19　豆梨花性状

（三）果实

豆梨果实黄褐色，扁圆形或圆形，萼片脱落。单果重0.4～2.6g，平均值1.25g。果实横径0.80～1.60cm，平均值1.23cm，果实纵径0.83～1.45cm，平均值1.06cm。果梗长1.5～3.7cm，平均值2.59cm。果心大，果实心室数2～3个，稀4或5个，肉质中粗，汁液中多，稍涩或涩，淡酸，品质下等。种子卵圆形（图5-20至图5-23）。

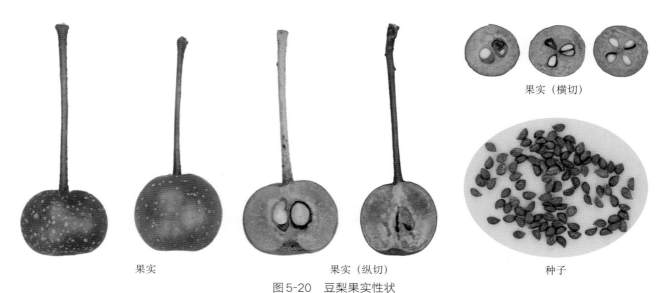

果实（横切）

果实　　　　　果实（纵切）　　　　　种子

图5-20　豆梨果实性状

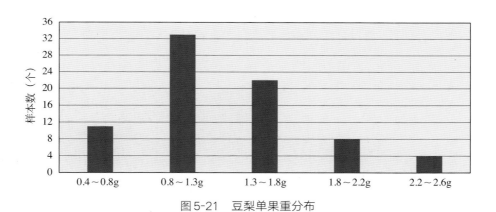

图5-21　豆梨单果重分布

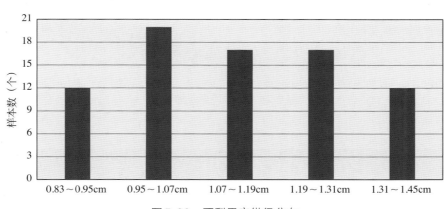

图5-22　豆梨果实纵径分布

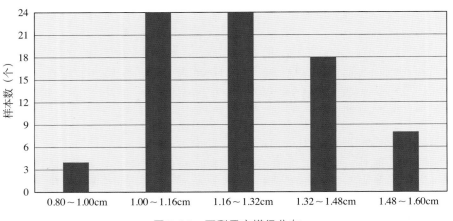

图 5-23   豆梨果实横径分布

三、生物学特性

豆梨为落叶乔木，树势强，树高可达 12m 以上。豆梨花期较杜梨早。在浙江富阳，豆梨 3 月中旬开花，9 月下旬果实成熟。豆梨种子如果做砧木利用，果实适合在 10 月中下旬采收，种子为打破休眠需要层积 40 ~ 50d。

四、其他特征特性

豆梨适合温暖湿润气候，喜光，耐涝、耐干旱、耐瘠薄，对土壤要求不严，适合微酸性土壤，在中性和微碱性土壤中也能生长。豆梨对高温和湿土的适应性较强，在湖北、湖南、江西、广西、浙江、福建等地被广泛用作梨的砧木。豆梨木材坚硬，纹理致密，材质优良，可供制作高档家具，也可用于雕刻图章和制作手工艺品。豆梨也是广泛栽培的园林观赏树种之一（图 5-24）。在欧美国家，豆梨是十分普遍的行道树和风景树。豆梨染色体核型为 $2n=2x= 34=26m+8sm$。

杭州市富阳区富春桃源风景区   深圳市罗湖区公园豆梨景观

图 5-24   豆梨风景园林利用

第三节 川 梨

川梨学名 *Pyrus pashia* Buch.-Ham.ex D.Don，别名棠梨刺、波沙梨。

一、地理分布与生长环境

（一）地理分布

　　川梨分布于东经85.33°～106.42°、北纬21.95°～32.75°，海拔750～3 400m的范围内。我国四川、云南、重庆、贵州以及西藏一带均有分布。通过查阅中国数字植物标本馆（http://www.cvh.ac.cn/）以及笔者团队实地资源考察，获得川梨分布位点信息，利用地理信息系统软件绘制了川梨的自然分布图（图5-25）。

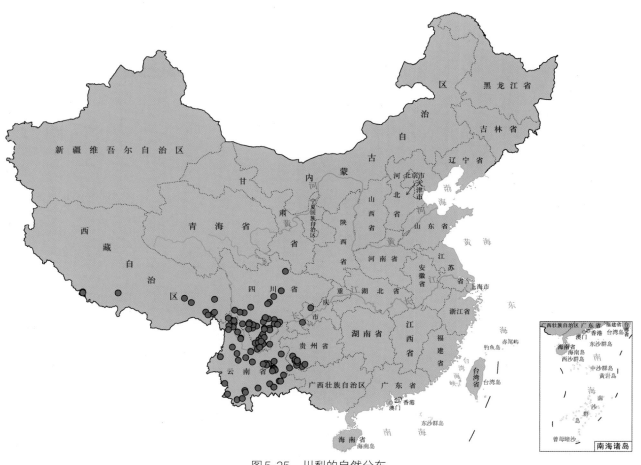

图5-25　川梨的自然分布

审图号：GS（2020）3082号

（二）生长环境

　　川梨主要分布在松林边缘、山坡常绿阔叶林、灌木丛、混交林中，以及河谷底部、林边河滩、沟边杂木林、河谷半干旱草原灌丛、干热河谷平坝中，沿金沙江流域有较多自然分布（图5-26）。

　　利用ArcGIS软件对MaxEnt模型计算结果与中国行政分区矢量图进行叠加分析，得到川梨在中国的生态适宜区划图。其中，生态相似度70%以上的区域主要集中在云南、四川、西藏、贵州（图5-27）。

山坡上杂木林中（云南德钦）

林中（云南马龙）

山坡上（云南德钦）

山脚下灌木丛中（云南德钦）

图5-26　川梨的生长环境

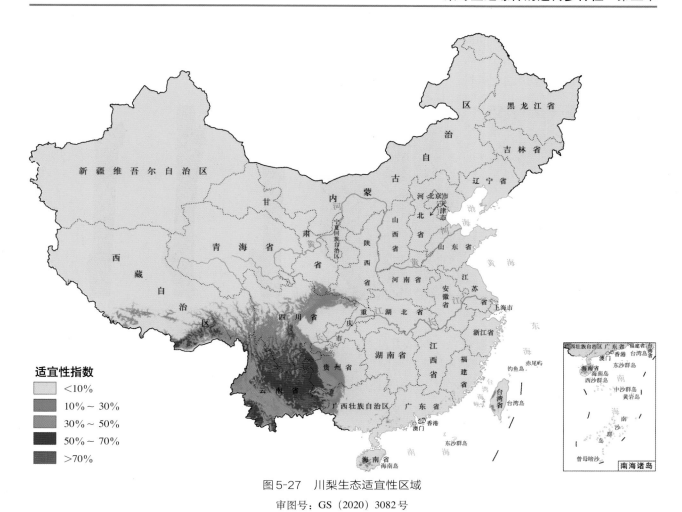

图5-27　川梨生态适宜性区域

审图号：GS（2020）3082号

二、植物学特征

（一）枝叶

1.树姿　自然状态下川梨树姿表现为直立、半开张和开张（图5-28）。

直立　　　　　　　　半开张　　　　　　　　开张

图5-28　川梨树姿

2. **主干树皮特征** 川梨幼树主干树皮特征主要为光滑,结果后转为纵裂(图5-29)。

3. **一年生枝和芽** 川梨一年生枝颜色以黄褐色、红褐色为主,针刺有或无,皮孔数量少;叶芽姿态贴生或斜生,叶芽顶端尖或钝,芽托大小表现为中或大(图5-30)。

图5-29 川梨主干树皮特征　　　　　图5-30 川梨一年生枝和芽

4. **叶片** 川梨幼叶颜色有绿色、绿微着红色、红微着绿色、红色等;成熟叶片深绿色,长5.0cm左右,宽1.2～2.3cm,卵圆形、椭圆形或狭椭圆形,叶基狭楔形、楔形或宽楔形,叶缘锐锯齿、圆锯齿或钝锯齿;未结果的旺盛生长幼树及实生苗叶片整株具有明显的裂刻,裂刻层数较多;托叶叶质(图5-31)。

幼嫩叶片　　　　　　　　　　　成熟叶片

图5-31 川梨叶片

(二)花

川梨每花序花朵数6.7～15.9朵,平均值9.8朵;花蕾白色和淡粉色,花冠直径1.5～2.8cm,平均值2.1cm;花瓣相对位置分离、重叠、邻接和无序均有,花瓣数5～8枚;柱头数2～5枚,平均值4.1枚,柱头位置低于花药、与花药等高和高于花药者均有,多数为与花药等高,花柱基部无茸毛;雄蕊数23.4～35.2枚,平均值29.4枚;花药颜色表现为黄白色、淡粉色、淡紫红色、淡紫色、紫红色、紫色等,类型较多(图5-32)。

花　序

花　　　　　　　　　　　　　　花（纵切）

图 5-32　川梨花性状

（三）果实

　　川梨果实扁圆形、圆形或倒卵形，果皮黄褐色或褐色，萼片脱落。单果重 0.8 ～ 4.0g，平均值2.25g。果实横径 1.2 ～ 1.7cm，平均值 1.48cm；果实纵径 1.1 ～ 1.7cm，平均值 1.38cm。果心大，果实心室数 2 ～ 5 个；肉质中粗或粗，汁液中多，酸涩，品质下等（图5-33）。

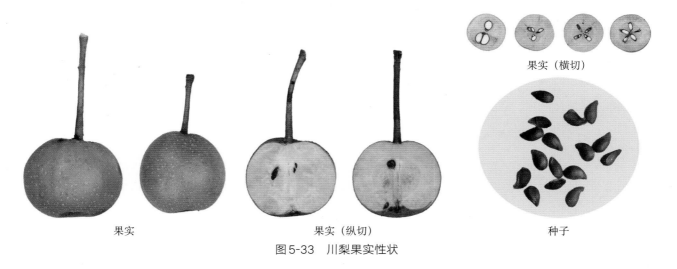

果实（横切）

果实　　　　　　　　　　果实（纵切）　　　　　　　　种子

图 5-33　川梨果实性状

三、生物学特性

　　川梨属于落叶乔木，高可达 12m 以上。川梨在云南昆明地区 2 月下旬至 3 月初开花，果实 8 月下旬至 9 月下旬成熟。川梨种子如果做砧木利用，果实适合在 10 月中旬采收，种子为打破休眠需要层积 40d以上。

四、其他特征特性

　　川梨根系发达，与砂梨、白梨和西洋梨嫁接亲和性均好，嫁接植株生长健壮，在微酸性土壤上生长良好，耐湿、耐干旱、耐瘠薄，抗寒性差。川梨是我国西南地区梨的主要砧木类型，与白梨、砂梨嫁接，嫁接梨树表现为乔化。川梨花和果实可以鲜食、入药，消食积，化瘀滞。川梨也可以作为园林观赏树种（图5-34）。

川梨花——生态美食

云南石林百年川梨古树

图5-34　川梨的应用

第四节　秋　子　梨

秋子梨学名 *Pyrus ussuriensis* Maxim.，别名山梨。

一、地理分布与生长环境

（一）地理分布

秋子梨野生于我国东北、华北北部以及内蒙古、西北地区，我国大兴安岭、小兴安岭、长白山、燕山山脉、内蒙古大青山、太行山等山系及其余脉是野生秋子梨的主要自然分布区。通过查阅中国数字植物标本馆（http://www.cvh.ac.cn/）以及笔者团队实地资源考察，获得秋子梨分布位点信息，利用地理信息系统软件绘制了秋子梨的自然分布图（图5-35）。

（二）生长环境

秋子梨是梨属植物中最抗寒的种，有些类型可耐−52℃的低温。秋子梨适宜区的年平均气温8.6～13℃，1月平均气温−11～−4℃，年降水量500～750mm。秋子梨自然分布在海拔100～2 000m的石质山坡、丘陵地带以及山腰和山脚处（图5-36）。

利用ArcGIS软件对MaxEnt模型计算结果与中国行政分区矢量图进行叠加分析，得到秋子梨在中国的生态适宜区划图。其中，生态相似度70%以上的区域主要集中在黑龙江、吉林、辽宁、北京、河北北部（图5-37）。

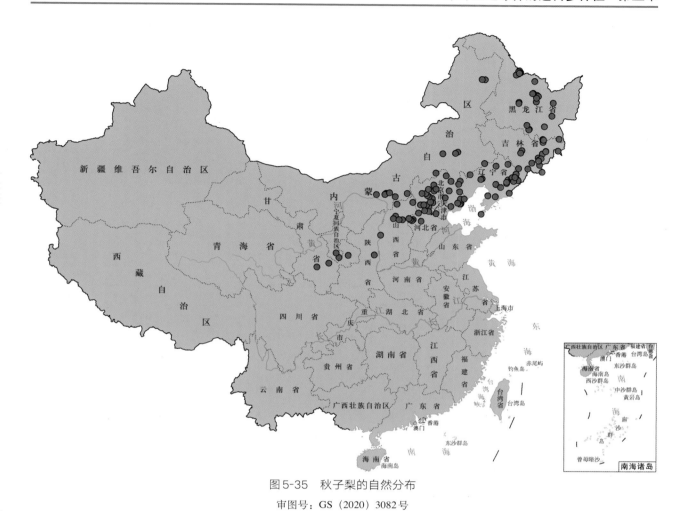

图5-35 秋子梨的自然分布

审图号：GS（2020）3082号

山脚下（内蒙古武川）

山坡上（山西汾阳）

沟壑（内蒙古大青山自然保护区）

森林（黑龙江五常）

图5-36 秋子梨的生长环境

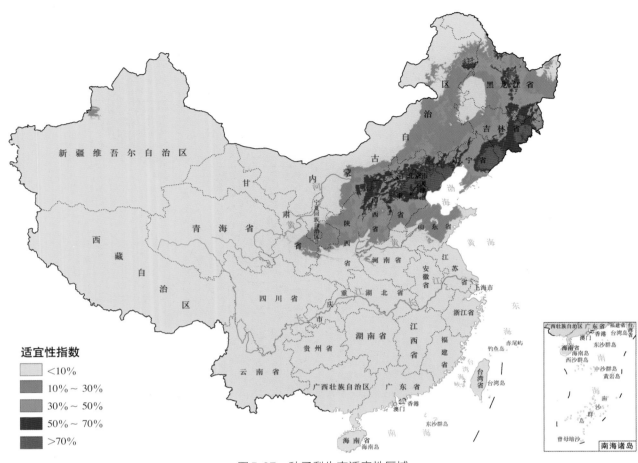

图 5-37　秋子梨生态适宜性区域

审图号：GS（2020）3082号

二、植物学特征

（一）枝叶

1. 树姿　自然野生状态下秋子梨树姿以直立、半开张为主（图5-38）。

直　立　　　　　　　　　半开张

图 5-38　秋子梨树姿

2.主干树皮特征　秋子梨幼树主干树皮特征表现为光滑，盛果期和衰老期梨树表现为纵裂（图5-39）。

3.一年生枝和芽　秋子梨一年生枝颜色有绿黄色、灰绿色、黄褐色、绿褐色、褐色等；叶芽姿态为贴生或斜生，叶芽顶端特征分尖、钝两种，多数为钝，少数为尖，芽托大小表现为中或大（图5-40）。

图5-39　秋子梨主干树皮特征　　　　　　　图5-40　秋子梨一年生枝和芽

4.叶片　秋子梨幼叶颜色为绿色、绿微着红色或红微着绿色，以绿色居多；叶片形状为圆形和卵圆形，卵圆形居多；叶面伸展状态为平展、抱合、波浪；叶基宽楔形、圆形和心形。叶背茸毛无。叶尖急尖，锐锯齿，带刺芒。叶片长度5.60～11.93cm，平均值8.85cm；叶片宽度3.10～7.51cm，平均值5.92cm（图5-41至图5-43）。

幼嫩叶片　　　　　　　　　　　　　成熟叶片

图5-41　秋子梨叶片

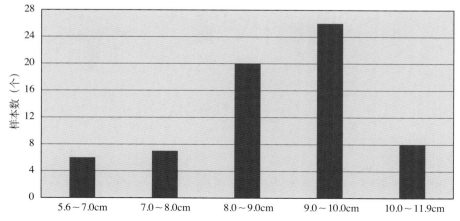

图5-42　秋子梨叶片长度分布

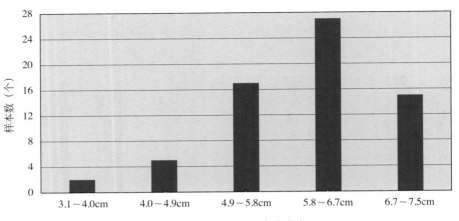

图5-43 秋子梨叶片宽度分布

（二）花

秋子梨每花序花朵数为4 ～ 12朵，花蕾颜色为白色、淡粉色、粉红色或深粉色，花瓣数5 ～ 6枚，花瓣圆形、卵圆形或椭圆形，相对位置为分离、邻接、重叠或无序；雄蕊数11 ～ 34枚，花药颜色为淡紫红色、淡紫色、粉红色、红色、紫红色、紫色、深紫红色、深红色；柱头4 ～ 5枚，柱头位置与花药等高或高于花药，花柱基部茸毛有或无（图5-44）。

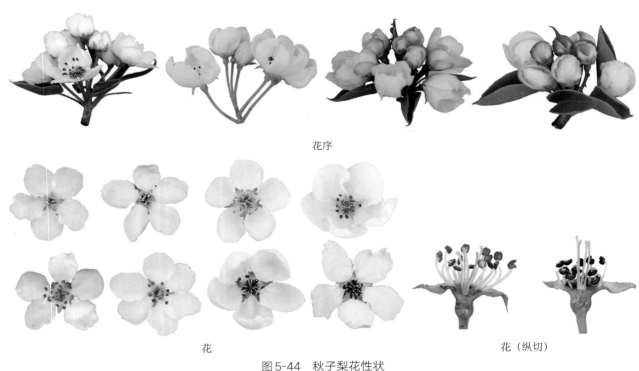

花序

花   花（纵切）

图5-44 秋子梨花性状

（三）果实

秋子梨果实圆形、扁圆形、卵圆形或倒卵形，底色为绿色，后熟变为绿黄色或黄色，部分果面阳面着红色。单果重16.8 ～ 79.3g，平均值34.9g。果实横径3.0 ～ 5.5cm，平均值4.0cm；果实纵径2.6 ～ 5.2cm，平均值3.4cm。果肉质地粗，石细胞多，紧密，风味偏酸，果实多有涩味，后熟变软，涩味减退或消失，有香气，品质中下或下。萼片多为宿存；果实心室数4～5个；种子黑褐色，近圆形，较大（图5-45至图5-48）。

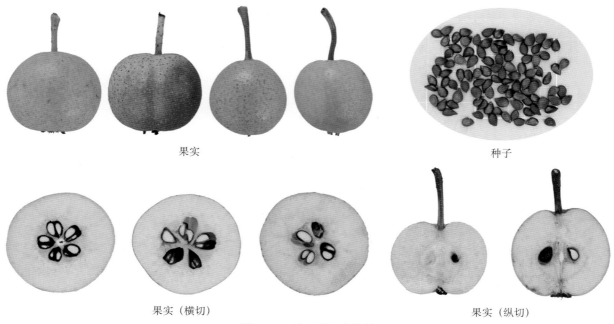

果实　　　　　　　　　　　　　　　　　　种子

果实（横切）　　　　　　　　　　果实（纵切）

图5-45　秋子梨果实性状

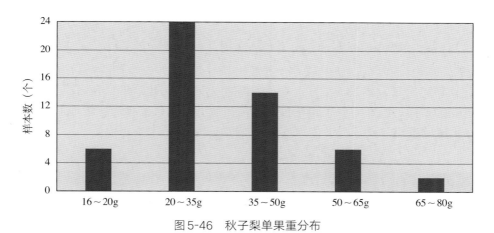

图5-46　秋子梨单果重分布

图5-47　秋子梨果实横径分布

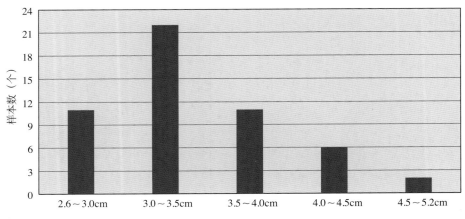

图 5-48 秋子梨果实纵径分布

三、生物学特性

秋子梨为落叶乔木，树势强，树高可达15m以上。秋子梨在梨属植物中花芽萌动期最早，花期最早，落叶早。在辽宁兴城，秋子梨3月下旬花芽萌动，果实8～9月成熟，10月底落叶。秋子梨种子如果做砧木利用，果实适合在9月中下旬采收，种子为打破休眠需要层积60d左右。

四、其他特征特性

秋子梨适合寒冷的环境条件，沿河流两岸分布较多，喜水，耐阴，对土壤要求不严，适合弱酸性土壤，在中性或微碱性土壤中也能生长。秋子梨在我国东北、华北北部、内蒙古等高寒地区广泛作为梨的砧木利用，与白梨、秋子梨、砂梨、西洋梨的栽培品种亲和性均较好，嫁接树生长势强、根系发达、耐贫瘠、适应性强、寿命长。秋子梨果实酸甜可口，芳香怡人，营养丰富，果实可鲜食，也可加工成秋子梨果汁饮料、果脯、蜜饯、含片、梨脯、冻梨以及酿酒等，并具有化痰、利尿、助消化的功效。秋子梨花蕾颜色多样，盛开的秋子梨花色雪白，花朵大，适合在林缘、坡地、庭院或公园内观赏，作为北方寒地绿化树种应用。秋子梨染色体核型为$2n=2x=34=16m+14sm+4st$。

第五节　木　梨

木梨学名 *Pyrus xerophila* Yü，别名酸梨（甘肃）、棠梨（山西）、野梨（陕西）。

一、地理分布与生长环境

（一）地理分布

木梨主要分布于东经102.64°～112.42°、北纬33.52°～37.93°，海拔1 000～3 300m的范围内，在山西中部及以南、陕西秦岭、甘肃武威以东地区有分布。通过查阅中国数字植物标本馆（http://www.cvh.ac.cn/）以及笔者团队实地资源考察，获得木梨分布位点信息，利用地理信息系统软件绘制了木梨的分布图（图5-49）。

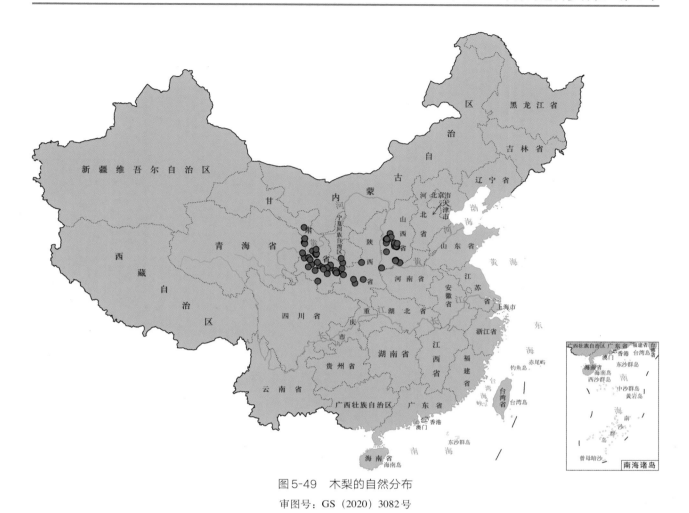

图 5-49　木梨的自然分布

审图号：GS（2020）3082号

（二）生长环境

木梨树冠高大，树高可达20m以上，主要分布于海拔1 000m以上的沟底潮湿地区、山沟水渠边树丛中、阴坡杨松混交林下、丘陵山坡灌木丛等地。植被类型主要有杨松混交林、草地、杂木林等（图5-50）。

利用ArcGIS软件对MaxEnt模型计算结果与中国行政分区矢量图进行叠加分析，得到木梨在中国的生态适宜区划图。其中，生态相似度70%以上的区域主要集中在山西、甘肃、宁夏（图5-51）。

山脚下（甘肃夏河）

灌木丛（山西临汾）

山坡草地上（甘肃康乐）　　　　　　　杂木林（山西汾阳）

图5-50　木梨的生长环境

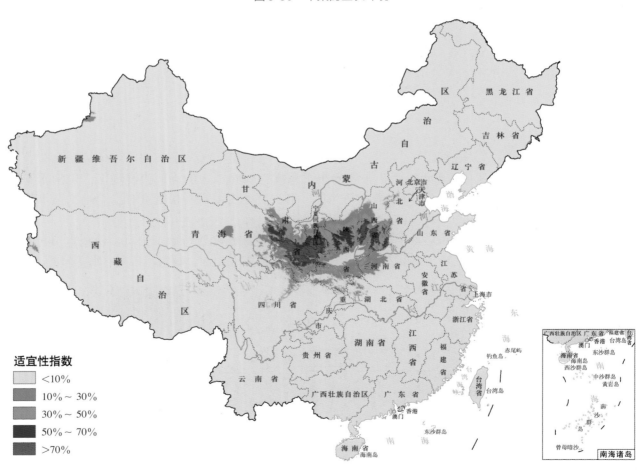

适宜性指数
- <10%
- 10%～30%
- 30%～50%
- 50%～70%
- >70%

图5-51　木梨生态适宜性区域

审图号：GS（2020）3082号

二、植物学特征

（一）枝叶

1.树姿 自然野生状态下木梨树姿主要为直立、半开张（图5-52）。

直立   半开张

图5-52 木梨树姿

2.主干树皮特征 木梨野生状态下主干树皮特征幼树主要表现为光滑，结果期以后主要表现为纵裂（图5-53）。

3.一年生枝和芽 木梨一年生枝颜色为黄色、黄褐色或褐色，叶芽姿态贴生或斜生，叶芽顶端尖或钝，芽托大小表现为小或中大（图5-54）。

4.叶片 木梨幼叶颜色为绿色和绿微着红色。叶片较小，形状卵圆形或椭圆形，叶基形状为楔形、宽楔形或截形，叶缘锐锯齿、圆锯齿或复锯齿，叶背无茸毛；叶面伸展状态为平展、抱合或波浪。实生苗童期叶片部分有裂刻（图5-55）。

图 5-53　木梨主干树皮特征

图 5-54　木梨一年生枝和芽

幼嫩叶片　　　　　　　　　　成熟叶片

图 5-55　木梨叶片

（二）花

木梨每花序花朵数为 4～10 朵，花瓣 5 枚，花蕾颜色为白色或淡粉色，花瓣卵圆形、椭圆形、心形；花朵较杜梨大，花冠直径 3.0～3.5cm。雄蕊 21～30 枚，花药颜色为黄白色、淡粉色、淡紫色或紫红色，柱头数 3～5 枚，柱头位置主要表现为与花药等高或低于花药，花柱基部茸毛无或有（图 5-56）。

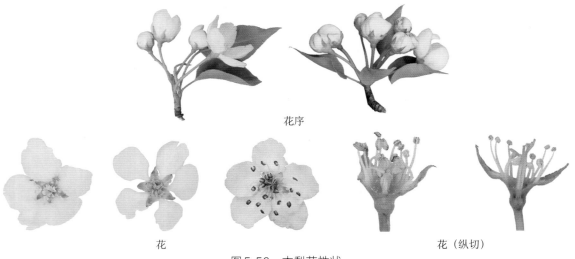

花序

花　　　　　　　　　　　　　花（纵切）

图 5-56　木梨花性状

（三）果实

木梨果实底色绿色或绿黄色，部分果实果面着红色，果实形状为扁圆形、圆形或倒卵形。单果重9～20g。果实横径2.0～4.0cm，果实纵径2.0～4.5cm。萼片以宿存为主，少数残存或脱落。果肉质地中粗，松脆或紧密，风味偏酸，部分有涩味，品质下。心室数3～5个，种子卵圆形（图5-57）。

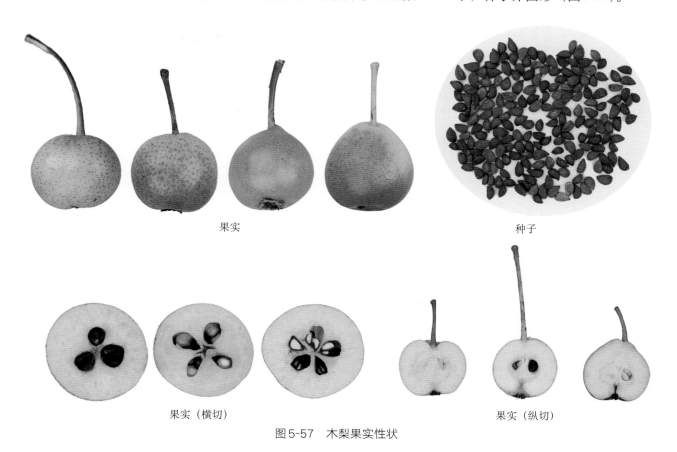

果实　　　　　　　　　　　　　　　　　　种子

果实（横切）　　　　　　　　　　　　果实（纵切）

图5-57　木梨果实性状

三、生物学特性

木梨为落叶乔木，树势强，萌芽率高，成枝力强，树高可达20m以上。在辽宁兴城，3月底至4月上中旬花芽萌动，开花期较杜梨早、较山梨晚，果实8～9月成熟，10月底至11月初落叶。木梨种子做砧木利用，果实适合在9月上中旬采收，种子为打破休眠需要层积60d左右。

四、其他特征特性

木梨适合寒凉干旱的环境条件，喜水，耐阴，对土壤要求不严，适合弱碱性土壤，在中性或微酸性土壤中也能生长。木梨抗旱、抗寒、抗盐碱能力强，与秋子梨、新疆梨、西洋梨等系统的栽培品种嫁接亲和力强，在西北高寒冷凉地区可作为梨的砧木利用。木梨适应性强，生长旺盛，根蘖多，根系深广，是优良的保水固土树种。树体高大，气势磅礴，寿命长，自古就被作为观赏树种栽植，甘肃省兰州市永登县连城镇鲁土司衙门内现存的木梨树，树龄约500年（图5-58）。木梨染色体核型为$2n=2x=34=22m+10sm+2st$（1SAT）。

图5-58　甘肃永登县连城镇鲁土司衙门内约500年的木梨古树

第六节　砂　梨

砂梨学名 *Pyrus pyrifolia*（Burm.f.）Nakai，别名野梨子。

一、地理分布与生长环境

（一）地理分布

砂梨野生分布于东经98.67°～121.06°、北纬22.41°～32.04°，海拔170～2 700m的范围内。主要分布在我国长江流域及以南地区，在云南、四川、重庆、贵州、广东、广西、福建、浙江、江西、湖南、湖北等省（自治区、直辖市）均有分布。通过查阅中国数字植物标本馆（http://www.cvh.ac.cn/）以及笔者团队实地资源考察，获得砂梨分布位点信息，利用地理信息系统软件绘制了砂梨的自然分布图（图5-59）。

利用ArcGIS软件对MaxEnt模型计算结果与中国行政分区矢量图进行叠加分析，得到砂梨在中国的生态适宜区划图。其中，生态相似度70%以上的区域主要集中在福建、浙江、江西、安徽、湖南、重庆、贵州和四川（图5-60）。

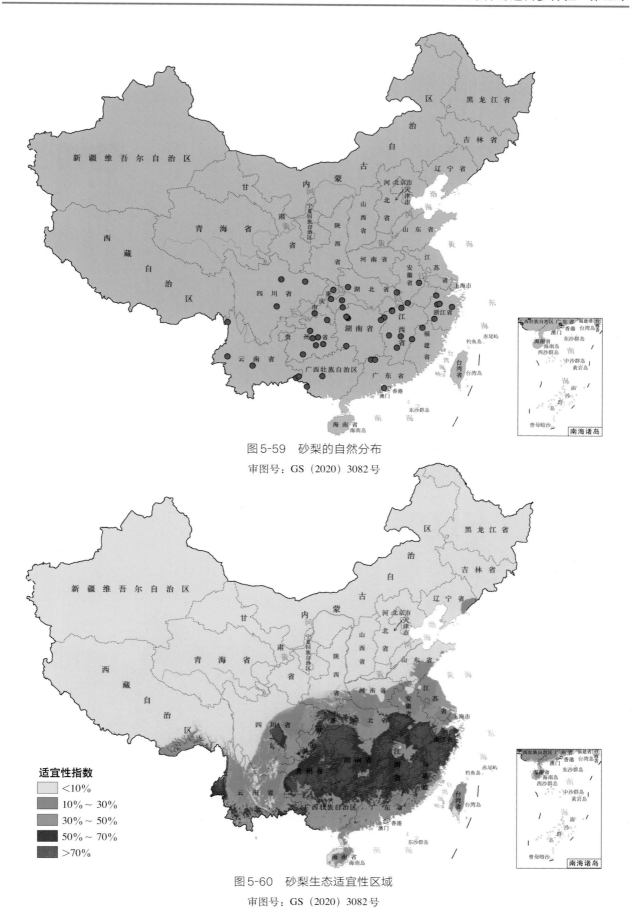

图 5-59　砂梨的自然分布

审图号：GS（2020）3082 号

适宜性指数
<10%
10%~30%
30%~50%
50%~70%
>70%

图 5-60　砂梨生态适宜性区域

审图号：GS（2020）3082 号

（二）生长环境

砂梨树冠高大，树高可达15m以上，主要分布于海拔500～1500m的山谷疏林、沟谷、溪边、山地杂木林、密林、林缘空地、杂草丛等地，植被类型主要有杂木林、松林、草丛等（图5-61）。

林中（湖南沅陵）	山坡上（湖南城步）
杂草丛（福建建宁）	山谷溪边（云南维西）

图5-61 砂梨的生长环境

二、植物学特征

（一）枝叶

1.树姿　自然野生状态下砂梨树姿主要为直立、半开张、开张（图5-62）。

2.一年生枝和芽　砂梨一年生枝颜色主要为黄褐色和褐色，叶芽贴生或斜生（图5-63）。

图5-62　砂梨树姿　　　　　　　　　　　　　　　图5-63　砂梨一年生枝和芽

3.叶片　砂梨叶片卵圆形或椭圆形，叶缘锐锯齿，有刺芒，极少数叶片有裂刻。幼嫩叶片主要为绿色、绿着红色、红微着绿色或红色（图5-64）。

幼嫩叶片　　　　　　　　　　　　　　　　　　　成熟叶片

图5-64　砂梨叶片

（二）花

砂梨花白色，每花序花朵数5～9朵，花冠直径3.0cm左右，花柱3～5枚，柱头与花药等高、低于花药和高于花药者均有，花药颜色有黄白色、淡紫色、紫红色、深紫红等，雄蕊数22～33枚（图5-65）。

花　　　　　　　　　　　　　　　　　　　花（纵切）

图5-65　砂梨花性状

（三）果实

砂梨果实圆形、扁圆形或卵圆形，单果重10～90g，萼片以脱落为主，少数残存或宿存，果实绿色或褐色，果实心室数3～5个。肉质中粗，汁液中多，风味甜酸或酸，或微有涩味，品质中下或下（图5-66）。

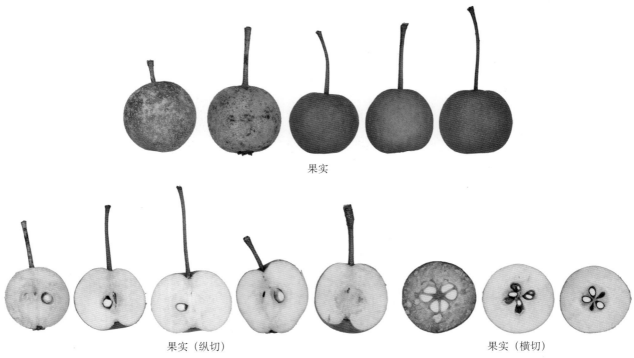

果实

果实（纵切）　　　　　　　　　　　　　　　　果实（横切）

图5-66　砂梨果实性状

三、生物学特性

砂梨为落叶乔木，树势强，萌芽率高，成枝力强。在辽宁兴城，4月上旬花芽萌动，果实9月上中旬至10月中旬成熟，11月中旬落叶。砂梨种子如果做砧木利用，果实适合在10月中下旬充分成熟后采收，种子为打破休眠需要层积30～40d。

四、其他特征特性

砂梨抗寒性较差，喜水，对土壤要求不严，在我国长江流域及以南地区可作为梨的砧木利用，但由于砂梨自然野生群体非常少，做梨的砧木利用远少于豆梨。砂梨染色体核型为$2n=2x=34=20m+12sm$（2SAT）+2st（1SAT）。

第六章 中国梨地方品种的遗传多样性与品种群

第一节 地方品种主要特性

一、果实性状

（一）单果重

梨地方品种按果肉类型可以划分为脆肉型和软肉型两类。软肉型梨地方品种主要属于秋子梨和新疆梨，果实偏小，单果重33.0 ～ 167.0g，平均值84.8g；小型果（单果重＜50.0g）的品种数占观察品种数量的15.2%，中型果（单果重50.0 ～ 120.0g）的品种数占66.6%，大型果（单果重≥120.0g）的品种数占18.2%。脆肉型梨地方品种主要属于白梨和砂梨，单果重33.0 ～ 495.0g，平均值210g；小型果（单果重＜100.0g）的品种数占1.9%，中型果（单果重100.0 ～ 200.0g）的品种数占44.0%，大型果（单果重200.0 ～ 300.0g）的品种数占43.4%，极大型果（单果重≥300.0g）的品种数占10.7%（图6-1）。

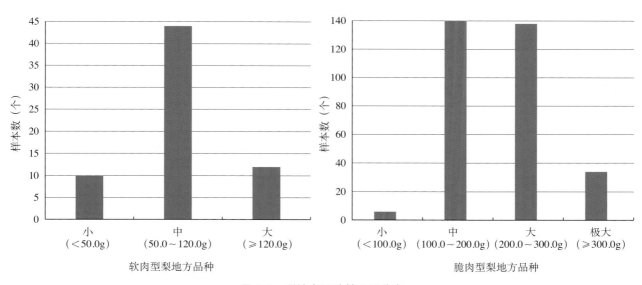

图6-1 梨地方品种单果重分布

（二）果实形状

梨地方品种的果实形状多样性丰富，主要有扁圆形、圆形、长圆形、卵圆形、倒卵形、圆锥形、圆柱形、纺锤形和葫芦形，分别占观察品种数的19.7%、27.0%、11.8%、5.2%、22.8%、3.8%、2.4%、4.8%和2.5%（图6-2）。

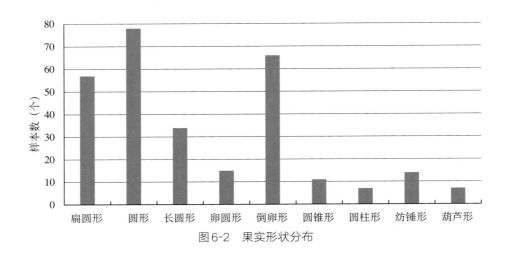

图6-2　果实形状分布

（三）果实底色

梨地方品种按果实底色主要分为绿皮梨和褐皮梨两大类，其中绿皮梨类主要分为黄色、绿黄色、黄绿色和绿色，分别占观察品种数的13.1%、9.7%、48.5%和16.6%；褐皮梨类主要分为黄褐色和褐色，分别占观察品种数的3.1%和9.0%（图6-3）。

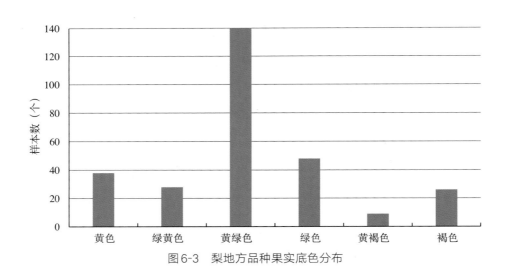

图6-3　梨地方品种果实底色分布

（四）果肉质地

软肉型梨地方品种果肉质地主要表现为粗、中粗和较细，分别占观察品种数的46.8%、35.5%和16.1%，果肉质地细的品种很少，仅占1.6%；脆肉型梨地方品种主要表现为中粗、较细和细，分别占观察品种数的42.3%、34.8%和18.1%，果肉质地粗的品种很少，仅占4.8%（图6-4）。

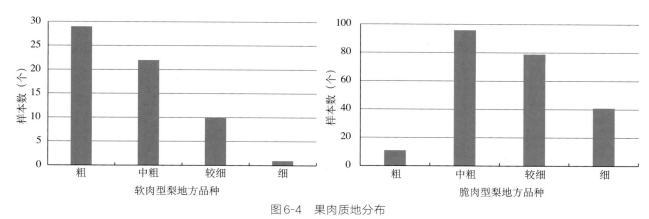

图6-4　果肉质地分布

（五）果肉类型

软肉型梨地方品种果肉类型主要包括软和软溶，分别占观察品种数的92.7%和7.3%；脆肉型梨地方品种果肉类型主要包括疏松、松脆、脆、紧脆和紧密，分别占观察品种数的11.0%、62.1%、10.6%、13.7%和2.6%（图6-5）。

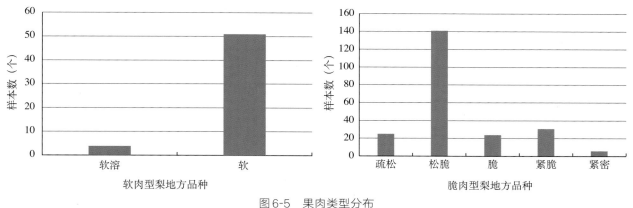

图6-5　果肉类型分布

（六）果心大小

梨地方品种果心大小根据果心横径与果实横径的比值分为4级，即极小（比值<1/4）、小（比值1/4～1/3）、中（比值1/3～1/2）和大（比值≥1/2），其所占比例分别为0.7%、14.1%、79.7%和5.5%（图6-6）。

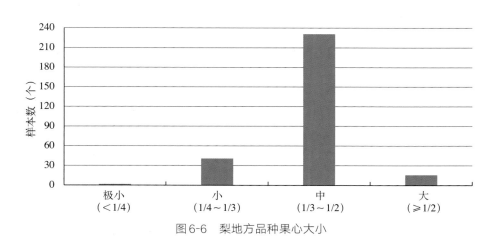

图6-6　梨地方品种果心大小

（七）果肉汁液

梨地方品种果肉汁液主要以多和中为主，分别占观察品种数的56.4%和39.4%，合计达95.8%，表明梨地方品种果肉汁液丰富（图6-7）。

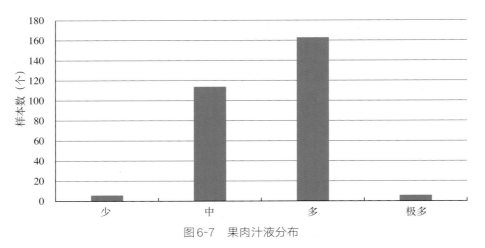

图6-7　果肉汁液分布

（八）果实风味

软肉型梨地方品种风味浓郁，果实风味主要为甜酸、酸和酸甜，分别占观察品种数的48.4%、29.0%和14.5%，仅有8.1%的品种果实风味表现为甜；脆肉型梨品种果实风味主要为甜酸、酸甜、甜和淡甜，分别占观察品种数的33.9%、21.2%、20.7%和20.7%，表现为酸的品种仅占3.5%（图6-8）。

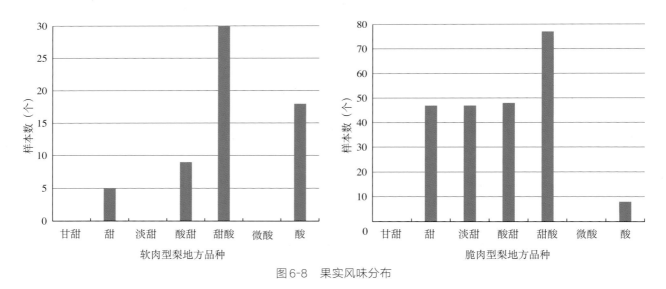

图6-8　果实风味分布

（九）可溶性固形物（SSC）含量

软肉型梨地方品种SSC含量9.6%～18.7%，平均值13.8%；SSC含量13.0%～15.0%的品种数占观察品种数的45.5%，含量12.0%～13.0%和15.0%～16.0%的品种数分别占27.3%和10.6%，含量≥16.0%和<12.0%的品种数分别占9.1%和7.6%。脆肉型梨品种SSC含量9.3%～17.1%，平均值12.3%；SSC含量11.5%～13.0%的品种数占观察品种数的54.9%，含量13.0%～14.0%和10.5%～11.5%的品种数分别占18.3%和15.6%，含量≥14.0%和<10.5%的品种数分别占7.1%和4.0%（图6-9）。

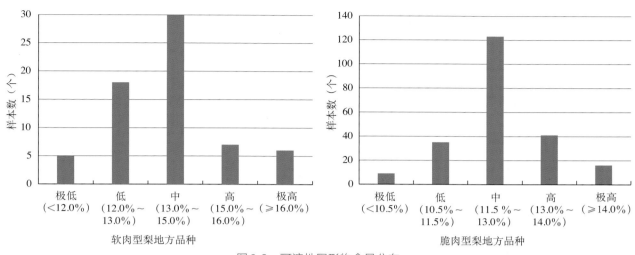

图6-9　可溶性固形物含量分布

（十）可滴定酸（TA）含量

软肉型梨地方品种TA含量0.12%～1.43%，平均值0.64%；TA含量0.35%～0.85%的品种数占观察品种数的50.0%，含量0.85%～1.25%和0.25%～0.35%的品种数分别占19.7%和16.7%，含量<0.25%和≥1.25%的品种数分别占7.6%和6.0%。脆肉型梨地方品种TA含量0.04%～1.16%，平均值0.28%；含量0.16%～0.40%的品种数占观察品种数的55.0%，含量0.40%～0.88%和0.08%～0.16%的品种数分别占24.5%和17.0%，含量<0.08%和≥0.88%的品种数分别占2.2%和1.3%（图6-10）。

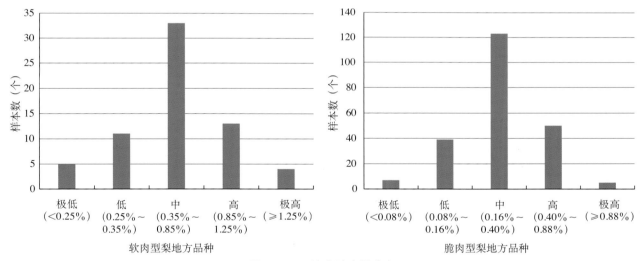

图6-10　可滴定酸含量分布

二、枝条及叶片性状

（一）一年生枝颜色

梨地方品种一年生枝颜色以黄褐色为主，占观察品种数的92.1%，其次为褐色和红褐色，分别占3.6%和1.8%（图6-11）。

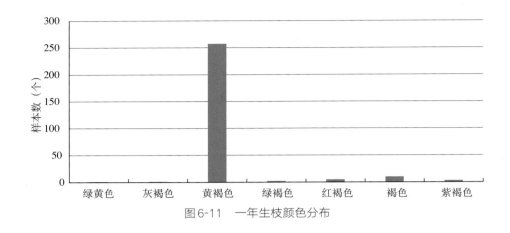

图6-11 一年生枝颜色分布

（二）节间长度

梨地方品种节间长度2.0～6.4cm，平均值4.2cm。节间长度极短（＜2.7cm）、短（2.7～3.7cm）、中（3.7～4.7cm）、长（4.7～5.7cm）和极长（≥5.7cm）的资源分别占观察品种数的1.4%、18.8%、61.4%、17.3%和1.1%（图6-12）。

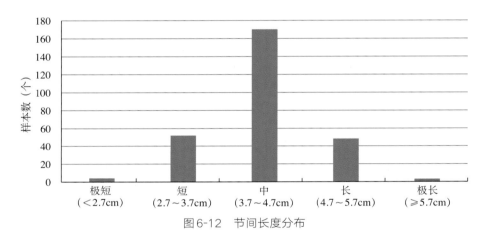

图6-12 节间长度分布

（三）叶片形状

梨地方品种叶片形状主要是卵圆形，占观察品种数的96.4%，其次为椭圆形和圆形，分别占3.2%和0.4%（图6-13）。

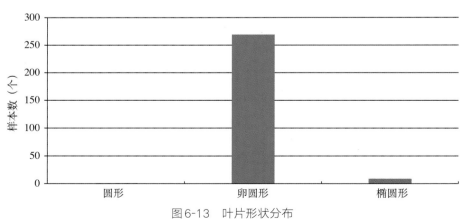

图6-13 叶片形状分布

（四）叶缘

梨地方品种叶缘主要为锐锯齿，占观察品种数的92.8%；其次为钝锯齿，占4.3%；圆锯齿和全缘均仅占1.4%（图6-14）。

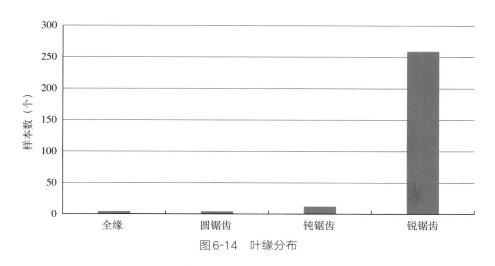

图6-14　叶缘分布

（五）叶片长度

梨地方品种叶片长度5.2～14.6cm，平均值11.3cm。叶片长度极短（＜7.0cm）、短（7.0～9.5cm）、中（9.5～12.0cm）、长（12.0～14.5cm）和极长（≥14.5cm）的资源分别占观察品种数的1.8%、9.0%、55.2%、33.0%和1.0%（图6-15）。

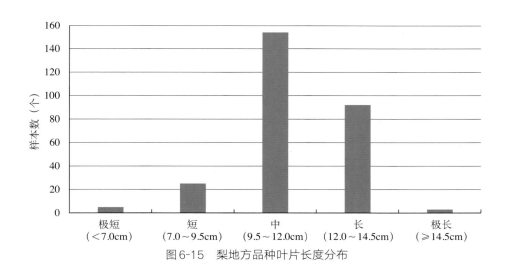

图6-15　梨地方品种叶片长度分布

（六）叶片宽度

梨地方品种叶片宽度3.8～10.0cm，平均值7.3cm。叶片宽度极窄（＜4.0cm）、窄（4.0～5.8cm）、中（5.8～7.6cm）、宽（7.6～9.4cm）和极宽（≥9.4cm）的资源分别占观察品种数的1.1%、8.2%、51.3%、37.6%和1.8%（图6-16）。

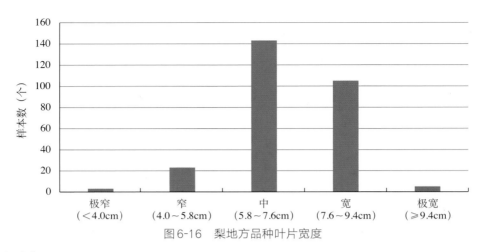

图6-16 梨地方品种叶片宽度

（七）幼叶颜色

梨地方品种幼叶颜色主要有绿色、绿微着红色、绿着红色、红着绿色、红微着绿色和红色，分别占观察品种数的3.2%、35.8%、13.3%、9.7%、31.9%和6.1%（图6-17）。

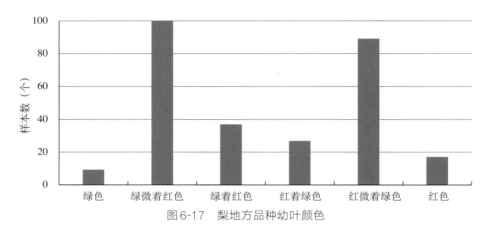

图6-17 梨地方品种幼叶颜色

（八）叶基形状

梨地方品种叶基形状主要有楔形、宽楔形、圆形、截形和心形，分别占观察品种数的1.4%、45.5%、23.7%、10.4%和19.0%（图6-18）。

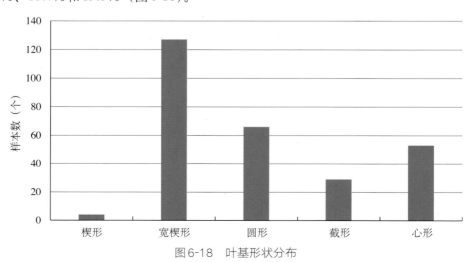

图6-18 叶基形状分布

三、花 性 状

（一）每花序花朵数

梨地方品种每花序花朵数3.4～9.6朵，平均值6.5朵。每花序花朵数极少（<5.0朵）、少（5.0～6.0朵）、中（6.0～7.0朵）、多（7.0～8.0朵）和极多（≥8.0朵）的资源分别占观察品种数的6.4%、22.6%、41.2%、26.2%和3.6%（图6-19）。

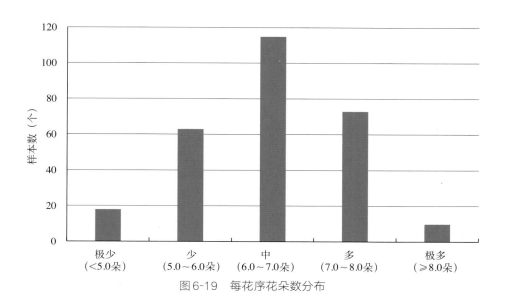

图6-19 每花序花朵数分布

（二）花冠直径

梨地方品种花冠直径2.6～6.1cm，平均值4.0cm。花冠直径极小（<3.1cm）、小（3.1～3.7cm）、中（3.7～4.3cm）、大（4.3～4.9cm）和极大（≥4.9cm）的资源分别占观察品种数的2.9%、25.1%、49.1%、19.0%和3.9%（图6-20）。

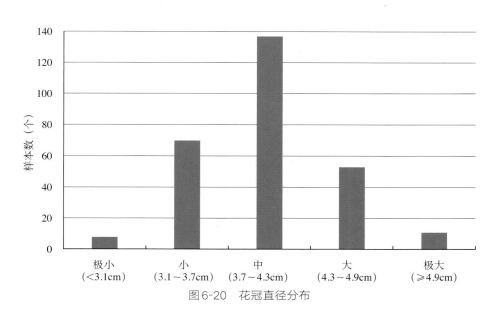

图6-20 花冠直径分布

(三) 雄蕊数

梨地方品种雄蕊数17.4 ~ 33.6枚，平均值22.0枚。雄蕊数少（<19.0枚）、中（19.0 ~ 23.0枚）、多（23.0 ~ 27.0枚）和极多（≥27.0枚）的资源分别占观察品种数的2.2%、71.7%、16.8%和9.3%（图6-21）。

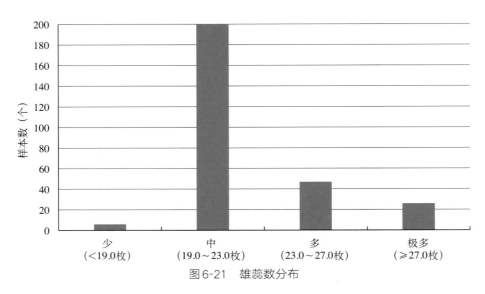

图6-21 雄蕊数分布

(四) 花药颜色

梨地方品种花药颜色主要有黄白色、淡粉色、淡紫红色、淡紫色、粉红色、红色、紫红色、紫色和深紫红色，分别占观察品种数的1.4%、4.7%、16.8%、9.3%、4.7%、0.4%、54.5%、6.1%和2.2%（图6-22）。

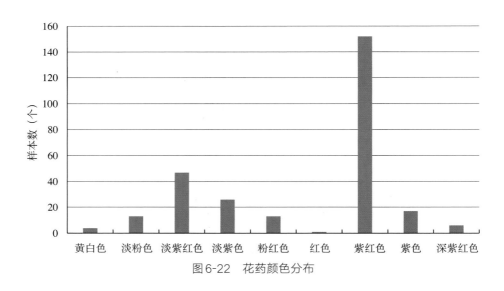

图6-22 花药颜色分布

(五) 柱头位置

梨地方品种柱头位置以高于花药为主，占观察品种数的66.3%；其次为与花药等高者，占26.8%，低于花药的仅占6.9%（图6-23）。

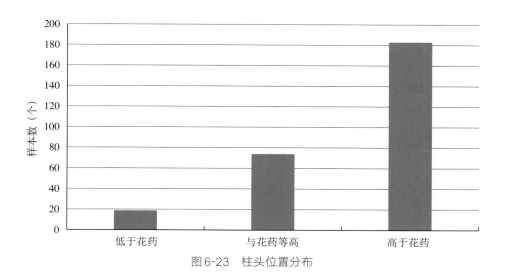

图6-23　柱头位置分布

（六）柱头数

梨地方品种柱头数3.2～6.3个，平均值4.9个。柱头数极少（<3.9个）、少（3.9～4.9个）、中（4.9～5.9个）和多（≥5.9个）的资源占观察品种数分别为1.4%、28.7%、69.2%和0.7%（图6-24）。

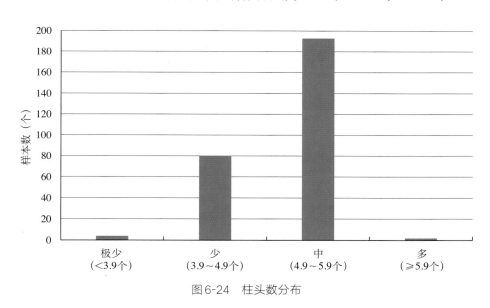

图6-24　柱头数分布

第二节　地方品种生态多样性与品种群

一、西北高旱区梨地方品种群

西北高旱区主要包括陕西黄土高原、甘肃陇东和河西走廊、新疆南部等地。该区域海拔相对较高，光热资源丰富，气候干燥，昼夜温差大，病害少，土壤深厚、疏松，易生产优质果品。该区域处于古丝绸之路，形成了极具特色的东方梨与西方梨杂交后代群体，即新疆梨系统。除此之外，还包括白梨和秋子梨等地方品种。主要包括以下品种群。

（一）软儿梨品种群

软儿梨品种群原产甘肃兰州、河西走廊和青海民和等地，以软儿梨、长把梨、花长把梨等为代表，为新疆梨系统品种。该群是西洋梨与中国梨的杂交后代，果肉经后熟可以软化。当地著名品种软儿梨初采收时果肉硬，较酸，贮藏后软化，有香气，常作冻梨食用，经冻藏果皮由黄变黑，冬季食用时，将冻成冰球的软儿梨放在冷水中，软儿梨果皮外会形成一层薄冰，将外围薄冰敲碎，里面的果肉则成一包香水，浆液极多，有特殊风味，很受欢迎（图6-25）。

软儿梨古树（甘肃皋兰）

长把梨结果状

花长把梨结果状

软儿梨结果状

冻软儿梨（王玮摄）

图6-25 软儿梨品种群

（二）冬果梨品种群

冬果梨品种群原产甘肃黄河流域及青海民和地区，以冬果梨、冰糖梨为代表，属于脆肉型品种。冬果梨树冠高大，枝繁叶茂，树势强健。冬果梨是晚熟品种，一般到10月中下旬成熟，极耐贮藏。冬果梨煮熟来吃，独具风味（图6-26）。

冬果梨古树（甘肃皋兰）

冰糖梨结果状　　　　　　　　　　　　　冬果梨结果状

图6-26　冬果梨品种群

（三）库尔勒香梨品种群

库尔勒香梨品种群原产新疆南部地区，代表品种有库尔勒香梨、霍城句句梨等。该群的梨品种属于脆肉型，为西洋梨与中国脆肉型梨品种自然杂交形成的实生后代。库尔勒香梨产于新疆的库尔勒及阿克苏等地，其产地处于古丝绸之路中道的咽喉之地，也是东、西方梨自然杂交融合的重要区域（图6-27）。

库尔勒香梨果园

库尔勒香梨结果状

霍城句句梨结果状

库尔勒香梨果实

图6-27 库尔勒香梨品种群

（四）句句梨品种群

句句梨品种群原产新疆，类型较多，有绿句句、奎克句句、轮台句句等，为西洋梨与东方梨的自然杂交后代。该群品种属于脆肉型，果实小，多数有果锈，质地疏松，肉质细，风味甜或酸甜，品质中上等（图6-28）。

句句梨开花状

奎克句句梨结果状

图6-28 句句梨品种群

（五）油梨品种群

油梨品种群原产山西、陕西等地，代表品种有山西的油梨、陕西凤县的鸡腿梨等。该群属于脆肉型的白梨品种，肉质较细，品质中上或上等（图6-29）。

油梨结果状　　　　　　　　　　　　　　　　凤县鸡腿梨结果状

图6-29　油梨品种群

二、云贵高原区梨地方品种群

云贵高原位于中国西南部，海拔400～3 500m，属亚热带湿润区，为亚热带季风气候，气候差别显著；地形崎岖，有典型的喀斯特地貌，因红壤广布，又有"红土高原"之称。云贵高原区梨的地方品种包括白梨品种和砂梨品种，有绿皮梨和褐皮梨。云南个旧等地将采摘于深山里的涩梨，清洗后加中草药入缸泡制成水泡梨，风味奇特、口感极佳，具有健胃脾、生津解渴的功效。该区包括的主要地方品种群如下。

（一）火把梨品种群

火把梨品种群原产云南，代表品种有火把梨、巍山红雪梨、宝珠梨等。该群品种为脆肉型，果皮厚，肉质中粗，酸味较重。为绿皮梨品种，多数品种果实底色绿色，阳面着红色，外观较美。其中宝珠梨cpDNA分析其叶绿体单倍型与火把梨一致，根据母系遗传规律，母本有可能是云南大理当地的火把梨或亲缘关系较近的品种，基因组重测序经SNP聚类分析发现与陕西地方梨品种有亲缘关系，父本有可能来自陕西的关中或以东地区（图6-30）。

火把梨结果状　　　　　　　　　　　　　　　　宝珠梨结果状

巅山红雪梨（段杰珠摄）　　　　　　　泡梨（段杰珠摄）

图6-30　火把梨品种群

（二）乌梨品种群

乌梨品种群原产云南，代表品种有乌梨、金沙乌、酸大梨等。该品种群为脆肉型，肉质粗，风味酸，有涩味，品质中下等，贮藏后果肉变乌，水样褐化。为绿皮梨品种，当地主要用作泡梨（图6-31）。

金沙乌梨结果状　　　　　　　　金沙乌梨果实

酸大梨结果状　　　　　　　　乌梨结果状

图6-31　乌梨品种群

（三）威宁大黄梨品种群

威宁大黄梨品种群原产贵州、云南，代表品种有威宁大黄梨、富源黄梨等。该群品种褐皮梨占多数，果实较大，肉质紧脆，品质中或中上等（图6-32）。

威宁大黄梨结果状 富源黄梨结果状

图6-32　威宁大黄梨品种群

三、东南丘陵区梨地方品种群

东南丘陵指北至长江，南至广东、广西，东至东海，西至云贵高原的大片低山和丘陵，属亚热带季风气候，年降水量1 200～1 600mm，春季多雨，夏季酷热。该区域的梨地方品种均属于砂梨品种。

（一）三花梨品种群

三花梨品种群原产浙江，代表品种有早三花、糯稻、严州雪、大霉梨等。该群属于脆肉型砂梨品种，果实较大，长圆形或圆形，多数品种果锈较多，品质中上或上等的较多，果实成熟期晚，贮藏性较强或强，是砂梨地方品种中综合性状较好的品种群，育种利用潜力较大（图6-33）。

早三花梨结果状 严州雪梨结果状

糯稻梨结果状   大霉梨结果状

图6-33　三花梨品种群

（二）冬大梨品种群

冬大梨品种群原产浙江、江西、福建，代表品种有雁荡雪梨、冬大梨等。该群多属于脆肉型褐皮砂梨品种，肉质较粗，风味偏酸，品质中或下等，目前在生产上少见栽培（图6-34）。

冬大梨结果状   雁荡雪梨结果状

图6-34　冬大梨品种群

（三）江湾白梨品种群

江湾白梨品种群主要原产江西，代表品种有江湾白梨、上饶早梨（六月雪）、细花麻壳、西降坞等。该群属于脆肉型梨品种，绿皮梨，肉质疏松、细，汁液多，风味甜酸或淡甜，品质中上等（图6-35）。

江湾白梨结果状   西降坞梨结果状

细花麻壳结果状

上饶早梨结果状

图6-35　江湾白梨品种群

四、青藏高原及四川盆地梨地方品种群

青藏高原一般海拔3 000～5 000m，平均海拔4 000m以上，为东亚、东南亚和南亚许多大河流发源地。位于青藏高原东缘地带的四川金川、汉源，属大陆性高原季风气候，昼夜温差较大，年均降水量600mm左右，适合白梨和砂梨品种生长，地方品种资源丰富。四川盆地海拔250～750m，属于亚热带季风性湿润气候，年降水量1 000～1 300mm，有最肥沃的自然土壤紫色土，适合砂梨品种生长。该区域地方品种主要有以下品种群。

（一）金川雪梨品种群

金川雪梨品种群主要产于四川金川，代表品种有金川雪梨、金花梨、崇化大梨、馨香蜂蜜等。该群梨品种果实大，果实倒卵形、纺锤形或长圆形较多，脆肉型品种，以绿皮梨为主，亦有少量的褐皮梨，肉质中粗或较细，风味淡甜，品质中上或上等，目前在当地有较大面积栽培（图6-36）。

崇化大梨结果状

馨香蜂蜜梨结果状

金川雪梨结果状　　　　　　　　　　　　　　　金花梨结果状

图6-36　金川雪梨品种群

（二）苍溪雪梨品种群

苍溪雪梨品种群主要产于四川盆地，代表品种有苍溪雪梨、红苔棒等。该群品质属于脆肉型砂梨品种，果实较大，倒卵形或长圆形较多，肉质较细或中粗，品质中上或上等。该群中的砂梨品种苍溪雪梨属于四川苍溪特产，中国国家地理标志产品（图6-37）。

苍溪雪梨结果状　　　　　　　　　　　　　红苔棒结果状

苍溪雪梨生产状

图6-37　苍溪雪梨品种群

五、东北寒地梨地方品种群

东北寒地梨区包括黑龙江、吉林、辽宁、内蒙古东部及河北东北部，自北向南跨越寒温带与中温带，属温带季风气候，四季分明，夏季温热多雨，冬季寒冷干燥，年降水量300～1 000mm。该区域主要包括脆肉型晚熟耐贮藏的白梨品种和肉质软或软溶、石细胞较多、风味偏酸的秋子梨品种。主要包括以下品种群。

（一）秋白梨品种群

秋白梨品种群主要产于辽西地区、河北北部。该群品种地理位置属于燕山山脉，代表品种有秋白梨、夏梨等。该群属于脆肉型白梨品种，果实中大，肉质脆或松脆，汁液中多或多，贮藏性强，品质中上或上等（图6-38）。

秋白梨结果状　　　　　　　　　　　　　夏梨结果状

图6-38　秋白梨品种群

（二）佛见喜梨品种群

佛见喜梨品种群主要产于河北北部及辽西地区。该群品种地理位置属于燕山山脉，代表品种有佛见喜、粉红宵、水红宵、绥中谢花甜、蜜梨等。本群品种属于白梨地方品种，果实中大，肉质细脆，味甜，品质中上或上等，贮藏性较强或强，本群着色品种较多，外观较美（图6-39）。

蜜梨结果状　　　　　　　　　　　红宵梨丰产状（北京平谷）

绥中谢花甜梨结果状 　　　　　　　佛见喜梨结果状

佛见喜梨丰产状（北京平谷）

图6-39　佛见喜梨品种群

（三）安梨品种群

安梨品种群主要产于辽西地区及河北北部。该群品种地理位置属于燕山山脉，代表品种有安梨、花盖梨等。本群品种属于秋子梨系统，肉质较粗，风味偏酸，汁液多，品质中上等，成熟期晚，贮藏性强（图6-40）。

花盖梨结果状 安梨结果状

安梨、花盖梨生产状（辽宁建昌）

图6-40 安梨品种群

（四）南果梨品种群

南果梨品种群主要产于辽宁、北京等地，代表品种有南果梨、京白梨、鸭广梨等。该品种群属于秋子梨系统，果实小或中大，肉质较细或中粗，果实经后熟变软或软溶，香气浓郁，品质中上或上等。该群品种在秋子梨系统中栽培面积最大，属于秋子梨系统中品质最好的品种群（图6-41）。

南果梨结果状

京白梨结果状

鸭广梨结果状

南果梨生产状（辽宁海城）

京白梨生产状（北京门头沟）

图6-41 南果梨品种群

（五）小香水梨品种群

小香水梨品种群主要产于辽宁、吉林延边等地，代表品种有小香水、小核白、延边谢花甜等。该群的梨品种属于秋子梨系统，果实小，肉质软，果实成熟期较早，贮藏性较弱（图6-42）。

小香水梨结果状　　　　　　　　　　　　　　小核白梨结果状

图6-42　小香水梨品种群

（六）苹果梨品种群

苹果梨品种群原产吉林延边，代表品种为苹果梨。该群属于白梨系统或秋子梨系统的品种，其中苹果梨果心小，肉质细，品质上等，是育种重要的核心亲本（图6-43）。

苹果梨结果状（李雄摄）　　　　　　　　　　苹果梨丰产状（李雄摄）

苹果梨果园（吉林延边，李雄摄）

苹果梨果实（李雄摄）

图6-43　苹果梨品种群

六、华北平原区梨地方品种

华北平原北抵燕山南麓，南达大别山北侧，西倚太行山—伏牛山，东临渤海和黄海，主要包括冀中平原、鲁西北平原、胶东半岛、晋中平原。该区域属温带季风气候，光照条件好，热量充足，降水适度，昼夜温差较大，是中、晚熟梨的优势产区。该区域梨地方品种主要是白梨品种，著名品种最多，栽培面积最大，果实较大，肉质松脆，汁液多，风味甜，品质中上或上等，贮藏性较强或强。

（一）槎子梨品种群

槎子梨品种群原产江苏北部和山东，代表品种有槎子梨、青梨等。该群梨品种属于白梨系统，肉质中粗或较细，汁液多，风味淡甜或甜，品质中等，该群品种目前生产上栽培较少（图6-44）。

红麻槎梨结果状

软枝青梨结果状

图6-44　槎子梨品种群

（二）栖霞大香水梨品种群

栖霞大香水梨品种群原产山东、江苏北部，代表品种有栖霞大香水、金梨等。该群品种均属于脆肉型的白梨品种，果实中大或大，汁液多，风味甜酸或酸甜，丰产性强，有些品种作为授粉树，在产区有一定的栽培面积（图6-45）。

金梨结果状　　　　　　　　　　　　　　　栖霞大香水梨结果状

图6-45　栖霞大香水梨品种群

（三）砀山酥梨品种群

砀山酥梨品种群原产山东、安徽砀山等地区，代表品种为砀山酥梨，是我国栽培面积最大的梨品种。该群梨品种属于脆肉型白梨品种，果实较大，肉质中粗，汁液多，风味淡甜，贮藏性较强（图6-46）。

砀山酥梨结果状　　　　　　　　　　　　砀山酥梨果园（安徽砀山）

图6-46　砀山酥梨品种群

（四）雪花梨品种群

雪花梨品种群原产河北、山西等地，代表品种雪花梨、沁源香水梨。该群属于脆肉型白梨品种，果实较大，肉质较细，汁液多，风味淡甜，贮藏性较强（图6-47）。

雪花梨结果状　　　　　　　　　　　　　　雪花梨丰产状

图6-47　雪花梨品种群

（五）鸭梨品种群

鸭梨品种群原产河北，代表品种有鸭梨、油瓶梨等。该群属于脆肉型白梨品种，肉质细或较细，汁液多，风味甜或淡甜，贮藏性较强（图6-48）。

鸭梨结果状

图6-48　鸭梨品种群

（六）茌梨品种群

茌梨品种群原产山东、安徽砀山及江苏北部，代表品种有茌梨、石榴嘴等。该群属于脆肉型白梨或砂梨品种，果实较大，丰产性较强（图6-49）。

茌梨结果状

茌梨果园（山东莱阳）

图6-49　茌梨品种群

第七章　梨遗传资源的创制

我国梨的栽培品种涵盖了白梨、砂梨、秋子梨、新疆梨和西洋梨5个系统。大面积栽培的品种达100多个，砀山酥梨、鸭梨等传统的主栽品种为中国梨产业作出了巨大贡献。自我国有计划、系统、科学地开展梨品种选育工作以来，已育成品种300余个，其中早酥、黄花、翠冠、黄冠、中梨1号、玉露香等为标志性的品种。然而，我国地域辽阔，生态差异大，梨育种依然面临挑战。本章以我国育成的品种为基础，分析其遗传多样性背景，为更好地利用资源、提高育种水平与效率提供理论支持。

第一节　遗传资源创制概况

自20世纪50年代起，中国有计划、系统、科学地开展了梨品种选育工作。尽管育种工作起步较晚，但凭借拥有丰富的梨种质资源优势，新品种选育工作取得了骄人业绩。经检索统计，中国自1957年育成第一个品种橘蜜之后，相继育成了以早酥、黄花、翠冠、黄冠、中梨1号、玉露香等为代表的品种321个（截至2018年），其中通过审（认、鉴）定、登记、备案的有213个。上述品种的育成及应用不仅改良了砀山酥梨、库尔勒香梨、南果梨等传统品种，还创制了在成熟期、果实皮色、肉质等性状上有重大突破的品种。

一、采用的育种方法

中国自育品种的育种方法涵盖了实生选育、芽变选育、杂交育种、诱变育种等主流育种方法。其中以杂交方法选育的品种最多，达到202个（占63.3%），其次是芽变选育品种，达到62个（占19.4%）。由于我国处在梨的起源中心，梨资源极其丰富，长期的自然选择结果形成各产地丰富的实生变异，地方资源中的实生选择也选育出了46个品种（占14.4%）。通过物理/化学诱变技术获得新品种9个（占2.8%）（图7-1）。

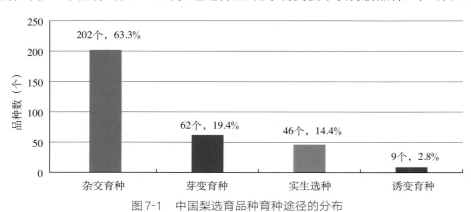

图7-1　中国梨选育品种育种途径的分布

二、育成品种类群分布

截至2018年，中国自育品种涵盖了白梨、砂梨、秋子梨、新疆梨、西洋梨和种间杂种，其中以种间杂种和砂梨品种最多，分别达到125个（40%）和86个（27%），其次是白梨品种45个（14%）和秋子梨品种40个（13%）（图7-2）。

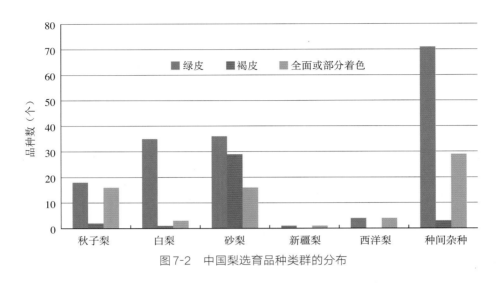

图7-2 中国梨选育品种类群的分布

三、育成品种花期分布

梨品种花期不仅对梨树生产中配置授粉品种具有重要参考价值，还对易受晚霜危害的产区品种选择具体指导意义。根据育成品种的育成地物候期（数据来自育成品种文献），育成品种中有72个花期集中在3月（占32%）；在4月开花的最多，有103个（占46%）；5月开花的品种有49个（占22%）（图7-3）。

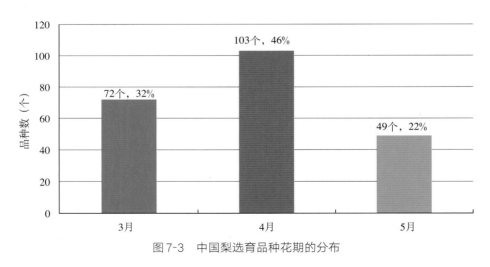

图7-3 中国梨选育品种花期的分布

四、育成品种果实成熟期分布

我国历史上栽培的品种以9月中旬及以后成熟的晚熟类型为主。1949年以后，通过近70年努力，早熟品种类型选育工作取得了很大成功。根据育成品种的育成地物候期（数据来自育成品种文献）资料，成熟期在7月底之前的极早熟/早熟品种已达51个（占18.8%，其中砂梨系统27个、种间杂交种19个、白梨系统4个、西洋梨系统1个）、8月上旬至9月上旬成熟的早/中熟品种有107个（占39.5%，其中种间杂交种48个、砂梨系统33个、白梨系统9个、秋子梨系统8个、西洋梨系统7个、新疆梨系统2个）、9月中旬及以后成熟的晚熟/极晚熟品种有113个（占41.7%，其中种间杂交种34个、白梨系统33个、秋子梨系统27个、砂梨系统19个）（图7-4）。

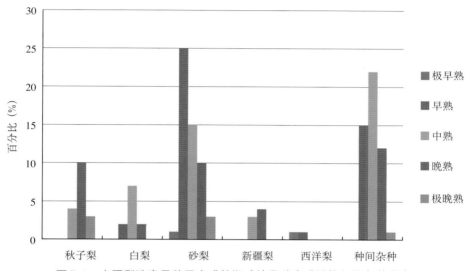

图7-4　中国梨选育品种果实成熟期（按品种育成地物候期）的分布

根据育成品种果实成熟期的分类规则，早熟品种果实生育期<120d，晚熟品种果实生育期≥150d，介于两者之间的为中熟品种，统计在育种报告中有果实发育期的品种，早熟品种81个，占36.5%，中熟品种100个，占45.0%，晚熟品种41个，占18.5%。其中果实发育期最短的是70d，最长的204d（图7-5）。

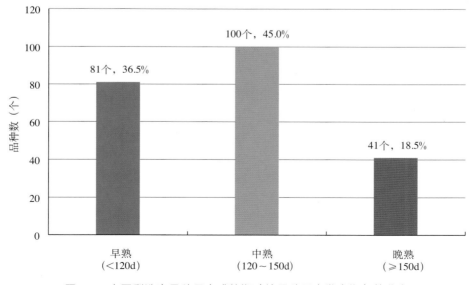

图7-5　中国梨选育品种果实成熟期（按品种果实发育期）的分布

五、育成品种果实大小分布

选育品种的果实大小差别巨大，中、大果型品种占比较高。大果型品种（200 ～ 300g）占全部育成品种的一半以上（51.3%），其次是中果型品种（26.3%）和特大果型品种（21.1%）（图7-6）。

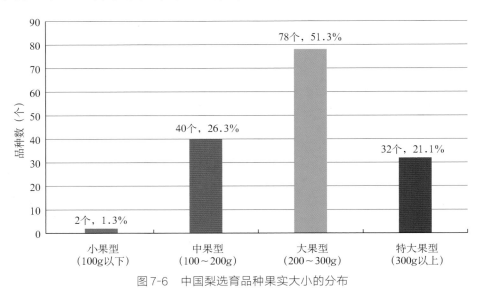

图7-6　中国梨选育品种果实大小的分布

六、育成品种果实可溶性固形物含量分布

育成品种果实可溶性固形物含量9.5% ～ 18.5%，其中50%的品种可溶性固形物含量集中在12.0% ～ 14.0%，有近31%的品种可溶性固形物含量超过14%（图7-7）。

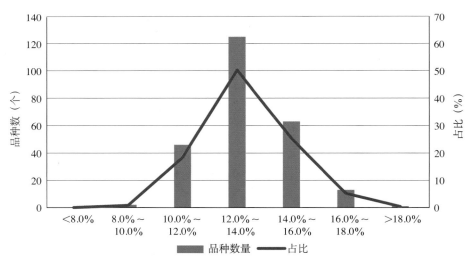

图7-7　中国梨选育品种果实可溶性固形物含量的分布

秋子梨系统育成品种的可溶性固形物含量平均14.0%，最大17.3% ；西洋梨系统育成品种可溶性固形物含量平均13.7%，最大15.4% ；种间杂交品种可溶性固形物含量平均13.1%，最大18.5% ；砂梨系统可溶性固形物含量平均12.9%，最大17.6%（图7-8）。

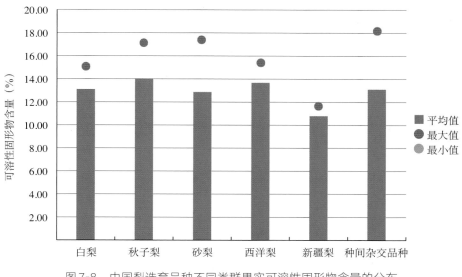

图7-8　中国梨选育品种不同类群果实可溶性固形物含量的分布

七、育成品种果实皮色分布

梨属种质资源按果皮颜色划分有绿皮梨（包括绿色、黄色、绿黄色、黄绿色等）、褐皮梨（包括绿褐色、黄褐色、红褐色、褐色等）和红皮梨（包括部分着红色、全面着红色）等3种类型，其中，红色是花青苷积累的结果，而褐色是由于木栓层覆盖果面而形成的。

我国五大梨栽培种中，白梨和秋子梨大多为绿皮梨类型，少数为红皮梨类型，褐皮梨类型很少；砂梨主要为绿皮梨类型和褐皮梨类型，红皮梨类型较少；新疆梨和西洋梨主要为绿皮梨类型和红皮梨类型。在我国育成的品种中以绿皮梨品种占绝大多数，有165个品种，占61%；其次是褐皮梨类型，69个品种，占26%；红皮梨类型最少，35个品种，占13%（图7-9）。

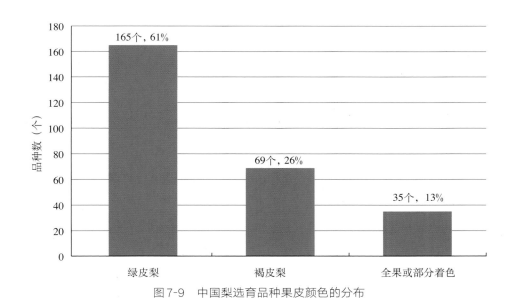

图7-9　中国梨选育品种果皮颜色的分布

不同品种群中的绿皮梨、褐皮梨和红皮梨比例相差也很大，白梨、种间杂种中绿皮梨比较高（图7-10）。

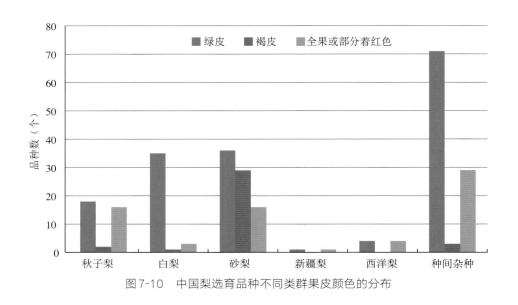

图7-10　中国梨选育品种不同类群果皮颜色的分布

八、地理来源及育成时间分布

育种力量在全国各主要产区均有分布。截至2018年，在育成的321个梨品种中共有51个（16%）来自中国农业科学院的两个果树研究所。除此以外，尚有23个省份有品种的育成，主要集中在重要产区及知名品种产区。其中，前10位的省份育成了237个品种，占总数（321个）的73.8%。辽宁省最多，达到42个（图7-11）。

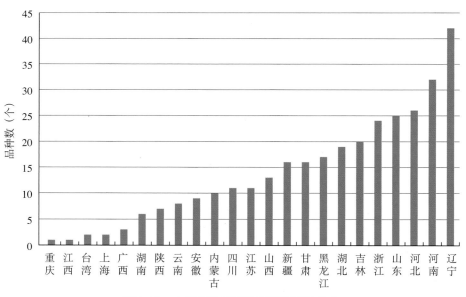

图7-11　中国梨选育品种地理来源的分布

自1957年我国推出第一个自主育成的梨品种橘蜜以来至1979年前，我国每10年平均推出4个品种。1980年以后，育成并发布品种的速度明显加快，数量大幅增加。截至2018年，平均每10年推出50余个新品种，是1979年前的12倍多（图7-12）。

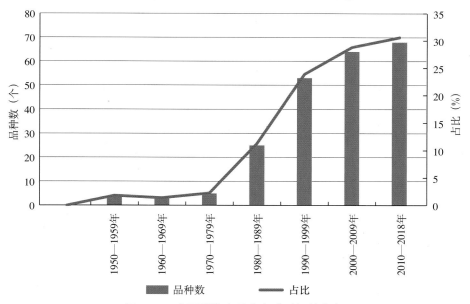

图 7-12　中国梨选育品种育成时间的分布

第二节　育成品种的遗传背景分析

一、地方品种是最主要的育种亲本来源

我国拥有众多优异的梨地方品种资源，并已在育种实践中得到广泛应用。其中以苹果梨为亲本衍生的 1 代品种（亲本均由原始品种衍生出的品种）最多，共 32 个（图 7-13）；其他依次是鸭梨（30 个，图 7-14）、砀山酥梨（24 个，图 7-15）、库尔勒香梨（16 个，图 7-16）、雪花梨（14 个）、苤梨（12 个，图 7-17）和火把梨（10 个，图 7-18）（表 7-1）。

表 7-1　中国地方品种作为亲本直接育成的品种

育种亲本	1代衍生品种数（个）	育种亲本	1代衍生品种数（个）
苹果梨	32	南果梨	8
鸭梨	30	栖霞大香水	7
砀山酥梨	24	苍溪雪梨	5
库尔勒香梨	16	冬果梨	5
雪花梨	14	香水	5
苤梨	12	郑州鹅梨	5
火把梨	10		

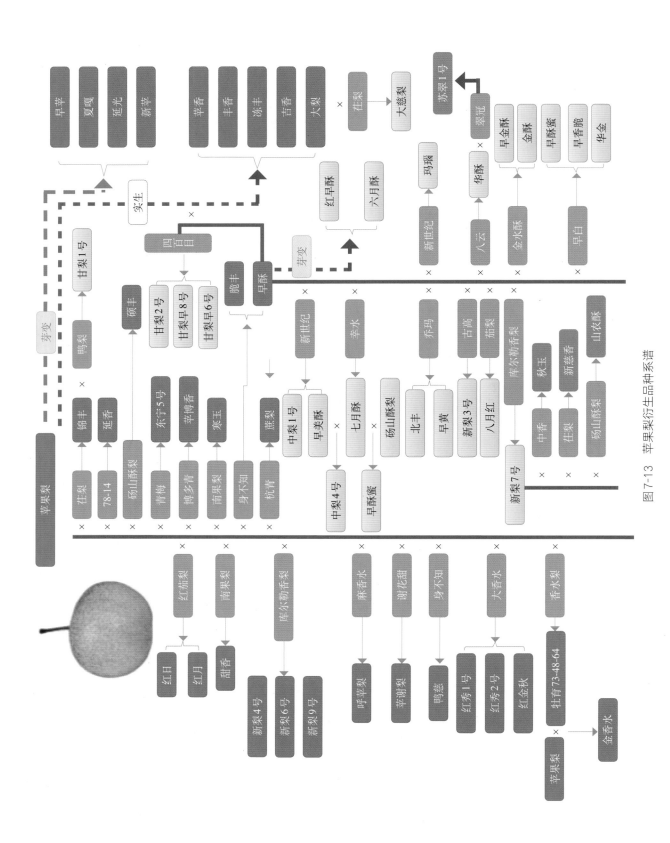

图7-13 苹果梨衍生品种系谱

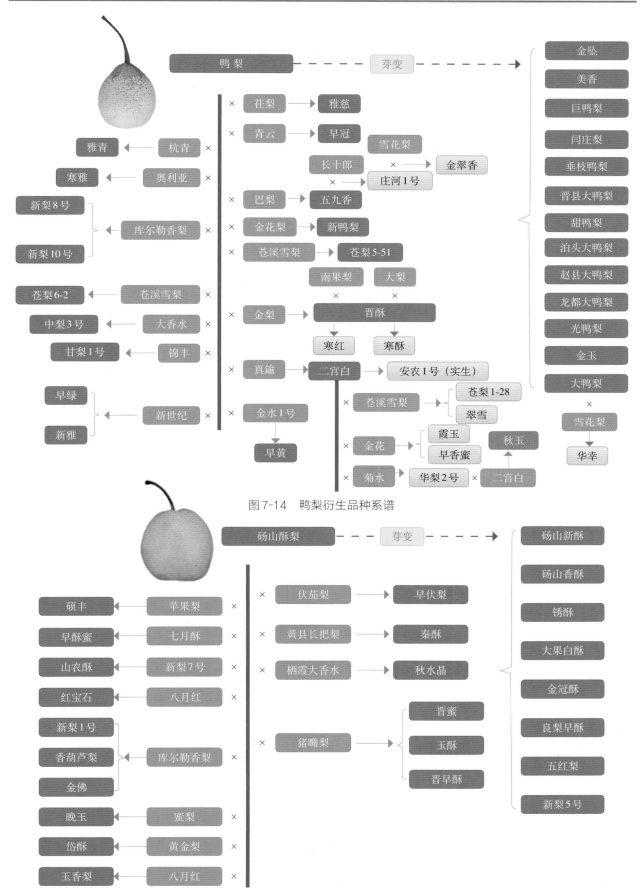

图 7-14　鸭梨衍生品种系谱

图 7-15　砀山酥梨衍生品种系谱

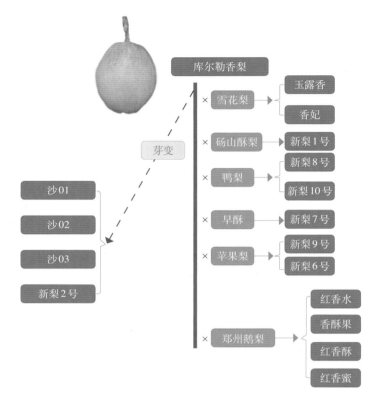

图7-16 库尔勒香梨衍生品种系谱

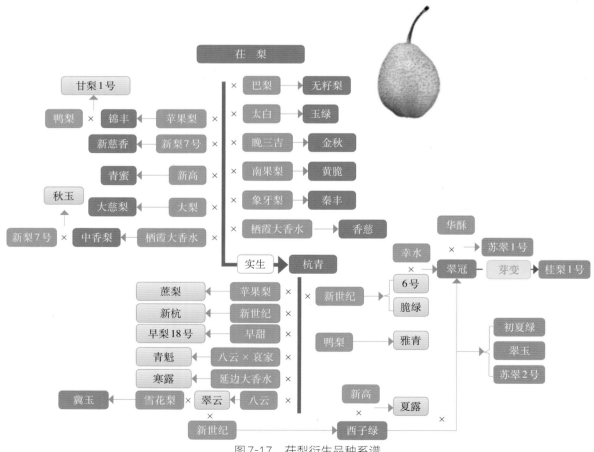

图7-17 苶梨衍生品种系谱

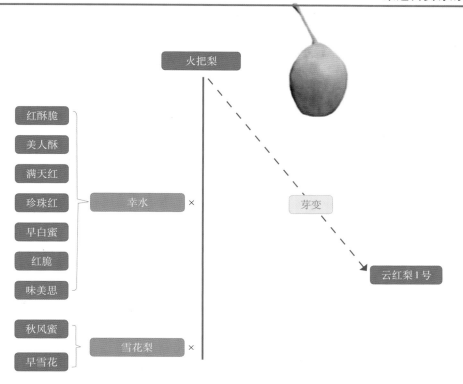

图7-18 火把梨衍生品种系谱

二、国外品种在我国梨育种实践中的应用

国外引进的一些优异种质资源也在我国育种实践中有诸多应用，其中以新世纪为亲本衍生的1代品种最多，共19个；其次是幸水（13个）。有45个亲本属于中国地方品种或者国外品种衍生品种，其中以早酥为亲本衍生的1代品种最多（22个），其次是黄花（8个）（表7-2）。

表7-2 国外引进梨主要亲本及育成的品种数

育种亲本		1代衍生品种数（个）
国外品种	新世纪	19
	幸水	13
	巴梨	9
	二宫白	9
	丰水	8
	朝鲜洋梨	7
	新高	7
	乔玛	5
	八云	5
衍生品种	早酥	22
	黄花	8
	翠冠	5
	金水酥	5
	锦香	5

三、砧木品种主要亲本及其后代

梨砧木育种起步于1980年，已育成品种6个，其中从锦香自然实生后代中选育出了中矮1号、中矮3号、中矮4号、中矮5号等4个品种。在砧木品种选育中使用的亲本数量很有限，仅3个（表7-3）。

表7-3　砧木品种主要亲本及其直接或间接育成的品种

育种亲本	培育出的品种
锦香	中矮1号、中矮3号、中矮4号、中矮5号
香水梨	中矮2号
巴梨	中矮2号

四、综合分析

尽管我国有计划、系统地开展育种工作起步较晚，但我国具有品种资源丰富、生态类型多样的优势，在梨资源创制方面取得了显著成绩。育成的品种数量是世界上最多的，而且涵盖了白梨、砂梨、秋子梨、新疆梨、西洋梨等所有栽培类型及种间杂种，遗传背景丰富，又以种间杂种类型最多，而且育成的梨品种品质显著提高，包括果实外观与内在品质，说明在利用不同系统优异基因方面取得了显著成效，其中苹果梨、鸭梨、砀山酥梨、雪花梨、茌梨、库尔勒香梨、火把梨等地方品种资源起到了决定性作用，引进品种新世纪、幸水为我国梨品种改良也作出了较大贡献。果实成熟期大幅度提早，果实自然采收期已提前到6月中旬，早熟（极早熟）品种比例大幅度增加，早熟砂梨品种选育已走在世界前列。育成了栽培面积超过6.67万hm²的综合性状优良品种翠冠、黄冠。但我国在西洋梨品种选育方面与西洋梨育种强国差距还很大，栽培上除了原有地方品种外，基本上是引进品种，自主育成的品种尚未得到大面积应用。中国红皮梨（着红色）品种改良始于1986年，中国农业科学院郑州果树研究所率先开展了火把梨的改良，并相继育成了系列红皮梨品种。但新西兰在红皮梨品种选育过程中率先引入了西洋梨红皮梨资源，丰富了遗传多样性，育成红皮梨品种的果实综合性状已超过国内现有品种。

第三节　中国梨栽培品种的变迁与发展趋势

一、中国梨栽培品种的变迁

中国梨的产业发展随着品种选育的进展而发生变化，尤其是在育成品种推出以后，变化迅速。1960年以前，由于没有育成的品种推广应用，生产应用的均为原来的地方品种。1970年后早酥、黄花、金水2号等品种育成与推广后，栽培品种结构逐渐开始变化。20世纪末到21世纪初，黄冠、翠冠等品种的育成，加快了品种更新的步伐，品种结构发生了重大变化，经过十余年的发展，形成了原有知名地方品种为基础、新品种唱主角、日韩梨品种为补充的品种格局（表7-4）。

表7-4　不同时期的梨主栽品种

时期	主要品种
1960年以前	鸭梨、苹果梨、砀山酥梨、雪花梨、茌梨、库尔勒香梨、南果梨、苍溪雪梨、三花梨、蒲瓜梨、京白、大香水、小香水、秋白、巴梨

（续）

时期	主要品种
1960—1980年	鸭梨、砀山酥梨、苹果梨、雪花梨、茌梨、库尔勒香梨、南果梨、苍溪雪梨、三花梨、蒲瓜梨、京白、大香水、小香水、秋白、早酥、黄花、金水2号、锦丰、菊水、巴梨
1980—2000年	鸭梨、砀山酥梨、苹果梨、库尔勒香梨、南果梨、雪花梨、黄花、早酥、翠冠、黄冠、湘南、中梨1号、金水2号、茌梨、金花梨、丰水、菊水、新世纪、巴梨
2000年至今	砀山酥梨、鸭梨、黄冠、翠冠、南果梨、苹果梨、库尔勒香梨、丰水、雪花梨、早酥、黄花、中梨1号、玉露香、红香酥、湘南、翠玉、新梨7号、金花梨、巴梨

二、梨育种的发展趋势

（一）品种综合品质优质化

梨果实品质包括外观品质和内在品质，果实大小、形状、色泽等外观品质影响消费者的购买欲望，而肉质、风味、贮藏性等内在品质影响消费者对果品的长期依赖度。因此，育种者的目标主要集中在提高品质上。由于梨的生态分布广、类型丰富，育种目标也是多样化的。尽管原来我国五大系统中的地方品种很多，但产量主要集中在白梨系统中。通过品种多样化育种，砂梨、白梨、秋子梨品种数量有了大幅度增加，果形圆整、肉质松脆、石细胞极少的砂梨品种相继育成；果形圆整、色泽黄绿的白梨品种出现以及红皮梨大量推广应用，果实品质得到了显著提高。未来果实外观美、果形多样化、风味甜或风味浓郁的品种将会成为生产上应用的主流，具备上述特性的品种也将会更受消费者青睐。

（二）砧木品种化

我国的丰富梨资源为我国梨生产提供了丰富的砧木类型，但通过种子繁殖的砧木影响了种苗的一致性，而且我国多种生态型并存的现实情况无法由一个砧木品种来解决问题。目前我国梨树干腐烂病、根癌病及北方寒冷地区树干冻害等问题依然突出。这些问题可以通过砧木改良来解决，因此今后砧木育种将向围绕不同生态型的专用品种方向发展。

（三）品种多样化

梨是果实形状、果皮颜色、果实大小、果实风味类型最丰富的树种之一。不同地区对果实的风味需求又有明显的差异，因此在保持品质的基础上，个性化品种、专用型品种选育将是一个方向，以满足生活水平不断提高后人们对果实品质的多样化需求。

（四）抗性强、栽培容易的品种选育

冬季绝对低温冻害与春季花期低温冷害是梨树生产的重要障碍因子，提高抗性和避开春季花期低温冷害是育种的重要课题。劳动力成本的不断增加及劳动力不足问题的出现，要求利用高光效种质开发适应简化修剪、宽行密株栽培的品种，以提高生产效率。

（五）分子标记辅助育种、设计育种实用化

充分利用传统的杂交育种技术，并与分子标记辅助育种、设计育种相结合，提高育种效率。

第八章　梨品种图谱

第一节 白 梨

安宁早梨 Anning Zaoli

原产四川金川，别名早梨，白梨地方品种，$2n$=34；树势强，半开张，丰产性强，贮藏性中等。

果实类型：脆肉型　　　　　风味：淡甜　　　　　　　每花序花朵数*（朵）：4 ~ 8（5.1）

果实形状：卵圆形　　　　　果肉硬度（kg/cm²）：9.14　　雄蕊数*（枚）：21 ~ 31（24.7）

单果重（g）：128　　　　　SSC/TA（%）：12.05/0.25　　花药颜色：紫红色（60A）

萼片状态：宿存　　　　　　内质综合评价：中　　　　　初花期：20190416

果实心室数：5　　　　　　一年生枝颜色：黄褐色（165A）盛花期：20190418

果肉质地：松脆　　　　　　幼叶颜色：红微着绿色　　　果实成熟期：8月上中旬（早）

果肉粗细：中粗　　　　　　叶片形状：卵圆形　　　　　果实发育期（d）：112

汁液：中多　　　　　　　　叶缘/刺芒：锐锯齿/有　　　营养生长天数（d）：232

---

*　前后数字分别表示最小值和最大值，括号内表示平均值。

八月雪　Bayuexue

原产地不详，白梨地方品种；树势较强，半开张，丰产性强，贮藏性较强。

果实类型：脆肉型　　　　　风味：甜酸　　　　　　　　每花序花朵数（朵）：5～8(6.8)

果实形状：阔倒卵形　　　　果肉硬度（kg/cm²）：6.17　　雄蕊数（枚）：20～28（23.0）

单果重（g）：335　　　　　SSC/TA（%）：11.05/0.25　　花药颜色：紫红色（70B）

萼片状态：脱落/宿存/残存　　内质综合评价：中上　　　　初花期：20190416

果实心室数：5　　　　　　　一年生枝颜色：黄褐色（165A）　盛花期：20190418

果肉质地：松脆　　　　　　　幼叶颜色：红微着绿色　　　　果实成熟期：9月下旬（中晚）

果肉粗细：细　　　　　　　　叶片形状：卵圆形　　　　　　果实发育期（d）：148

汁液：极多　　　　　　　　　叶缘/刺芒：锐锯齿/有　　　　营养生长天数（d）：231

白枝母秧　**Baizhimuyang**

原产河北兴隆，白梨地方品种，2*n*=34；树势较强，半开张，丰产性强，贮藏性强。

果实类型：脆肉型　　　　　风味：淡甜　　　　　　　　每花序花朵数（朵）：5～8(5.9)

果实形状：扁圆形　　　　　果肉硬度（kg/cm²）：7.35　　雄蕊数（枚）：19～30（22.2）

单果重（g）：107　　　　　SSC/TA（%）：11.12/0.14　　花药颜色：紫红色（71B）

萼片状态：脱落　　　　　　内质综合评价：中上　　　　初花期：20190416

果实心室数：4～5　　　　　一年生枝颜色：黄褐色（166B）盛花期：20190418

果肉质地：脆　　　　　　　幼叶颜色：红微着绿色　　　果实成熟期：9月中下旬（晚）

果肉粗细：较细　　　　　　叶片形状：卵圆形　　　　　果实发育期（d）：150

汁液：中多　　　　　　　　叶缘/刺芒：锐锯齿/有　　　营养生长天数（d）：215

半斤酥1号　Banjinsu 1

原产辽宁锦州，白梨地方品种，2*n*=34；树势较强，半开张，丰产性较强，贮藏性强。

果实类型：脆肉型	风味：酸甜	每花序花朵数（朵）：4～7(5.1)
果实形状：长圆形	果肉硬度（kg/cm²）：7.17	雄蕊数（枚）：15～33（27.1）
单果重（g）：278	SSC/TA（%）：11.11/0.32	花药颜色：紫红色（61A）
萼片状态：脱落	内质综合评价：中	初花期：20190417
果实心室数：5	一年生枝颜色：黄褐色（165B）	盛花期：20190419
果肉质地：松脆	幼叶颜色：红色	果实成熟期：9月下旬（晚）
果肉粗细：中粗	叶片形状：卵圆形	果实发育期（d）：155
汁液：多	叶缘/刺芒：锐锯齿/有	营养生长天数（d）：223

冰糖　Bingtang

原产青海民和，白梨地方品种，2*n*=34；树势较强，开张，丰产性强，贮藏性较强。

果实类型：脆肉型

果实形状：卵圆形

单果重（g）：221

萼片状态：宿存

果实心室数：4 ～ 5

果肉质地：松脆

果肉粗细：较细

汁液：多

风味：甜

果肉硬度（kg/cm²）：5.68

SSC/TA（%）：11.74/0.23

内质综合评价：中上

一年生枝颜色：黄褐色（166A）

幼叶颜色：红微着绿色

叶片形状：卵圆形

叶缘/刺芒：锐锯齿/有

每花序花朵数（朵）：4 ～ 7（5.4）

雄蕊数（枚）：22 ～ 28（24.3）

花药颜色：深紫红（59A）

初花期：20190417

盛花期：20190419

果实成熟期：9月上旬（中）

果实发育期（d）：136

营养生长天数（d）：215

波梨　Boli

原产河北抚宁，白梨地方品种；树势较强，半开张，丰产性强。

果实类型：脆肉型　　　　　　风味：酸甜　　　　　　　　每花序花朵数（朵）：5～7(6.2)

果实形状：圆形　　　　　　　果肉硬度（kg/cm²）：5.13　雄蕊数（枚）：20～27（23.5）

单果重（g）：138　　　　　　SSC/TA（%）：12.74/0.36　花药颜色：紫红色（64B）

萼片状态：脱落　　　　　　　内质综合评价：中上　　　　初花期：20190418

果实心室数：4～5　　　　　　一年生枝颜色：褐色（200C）盛花期：20190421

果肉质地：松脆　　　　　　　幼叶颜色：红微着绿色　　　果实成熟期：9月中旬（中晚）

果肉粗细：细　　　　　　　　叶片形状：卵圆形　　　　　果实发育期（d）：149

汁液：多　　　　　　　　　　叶缘/刺芒：锐锯齿/有　　　营养生长天数（d）：213

博山池　**Boshanchi**

原产山东博山，白梨地方品种，2*n*=34；树势中庸，直立，丰产性强，贮藏性极强，叶片抗病性强。

果实类型：脆肉型　　　　　风味：淡甜　　　　　　　每花序花朵数（朵）：5 ～ 7(6.3)

果实形状：倒卵形　　　　　果肉硬度（kg/cm²）：6.89　雄蕊数（枚）：20 ～ 22（20.5）

单果重（g）：193　　　　　SSC/TA（%）：12.06/0.15　花药颜色：紫红色（70B）

萼片状态：脱落/残存　　　　内质综合评价：中上　　　初花期：20190415

果实心室数：5　　　　　　　一年生枝颜色：黄褐色（165A）盛花期：20190417

果肉质地：松脆　　　　　　　幼叶颜色：红微着绿色　　　果实成熟期：9月底（晚）

果肉粗细：较细　　　　　　　叶片形状：卵圆形　　　　　果实发育期（d）：158

汁液：多　　　　　　　　　　叶缘/刺芒：锐锯齿/有　　　营养生长天数（d）：233

槎子梨　Chazili

原产山东平邑，白梨地方品种，2n=34；树势较强，半开张，丰产性较强，贮藏性强。

果实类型：脆肉型	风味：酸甜	每花序花朵数（朵）：4～7(5.9)
果实形状：倒卵形	果肉硬度（kg/cm²）：6.92	雄蕊数（枚）：19～27（21.5）
单果重（g）：298	SSC/TA（%）：11.66/0.24	花药颜色：紫红色（61B）
萼片状态：宿存/残存	内质综合评价：中上	初花期：20190414
果实心室数：5	一年生枝颜色：黄褐色（166B）	盛花期：20190416
果肉质地：松脆	幼叶颜色：绿微着红色	果实成熟期：10月上中旬（晚）
果肉粗细：中粗	叶片形状：卵圆形	果实发育期（d）：173
汁液：中多	叶缘/刺芒：锐锯齿/有	营养生长天数（d）：221

昌邑谢花甜　Changyi Xiehuatian

原产山东昌邑，白梨地方品种；树势强，丰产性强，贮藏性强。

果实类型：脆肉型

果实形状：卵圆形

单果重（g）：494

萼片状态：宿存 / 残存

果实心室数：5

果肉质地：松脆

果肉粗细：中粗

汁液：多

风味：淡甜

果肉硬度（kg/cm²）：7.6

SSC/TA（%）：10.7/0.2

内质综合评价：中

一年生枝颜色：黄褐色（166A）

幼叶颜色：绿着红色

叶片形状：卵圆形

叶缘 / 刺芒：锐锯齿 / 有

每花序花朵数（朵）：6 ～ 9(7.4)

雄蕊数（枚）：18 ～ 24（20.4）

花药颜色：紫色（N79C）

初花期：20170401（泰安）

盛花期：20170403（泰安）

果实成熟期：9月中旬（晚）

果实发育期（d）：163

营养生长天数（d）：238

茌梨　Chili

原产山东茌平，别名莱阳慈梨，白梨地方品种，2n=34；树势强，半开张，丰产性强，贮藏性强。

果实类型：脆肉型　　　　　风味：甜　　　　　　　　每花序花朵数（朵）：3～6(4.3)

果实形状：卵圆/纺锤/倒卵形　果肉硬度（kg/cm²）：6.44　雄蕊数（枚）：18～20（19.4）

单果重（g）：206　　　　　SSC/TA（%）：13.03/0.11　花药颜色：淡紫色（75B）

萼片状态：宿存/残存/脱落　　内质综合评价：上　　　　初花期：20190416

果实心室数：5　　　　　　　一年生枝颜色：黄褐色（166B）盛花期：20190418

果肉质地：松脆　　　　　　　幼叶颜色：红微着绿色　　　果实成熟期：9月下旬（晚）

果肉粗细：细　　　　　　　　叶片形状：卵圆形　　　　　果实发育期（d）：159

汁液：多　　　　　　　　　　叶缘/刺芒：锐锯齿/有　　　营养生长天数（d）：226

崇化大梨　Chonghua Dali

原产四川金川，金川雪梨自然实生，白梨，2*n*=34；树势较强，半开张，丰产性强。

果实类型：脆肉型　　　　　风味：淡甜　　　　　　　　每花序花朵数（朵）：5～7(6.3)

果实形状：葫芦形/倒卵形　果肉硬度（kg/cm²）：5.62　雄蕊数（枚）：19～21（20.1）

单果重（g）：342　　　　SSC/TA（%）：11.40/0.09　花药颜色：紫红色（61A）

萼片状态：脱落/残存/宿存　内质综合评价：中上　　　初花期：20190419

果实心室数：4～5　　　　一年生枝颜色：黄褐色（164A）盛花期：20190421

果肉质地：松脆　　　　　幼叶颜色：红微着绿色　　　果实成熟期：9月中旬（中）

果肉粗细：细　　　　　　叶片形状：卵圆形　　　　　果实发育期（d）：144

汁液：多　　　　　　　　叶缘/刺芒：锐锯齿/有　　　营养生长天数（d）：225

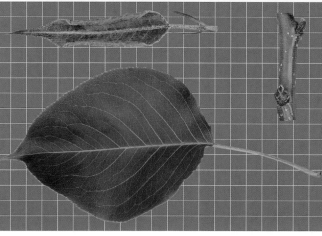

大核白 **Dahebai**

原产辽宁建昌，白梨地方品种，2*n*=34；树势较强，半开张，丰产性较强，贮藏性极强。

果实类型：脆肉型

果实形状：圆形

单果重（g）：119

萼片状态：脱落/残存/宿存

果实心室数：3～5

果肉质地：松脆

果肉粗细：中粗

汁液：中多

风味：淡甜

果肉硬度（kg/cm²）：6.54

SSC/TA（%）：12.49/0.12

内质综合评价：中

一年生枝颜色：黄褐色（175B）

幼叶颜色：绿着红色

叶片形状：卵圆形

叶缘/刺芒：锐锯齿/有

每花序花朵数（朵）：6～9(7.0)

雄蕊数（枚）：19～28（21.5）

花药颜色：紫红色（59C）

初花期：20190413

盛花期：20190415

果实成熟期：9月中下旬（晚）

果实发育期（d）：153

营养生长天数（d）221

大核头白　**Dahetoubai**

原产辽宁北镇，别名大核秋白，白梨地方品种，2n=34；树势强，半开张，丰产性强，贮藏性较强。

果实类型：脆肉型	风味：酸甜	每花序花朵数（朵）：6～8(7.6)
果实形状：倒卵形	果肉硬度（kg/cm²）：6.04	雄蕊数（枚）：19～21（20.0）
单果重（g）：178	SSC/TA（%）：12.81/0.25	花药颜色：紫红色（60B）
萼片状态：脱落/残存/宿存	内质综合评价：中上	初花期：20190413
果实心室数：4～5	一年生枝颜色：黄褐色（166B）	盛花期：20190415
果肉质地：松脆	幼叶颜色：红微着绿色	果实成熟期：9月底（晚）
果肉粗细：较细	叶片形状：卵圆形	果实发育期（d）：159
汁液：多	叶缘/刺芒：锐锯齿/有	营养生长天数（d）：225

大麻黄　Damahuang

原产山东夏津，白梨地方品种；树势强，丰产性强，贮藏性强。

果实类型：脆肉型　　　　　风味：酸甜　　　　　　　　每花序花朵数（朵）：5～7(6.3)

果实形状：长圆形　　　　　果肉硬度（kg/cm^2）：6.1　　雄蕊数（枚）：26～35（31.7）

单果重（g）：405　　　　　SSC/TA（%）：9.8/0.13　　　花药颜色：紫红色（64A）

萼片状态：脱落　　　　　　内质综合评价：中　　　　　初花期：20170328（泰安）

果实心室数：5　　　　　　一年生枝颜色：绿褐色（N199A）盛花期：20170401（泰安）

果肉质地：脆　　　　　　　幼叶颜色：红微着绿色　　　果实成熟期：9月中旬（晚）

果肉粗细：中粗　　　　　　叶片形状：卵圆形　　　　　果实发育期（d）：166

汁液：多　　　　　　　　　叶缘/刺芒：锐锯齿/有　　　营养生长天数（d）：240

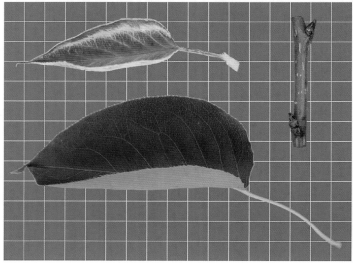

大面黄　Damianhuang

原产辽宁海城，白梨地方品种；树势较强，半开张，丰产性强，贮藏性强。

果实类型：脆肉型
风味：甜
每花序花朵数（朵）：7～9(7.9)

果实形状：倒卵形
果肉硬度（kg/cm²）：6.79
雄蕊数（枚）：20～22（20.6）

单果重（g）：314
SSC/TA（%）：12.26/0.08
花药颜色：深紫红（59B）

萼片状态：脱落
内质综合评价：中
初花期：20190415

果实心室数：5
一年生枝颜色：黄褐色（165A）
盛花期：20190417

果肉质地：松脆
幼叶颜色：红微着绿色
果实成熟期：9月下旬（晚）

果肉粗细：中粗
叶片形状：卵圆形
果实发育期（d）：155

汁液：中多
叶缘/刺芒：锐锯齿/有
营养生长天数（d）：227

大水核子　**Dashuihezi**

原产江苏淮北地区，白梨地方品种，$2n=3x=51$；树势较强，半开张，丰产性强，较耐贮藏。

果实类型：脆肉型	风味：甜酸	每花序花朵数（朵）：4～7(5.8)
果实形状：阔倒卵形	果肉硬度（kg/cm²）：5.25	雄蕊数（枚）：24～36（29.9）
单果重（g）：366	SSC/TA（%）：10.96/0.44	花药颜色：淡紫红（72D）
萼片状态：宿存/脱落	内质综合评价：中上	初花期：20190416
果实心室数：5	一年生枝颜色：黄褐色（166A）	盛花期：20190418
果肉质地：松脆	幼叶颜色：红微着绿色	果实成熟期：9月中下旬（中晚）
果肉粗细：较细	叶片形状：卵圆形	果实发育期（d）：149
汁液：多	叶缘/刺芒：锐锯齿/有	营养生长天数（d）：225

大窝窝梨　**Dawowoli**

原产山东青岛，别名大凹凹梨，白梨地方品种，2*n*=34；树势强，半开张，丰产性较强，贮藏性较强。

果实类型：脆肉型	风味：酸甜	每花序花朵数（朵）：3～6(4.3)
果实形状：近圆形	果肉硬度（kg/cm²）：7.29	雄蕊数（枚）：16～30（23.1）
单果重（g）：250	SSC/TA（%）：10.42/0.10	花药颜色：紫红色（71B）
萼片状态：脱落	内质综合评价：中上	初花期：20190415
果实心室数：5	一年生枝颜色：黄褐色（175C）	盛花期：20190417
果肉质地：松脆	幼叶颜色：红着绿色	果实成熟期：10月初（晚）
果肉粗细：中粗	叶片形状：卵圆形	果实发育期（d）：162
汁液：多	叶缘/刺芒：锐锯齿/有	营养生长天数（d）：232

大衍　Dayan

原产陕西眉县，白梨地方品种；树势较强，半开张，丰产性强，贮藏性中等。

果实类型：脆肉型　　　　　　风味：酸甜　　　　　　　　　每花序花朵数（朵）：5 ～ 10(7.6)

果实形状：近圆形　　　　　　果肉硬度（kg/cm²）：5.04　雄蕊数（枚）：22 ～ 29（25.6）

单果重（g）：212　　　　　　SSC/TA（%）：10.64/0.31　花药颜色：紫红色（70A）

萼片状态：宿存/残存　　　　　内质综合评价：中　　　　　　初花期：20190414

果实心室数：5　　　　　　　　一年生枝颜色：黄褐色（165A）盛花期：20190416

果肉质地：脆　　　　　　　　　幼叶颜色：红着绿色　　　　　果实成熟期：9月上旬（中）

果肉粗细：中粗　　　　　　　　叶片形状：卵圆形　　　　　　果实发育期（d）：139

汁液：多　　　　　　　　　　　叶缘/刺芒：锐锯齿/有　　　　营养生长天数（d）：227

砀山马蹄黄　Dangshan Matihuang

原产安徽砀山，白梨地方品种，$2n=34$；树势较强，半开张，丰产性较强，贮藏性强。

果实类型：脆肉型

果实形状：倒卵形/扁圆形

单果重（g）：214

萼片状态：脱落

果实心室数：4～5

果肉质地：脆

果肉粗细：较细

汁液：多

风味：甜酸

果肉硬度（kg/cm²）：6.61

SSC/TA（%）：12.16/0.53

内质综合评价：中上

一年生枝颜色：黄褐色（N199B）

幼叶颜色：绿微着红色

叶片形状：卵圆形

叶缘/刺芒：锐锯齿/有

每花序花朵数（朵）：4～6(5.4)

雄蕊数（枚）：19～20（19.9）

花药颜色：淡紫红（64D）

初花期：20190420

盛花期：20190423

果实成熟期：9月底（晚）

果实发育期（d）：157

营养生长天数（d）：231

砀山酥梨　Dangshan Suli

原产安徽砀山，白梨地方品种，2n=34；树势强，半开张，丰产性强，贮藏性强。

果实类型：脆肉型　　　　　　风味：甜　　　　　　　　　每花序花朵数（朵）：5 ~ 8(6.4)

果实形状：圆柱形　　　　　　果肉硬度（kg/cm²）：4.89　　雄蕊数（枚）：19 ~ 25（20.7）

单果重（g）：217　　　　　　SSC/TA（%）：12.11/0.14　　花药颜色：紫红色（71A）

萼片状态：脱落　　　　　　　内质综合评价：中上　　　　初花期：20190419

果实心室数：4 ~ 5　　　　　 一年生枝颜色：黄褐色（165A）盛花期：20190421

果肉质地：疏松　　　　　　　幼叶颜色：红微着绿色　　　　果实成熟期：9月下旬（晚）

果肉粗细：中粗　　　　　　　叶片形状：卵圆形　　　　　　果实发育期（d）：159

汁液：多　　　　　　　　　　叶缘/刺芒：锐锯齿/有　　　　营养生长天数（d）：219

冬黄 Donghuang

原产新疆绥定，白梨地方品种；树势较强，半开张，丰产性较强，贮藏性强。

果实类型：脆肉型

果实形状：卵圆形

单果重（g）：153

萼片状态：宿存/残存

果实心室数：4～5

果肉质地：松脆

果肉粗细：较细

汁液：多

风味：淡甜

果肉硬度（kg/cm²）：5.95

SSC/TA（%）：13.36/0.17

内质综合评价：中

一年生枝颜色：黄褐色（166A）

幼叶颜色：绿微着红色

叶片形状：卵圆形

叶缘/刺芒：锐锯齿/有

每花序花朵数（朵）：5～9(6.4)

雄蕊数（枚）：20～23（20.9）

花药颜色：淡紫色（75A）

初花期：20190416

盛花期：20190418

果实成熟期：9月中旬（中晚）

果实发育期（d）：146

营养生长天数（d）：212

独里红　Dulihong

原产河北青龙，白梨地方品种，2n=34；树势较强，半开张，丰产性强，贮藏性较强。

果实类型：脆肉型　　　　　风味：甜酸　　　　　　　　每花序花朵数（朵）：6～9(7.3)

果实形状：近圆形　　　　　果肉硬度（kg/cm²）：7.57　雄蕊数（枚）：16～23（19.6）

单果重（g）：151　　　　　SSC/TA（%）：11.76/0.30　花药颜色：紫红色（61B）

萼片状态：脱落　　　　　　内质综合评价：中　　　　　初花期：20190414

果实心室数：5　　　　　　一年生枝颜色：黄褐色（166B）盛花期：20190416

果肉质地：松脆　　　　　　幼叶颜色：绿微着红色　　　果实成熟期：9月中旬（中晚）

果肉粗细：中粗　　　　　　叶片形状：卵圆形　　　　　果实发育期（d）：147

汁液：多　　　　　　　　　叶缘/刺芒：锐锯齿/有　　　营养生长天数（d）：218

鹅黄　Ehuang

原产安徽砀山，白梨地方品种，2n=34；树势中庸，直立，丰产性强，贮藏性较强。

果实类型：脆肉型	风味：甜酸	每花序花朵数（朵）：3～7(5.1)
果实形状：长圆形	果肉硬度（kg/cm²）：6.34	雄蕊数（枚）：19～27（23.9）
单果重（g）：192	SSC/TA（%）：12.19/0.44	花药颜色：淡粉色（65C）
萼片状态：宿存/脱落/残存	内质综合评价：中上	初花期：20190414
果实心室数：5～6	一年生枝颜色：黄褐色（166A）	盛花期：20190416
果肉质地：松脆	幼叶颜色：绿着红色	果实成熟期：9月中下旬（晚）
果肉粗细：较细	叶片形状：卵圆形	果实发育期（d）：150
汁液：多	叶缘/刺芒：锐锯齿/有	营养生长天数（d）：228

鹅梨　Eli

原产江苏连云港，白梨地方品种；树势较强，半开张，丰产性强，贮藏性强。

果实类型：脆肉型

果实形状：圆柱形

单果重（g）：241

萼片状态：脱落

果实心室数：5

果肉质地：松脆

果肉粗细：中粗

汁液：多

风味：甜

果肉硬度（kg/cm²）：5.31

SSC/TA（%）：12.11/0.11

内质综合评价：中

一年生枝颜色：黄褐色（165A）

幼叶颜色：绿微着红色

叶片形状：卵圆形

叶缘/刺芒：锐锯齿/有

每花序花朵数（朵）：4～7(5.5)

雄蕊数（枚）：19～20（19.9）

花药颜色：紫红色（64B）

初花期：20190419

盛花期：20190421

果实成熟期：9月下旬（晚）

果实发育期（d）：157

营养生长天数（d）：224

鹅酥　Esu

原产江苏泗阳，白梨地方品种；树势中庸，半开张，丰产性较强，贮藏性中等。

果实类型：脆肉型

果实形状：长圆形

单果重（g）：393

萼片状态：脱落

果实心室数：5

果肉质地：紧脆

果肉粗细：中粗

汁液：中多

风味：酸—甜酸

果肉硬度（kg/cm²）：6.76

SSC/TA（%）：12.23/0.70

内质综合评价：中

一年生枝颜色：黄褐色（165A）

幼叶颜色：绿微着红色

叶片形状：卵圆形

叶缘/刺芒：锐锯齿/有

每花序花朵数（朵）：4～7(5.6)

雄蕊数（枚）：26～34（30）

花药颜色：紫红色（61A）

初花期：20190416

盛花期：20190418

果实成熟期：9月下旬（晚）

果实发育期（d）：157

营养生长天数（d）：228

鹅头梨 Etouli

原产辽宁建昌，白梨地方品种，2n=34；树势较强，半开张，丰产性强，贮藏性强。

果实类型：脆肉型
果实形状：倒卵形
单果重（g）：163
萼片状态：脱落/残存
果实心室数：4～5
果肉质地：松脆
果肉粗细：较细
汁液：多

风味：酸甜
果肉硬度（kg/cm²）：7.69
SSC/TA（%）：12.86/0.22
内质综合评价：中上
一年生枝颜色：黄褐色（175B）
幼叶颜色：绿微着红色
叶片形状：卵圆形
叶缘/刺芒：锐锯齿/有

每花序花朵数（朵）：6～8(7.0)
雄蕊数（枚）：20～28（24.0）
花药颜色：紫红色（61A）
初花期：20190417
盛花期：20190419
果实成熟期：9月中下旬（晚）
果实发育期（d）：150
营养生长天数（d）：222

二愣子梨　**Erlengzili**

原产山东莱阳，白梨地方品种；树势强，丰产性中等，贮藏性强。

果实类型：脆肉型　　　　风味：淡甜　　　　　　　每花序花朵数（朵）：6～8(6.7)

果实形状：近圆形　　　　果肉硬度（kg/cm²）：8.1　　雄蕊数（枚）：20～31（23.0）

单果重（g）：309　　　　SSC/TA（%）：11.0/0.12　花药颜色：深紫红（59A）

萼片状态：宿存/残存　　　内质综合评价：中　　　　初花期：20170330（泰安）

果实心室数：5　　　　　　一年生枝颜色：黄褐色（N199B）　盛花期：20170403（泰安）

果肉质地：紧脆　　　　　　幼叶颜色：绿着红色　　　果实成熟期：9月中旬（晚）

果肉粗细：中粗　　　　　　叶片形状：卵圆形　　　　果实发育期（d）：169

汁液：中多　　　　　　　　叶缘/刺芒：锐锯齿/有　　营养生长天数（d）：242

费县雪花梨　Feixian Xuehuali

原产山东费县，白梨地方品种；树势强，丰产性强，贮藏性强。

果实类型：脆肉型　　　　　风味：甜　　　　　　　　每花序花朵数（朵）：5 ~ 7(6.3)
果实形状：长圆形　　　　　果肉硬度（kg/cm²）：6.2　　雄蕊数（枚）：20 ~ 26（22.8）
单果重（g）：534　　　　　SSC/TA（%）：11.7/0.15　　花药颜色：紫红色（71A）
萼片状态：宿存　　　　　　内质综合评价：中上　　　　初花期：20170327（泰安）
果实心室数：5　　　　　　 一年生枝颜色：黄褐色（166B）　盛花期：20170331（泰安）
果肉质地：脆　　　　　　　幼叶颜色：绿着红色　　　　果实成熟期：9月下旬（晚）
果肉粗细：中粗　　　　　　叶片形状：卵圆形　　　　　果实发育期（d）：173
汁液：多　　　　　　　　　叶缘/刺芒：锐锯齿/有　　　营养生长天数（d）：244

费县坠子梨 Feixian Zhuizili

原产山东费县，白梨地方品种；树势强，丰产性强，贮藏性强。

果实类型：脆肉型

果实形状：倒卵形

单果重（g）：294

萼片状态：脱落

果实心室数：5

果肉质地：松脆

果肉粗细：较细

汁液：多

风味：淡甜

果肉硬度（kg/cm²）：6.2

SSC/TA（%）：10.6/0.12

内质综合评价：中上

一年生枝颜色：绿褐色（165A）

幼叶颜色：红微着绿色

叶片形状：卵圆形

叶缘/刺芒：锐锯齿/有

每花序花朵数（朵）：6～9(7.4)

雄蕊数（枚）：19～27（21.6）

花药颜色：淡紫色（N74C）

初花期：20170329（泰安）

盛花期：20170403（泰安）

果实成熟期：9月中旬（晚）

果实发育期（d）：165

营养生长天数（d）：241

费县子母梨　**Feixian Zimuli**

原产山东费县，白梨地方品种。

果实类型：脆肉型

果实形状：倒卵形

单果重（g）：285

萼片状态：脱落

果实心室数：5

果肉质地：脆

果肉粗细：粗

汁液：中多

风味：酸甜

果肉硬度（kg/cm²）：6.5

SSC/TA（%）：10.7/0.1

内质综合评价：中

一年生枝颜色：褐色（200C）

幼叶颜色：红微着绿色

叶片形状：卵圆形

叶缘/刺芒：锐锯齿/有

每花序花朵数（朵）：6 ~ 7(6.8)

雄蕊数（枚）：25 ~ 41（30.9）

花药颜色：紫色（72B）

初花期：20170402（泰安）

盛花期：20170405（泰安）

果实成熟期：10月中旬（晚）

果实发育期（d）：193

营养生长天数（d）：241

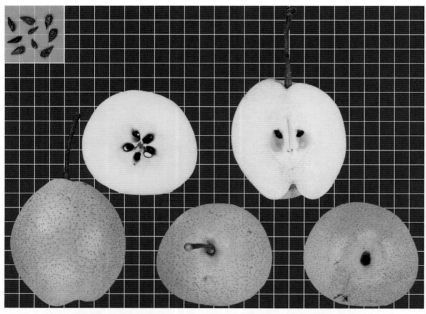

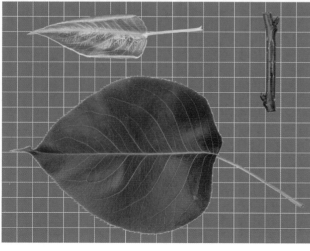

粉红宵　Fenhongxiao

原产辽宁西部，白梨地方品种，2n=34；树势强，半开张，丰产性较强，贮藏性强。

果实类型：脆肉型　　　　　　风味：酸甜—甜　　　　　　每花序花朵数（朵）：6～9(7.7)

果实形状：近圆形　　　　　　果肉硬度（kg/cm²）：6.44　　雄蕊数（枚）：19～20（19.5）

单果重（g）：186　　　　　　SSC/TA（%）：13.72/0.29　　花药颜色：紫红色（71A）

萼片状态：残存/宿存/脱落　　内质综合评价：中上　　　　初花期：20190417

果实心室数：4～5　　　　　　一年生枝颜色：黄褐色（166B）盛花期：20190419

果肉质地：松脆　　　　　　　幼叶颜色：红微着绿色　　　果实成熟期：9月下旬（晚）

果肉粗细：较细　　　　　　　叶片形状：卵圆形　　　　　果实发育期（d）：152

汁液：多　　　　　　　　　　叶缘/刺芒：锐锯齿/有　　　营养生长天数（d）：223

凤县鸡腿梨　Fengxian Jituili

原产陕西凤县，白梨地方品种，2*n*=34；树势较强，半开张，丰产性中等，贮藏性中等。

果实类型：脆肉型

风味：甜

每花序花朵数（朵）：5～8(6.2)

果实形状：倒卵形

果肉硬度（kg/cm²）：6.03

雄蕊数（枚）：19～23（20.8）

单果重（g）：174

SSC/TA（%）：11.06/0.13

花药颜色：粉红色（58C）

萼片状态：宿存/残存

内质综合评价：中上

初花期：20190413

果实心室数：5

一年生枝颜色：黄褐色（165A）

盛花期：20190415

果肉质地：松脆

幼叶颜色：红微着绿色

果实成熟期：9月中旬（中）

果肉粗细：较细

叶片形状：卵圆形

果实发育期（d）：144

汁液：多

叶缘/刺芒：锐锯齿/有

营养生长天数（d）：216

佛见喜　Fojianxi

原产河北遵化、兴隆等地，白梨地方品种，2*n*=34；树势较强，半开张，丰产性较强，贮藏性较强。

果实类型：脆肉型

果实形状：扁圆形

单果重（g）：144

萼片状态：脱落

果实心室数：4～5

果肉质地：松脆

果肉粗细：较细

汁液：多

风味：甜

果肉硬度（kg/cm²）：6.64

SSC/TA（%）：12.78/0.31

内质综合评价：上

一年生枝颜色：黄褐色（175B）

幼叶颜色：红色

叶片形状：卵圆形

叶缘/刺芒：锐锯齿/有

每花序花朵数（朵）：5～7(6.2)

雄蕊数（枚）：19～24（21.1）

花药颜色：紫红色（70B）

初花期：20190417

盛花期：20190419

果实成熟期：9月中下旬（中晚）

果实发育期（d）：148

营养生长天数（d）：220

伏梨 Fuli

原产河北赞皇，白梨地方品种，2*n*=34；树势较强，半开张，丰产性强。

果实类型：脆肉型	风味：甜酸	每花序花朵数（朵）：6～9(7.1)
果实形状：近圆形	果肉硬度（kg/cm²）：6.33	雄蕊数（枚）：19～22（20.5）
单果重（g）：120	SSC/TA（%）：11.62/0.53	花药颜色：紫红色（71B）
萼片状态：宿存/脱落	内质综合评价：中上	初花期：20190418
果实心室数：4～5	一年生枝颜色：红褐色（176A）	盛花期：20190421
果肉质地：松脆	幼叶颜色：绿着红色	果实成熟期：8月中旬（早）
果肉粗细：较细	叶片形状：卵圆形	果实发育期（d）：118
汁液：多	叶缘/刺芒：锐锯齿/有	营养生长天数（d）：222

高密恩梨　**Gaomi Enli**

原产山东高密，白梨地方品种；树势强，丰产性中等，贮藏性中等。

果实类型：脆肉型　　　　　风味：甜　　　　　　　　每花序花朵数（朵）：5～7(5.7)

果实形状：近圆形　　　　　果肉硬度（kg/cm²）：6.6　　雄蕊数（枚）：19～24（20.9）

单果重（g）：324　　　　　SSC/TA（%）：11.5/0.11　　花药颜色：淡紫色（75A）

萼片状态：宿存/脱落　　　　内质综合评价：中上　　　　初花期：20170327（泰安）

果实心室数：5　　　　　　　一年生枝颜色：黄褐色（166A）盛花期：20170401（泰安）

果肉质地：松脆　　　　　　幼叶颜色：红着绿色　　　　果实成熟期：9月下旬（晚）

果肉粗细：细　　　　　　　叶片形状：卵圆形　　　　　果实发育期（d）：172

汁液：多　　　　　　　　　叶缘/刺芒：锐锯齿/有　　　营养生长天数（d）：239

高密马蹄黄 Gaomi Matihuang

原产山东高密，白梨地方品种；树势强，丰产性强，贮藏性强。

果实类型：脆肉型	风味：甜	每花序花朵数（朵）：6～8(7.1)
果实形状：扁圆形	果肉硬度（kg/cm²）：6.4	雄蕊数（枚）：17～33（28.3）
单果重（g）：388	SSC/TA（%）：11.5/0.12	花药颜色：紫红色（71A）
萼片状态：脱落	内质综合评价：中上	初花期：20170330（泰安）
果实心室数：5	一年生枝颜色：黄褐色（200D）	盛花期：20170404（泰安）
果肉质地：松脆	幼叶颜色：绿微着红色	果实成熟期：9月中旬（晚）
果肉粗细：粗	叶片形状：卵圆形	果实发育期（d）：165
汁液：多	叶缘/刺芒：锐锯齿/有	营养生长天数（d）：241

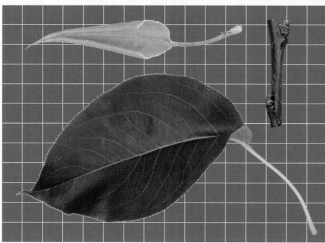 

冠县酸梨　**Guanxian Suanli**

原产山东冠县，白梨地方品种；树势强，丰产性强，贮藏性强。

果实类型：脆肉型　　　　　风味：微酸　　　　　　　每花序花朵数（朵）：6～9(7.6)

果实形状：卵圆形　　　　　果肉硬度（kg/cm²）：7.2　　雄蕊数（枚）：16～23（18.9）

单果重（g）：172　　　　　SSC/TA（%）：11.5/0.17　　花药颜色：紫红色（71A）

萼片状态：脱落/残存　　　　内质综合评价：中　　　　　初花期：20170329（泰安）

果实心室数：4～5　　　　　一年生枝颜色：黄褐色（164A）盛花期：20170402（泰安）

果肉质地：脆　　　　　　　幼叶颜色：红微着绿色　　　果实成熟期：9月下旬（晚）

果肉粗细：粗　　　　　　　叶片形状：卵圆形　　　　　果实发育期（d）：171

汁液：多　　　　　　　　　叶缘/刺芒：锐锯齿/有　　　营养生长天数（d）：243

海城茌梨　Haicheng Chili

原产辽宁海城，白梨地方品种；树势强，半开张，丰产性强，贮藏性强。

果实类型：脆肉型	风味：甜	每花序花朵数（朵）：3～6(4.4)
果实形状：圆锥形	果肉硬度（kg/cm²）：6.89	雄蕊数（枚）：21～30（27.7）
单果重（g）：266	SSC/TA（%）：11.85/0.15	花药颜色：紫红色（71B）
萼片状态：脱落	内质综合评价：中上	初花期：20190416
果实心室数：5～6	一年生枝颜色：黄褐色（N199B）	盛花期：20190418
果肉质地：松脆	幼叶颜色：红色	果实成熟期：9月中下旬（中晚）
果肉粗细：中粗	叶片形状：卵圆形	果实发育期（d）：148
汁液：中多	叶缘/刺芒：锐锯齿/有	营养生长天数（d）：217

海棠酥　**Haitangsu**

原产江苏泗阳，白梨地方品种，2*n*=3*x*=51；树势强，半开张，丰产性较强，贮藏性较强。

果实类型：脆肉型	风味：甜	每花序花朵数（朵）：3～6（4.5）
果实形状：阔倒卵形	果肉硬度（kg/cm²）：4.22	雄蕊数（枚）：19～21（20.0）
单果重（g）：295	SSC/TA（%）：11.88/0.20	花药颜色：紫红色（64B）
萼片状态：宿存	内质综合评价：上	初花期：20190416
果实心室数：4～5	一年生枝颜色：褐色（200B）	盛花期：20190418
果肉质地：松脆	幼叶颜色：绿着红色	果实成熟期：9月中旬（中晚）
果肉粗细：细	叶片形状：卵圆形	果实发育期（d）：147
汁液：极多	叶缘/刺芒：锐锯齿/有	营养生长天数（d）：230

汉源白梨　Hanyuan Baili

原产四川汉源，别名大白梨，白梨地方品种，2*n*=34；树势中庸，半开张，丰产性强，贮藏性中等。

果实类型：脆肉型	风味：甜	每花序花朵数（朵）：4～7(5.7)
果实形状：倒卵形/近圆形	果肉硬度（kg/cm²）：7.56	雄蕊数（枚）：19～21（19.9）
单果重（g）：244	SSC/TA（%）：12.40/0.25	花药颜色：紫红色（64C）
萼片状态：残存/脱落/宿存	内质综合评价：中	初花期：20190418
果实心室数：5	一年生枝颜色：黄褐色（166B）	盛花期：20190420
果肉质地：松脆	幼叶颜色：绿着红色	果实成熟期：9月底（晚）
果肉粗细：中粗	叶片形状：卵圆形	果实发育期（d）：159
汁液：中多	叶缘/刺芒：锐锯齿/有	营养生长天数（d）：223

红波梨　**Hongboli**

原产地不详，白梨，$2n=34$；树势强，半开张，丰产性强，贮藏性强。

果实类型：脆肉型

果实形状：长圆形

单果重（g）：169

萼片状态：脱落

果实心室数：5

果肉质地：松脆

果肉粗细：较细

汁液：多

风味：甜酸

果肉硬度（kg/cm²）：6.75

SSC/TA（%）：12.19/0.43

内质综合评价：中上

一年生枝颜色：黄褐色（165A）

幼叶颜色：红微着绿色

叶片形状：卵圆形

叶缘/刺芒：锐锯齿/有

每花序花朵数（朵）：5～9(7.2)

雄蕊数（枚）：19～21（20.0）

花药颜色：紫红色（64A）

初花期：20190416

盛花期：20190418

果实成熟期：9月下旬（晚）

果实发育期（d）：152

营养生长天数（d）：231

红麻槎　Hongmacha

原产江苏睢宁，白梨地方品种；树势中庸，较直立，丰产性强，贮藏性中等。

果实类型：脆肉型
风味：淡甜
每花序花朵数（朵）：4～6(4.7)

果实形状：近圆形
果肉硬度（kg/cm²）：6.22
雄蕊数（枚）：18～23（20.7）

单果重（g）：205
SSC/TA（%）：11.86/0.20
花药颜色：紫红色（72C）

萼片状态：脱落/宿存/残存
内质综合评价：中
初花期：20190416

果实心室数：4～5
一年生枝颜色：黄褐色（N170A）
盛花期：20190418

果肉质地：松脆
幼叶颜色：绿着红色
果实成熟期：9月下旬（晚）

果肉粗细：较细
叶片形状：卵圆形
果实发育期（d）：152

汁液：多
叶缘/刺芒：锐锯齿/有
营养生长天数（d）：219

红麻梨　Hongmali

原产河北兴隆，白梨地方品种，2n=34；树势较强，半开张，丰产性强，贮藏性强。

果实类型：脆肉型	风味：甜酸	每花序花朵数（朵）：5～8(6.5)
果实形状：圆形	果肉硬度（kg/cm²）：6.09	雄蕊数（枚）：19～21（19.6）
单果重（g）：137	SSC/TA（%）：11.02/0.36	花药颜色：紫红色（70B）
萼片状态：脱落/残存/宿存	内质综合评价：中	初花期：20190416
果实心室数：4～5	一年生枝颜色：红褐色（183B）	盛花期：20190418
果肉质地：紧脆	幼叶颜色：红微着绿色	果实成熟期：9月下旬（晚）
果肉粗细：中粗	叶片形状：卵圆形	果实发育期（d）：158
汁液：多	叶缘/刺芒：锐锯齿/有	营养生长天数（d）：222

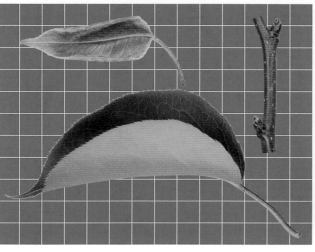

红酥梅　**Hongsumei**

原产青海民和，白梨地方品种。

果实类型：脆肉型
果实形状：倒卵形
单果重（g）：125
萼片状态：宿存/残存/脱落
果实心室数：5
果肉质地：松脆
果肉粗细：中粗
汁液：中多

风味：甜酸
果肉硬度（kg/cm²）：7.89
SSC/TA（%）：12.24/0.36
内质综合评价：中
一年生枝颜色：黄褐色（N199B）
幼叶颜色：绿微着红色
叶片形状：卵圆形
叶缘/刺芒：锐锯齿/有

每花序花朵数（朵）：5～8(6.5)
雄蕊数（枚）：20～30（22.6）
花药颜色：紫红色（60B）
初花期：20190414
盛花期：20190416
果实成熟期：8月下旬（中）
果实发育期（d）：127
营养生长天数（d）：216

红霞　**Hongxia**

原产甘肃天水，白梨地方品种；树势强，较直立，丰产性较强。

果实类型：脆肉型

果实形状：倒卵形

单果重（g）：347

萼片状态：脱落

果实心室数：4～5

果肉质地：松脆

果肉粗细：较细

汁液：多

风味：甜酸

果肉硬度（kg/cm²）：7.04

SSC/TA（%）：13.13/0.37

内质综合评价：中

一年生枝颜色：黄褐色（166A）

幼叶颜色：红色

叶片形状：卵圆形

叶缘/刺芒：锐锯齿/有

每花序花朵数（朵）：4～6(5.6)

雄蕊数（枚）：19～31（25.1）

花药颜色：紫红色（61A）

初花期：20190416

盛花期：20190418

果实成熟期：9月中旬（中晚）

果实发育期（d）：145

营养生长天数（d）：211

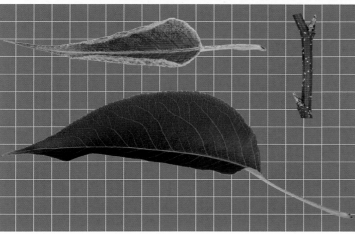

红雪梨　Hongxueli

原产河北昌黎，白梨地方品种，2*n*=34；树势较强，半开张，丰产性强，贮藏性强。

果实类型：脆肉型	风味：淡甜	每花序花朵数（朵）：5～9(7.8)
果实形状：倒卵形/近圆形	果肉硬度（kg/cm²）：7.78	雄蕊数（枚）：20～28（22.3）
单果重（g）：180	SSC/TA（%）：11.43/0.30	花药颜色：紫红色（71B）
萼片状态：宿存	内质综合评价：中	初花期：20190417
果实心室数：5	一年生枝颜色：黄褐色（N199B）	盛花期：20190419
果肉质地：松脆	幼叶颜色：绿着红色	果实成熟期：9月下旬（晚）
果肉粗细：中粗	叶片形状：卵圆形	果实发育期（d）：152
汁液：中多	叶缘/刺芒：锐锯齿/有	营养生长天数（d）：222

红枝母秧　Hongzhimuyang

原产河北兴隆，红宵梨种子实生，白梨品种，2*n*=34；树势较强，半开张，丰产性强，贮藏性极强。

果实类型：脆肉型

果实形状：圆形

单果重（g）：122

萼片状态：脱落

果实心室数：5

果肉质地：脆

果肉粗细：较细

汁液：中多

风味：酸甜

果肉硬度（kg/cm²）：8.71

SSC/TA（%）：12.86/0.55

内质综合评价：中上

一年生枝颜色：黄褐色（166B）

幼叶颜色：红着绿色

叶片形状：卵圆形

叶缘/刺芒：锐锯齿/有

每花序花朵数（朵）：6～8(7.4)

雄蕊数（枚）：19～21（20.2）

花药颜色：淡紫色（N74C）

初花期：20190414

盛花期：20190416

果实成熟期：9月底（晚）

果实发育期（d）：156

营养生长天数（d）：226

葫芦把　**Huluba**

原产地不详，白梨地方品种。树势较强，半开张，丰产性较强。

果实类型：脆肉型　　　　　风味：甜酸　　　　　　　　每花序花朵数（朵）：5 ~ 8(6.2)
果实形状：葫芦形　　　　　果肉硬度（kg/cm²）：7.37　雄蕊数（枚）：21 ~ 30 (25.2)
单果重（g）：215　　　　　SSC/TA（%）：12.33/0.35　花药颜色：紫红色（61B）
萼片状态：脱落/残存　　　　内质综合评价：中　　　　　初花期：20190418
果实心室数：5　　　　　　　一年生枝颜色：黄褐色（166B）盛花期：20190420
果肉质地：稍脆　　　　　　　幼叶颜色：红微着绿色　　　果实成熟期：10月上旬（晚）
果肉粗细：中粗　　　　　　　叶片形状：卵圆形　　　　　果实发育期（d）：168
汁液：中多　　　　　　　　　叶缘/刺芒：锐锯齿/有　　　营养生长天数（d）：221

花皮秋 **Huapiqiu**

原产山东滕州，白梨地方品种；树势强，丰产性强，贮藏性强。

果实类型：脆肉型　　　　　风味：淡甜　　　　　　每花序花朵数（朵）：6～9(7.1)

果实形状：圆形　　　　　　果肉硬度（kg/cm²）：7.4　　雄蕊数（枚）：12～22（18.9）

单果重（g）：173　　　　　SSC/TA（%）：10.0/0.11　　花药颜色：紫红色（64A）

萼片状态：宿存　　　　　　内质综合评价：下　　　　初花期：20170327（泰安）

果实心室数：5　　　　　　一年生枝颜色：红褐色（176A）盛花期：20170331（泰安）

果肉质地：紧脆　　　　　　幼叶颜色：绿微着红色　　　果实成熟期：9月下旬（晚）

果肉粗细：粗　　　　　　　叶片形状：卵圆形　　　　　果实发育期（d）：173

汁液：少　　　　　　　　　叶缘/刺芒：锐锯齿/有　　　营养生长天数（d）：242

黄面　Huangmian

原产四川，白梨地方品种，2*n*=34；树势较强，半开张，丰产性强，贮藏性较强。

果实类型：脆肉型

风味：甜酸

每花序花朵数（朵）：4～8(6.2)

果实形状：倒卵形

果肉硬度（kg/cm²）：8.04

雄蕊数（枚）：20～24（21.7）

单果重（g）：181

SSC/TA（%）：12.15/0.35

花药颜色：紫红色（71B）

萼片状态：脱落/残存

内质综合评价：中

初花期：20190414

果实心室数：4～5

一年生枝颜色：黄褐色（165A）

盛花期：20190416

果肉质地：紧脆—疏松

幼叶颜色：红色

果实成熟期：9月中下旬（中晚）

果肉粗细：中粗

叶片形状：卵圆形

果实发育期（d）：147

汁液：中多

叶缘/刺芒：锐锯齿/有

营养生长天数（d）：217

黄酥梅　**Huangsumei**

原产青海民和，白梨地方品种。

果实类型：脆肉型

果实形状：圆形

单果重（g）：121

萼片状态：宿存/残存

果实心室数：4～5

果肉质地：松脆

果肉粗细：中粗

汁液：多

风味：甜酸稍涩

果肉硬度（kg/cm²）：6.43

SSC/TA（%）：13.12/0.54

内质综合评价：中

一年生枝颜色：黄褐色（166B）

幼叶颜色：绿微着红色

叶片形状：卵圆形

叶缘/刺芒：锐锯齿/有

每花序花朵数（朵）：7～8(7.4)

雄蕊数（枚）：18～27（22.7）

花药颜色：紫红色（61A）

初花期：20190415

盛花期：20190417

果实成熟期：8月底（中）

果实发育期（d）：131

营养生长天数（d）：232

黄县长把　Huangxian Changba

原产山东黄县，白梨地方品种；树势强，半开张，丰产性强，贮藏性强，抗病性强。

果实类型：脆肉型　　　　　风味：甜酸　　　　　　　每花序花朵数（朵）：5～8(6.5)

果实形状：长圆形　　　　　果肉硬度（kg/cm²）：6.95　雄蕊数（枚）：19～26（21.0）

单果重（g）：163　　　　　SSC/TA（%）：11.93/0.31　花药颜色：紫红色（71B）

萼片状态：脱落　　　　　　内质综合评价：中上　　　初花期：20190417

果实心室数：5　　　　　　一年生枝颜色：黄褐色（N199C）盛花期：20190419

果肉质地：松脆　　　　　　幼叶颜色：红着绿色　　　果实成熟期：9月中下旬（晚）

果肉粗细：较细　　　　　　叶片形状：卵圆形　　　　果实发育期（d）：150

汁液：多　　　　　　　　　叶缘/刺芒：锐锯齿/有　　营养生长天数（d）：228

鸡蛋罐　*Jidanguan*

原产河北青龙，白梨地方品种，2*n*=34；树势强，半开张，丰产性强，贮藏性强。

果实类型：脆肉型	风味：酸甜—甜	每花序花朵数（朵）：4～7(5.7)
果实形状：卵圆形	果肉硬度（kg/cm²）：5.31	雄蕊数（枚）：19～21（19.7）
单果重（g）：110	SSC/TA（%）：12.18/0.38	花药颜色：紫红色（64B）
萼片状态：脱落/残存	内质综合评价：中上	初花期：20190416
果实心室数：4～5	一年生枝颜色：黄褐色（175C）	盛花期：20190418
果肉质地：松脆	幼叶颜色：红微着绿色	果实成熟期：9月下旬（晚）
果肉粗细：较细	叶片形状：卵圆形	果实发育期（d）：154
汁液：中多	叶缘/刺芒：锐锯齿/有	营养生长天数（d）：225

济南小白梨　*Jinan Xiaobaili*

原产山东济南，白梨地方品种；树势较强，开张，丰产性强，贮藏性较强。

果实类型：脆肉型　　　　　　风味：酸甜　　　　　　　　每花序花朵数（朵）：5 ～ 8(6.7)

果实形状：长圆形　　　　　　果肉硬度（kg/cm²）：6.96　　雄蕊数（枚）：20 ～ 26（22.6）

单果重（g）：207　　　　　　SSC/TA（%）：11.51/0.18　　花药颜色：紫红色（61B）

萼片状态：脱落/残存　　　　　内质综合评价：中上　　　　初花期：20190419

果实心室数：4 ～ 5　　　　　一年生枝颜色：黄褐色（165A）盛花期：20190422

果肉质地：松脆　　　　　　　幼叶颜色：红微着绿色　　　果实成熟期：9月中旬（中）

果肉粗细：较细　　　　　　　叶片形状：卵圆形　　　　　果实发育期（d）：137

汁液：中多　　　　　　　　　叶缘/刺芒：锐锯齿/有　　　营养生长天数（d）：221

济南小黄梨　*Jinan Xiaohuangli*

原产山东济南，白梨地方品种；树势中庸，半开张，丰产性较强，贮藏性中等。

果实类型：脆肉型　　　　　风味：酸甜—甜　　　　　每花序花朵数（朵）：4 ~ 8(5.2)

果实形状：倒卵形　　　　　果肉硬度（kg/cm²）：4.54　　雄蕊数（枚）：19 ~ 28 (21.9)

单果重（g）：106　　　　　SSC/TA（%）：11.73/0.17　　花药颜色：紫红色（64A）

萼片状态：脱落　　　　　　内质综合评价：中上　　　　初花期：20190419

果实心室数：5 ~ 6　　　　一年生枝颜色：黄褐色（N199B）盛花期：20190422

果肉质地：松脆　　　　　　幼叶颜色：绿微着红色　　　果实成熟期：8月下旬（中）

果肉粗细：细　　　　　　　叶片形状：卵圆形　　　　　果实发育期（d）：129

汁液：多　　　　　　　　　叶缘/刺芒：锐锯齿/有　　　营养生长天数（d）：210

假把荏梨　**Jiaba Chili**

原产山东莱阳，白梨地方品种；树势强，丰产性中等，贮藏性较强。

果实类型：脆肉型	风味：酸甜	每花序花朵数（朵）：5～7(5.9)
果实形状：倒卵形	果肉硬度（kg/cm²）：5.7	雄蕊数（枚）：20～29（23.2）
单果重（g）：426	SSC/TA（%）：11.3/0.20	花药颜色：紫红色（70A）
萼片状态：宿存/脱落	内质综合评价：中	初花期：20170401（泰安）
果实心室数：5	一年生枝颜色：黄褐色（N170A）	盛花期：20170405（泰安）
果肉质地：松脆	幼叶颜色：红着绿色	果实成熟期：10月上旬（晚）
果肉粗细：中粗	叶片形状：卵圆形	果实发育期（d）：183
汁液：多	叶缘/刺芒：锐锯齿/有	营养生长天数（d）：241

斤梨 *Jinli*

原产山东费县，白梨地方品种；树势强，丰产性中等，贮藏性强。

果实类型：脆肉型

果实形状：卵圆形

单果重（g）：678

萼片状态：脱落

果实心室数：5

果肉质地：脆

果肉粗细：粗

汁液：多

风味：酸甜

果肉硬度（kg/cm²）：6.5

SSC/TA（%）：11.1/0.1

内质综合评价：中

一年生枝颜色：黄褐色（165B）

幼叶颜色：红着绿色

叶片形状：卵圆形

叶缘/刺芒：锐锯齿/有

每花序花朵数（朵）：5～7(6.2)

雄蕊数（枚）：28～39（33.1）

花药颜色：紫红色（71A）

初花期：20170327（泰安）

盛花期：20170401（泰安）

果实成熟期：9月中旬（晚）

果实发育期（d）：168

营养生长天数（d）：241

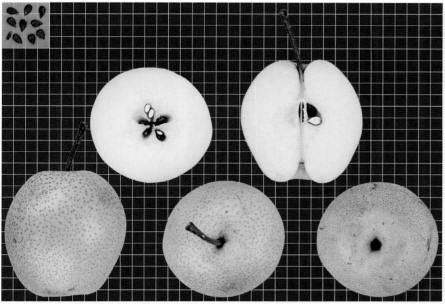

金把白　*Jinbabai*

原产四川简阳，白梨地方品种；树势较强，半开张，丰产性较强，贮藏性较强。

果实类型：脆肉型	风味：淡甜	每花序花朵数（朵）：5～8(6.3)
果实形状：倒卵形	果肉硬度（kg/cm²）：7.42	雄蕊数（枚）：20～22（20.3）
单果重（g）：248	SSC/TA（%）：11.89/0.09	花药颜色：紫红色（71B）
萼片状态：残存/宿存/脱落	内质综合评价：中	初花期：20190416
果实心室数：5	一年生枝颜色：黄褐色（166B）	盛花期：20190418
果肉质地：脆	幼叶颜色：红微着绿色	果实成熟期：10月上旬（晚）
果肉粗细：中粗	叶片形状：卵圆形	果实发育期（d）：168
汁液：多	叶缘/刺芒：锐锯齿/有	营养生长天数（d）：224

金川雪梨　**Jinchuan Xueli**

原产四川金川，白梨地方品种，2*n*=34；树势强，半开张，丰产性较强，贮藏性较强。

果实类型：脆肉型　　　　　　风味：淡甜　　　　　　　　每花序花朵数（朵）：5 ～ 8(6.1)

果实形状：葫芦形　　　　　　果肉硬度（kg/cm²）：6.33　　雄蕊数（枚）：19 ～ 22（21.0）

单果重（g）：311　　　　　　SSC/TA（%）：11.70/0.33　　花药颜色：紫红色（60A）

萼片状态：脱落/残存/宿存　　内质综合评价：中上　　　　　初花期：20190415

果实心室数：5　　　　　　　　一年生枝颜色：黄褐色（N199B）盛花期：20190417

果肉质地：松脆　　　　　　　幼叶颜色：绿着红色　　　　　果实成熟期：9月下旬（晚）

果肉粗细：较细　　　　　　　叶片形状：卵圆形　　　　　　果实发育期（d）：156

汁液：多　　　　　　　　　　叶缘/刺芒：锐锯齿/有　　　　营养生长天数（d）：229

金锤子　*Jinchuizi*

原产辽宁庄河，白梨地方品种，2*n*=34；树势较强，半开张，丰产性强，贮藏性强。

果实类型：脆肉型	风味：淡甜	每花序花朵数（朵）：6 ~ 9（7.8）
果实形状：纺锤形	果肉硬度（kg/cm²）：7.28	雄蕊数（枚）：19 ~ 21（20.0）
单果重（g）：162	SSC/TA（%）：11.21/0.17	花药颜色：紫红色（61B）
萼片状态：宿存/残存/脱落	内质综合评价：中上	初花期：20190413
果实心室数：4 ~ 5	一年生枝颜色：黄褐色（N199C）	盛花期：20190415
果肉质地：松脆	幼叶颜色：红微着绿色	果实成熟期：9月下旬（晚）
果肉粗细：较细	叶片形状：卵圆形	果实发育期（d）：153
汁液：中多	叶缘/刺芒：锐锯齿/有	营养生长天数（d）：225

金花梨　*Jinhuali*

原产四川金川，别名林檎梨，白梨地方品种；树势强，半开张，丰产性强，贮藏性强，抗病性强。

果实类型：脆肉型　　　　　　　风味：淡甜　　　　　　　　　每花序花朵数（朵）：4 ~ 8(5.9)

果实形状：长圆形　　　　　　　果肉硬度（kg/cm²）：5.20　　雄蕊数（枚）：19 ~ 22（20.3）

单果重（g）：308　　　　　　　SSC/TA（%）：10.30/0.07　　花药颜色：紫红色（71A）

萼片状态：脱落/残存/宿存　　　内质综合评价：中上　　　　　初花期：20190417

果实心室数：5　　　　　　　　 一年生枝颜色：黄褐色（N199B）盛花期：20190420

果肉质地：松脆　　　　　　　　幼叶颜色：红着绿色　　　　　果实成熟期：9月下旬（晚）

果肉粗细：较细　　　　　　　　叶片形状：卵圆形　　　　　　果实发育期（d）：157

汁液：多　　　　　　　　　　　叶缘/刺芒：锐锯齿/有　　　　营养生长天数（d）：226

金梨　*Jinli*

原产山西万荣，白梨地方品种，2*n*=34；树势较强，半开张，丰产性强。

果实类型：脆肉型	风味：甜酸	每花序花朵数（朵）：4～7（5.2）
果实形状：长圆形	果肉硬度（kg/cm²）：7.13	雄蕊数（枚）：25～33（28.9）
单果重（g）：409	SSC/TA（%）：12.15/0.42	花药颜色：紫红色（61A）
萼片状态：脱落	内质综合评价：中上	初花期：20190418
果实心室数：5	一年生枝颜色：黄褐色（166B）	盛花期：20190420
果肉质地：松脆	幼叶颜色：红色	果实成熟期：9月下旬（晚）
果肉粗细：中粗	叶片形状：卵圆形	果实发育期（d）：151
汁液：多	叶缘/刺芒：锐锯齿/有	营养生长天数（d）：222

金酥糖 Jinsutang

原产河北青龙，白梨地方品种；树势较强，半开张，丰产性强，贮藏性强。

果实类型：脆肉型

果实形状：圆形

单果重（g）：80

萼片状态：残存/脱落/宿存

果实心室数：4～5

果肉质地：松脆

果肉粗细：中粗

汁液：中多

风味：淡甜

果肉硬度（kg/cm²）：9.03

SSC/TA（%）：13.38/0.17

内质综合评价：中

一年生枝颜色：黄褐色（177A）

幼叶颜色：绿微着红色

叶片形状：卵圆形

叶缘/刺芒：锐锯齿/有

每花序花朵数（朵）：4～7(6.0)

雄蕊数（枚）：18～22（19.9）

花药颜色：紫红色（61A）

初花期：20190416

盛花期：20190418

果实成熟期：9月底（晚）

果实发育期（d）：156

营养生长天数（d）：216

金柱子　*Jinzhuzi*

原产甘肃兰州，白梨地方品种；树势强，开张，丰产性强，贮藏性中等。

果实类型：脆肉型　　　　　　风味：酸甜　　　　　　　　每花序花朵数（朵）：6～8(6.8)

果实形状：倒卵圆　　　　　　果肉硬度（kg/cm²）：5.29　　雄蕊数（枚）：19～22（20.2）

单果重（g）：170　　　　　　SSC/TA（%）：11.89/0.26　　花药颜色：紫红色（64A）

萼片状态：宿存/残存　　　　　内质综合评价：中上　　　　　初花期：20190414

果实心室数：5　　　　　　　　一年生枝颜色：黄褐色（166A）盛花期：20190416

果肉质地：疏松　　　　　　　　幼叶颜色：绿着红色　　　　　果实成熟期：9月底（晚）

果肉粗细：较细　　　　　　　　叶片形状：卵圆形　　　　　　果实发育期（d）：159

汁液：多　　　　　　　　　　　叶缘/刺芒：锐锯齿/有　　　　营养生长天数（d）：222

泾川 **Jingchuan**

原产甘肃泾川，白梨地方品种；树势中庸，半开张，丰产性较强，贮藏性较强。

果实类型：脆肉型

果实形状：纺锤形

单果重（g）：315

萼片状态：宿存/残存

果实心室数：5

果肉质地：紧脆—疏松

果肉粗细：中粗

汁液：多

风味：甜酸

果肉硬度（kg/cm^2）：7.95

SSC/TA（%）：11.83/0.58

内质综合评价：中

一年生枝颜色：黄褐色（166A）

幼叶颜色：红微着绿色

叶片形状：卵圆形

叶缘/刺芒：锐锯齿/有

每花序花朵数（朵）：5～8(5.9)

雄蕊数（枚）：22～35（27.5）

花药颜色：紫红色（64A）

初花期：20190419

盛花期：20190422

果实成熟期：10月上旬（晚）

果实发育期（d）：165

营养生长天数（d）：228

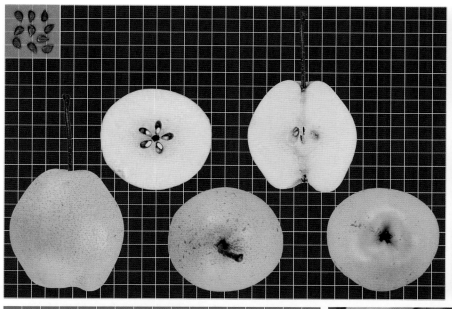

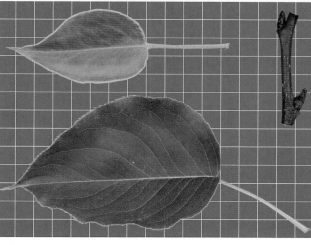

兰州冬果　Lanzhou Dongguo

原产甘肃兰州，白梨地方品种，2n=34；树势强，半开张，丰产性强，贮藏性较强。

果实类型：脆肉型　　　　　　风味：甜酸　　　　　　　　　每花序花朵数（朵）：5 ~ 7(5.9)

果实形状：近圆形　　　　　　果肉硬度（kg/cm²）：6.88　　雄蕊数（枚）：20 ~ 28（23.5）

单果重（g）：245　　　　　　SSC/TA（%）：13.54/0.60　　花药颜色：紫红色（61A）

萼片状态：脱落/残存　　　　　内质综合评价：中　　　　　　初花期：20190416

果实心室数：5　　　　　　　　一年生枝颜色：黄褐色（166B）盛花期：20190418

果肉质地：脆　　　　　　　　　幼叶颜色：红色　　　　　　　果实成熟期：9月下旬（晚）

果肉粗细：中粗　　　　　　　　叶片形状：卵圆形　　　　　　果实发育期（d）：156

汁液：多　　　　　　　　　　　叶缘/刺芒：锐锯齿/有　　　　营养生长天数（d）：225

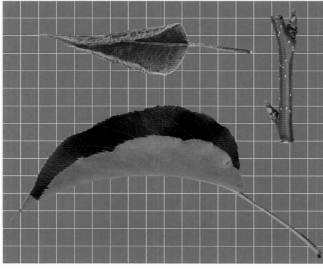

礼县新八盘 Lixian Xinbapan

原产甘肃礼县，白梨地方品种。树势较强，直立，丰产性中等。

果实类型：脆肉型

果实形状：纺锤形

单果重（g）：241

萼片状态：宿存/残存/脱落

果实心室数：5

果肉质地：脆

果肉粗细：细

汁液：多

风味：酸稍涩

果肉硬度（kg/cm²）：7.38

SSC/TA（%）：14.83/0.68

内质综合评价：中

一年生枝颜色：黄褐色（N199B）

幼叶颜色：红微着绿色

叶片形状：椭圆形

叶缘/刺芒：锐锯齿/有

每花序花朵数（朵）：6～7(6.5)

雄蕊数（枚）：23～30（26.5）

花药颜色：淡紫色（75B）

初花期：20190416

盛花期：20190418

果实成熟期：9月下旬（晚）

果实发育期（d）：157

营养生长天数（d）：240

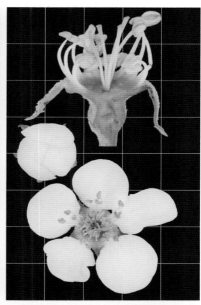

连云港黄梨　Lianyungang Huangli

原产江苏连云港，白梨地方品种；树势较强，半开张，丰产性强，贮藏性较强。

果实类型：脆肉型	风味：酸甜	每花序花朵数（朵）：6 ~ 7(6.7)
果实形状：长圆形	果肉硬度（kg/cm²）：7.69	雄蕊数（枚）：18 ~ 30（21.1）
单果重（g）：232	SSC/TA（%）：12.30/0.20	花药颜色：紫红色（71A）
萼片状态：脱落/残存	内质综合评价：上	初花期：20190418
果实心室数：3 ~ 5	一年生枝颜色：黄褐色（165A）	盛花期：20190420
果肉质地：松脆	幼叶颜色：红微着绿色	果实成熟期：9月中旬（中）
果肉粗细：细	叶片形状：卵圆形	果实发育期（d）：140
汁液：中多	叶缘/刺芒：锐锯齿/有	营养生长天数（d）：224

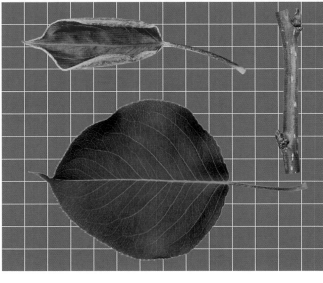

六瓣　Liuban

原产辽宁建昌，白梨地方品种，2*n*=34；树势强，半开张，丰产性较强，贮藏性较强。

果实类型：脆肉型　　　　　风味：酸甜　　　　　　　每花序花朵数（朵）：6～9(7.1)

果实形状：近圆形　　　　　果肉硬度（kg/cm²）：7.64　雄蕊数（枚）：20～24（21.44）

单果重（g）：196　　　　　SSC/TA（%）：13.04/0.30　花药颜色：紫红色（61C）

萼片状态：残存/脱落/宿存　内质综合评价：中　　　　初花期：20190414

果实心室数：4～5　　　　　一年生枝颜色：黄褐色（165A）盛花期：20190416

果肉质地：脆　　　　　　　幼叶颜色：红着绿色　　　　果实成熟期：9月下旬（晚）

果肉粗细：中粗　　　　　　叶片形状：卵圆形　　　　　果实发育期（d）：154

汁液：中多　　　　　　　　叶缘/刺芒：锐锯齿/有　　　营养生长天数（d）：225

六棱　Liuleng

原产辽宁，白梨地方品种；树势强，半开张，丰产性较强，贮藏性强。

果实类型：脆肉型

果实形状：圆形

单果重（g）：131

萼片状态：脱落/残存

果实心室数：4～5

果肉质地：松脆

果肉粗细：中粗

汁液：多

风味：淡甜

果肉硬度（kg/cm²）：7.07

SSC/TA（%）：12.93/0.14

内质综合评价：中

一年生枝颜色：黄褐色（175B）

幼叶颜色：绿微着红色

叶片形状：卵圆形

叶缘/刺芒：锐锯齿/有

每花序花朵数（朵）：5～8(6.6)

雄蕊数（枚）：20～22（20.7）

花药颜色：紫红色（61A）

初花期：20190413

盛花期：20190415

果实成熟期：9月下旬（晚）

果实发育期（d）：152

营养生长天数（d）：210

龙灯早梨　Longdeng Zaoli

原产四川金川，别名早大梨，白梨地方品种；树势强，直立，丰产性强，贮藏性中等。

果实类型：脆肉型

果实形状：长圆形/倒卵形

单果重（g）：218

萼片状态：脱落/宿存/残存

果实心室数：5

果肉质地：松脆

果肉粗细：较细

汁液：多

风味：酸甜

果肉硬度（kg/cm^2）：6.22

SSC/TA（%）：12.57/0.23

内质综合评价：中上

一年生枝颜色：黄褐色（N199B）

幼叶颜色：绿着红色

叶片形状：卵圆形

叶缘/刺芒：锐锯齿/有

每花序花朵数（朵）：5～9(6.8)

雄蕊数（枚）：20～26（21.6）

花药颜色：紫红色（61B）

初花期：20190418

盛花期：20190420

果实成熟期：9月上旬（中）

果实发育期（d）：137

营养生长天数（d）：238

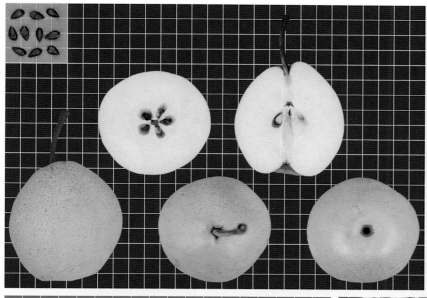

龙口恩梨　Longkou Enli

原产山东龙口，白梨地方品种；树势强，丰产性中等，贮藏性强。

果实类型：脆肉型
果实形状：倒卵形
单果重（g）：341
萼片状态：脱落
果实心室数：4 ～ 5
果肉质地：松脆
果肉粗细：较细
汁液：多

风味：甜酸
果肉硬度（kg/cm²）：6.1
SSC/TA（%）：11.3/0.2
内质综合评价：中上
一年生枝颜色：黄褐色（N170A）
幼叶颜色：绿着红色
叶片形状：卵圆形
叶缘/刺芒：锐锯齿/有

每花序花朵数（朵）：7 ～ 9(7.6)
雄蕊数（枚）：21 ～ 28（25.1）
花药颜色：紫红色（71B）
初花期：20170328（泰安）
盛花期：20170401（泰安）
果实成熟期：9月中旬（晚）
果实发育期（d）：167
营养生长天数（d）：241

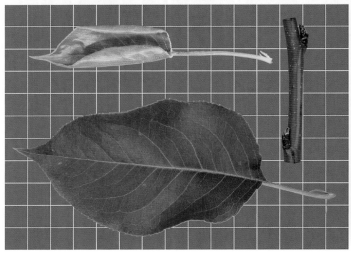

龙口凸梗梨　*Longkou Tugengli*

原产山东龙口，白梨地方品种；树势强，丰产性中等，贮藏性弱。

果实类型：脆肉型

果实形状：近圆形

单果重（g）：284

萼片状态：宿存

果实心室数：5

果肉质地：疏松

果肉粗细：粗

汁液：中多

风味：淡甜

果肉硬度（kg/cm^2）：5.6

SSC/TA（%）：10.8/0.1

内质综合评价：中

一年生枝颜色：黄褐色（167A）

幼叶颜色：绿微着红色

叶片形状：卵圆形

叶缘/刺芒：锐锯齿/有

每花序花朵数（朵）：6～7(6.3)

雄蕊数（枚）：19～25（21.3）

花药颜色：淡紫红（72D）

初花期：20170326（泰安）

盛花期：20170330（泰安）

果实成熟期：9月中旬（晚）

果实发育期（d）：167

营养生长天数（d）：247

陇西红金瓶 Longxi Hongjinping

原产甘肃陇西，白梨地方品种；树势较强，直立，丰产性强。

果实类型：脆肉型

果实形状：近圆形

单果重（g）：218

萼片状态：脱落/宿存/残存

果实心室数：5～7

果肉质地：松脆

果肉粗细：较细

汁液：多

风味：甜酸稍涩

果肉硬度（kg/cm²）：5.64

SSC/TA（%）：13.38/0.46

内质综合评价：中上

一年生枝颜色：红褐色（178A）

幼叶颜色：绿着红色

叶片形状：卵圆形

叶缘/刺芒：锐锯齿/有

每花序花朵数（朵）：7～11(8.9)

雄蕊数（枚）：29～36（32.1）

花药颜色：紫红色（70B）

初花期：20190421

盛花期：20190423

果实成熟期：9月中旬（中晚）

果实发育期（d）：146

营养生长天数（d）：208

懋功　**Maogong**

原产四川小金，白梨地方品种；树势强，半开张，丰产性强，贮藏性较强。

果实类型：脆肉型　　　　　风味：淡甜　　　　　每花序花朵数（朵）：5～7(6.1)

果实形状：卵圆形　　　　　果肉硬度（kg/cm²）：6.23　　雄蕊数（枚）：22～27（23.9）

单果重（g）：159　　　　　SSC/TA（%）：10.35/0.09　　花药颜色：紫红色（71A）

萼片状态：宿存　　　　　　内质综合评价：中上　　　　初花期：20190417

果实心室数：4～5　　　　　一年生枝颜色：黄褐色（N199C）　盛花期：20190419

果肉质地：松脆　　　　　　幼叶颜色：红微着绿色　　　　果实成熟期：9月中旬（中）

果肉粗细：较细　　　　　　叶片形状：卵圆形　　　　　　果实发育期（d）：140

汁液：多　　　　　　　　　叶缘/刺芒：锐锯齿/有　　　　营养生长天数（d）：232

蜜梨　Mili

原产河北昌黎，白梨地方品种，2*n*=34；树势强，半开张，丰产性强，贮藏性强，抗黑星病。

果实类型：脆肉型	风味：淡甜	每花序花朵数（朵）：4～7(5.9)
果实形状：长圆形	果肉硬度（kg/cm²）：5.72	雄蕊数（枚）：20～22（20.2）
单果重（g）：118	SSC/TA（%）：11.87/0.26	花药颜色：紫红色（61B）
萼片状态：脱落/残存/宿存	内质综合评价：中上	初花期：20190416
果实心室数：4～5	一年生枝颜色：黄褐色（166B）	盛花期：20190418
果肉质地：松脆	幼叶颜色：红微着绿色	果实成熟期：9月下旬（晚）
果肉粗细：较细	叶片形状：卵圆形	果实发育期（d）：156
汁液：多	叶缘/刺芒：锐锯齿/有	营养生长天数（d）：222

蜜酥　Misu

原产江苏泗阳，白梨地方品种；树势中庸，直立，丰产性强，贮藏性较强。

果实类型：脆肉型

果实形状：倒卵形/长圆形

单果重（g）：153

萼片状态：脱落

果实心室数：5

果肉质地：松脆

果肉粗细：中粗

汁液：多

风味：酸甜—甜

果肉硬度（kg/cm²）：7.96

SSC/TA（%）：12.66/0.25

内质综合评价：中

一年生枝颜色：黄褐色（165A）

幼叶颜色：红微着绿色

叶片形状：卵圆形

叶缘/刺芒：锐锯齿/有

每花序花朵数（朵）：5～9(7.4)

雄蕊数（枚）：20～22（20.4）

花药颜色：淡紫色（75B）

初花期：20190415

盛花期：20190417

果实成熟期：10月上中旬（晚）

果实发育期（d）：176

营养生长天数（d）：231

棉梨　Mianli

原产山东平邑，白梨地方品种；树势中庸，直立，丰产性强，贮藏性强。

果实类型：脆肉型　　　　　风味：淡甜　　　　　　　　　每花序花朵数（朵）：3～7(5.5)
果实形状：近圆形　　　　　果肉硬度（kg/cm²）：12.80　雄蕊数（枚）：25～32（27.9）
单果重（g）：166　　　　　SSC/TA（%）：12.72/0.08　花药颜色：紫色（N78C）
萼片状态：残存/宿存/脱落　内质综合评价：中下　　　　初花期：20190418
果实心室数：5　　　　　　一年生枝颜色：黄褐色（165A）盛花期：20190420
果肉质地：紧脆　　　　　　幼叶颜色：红着绿色　　　　果实成熟期：10月上旬（晚）
果肉粗细：粗　　　　　　　叶片形状：卵圆形　　　　　果实发育期（d）：167
汁液：少　　　　　　　　　叶缘/刺芒：锐锯齿/有　　　营养生长天数（d）：220

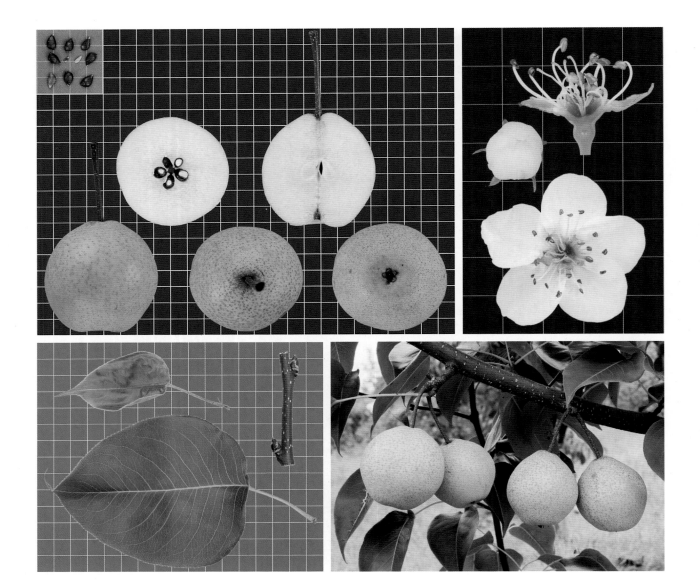

宁阳冠梨　Ningyang Guanli

原产山东宁阳，白梨地方品种；树势强，丰产性强，贮藏性强。

果实类型：脆肉型

果实形状：长圆形

单果重（g）：375

萼片状态：脱落

果实心室数：5

果肉质地：脆

果肉粗细：中粗

汁液：多

风味：微酸

果肉硬度（kg/cm²）：6.5

SSC/TA（%）：11.5/0.2

内质综合评价：中上

一年生枝颜色：黄褐色（166B）

幼叶颜色：绿着红色

叶片形状：卵圆形

叶缘/刺芒：锐锯齿/有

每花序花朵数（朵）：6～9(7.1)

雄蕊数（枚）：19～33（26.6）

花药颜色：紫红色（64A）

初花期：20170331（泰安）

盛花期：20170404（泰安）

果实成熟期：9月中旬（晚）

果实发育期（d）：166

营养生长天数（d）：239

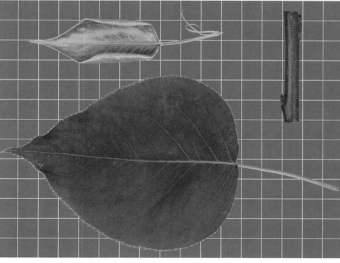

平顶脆　Pingdingcui

原产河北昌黎，白梨地方品种，2*n*=34；树势强，半开张，丰产性较强，贮藏性强。

果实类型：脆肉型	风味：甜酸	每花序花朵数（朵）：6～9(7.4)
果实形状：近圆形	果肉硬度（kg/cm²）：8.66	雄蕊数（枚）：20～25（20.9）
单果重（g）：150	SSC/TA（%）：11.98/0.78	花药颜色：紫红色（71C）
萼片状态：脱落	内质综合评价：中	初花期：20190417
果实心室数：4～5	一年生枝颜色：红褐色（176A）	盛花期：20190419
果肉质地：紧脆	幼叶颜色：红微着绿色	果实成熟期：9月中旬（中）
果肉粗细：中粗	叶片形状：卵圆形	果实发育期（d）：144
汁液：多	叶缘/刺芒：锐锯齿/有	营养生长天数（d）：213

苹果梨 Pingguoli

白梨地方品种，在吉林龙井、延吉等地有大量栽培，2*n*=34；树势较强，半开张，丰产性强，贮藏性强。

果实类型：脆肉型 | 风味：酸甜 | 每花序花朵数（朵）：7 ~ 11(8.7)
果实形状：扁圆形 | 果肉硬度（kg/cm²）：6.48 | 雄蕊数（枚）：20 ~ 27（21.5）
单果重（g）：201 | SSC/TA（%）：12.00/0.24 | 花药颜色：紫红色（71B）
萼片状态：宿存/残存 | 内质综合评价：上 | 初花期：20190416
果实心室数：4 ~ 5 | 一年生枝颜色：红褐色（176A） | 盛花期：20190418
果肉质地：松脆 | 幼叶颜色：红微着绿色 | 果实成熟期：9月下旬（晚）
果肉粗细：细 | 叶片形状：卵圆形 | 果实发育期（d）：152
汁液：多 | 叶缘/刺芒：锐锯齿/有 | 营养生长天数（d）：216

栖霞大香水　**Qixia Daxiangshui**

原产山东栖霞，白梨地方品种；树势较强，半开张，丰产性强。

果实类型：脆肉型　　　　　风味：甜酸　　　　　　　　每花序花朵数（朵）：4～8(6.2)

果实形状：长圆形　　　　　果肉硬度（kg/cm²）：6.74　　雄蕊数（枚）：18～20（19.8）

单果重（g）：148　　　　　SSC/TA（%）：12.95/0.25　　花药颜色：深紫红（59A）

萼片状态：脱落　　　　　　内质综合评价：中上　　　　初花期：20190417

果实心室数：5　　　　　　一年生枝颜色：黄褐色（166B）盛花期：20190419

果肉质地：松脆　　　　　　幼叶颜色：红微着绿色　　　果实成熟期：9月中下旬（中）

果肉粗细：较细　　　　　　叶片形状：卵圆形　　　　　果实发育期（d）：143

汁液：多　　　　　　　　　叶缘/刺芒：锐锯齿/有　　　营养生长天数（d）：222

栖霞小香水　**Qixia Xiaoxiangshui**

原产山东栖霞，白梨地方品种；树势较强，半开张，丰产性强，贮藏性强。

果实类型：脆肉型	风味：甜酸	每花序花朵数（朵）：4～7(5.5)
果实形状：长圆形	果肉硬度（kg/cm²）：7.39	雄蕊数（枚）：20～29（23.4）
单果重（g）：137	SSC/TA（%）：11.49/0.42	花药颜色：紫红色（61B）
萼片状态：宿存/脱落/残存	内质综合评价：中上	初花期：20190415
果实心室数：5	一年生枝颜色：黄褐色（N199B）	盛花期：20190417
果肉质地：松脆	幼叶颜色：绿着红色	果实成熟期：9月下旬（晚）
果肉粗细：较细	叶片形状：卵圆形	果实发育期（d）：151
汁液：多	叶缘/刺芒：锐锯齿/有	营养生长天数（d）：226

棋盘香梨　**Qipan Xiangli**

原产新疆叶城，别名棋盘乃希木特、无籽黄，白梨地方品种，2*n*=34；树势较强，丰产性较强，贮藏性较强。

果实类型：脆肉型	风味：甜	每花序花朵数（朵）：3 ～ 7(5.2)
果实形状：圆形	果肉硬度（kg/cm²）：6.80	雄蕊数（枚）：20 ～ 24（20.7）
单果重（g）：128	SSC/TA（%）：11.87/0.21	花药颜色：淡紫红（64D）
萼片状态：宿存/残存	内质综合评价：中	初花期：20190416
果实心室数：4 ～ 5	一年生枝颜色：紫褐色（187A）	盛花期：20190418
果肉质地：疏松	幼叶颜色：绿着红色	果实成熟期：9月上旬（中）
果肉粗细：中粗	叶片形状：卵圆形	果实发育期（d）：133
汁液：中多	叶缘/刺芒：锐锯齿/有	营养生长天数（d）：212

沁源梨　Qinyuanli

原产山西沁源，白梨地方品种；树势强，半开张，丰产性中等。

果实类型：脆肉型　　　　　风味：甜酸　　　　　　　　每花序花朵数（朵）：6～9(7.7)

果实形状：近圆形　　　　　果肉硬度（kg/cm²）：8.08　　雄蕊数（枚）：19～20（19.6）

单果重（g）：166　　　　　SSC/TA（%）：11.34/0.39　　花药颜色：紫红色（64A）

萼片状态：宿存/脱落　　　　内质综合评价：中　　　　　初花期：20190417

果实心室数：5　　　　　　 一年生枝颜色：黄褐色（175A）盛花期：20190419

果肉质地：松脆　　　　　　 幼叶颜色：绿微着红色　　　　果实成熟期：9月初（中）

果肉粗细：中粗　　　　　　 叶片形状：卵圆形　　　　　　果实发育期（d）：133

汁液：多　　　　　　　　　 叶缘/刺芒：锐锯齿/有　　　　营养生长天数（d）：213

沁源香水梨　Qinyuan Xiangshuili

原产山西沁源，白梨地方品种；树势较强，直立，丰产性强。

果实类型：脆肉型
果实形状：长圆形
单果重（g）：495
萼片状态：脱落
果实心室数：4～5
果肉质地：松脆
果肉粗细：中粗
汁液：中多

风味：淡甜
果肉硬度（kg/cm^2）：8.94
SSC/TA（%）：12.59/0.24
内质综合评价：中
一年生枝颜色：黄褐色（165A）
幼叶颜色：红微着绿色
叶片形状：卵圆形
叶缘/刺芒：锐锯齿/有

每花序花朵数（朵）：4～7(6.1)
雄蕊数（枚）：25～32（27.7）
花药颜色：深紫红（59B）
初花期：20190418
盛花期：20190420
果实成熟期：9月上旬（中）
果实发育期（d）：136
营养生长天数（d）：228

青龙波梨　Qinglong Boli

原产河北青龙，白梨地方品种，2*n*=34；树势强，开张，丰产性强，贮藏性较强。

果实类型：脆肉型
果实形状：倒卵形
单果重（g）：117
萼片状态：宿存/脱落
果实心室数：4～5
果肉质地：松脆
果肉粗细：较细
汁液：多

风味：甜酸
果肉硬度（kg/cm²）：5.97
SSC/TA（%）：11.36/0.29
内质综合评价：中
一年生枝颜色：黄褐色（N199C）
幼叶颜色：红着绿色
叶片形状：卵圆形
叶缘/刺芒：锐锯齿/有

每花序花朵数（朵）：3～10（7.4）
雄蕊数（枚）：18～21（19.8）
花药颜色：深紫红（59A）
初花期：20190418
盛花期：20190421
果实成熟期：8月底（中）
果实发育期（d）：127
营养生长天数（d）：214

青龙甜 Qinglongtian

原产河北青龙，白梨地方品种，2n=34；树势较强，半开张，丰产性较强，贮藏性强。

果实类型：脆肉型	风味：甜	每花序花朵数（朵）：4～7（5.4）
果实形状：倒卵形	果肉硬度（kg/cm²）：6.60	雄蕊数（枚）：20～23（20.9）
单果重（g）：157	SSC/TA（%）：12.13/0.14	花药颜色：紫红色（71B）
萼片状态：脱落	内质综合评价：中上	初花期：20190419
果实心室数：4～5	一年生枝颜色：黄褐色（165A）	盛花期：20190421
果肉质地：松脆	幼叶颜色：绿着红色	果实成熟期：9月中旬（中）
果肉粗细：细	叶片形状：卵圆形	果实发育期（d）：144
汁液：多	叶缘/刺芒：锐锯齿/有	营养生长天数（d）：218

青面　Qingmian

原产四川金川，白梨地方品种；树势强，半开张，丰产性强，贮藏性中等。

果实类型：脆肉型　　　　　风味：甜　　　　　　　　每花序花朵数（朵）：5～8(6.5)

果实形状：倒卵形/葫芦形　　果肉硬度（kg/cm²）：6.72　雄蕊数（枚）：19～27（21.7）

单果重（g）：258　　　　　SSC/TA（%）：13.22/0.21　花药颜色：深紫红（59B）

萼片状态：脱落　　　　　　内质综合评价：中　　　　　初花期：20190416

果实心室数：5　　　　　　一年生枝颜色：黄褐色（N199C）盛花期：20190418

果肉质地：松脆　　　　　　幼叶颜色：绿着红色　　　　果实成熟期：9月下旬（晚）

果肉粗细：中粗　　　　　　叶片形状：卵圆形　　　　　果实发育期（d）：156

汁液：中多　　　　　　　　叶缘/刺芒：锐锯齿/有　　　营养生长天数（d）：233

青皮糙　Qingpicao

原产安徽砀山，别名兔头糙，2*n*=34，白梨地方品种；树势较强，直立，丰产性强，贮藏性强。

果实类型：脆肉型	风味：甜	每花序花朵数（朵）：6 ~ 8(6.3)
果实形状：近圆形	果肉硬度（kg/cm²）：8.54	雄蕊数（枚）：18 ~ 22（20.4）
单果重（g）：136	SSC/TA（%）：12.52/0.25	花药颜色：淡粉色（65B）
萼片状态：宿存	内质综合评价：中上	初花期：20190422
果实心室数：5	一年生枝颜色：黄褐色（N199C）	盛花期：20190425
果肉质地：松脆	幼叶颜色：绿着红色	果实成熟期：9月下旬（晚）
果肉粗细：细	叶片形状：卵圆形	果实发育期（d）：155
汁液：中多	叶缘/刺芒：锐锯齿/有	营养生长天数（d）：223

青皮蜂蜜　Qingpi Fengmi

原产四川泸定，白梨地方品种；树势中庸，直立，丰产性强，贮藏性极强。

果实类型：脆肉型	风味：甜	每花序花朵数（朵）：5～7(5.5)
果实形状：倒卵形	果肉硬度（kg/cm²）：7.41	雄蕊数（枚）：19～26（22.0）
单果重（g）：174	SSC/TA（%）：12.42/0.13	花药颜色：紫色（N78B）
萼片状态：脱落/宿存	内质综合评价：中	初花期：20190418
果实心室数：5	一年生枝颜色：黄褐色（175A）	盛花期：20190421
果肉质地：松脆	幼叶颜色：红微着绿色	果实成熟期：9月下旬（晚）
果肉粗细：粗	叶片形状：卵圆形	果实发育期（d）：157
汁液：中多	叶缘/刺芒：锐锯齿/有	营养生长天数（d）：219

秋白梨　**Qiubaili**

原产河北东北部及辽宁西部，白梨地方品种，2*n*=34；树势较强，半开张，丰产性较强，贮藏性强。

果实类型：脆肉型　　　　　风味：酸甜—甜　　　　　　每花序花朵数（朵）：5～8(6.9)

果实形状：圆形　　　　　　果肉硬度（kg/cm²）：10.12　雄蕊数（枚）：20～23（20.8）

单果重（g）：157　　　　　SSC/TA（%）：12.21/0.49　花药颜色：紫红色（61B）

萼片状态：脱落　　　　　　内质综合评价：上　　　　　初花期：20190416

果实心室数：4～5　　　　　一年生枝颜色：黄褐色（177A）盛花期：20190418

果肉质地：脆　　　　　　　幼叶颜色：绿着红色　　　　果实成熟期：9月下旬（晚）

果肉粗细：细　　　　　　　叶片形状：卵圆形　　　　　果实发育期（d）：157

汁液：多　　　　　　　　　叶缘/刺芒：锐锯齿/有　　　营养生长天数（d）：211

秋千 Qiuqian

原产辽宁北票，白梨地方品种，2*n*=34；树势较强，半开张，丰产性强，贮藏性较强。

果实类型：脆肉型　　　　　　　风味：甜酸　　　　　　　　　每花序花朵数（朵）：4～7(5.7)

果实形状：长圆形　　　　　　　果肉硬度（kg/cm²）：7.43　　雄蕊数（枚）：20～21（20.1）

单果重（g）：242　　　　　　　SSC/TA（%）：12.17/0.28　　花药颜色：紫红色（60A）

萼片状态：脱落/残存　　　　　　内质综合评价：中　　　　　　初花期：20190418

果实心室数：5　　　　　　　　　一年生枝颜色：黄褐色（N199C）盛花期：20190420

果肉质地：松脆　　　　　　　　　幼叶颜色：红微着绿色　　　　果实成熟期：9月底（晚）

果肉粗细：中粗　　　　　　　　　叶片形状：卵圆形　　　　　　果实发育期（d）：158

汁液：中多　　　　　　　　　　　叶缘/刺芒：锐锯齿/有　　　　营养生长天数（d）：224

乳山桑皮梨　Rushan Sangpili

原产山东乳山，白梨地方品种；树势强，丰产性中等，贮藏性强。

果实类型：脆肉型
果实形状：倒卵形
单果重（g）：387
萼片状态：残存/宿存
果实心室数：5
果肉质地：脆
果肉粗细：中粗
汁液：多

风味：甜
果肉硬度（kg/cm²）：6.7
SSC/TA（%）：11.8/0.1
内质综合评价：中上
一年生枝颜色：绿黄色（199A）
幼叶颜色：红微着绿色
叶片形状：卵圆形
叶缘/刺芒：锐锯齿/有

每花序花朵数（朵）：6～8(6.7)
雄蕊数（枚）：24～33（27.7）
花药颜色：紫红色（64B）
初花期：20170328（泰安）
盛花期：20170402（泰安）
果实成熟期：9月上旬（晚）
果实发育期（d）：156
营养生长天数（d）：241

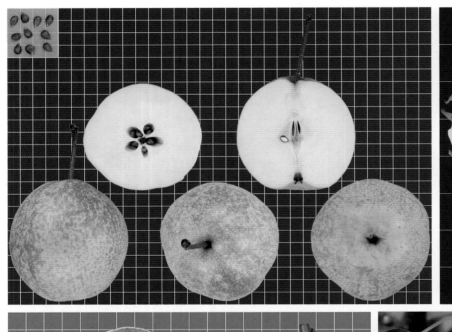

乳山小猪嘴　Rushan Xiaozhuzui

原产山东乳山，白梨地方品种；树势强，丰产性强，贮藏性强。

果实类型：脆肉型

果实形状：圆锥形

单果重（g）：267

萼片状态：脱落

果实心室数：5

果肉质地：脆

果肉粗细：粗

汁液：多

风味：酸甜

果肉硬度（kg/cm²）：6.7

SSC/TA（%）：11.2/0.2

内质综合评价：中

一年生枝颜色：红褐色（178B）

幼叶颜色：绿微着红色

叶片形状：卵圆形

叶缘/刺芒：锐锯齿/有

每花序花朵数（朵）：7～9(8.3)

雄蕊数（枚）：21～32（28.3）

花药颜色：紫红色（71A）

初花期：20170331（泰安）

盛花期：20170404（泰安）

果实成熟期：9月中旬（晚）

果实发育期（d）：166

营养生长天数（d）：236

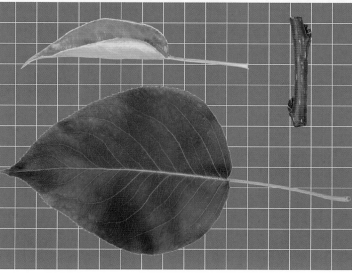

软把　Ruanba

原产辽宁，白梨地方品种；树势较强，半开张，丰产性较强，贮藏性强。

果实类型：脆肉型

果实形状：卵圆形

单果重（g）：135

萼片状态：脱落/残存/宿存

果实心室数：5

果肉质地：松脆

果肉粗细：较细

汁液：多

风味：甜酸—甜

果肉硬度（kg/cm²）：6.44

SSC/TA（%）：11.58/0.35

内质综合评价：中上

一年生枝颜色：黄褐色（165A）

幼叶颜色：红着绿色

叶片形状：卵圆形

叶缘/刺芒：锐锯齿/有

每花序花朵数（朵）：5~9(7.0)

雄蕊数（枚）：18~20（19.6）

花药颜色：紫红色（61C）

初花期：20190414

盛花期：20190416

果实成熟期：9月底（晚）

果实发育期（d）：157

营养生长天数（d）：225

软枝青　Ruanzhiqing

原产江苏睢宁，白梨地方品种；树势中庸，直立，丰产性较强。

果实类型：脆肉型

果实形状：近圆形

单果重（g）：223

萼片状态：脱落/残存/宿存

果实心室数：4～5

果肉质地：松脆

果肉粗细：较细

汁液：多

风味：淡甜

果肉硬度（kg/cm²）：6.07

SSC/TA（%）：10.68/0.24

内质综合评价：中上

一年生枝颜色：黄褐色（N170A）

幼叶颜色：红微着绿色

叶片形状：卵圆形

叶缘/刺芒：锐锯齿/有

每花序花朵数（朵）：4～7(4.8)

雄蕊数（枚）：17～24（19.4）

花药颜色：紫红色（71A）

初花期：20190416

盛花期：20190418

果实成熟期：9月中下旬（中晚）

果实发育期（d）：148

营养生长天数（d）：219

洒金 Sajin

原陕西省果树研究所引进，白梨地方品种；树势较强，半开张，丰产性较强，贮藏性极强。

果实类型：脆肉型

果实形状：近圆形

单果重（g）：299

萼片状态：残存/宿存/脱落

果实心室数：5

果肉质地：松脆

果肉粗细：中粗

汁液：中多

风味：甜

果肉硬度（kg/cm²）：7.11

SSC/TA（%）：12.20/0.09

内质综合评价：中

一年生枝颜色：黄褐色（165A）

幼叶颜色：绿微着红色

叶片形状：卵圆形

叶缘/刺芒：锐锯齿/有

每花序花朵数（朵）：4～9（6.1）

雄蕊数（枚）：19～23（21.0）

花药颜色：淡紫色（75A）

初花期：20190417

盛花期：20190419

果实成熟期：10月上中旬（晚）

果实发育期（d）：166

营养生长天数（d）：211

石榴嘴　Shiliuzui

原产江苏睢宁，白梨地方品种，2*n*=34；树势中庸，直立，丰产性强，贮藏性强。

果实类型：脆肉型

果实形状：纺锤形/圆锥形

单果重（g）：180

萼片状态：宿存/残存

果实心室数：5

果肉质地：紧脆

果肉粗细：中粗

汁液：中多

风味：酸甜

果肉硬度（kg/cm²）：9.27

SSC/TA（%）：12.48/0.32

内质综合评价：中

一年生枝颜色：黄褐色（166B）

幼叶颜色：红微着绿色

叶片形状：卵圆形

叶缘/刺芒：锐锯齿/有

每花序花朵数（朵）：4～6(5.3)

雄蕊数（枚）：19～24（20.5）

花药颜色：淡粉色（62A）

初花期：20190415

盛花期：20190417

果实成熟期：10月上旬（晚）

果实发育期（d）：166

营养生长天数（d）：226

石门水冬瓜　Shimen Shuidonggua

原产河北卢龙，白梨品种，2n=34；树势较强，半开张，丰产性较强。

果实类型：脆肉型　　　　　风味：酸甜　　　　　　　每花序花朵数（朵）：6～8(6.7)

果实形状：扁圆形　　　　　果肉硬度（kg/cm²）：6.22　　雄蕊数（枚）：21～25（22.4）

单果重（g）：207　　　　　SSC/TA（%）：14.90/0.35　　花药颜色：紫红色（63B）

萼片状态：脱落　　　　　　内质综合评价：中上　　　　初花期：20190418

果实心室数：3～5　　　　　一年生枝颜色：黄褐色（166B）盛花期：20190421

果肉质地：松脆　　　　　　幼叶颜色：红色　　　　　　果实成熟期：9月中下旬（中晚）

果肉粗细：较细　　　　　　叶片形状：卵圆形　　　　　果实发育期（d）：147

汁液：多　　　　　　　　　叶缘/刺芒：锐锯齿/有　　　营养生长天数（d）：228

水白　Shuibai

原产河北青龙，白梨地方品种；树势较强，半开张，丰产性强，贮藏性强。

果实类型：脆肉型　　　　风味：甜酸　　　　　　　每花序花朵数（朵）：5～8(6.4)

果实形状：圆形　　　　　果肉硬度（kg/cm²）：6.99　雄蕊数（枚）：19～21（20.3）

单果重（g）：174　　　　SSC/TA（%）：12.96/0.46　花药颜色：粉红色（N57C）

萼片状态：脱落　　　　　内质综合评价：上　　　　初花期：20190416

果实心室数：4～5　　　　一年生枝颜色：黄褐色（175B）盛花期：20190419

果肉质地：松脆　　　　　幼叶颜色：绿微着红色　　果实成熟期：9月中旬（中）

果肉粗细：细　　　　　　叶片形状：卵圆形　　　　果实发育期（d）：140

汁液：极多　　　　　　　叶缘/刺芒：锐锯齿/有　　营养生长天数（d）：211

水红宵　Shuihongxiao

原产辽宁西部及河北北部，红梨品系之一，白梨地方品种，2*n*=34；树势强，半开张，丰产性较强，贮藏性强。

果实类型：脆肉型　　　　风味：甜酸　　　　　　　　每花序花朵数（朵）：4～7(5～8)

果实形状：圆柱形　　　　果肉硬度（kg/cm²）：5.10　　雄蕊数（枚）：19～20（19.9）

单果重（g）：186　　　　SSC/TA（%）：11.54/0.31　　花药颜色：紫红色（70B）

萼片状态：脱落　　　　　内质综合评价：中　　　　　初花期：20190416

果实心室数：3～5　　　　一年生枝颜色：红褐色（178B）盛花期：20190418

果肉质地：松脆　　　　　幼叶颜色：绿着红色　　　　果实成熟期：9月下旬（晚）

果肉粗细：中粗　　　　　叶片形状：卵圆形　　　　　果实发育期（d）：155

汁液：多　　　　　　　　叶缘/刺芒：锐锯齿/有　　　营养生长天数（d）：219

水葫芦梨　**Shuihululi**

原产安徽砀山，别名水花葫芦，白梨地方品种，2*n*=34；树势较强，半开张，丰产性较强，贮藏性强。

果实类型：脆肉型	风味：甜酸	每花序花朵数（朵）：3～5(4.2)
果实形状：圆形	果肉硬度（kg/cm²）：6.00	雄蕊数（枚）：16～20（19.1）
单果重（g）：141	SSC/TA（%）：11.69/0.33	花药颜色：淡紫红（73B）
萼片状态：宿存/残存/脱落	内质综合评价：中上	初花期：20190414
果实心室数：4～5	一年生枝颜色：黄褐色（171A）	盛花期：20190416
果肉质地：松脆	幼叶颜色：绿微着红色	果实成熟期：10月上旬（晚）
果肉粗细：细	叶片形状：卵圆形	果实发育期（d）：168
汁液：多	叶缘/刺芒：锐锯齿/有	营养生长天数（d）：226

水香 Shuixiang

原产河北青龙，白梨地方品种，2*n*=34；树势强，半开张，贮藏性强。

果实类型：脆肉型 　　　　　风味：酸甜 　　　　　　　每花序花朵数（朵）：6 ～ 8(7.7)

果实形状：近圆形 　　　　　果肉硬度（kg/cm²）：6.32 　　雄蕊数（枚）：20 ～ 24（22.0）

单果重（g）：181 　　　　　SSC/TA（%）：13.11/0.38 　　花药颜色：紫红色（60A）

萼片状态：脱落/宿存/残存 　内质综合评价：中 　　　　　初花期：20190413

果实心室数：4 ～ 5 　　　　一年生枝颜色：黄褐色（166B）　盛花期：20190415

果肉质地：松脆 　　　　　　幼叶颜色：红微着绿色 　　　　果实成熟期：9月底（晚）

果肉粗细：中粗 　　　　　　叶片形状：卵圆形 　　　　　　果实发育期（d）：162

汁液：多 　　　　　　　　　叶缘/刺芒：锐锯齿/有 　　　　营养生长天数（d）：222

四棱子梨　**Silengzili**

原产山东莱阳，白梨地方品种；树势强，丰产性中等，贮藏性中等。

果实类型：脆肉型
果实形状：卵圆形
单果重（g）：348
萼片状态：宿存
果实心室数：5
果肉质地：脆
果肉粗细：较细
汁液：多

风味：甜酸
果肉硬度（kg/cm²）：6.5
SSC/TA（%）：10.8/0.2
内质综合评价：中上
一年生枝颜色：黄褐色（165B）
幼叶颜色：绿微着红色
叶片形状：椭圆形
叶缘/刺芒：锐锯齿/有

每花序花朵数（朵）：7～9(8.3)
雄蕊数（枚）：20～26（22.9）
花药颜色：深紫红（59A）
初花期：20170330（泰安）
盛花期：20170403（泰安）
果实成熟期：10月上旬（晚）
果实发育期（d）：185
营养生长天数（d）：239

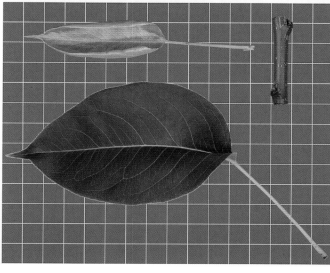

泗阳青梨　Siyang Qingli

原产江苏泗阳，白梨地方品种，2n=34；树势较强，较直立，丰产性强，贮藏性较强。

果实类型：脆肉型	风味：甜酸稍涩	每花序花朵数（朵）：3～6(4.6)
果实形状：纺锤形	果肉硬度（kg/cm²）：7.19	雄蕊数（枚）：18～25（20.8）
单果重（g）：246	SSC/TA（%）：10.97/0.22	花药颜色：淡紫色（75A）
萼片状态：宿存/残存	内质综合评价：中	初花期：20190417
果实心室数：5	一年生枝颜色：黄褐色（N199B）	盛花期：20190419
果肉质地：松脆	幼叶颜色：红微着绿色	果实成熟期：10月上中旬（晚）
果肉粗细：中粗	叶片形状：卵圆形	果实发育期（d）：169
汁液：中多	叶缘/刺芒：锐锯齿/有	营养生长天数（d）：228

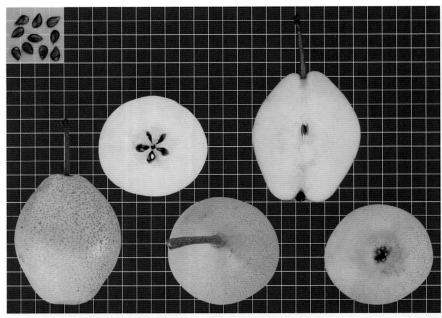

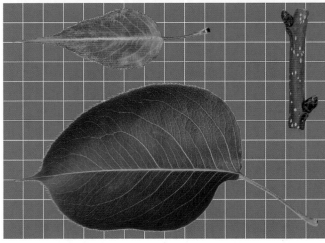

酥木　Sumu

原产甘肃陇中及河西一带，白梨地方品种，2*n*=34；树势较强，半开张，丰产性强，贮藏性中等。

果实类型：脆肉型　　　　　风味：甜酸　　　　　　　　每花序花朵数（朵）：6 ～ 10(7.2)

果实形状：圆柱形　　　　　果肉硬度（kg/cm²）：5.36　雄蕊数（枚）：20 ～ 24（21.5）

单果重（g）：136　　　　　SSC/TA（%）：13.04/0.42　花药颜色：紫红色（61B）

萼片状态：宿存/残存　　　　内质综合评价：中　　　　　初花期：20190414

果实心室数：4 ～ 5　　　　一年生枝颜色：黄褐色（166C）盛花期：20190416

果肉质地：疏松　　　　　　幼叶颜色：绿色　　　　　　果实成熟期：9月上旬（中）

果肉粗细：中粗　　　　　　叶片形状：卵圆形　　　　　果实发育期（d）：139

汁液：中多　　　　　　　　叶缘/刺芒：锐锯齿/有　　　营养生长天数（d）：227

绥中马蹄黄　Suizhong Matihuang

原产辽宁绥中，白梨地方品种，2*n*=34；树势中庸，较直立，丰产性较强，贮藏性强。

果实类型：脆肉型　　　　　　风味：甜酸　　　　　　　　每花序花朵数（朵）：5～8(6.3)

果实形状：倒卵形/扁圆锥　　果肉硬度（kg/cm²）：8.45　　雄蕊数（枚）：20～24（22.1）

单果重（g）：166　　　　　　SSC/TA（%）：12.44/0.66　　花药颜色：紫红色（61C）

萼片状态：脱落　　　　　　　内质综合评价：中　　　　　初花期：20190417

果实心室数：5　　　　　　　一年生枝颜色：黄褐色（N199B）　盛花期：20190420

果肉质地：紧脆　　　　　　　幼叶颜色：绿微着红色　　　　果实成熟期：9月下旬（晚）

果肉粗细：中粗　　　　　　　叶片形状：卵圆形　　　　　　果实发育期（d）：153

汁液：中多　　　　　　　　　叶缘/刺芒：锐锯齿/有　　　　营养生长天数（d）：212

绥中谢花甜　**Suizhong Xiehuatian**

原产辽宁绥中，白梨地方品种，2*n*=34；树势较强，半开张，丰产性强，贮藏性强。

果实类型：脆肉型	风味：甜	每花序花朵数（朵）：6 ～ 9(7.4)
果实形状：近圆形	果肉硬度（kg/cm²）：6.59	雄蕊数（枚）：19 ～ 20（19.7）
单果重（g）：164	SSC/TA（%）：12.59/0.14	花药颜色：紫红色（61B）
萼片状态：宿存/脱落	内质综合评价：中上	初花期：20190416
果实心室数：4 ～ 5	一年生枝颜色：黄褐色（175C）	盛花期：20190418
果肉质地：松脆	幼叶颜色：红色	果实成熟期：9月中旬（中晚）
果肉粗细：较细	叶片形状：卵圆形	果实发育期（d）：148
汁液：多	叶缘/刺芒：锐锯齿/有	营养生长天数（d）：211

泰安酒壶梨　Taian Jiuhuli

原产山东泰安，白梨地方品种；树势强，丰产性较强，贮藏性强。

果实类型：脆肉型

果实形状：倒卵形/纺锤形

单果重（g）：390

萼片状态：脱落

果实心室数：5

果肉质地：松脆

果肉粗细：中粗

汁液：多

风味：淡甜

果肉硬度（kg/cm²）：6.2

SSC/TA（%）：11.2/0.1

内质综合评价：中上

一年生枝颜色：黄褐色（175B）

幼叶颜色：红微着绿色

叶片形状：卵圆形

叶缘/刺芒：锐锯齿/有

每花序花朵数（朵）：7～9(7.9)

雄蕊数（枚）：19～26（21.8）

花药颜色：淡紫红（73B）

初花期：20170331（泰安）

盛花期：20170407（泰安）

果实成熟期：9月下旬（晚）

果实发育期（d）：166

营养生长天数（d）：236

胎黄梨　**Taihuangli**

原产河北交河，白梨地方品种，2*n*=34；树势强，半开张，丰产性强，贮藏性强。

果实类型：脆肉型　　　　　　风味：甜　　　　　　　　每花序花朵数（朵）：6～8(7.3)
果实形状：长圆形　　　　　　果肉硬度（kg/cm²）：6.77　　雄蕊数（枚）：19～22（20.2）
单果重（g）：87　　　　　　SSC/TA（%）：13.33/0.19　　花药颜色：紫红色（72A）
萼片状态：脱落/残存　　　　　内质综合评价：中　　　　　初花期：20190418
果实心室数：3～5　　　　　　一年生枝颜色：黄褐色（N199C）　盛花期：20190420
果肉质地：松脆　　　　　　　幼叶颜色：红着绿色　　　　果实成熟期：9月底（晚）
果肉粗细：中粗　　　　　　　叶片形状：卵圆形　　　　　果实发育期（d）：156
汁液：中多　　　　　　　　　叶缘/刺芒：锐锯齿/有　　　营养生长天数（d）：226

糖把梨　Tangbali

原产山东冠县，白梨地方品种；树势强，丰产性强，贮藏性强。

果实类型：脆肉型　　　　　风味：淡甜　　　　　　　　每花序花朵数（朵）：6～8(6.8)

果实形状：倒卵形　　　　　果肉硬度（kg/cm²）：6.0　雄蕊数（枚）：21～25（22.8）

单果重（g）：373　　　　　SSC/TA（%）：11.5/0.10　花药颜色：淡紫色（75A）

萼片状态：脱落　　　　　　内质综合评价：中上　　　初花期：20170330（泰安）

果实心室数：5　　　　　　一年生枝颜色：黄褐色（175A）盛花期：20170403（泰安）

果肉质地：脆　　　　　　　幼叶颜色：红微着绿色　　果实成熟期：9月中旬（晚）

果肉粗细：中粗　　　　　　叶片形状：卵圆形　　　　果实发育期（d）：166

汁液：中多　　　　　　　　叶缘/刺芒：锐锯齿/有　　营养生长天数（d）：240

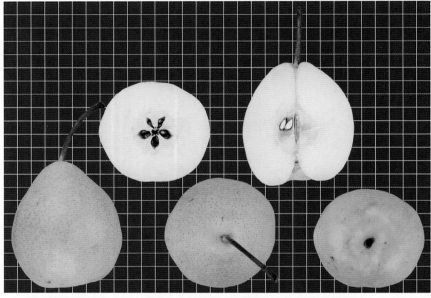

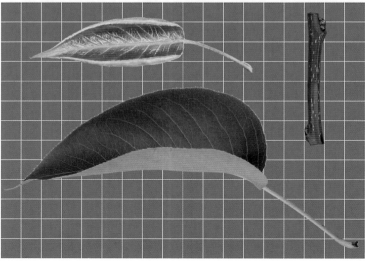

滕州鹅梨　**Tengzhou Eli**

原产山东滕州，白梨地方品种；树势强，丰产性较强，贮藏性强。

果实类型：脆肉型　　　　　风味：甜酸　　　　　　　　每花序花朵数（朵）：6～9(7.3)

果实形状：纺锤形　　　　　果肉硬度（kg/cm²）：8.5　　雄蕊数（枚）：24～32（28.3）

单果重（g）：261　　　　　SSC/TA（%）：10.3/0.2　　花药颜色：紫红色（71B）

萼片状态：脱落　　　　　　内质综合评价：中　　　　　初花期：20170401（泰安）

果实心室数：5　　　　　　一年生枝颜色：黄褐色（N199B）盛花期：20170405（泰安）

果肉质地：紧脆　　　　　　幼叶颜色：红着绿色　　　　果实成熟期：9月下旬（晚）

果肉粗细：粗　　　　　　　叶片形状：卵圆形　　　　　果实发育期（d）：173

汁液：少　　　　　　　　　叶缘/刺芒：锐锯齿/有　　　营养生长天数（d）：240

天生伏　Tianshengfu

原产河南孟津，白梨地方品种。

果实类型：脆肉型
果实形状：近圆形
单果重（g）：324
萼片状态：脱落
果实心室数：5
果肉质地：松脆
果肉粗细：细
汁液：多

风味：酸甜
果肉硬度（kg/cm²）：5.86
SSC/TA（%）：12.54/0.12
内质综合评价：中
一年生枝颜色：黄褐色（N199B）
幼叶颜色：绿色
叶片形状：卵圆形
叶缘/刺芒：锐锯齿/有

每花序花朵数（朵）：6～8(7.4)
雄蕊数（枚）：20～23（20.7）
花药颜色：紫红色（70B）
初花期：20190414
盛花期：20190416
果实成熟期：9月上旬（中）
果实发育期（d）：130
营养生长天数（d）：222

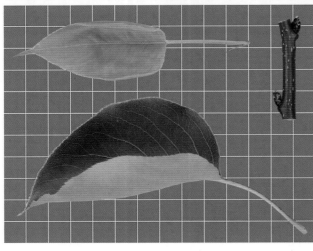

兔子头　*Tuzitou*

原产山东莱阳，白梨地方品种；树势强，丰产性较强，贮藏性强。

果实类型：脆肉型

果实形状：圆锥形

单果重（g）：336

萼片状态：脱落/残存

果实心室数：5

果肉质地：脆

果肉粗细：中粗

汁液：中多

风味：酸甜

SSC/TA（%）：10.5/0.2

果肉硬度（kg/cm²）：8.0

内质综合评价：中

一年生枝颜色：黄褐色（177B）

幼叶颜色：红色

叶片形状：卵圆形

叶缘/刺芒：锐锯齿/有

每花序花朵数（朵）：7～10(8.2)

雄蕊数（枚）：21～31（27.1）

花药颜色：淡紫色（N74C）

初花期：20170402（泰安）

盛花期：20170406（泰安）

果实成熟期：10月中旬（晚）

果实发育期（d）：189

营养生长天数（d）：237

西降坞　*Xijiangwu*

产于江西婺源，安徽歙县引进，白梨地方品种；树势中庸，半开张，丰产性强，贮藏性强，抗病性较强。

果实类型：脆肉型	风味：甜酸	每花序花朵数（朵）：5～7(6.0)
果实形状：倒卵形	果肉硬度（kg/cm²）：5.96	雄蕊数（枚）：18～20（19.0）
单果重（g）：195	SSC/TA（%）：9.25/0.32	花药颜色：淡紫色（77C）
萼片状态：脱落	内质综合评价：中上	初花期：20190418
果实心室数：5	一年生枝颜色：黄褐色（165A）	盛花期：20190420
果肉质地：松脆	幼叶颜色：红着绿色	果实成熟期：9月中下旬（中晚）
果肉粗细：细	叶片形状：卵圆形	果实发育期（d）：146
汁液：多	叶缘/刺芒：锐锯齿/有	营养生长天数（d）：214

细皮梨 **Xipili**

原产山东昌邑，白梨地方品种；树势强，丰产性强，贮藏性较强。

果实类型：脆肉型　　　　风味：酸甜　　　　　　　　每花序花朵数（朵）：7～8(7.3)

果实形状：长圆形　　　　果肉硬度（kg/cm²）：6.7　　雄蕊数（枚）：24～34（27.4）

单果重（g）：308　　　　SSC/TA（%）：11.5/0.10　　花药颜色：深紫红（59B）

萼片状态：宿存/残存　　　内质综合评价：中上　　　　初花期：20170401（泰安）

果实心室数：5　　　　　　一年生枝颜色：绿褐色（165A）盛花期：20170405（泰安）

果肉质地：松脆　　　　　　幼叶颜色：绿微着红色　　　果实成熟期：9月下旬（晚）

果肉粗细：较细　　　　　　叶片形状：卵圆形　　　　　果实发育期（d）：168

汁液：多　　　　　　　　　叶缘/刺芒：锐锯齿/有　　　营养生长天数（d）：239

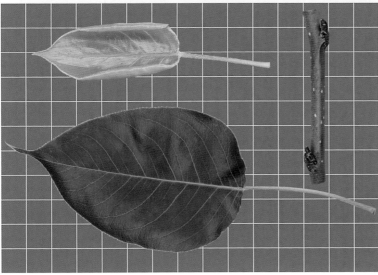

夏梨　Xiali

原产山西原平，白梨地方品种，2*n*=34；树势强，半开张，丰产性强，贮藏性较强。

果实类型：脆肉型	风味：酸甜—甜	每花序花朵数（朵）：6～9(7.6)
果实形状：近圆形	果肉硬度（kg/cm²）：5.48	雄蕊数（枚）：20～22（20.5）
单果重（g）：170	SSC/TA（%）：13.87/0.32	花药颜色：紫红色（60A）
萼片状态：宿存/残存/脱落	内质综合评价：中上	初花期：20190413
果实心室数：4～5	一年生枝颜色：黄褐色（175B）	盛花期：20190415
果肉质地：松脆	幼叶颜色：红微着绿色	果实成熟期：9月下旬（晚）
果肉粗细：中粗	叶片形状：卵圆形	果实发育期（d）：158
汁液：多	叶缘/刺芒：锐锯齿/有	营养生长天数（d）：218

夏张秋白梨　*Xiazhang Qiubaili*

原产山东泰安，白梨地方品种；树势强，丰产性较强，贮藏性强。

果实类型：脆肉型
果实形状：卵圆形
单果重（g）：284
萼片状态：脱落
果实心室数：4 ～ 5
果肉质地：脆
果肉粗细：中粗
汁液：多

风味：酸甜
果肉硬度（kg/cm²）：7.0
SSC/TA（%）：10.7/0.10
内质综合评价：中
一年生枝颜色：褐色（200C）
幼叶颜色：红色
叶片形状：卵圆形
叶缘/刺芒：锐锯齿/有

每花序花朵数（朵）：6 ～ 8(6.6)
雄蕊数（枚）：21 ～ 30（25.8）
花药颜色：深紫红（59A）
初花期：20170331（泰安）
盛花期：20170404（泰安）
果实成熟期：9月下旬（晚）
果实发育期（d）：173
营养生长天数（d）：238

线穗子梨 Xiansuizili

原产山东昌邑，白梨地方品种；树势强，丰产性较强，贮藏性中等。

果实类型：脆肉型

果实形状：长圆形

单果重（g）：603

萼片状态：残存

果实心室数：5

果肉质地：脆

果肉粗细：较细

汁液：多

风味：酸甜

果肉硬度（kg/cm²）：6.8

SSC/TA（%）：10.9/0.10

内质综合评价：中

一年生枝颜色：黄褐色（N199C）

幼叶颜色：绿色

叶片形状：卵圆形

叶缘/刺芒：锐锯齿/有

每花序花朵数（朵）：6～7(6.9)

雄蕊数（枚）：28～37（32.9）

花药颜色：紫红色（71A）

初花期：20170330（泰安）

盛花期：20170404（泰安）

果实成熟期：9月中旬（晚）

果实发育期（d）：165

营养生长天数（d）：241

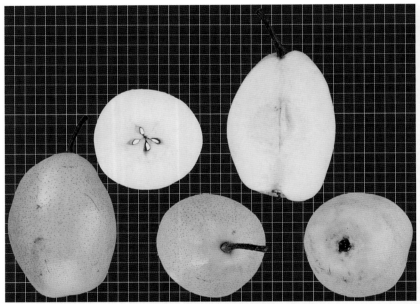

香椿 Xiangchun

原产陕西大荔，白梨地方品种；树势强，较直立，丰产性较强，贮藏性较强。

果实类型：脆肉型
果实形状：圆柱形
单果重（g）：191
萼片状态：脱落
果实心室数：4 ～ 5
果肉质地：松脆
果肉粗细：较细
汁液：中多

风味：淡甜
果肉硬度（kg/cm^2）：6.82
SSC/TA（%）：10.89/0.14
内质综合评价：中上
一年生枝颜色：黄褐色（N199C）
幼叶颜色：红微着绿色
叶片形状：卵圆形
叶缘/刺芒：锐锯齿/有

每花序花朵数（朵）：4 ～ 7(5.8)
雄蕊数（枚）：18 ～ 20（19.3）
花药颜色：紫红色（71B）
初花期：20190417
盛花期：20190419
果实成熟期：10月上中旬（晚）
果实发育期（d）：172
营养生长天数（d）：224

小花梨　Xiaohuali

原产江苏连云港，白梨地方品种，2n=34；树势较强，直立，丰产性强，贮藏性中等。

果实类型：脆肉型　　　　　风味：酸甜　　　　　　　　每花序花朵数（朵）：4～6(5.0)
果实形状：长圆形　　　　　果肉硬度（kg/cm²）：6.38　雄蕊数（枚）：20～29（24.9）
单果重（g）：222　　　　　SSC/TA（%）：11.44/0.14　花药颜色：紫色（72B）
萼片状态：脱落/残存/宿存　内质综合评价：中上　　　　初花期：20190418
果实心室数：5　　　　　　　一年生枝颜色：黄褐色（N199C）盛花期：20190421
果肉质地：松脆　　　　　　　幼叶颜色：红微着绿色　　　果实成熟期：9月上旬（中）
果肉粗细：较细　　　　　　　叶片形状：卵圆形　　　　　果实发育期（d）：140
汁液：多　　　　　　　　　　叶缘/刺芒：锐锯齿/有　　　营养生长天数（d）：211

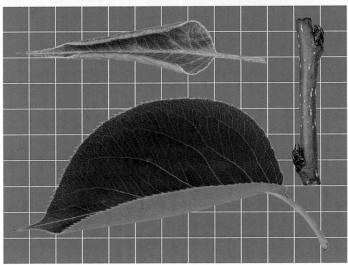

小麻黄　Xiaomahuang

原产山东夏津，白梨地方品种；树势强，丰产性较强，贮藏性强。

果实类型：脆肉型　　　　　风味：淡甜　　　　　　　　每花序花朵数（朵）：7～9(8.0)

果实形状：倒卵形　　　　　果肉硬度（kg/cm²）：7.2　雄蕊数（枚）：22～33（26.4）

单果重（g）：200　　　　　SSC/TA（%）：11.2/0.10　花药颜色：深紫红（59B）

萼片状态：脱落　　　　　　内质综合评价：中上　　　初花期：20170330（泰安）

果实心室数：5　　　　　　一年生枝颜色：黄褐色（165A）盛花期：20170403（泰安）

果肉质地：脆　　　　　　　幼叶颜色：红微着绿色　　果实成熟期：9月下旬（晚）

果肉粗细：中粗　　　　　　叶片形状：卵圆形　　　　果实发育期（d）：172

汁液：多　　　　　　　　　叶缘/刺芒：锐锯齿/有　　营养生长天数（d）：243

馨香　Xinxiang

原产四川金川，白梨地方品种，2n=34；树势较强，半开张，丰产性较强，贮藏性较强。

果实类型：脆肉型	风味：淡甜	每花序花朵数（朵）：5 ～ 8(6.3)
果实形状：倒卵形/纺锤形	果肉硬度（kg/cm²）：5.23	雄蕊数（枚）：19 ～ 21（20.0）
单果重（g）：305	SSC/TA（%）：10.74/0.11	花药颜色：紫红色（60A）
萼片状态：脱落/宿存	内质综合评价：中上	初花期：20190417
果实心室数：4 ～ 5	一年生枝颜色：黄褐色（175B）	盛花期：20190419
果肉质地：松脆	幼叶颜色：绿着红色	果实成熟期：9月中旬（中晚）
果肉粗细：较细	叶片形状：卵圆形	果实发育期（d）：145
汁液：多	叶缘/刺芒：锐锯齿/有	营养生长天数（d）：225

兴隆麻梨　Xinglong Mali

原产河北兴隆，白梨地方品种，2*n*=34；树势强，半开张，丰产性强，贮藏性较强。

果实类型：脆肉型

果实形状：倒卵形／圆形

单果重（g）：141

萼片状态：脱落

果实心室数：4 ~ 5

果肉质地：松脆

果肉粗细：较细

汁液：多

风味：淡甜

果肉硬度（kg/cm²）：6.21

SSC/TA（%）：11.92/0.21

内质综合评价：中上

一年生枝颜色：黄褐色（165A）

幼叶颜色：绿着红色

叶片形状：卵圆形

叶缘／刺芒：锐锯齿／有

每花序花朵数（朵）：6 ~ 9(7.0)

雄蕊数（枚）：19 ~ 27（21.5）

花药颜色：紫红色（70B）

初花期：20190416

盛花期：20190418

果实成熟期：9月中下旬（中晚）

果实发育期（d）：148

营养生长天数（d）：222

兴隆酥 *Xinglongsu*

原产河北兴隆，白梨地方品种，2*n*=34；树势中庸，半开张，丰产性强，贮藏性强。

果实类型：脆肉型	风味：甜酸	每花序花朵数（朵）：4～7(5.5)
果实形状：圆形	果肉硬度（kg/cm²）：5.9	雄蕊数（枚）：21～27（23.9）
单果重（g）：130	SSC/TA（%）：12.59/0.66	花药颜色：紫红色（60A）
萼片状态：脱落	内质综合评价：中	初花期：20190416
果实心室数：3～5	一年生枝颜色：黄褐色（N170A）	盛花期：20190418
果肉质地：松脆	幼叶颜色：绿着红色	果实成熟期：9月下旬（晚）
果肉粗细：中粗	叶片形状：卵圆形	果实发育期（d）：154
汁液：多	叶缘/刺芒：锐锯齿/有	营养生长天数（d）：233

岫岩茌 **Xiuyanchi**

原产辽宁岫岩，白梨地方品种，2*n*=34；树势较强，半开张，丰产性强。

果实类型：脆肉型	风味：淡甜	每花序花朵数（朵）：6～9(7.7)
果实形状：扁圆形	果肉硬度（kg/cm²）：10.36	雄蕊数（枚）：19～20（19.4）
单果重（g）：187	SSC/TA（%）：11.82/0.11	花药颜色：紫红色（61B）
萼片状态：残存/脱落/宿存	内质综合评价：中	初花期：20190416
果实心室数：5	一年生枝颜色：黄褐色（175B）	盛花期：20190418
果肉质地：脆	幼叶颜色：绿着红色	果实成熟期：9月下旬（晚）
果肉粗细：较细	叶片形状：卵圆形	果实发育期（d）：155
汁液：中多	叶缘/刺芒：锐锯齿/有	营养生长天数（d）：228

雪花梨 Xuehuali

原产河北定州，白梨地方品种，2n=34；树势中庸，较直立，丰产性强，贮藏性强。

果实类型：脆肉型
果实形状：长圆形
单果重（g）：245
萼片状态：脱落
果实心室数：4 ～ 5
果肉质地：松脆
果肉粗细：较细
汁液：多

风味：淡甜
果肉硬度（kg/cm²）：6.70
SSC/TA（%）：11.69/0.24
内质综合评价：上
一年生枝颜色：黄褐色（N199B）
幼叶颜色：红微着绿色
叶片形状：卵圆形
叶缘/刺芒：锐锯齿/有

每花序花朵数（朵）：5 ～ 7(6.4)
雄蕊数（枚）：19 ～ 29（23.0）
花药颜色：深紫红色（59A）
初花期：20190418
盛花期：20190420
果实成熟期：9月中旬（中晚）
果实发育期（d）：147
营养生长天数（d）：225

雪山1号　Xueshan 1

原产四川泸定，白梨地方品种；树势较强，半开张，丰产性中等，贮藏性较强。

果实类型：脆肉型	风味：酸甜	每花序花朵数（朵）：3～5(3.6)
果实形状：倒卵形	果肉硬度（kg/cm²）：7.63	雄蕊数（枚）：20～23（21.4）
单果重（g）：201	SSC/TA（%）：13.99/0.22	花药颜色：紫红色（70B）
萼片状态：脱落/残存	内质综合评价：中	初花期：20190419
果实心室数：3～5	一年生枝颜色：黄褐色（166A）	盛花期：20190421
果肉质地：松脆	幼叶颜色：绿微着红色	果实成熟期：9月下旬（晚）
果肉粗细：中粗	叶片形状：卵圆形	果实发育期（d）：157
汁液：多	叶缘/刺芒：锐锯齿/有	营养生长天数（d）：230

鸭老梨　Yalaoli

原产河北兴隆，白梨地方品种，2n=34；树势较强，半开张，丰产性强，贮藏性强。

果实类型：脆肉型	风味：甜	每花序花朵数（朵）：5 ~ 10(7.7)
果实形状：长圆形	果肉硬度（kg/cm²）：6.39	雄蕊数（枚）：18 ~ 22（19.7）
单果重（g）：229	SSC/TA（%）：12.84/0.16	花药颜色：紫红色（63A）
萼片状态：脱落/宿存/残存	内质综合评价：中上	初花期：20190416
果实心室数：4 ~ 5	一年生枝颜色：黄褐色（167A）	盛花期：20190418
果肉质地：松脆	幼叶颜色：绿微着红色	果实成熟期：9月底（晚）
果肉粗细：细	叶片形状：卵圆形	果实发育期（d）：160
汁液：多	叶缘/刺芒：锐锯齿/有	营养生长天数（d）：226

鸭梨 Yali

原产河北，白梨地方品种，2n=34；树势较强，丰产性强，贮藏性较强。

果实类型：脆肉型　　　　　风味：淡甜　　　　　　　每花序花朵数（朵）：7～9(7.8)

果实形状：倒卵形　　　　　果肉硬度（kg/cm²）：4.49　　雄蕊数（枚）：20～24（21.1）

单果重（g）：149　　　　　SSC/TA（%）：12.01/0.11　　花药颜色：紫红色（61A）

萼片状态：脱落　　　　　　内质综合评价：上　　　　　初花期：20190416

果实心室数：5　　　　　　 一年生枝颜色：黄褐色（N199B）盛花期：20190418

果肉质地：松脆　　　　　　幼叶颜色：红微着绿色　　　 果实成熟期：9月下旬（晚）

果肉粗细：细　　　　　　　叶片形状：卵圆形　　　　　果实发育期（d）：162

汁液：多　　　　　　　　　叶缘/刺芒：锐锯齿/有　　　 营养生长天数（d）：228

延边大山　Yanbian Dashan

原产吉林延边，白梨地方品种；树势较强，半开张，丰产性中等，贮藏性较强。

果实类型：脆肉型　　　　　风味：甜酸　　　　　　　每花序花朵数（朵）：5～7(6.1)

果实形状：扁圆形　　　　　果肉硬度（kg/cm²）：7.95　　雄蕊数（枚）：18～22（20.2）

单果重（g）：341　　　　　SSC/TA（%）：12.10/0.94　　花药颜色：紫色（77B）

萼片状态：宿存　　　　　　内质综合评价：中上　　　　初花期：20190415

果实心室数：4～5　　　　　一年生枝颜色：黄褐色（N199B）盛花期：20190417

果肉质地：脆　　　　　　　幼叶颜色：绿微着红色　　　果实成熟期：9月下旬（晚）

果肉粗细：较细　　　　　　叶片形状：卵圆形　　　　　果实发育期（d）：151

汁液：中多　　　　　　　　叶缘/刺芒：锐锯齿/有　　　营养生长天数（d）：203

延边磙子　*Yanbian Gunzi*

原产吉林延边，白梨地方品种；树势较强，半开张，丰产性强，贮藏性较强。

果实类型：脆肉型

果实形状：近圆形

单果重（g）：151

萼片状态：脱落 / 残存 / 宿存

果实心室数：5

果肉质地：脆

果肉粗细：较细

汁液：多

风味：甜酸

果肉硬度（kg/cm²）：9.15

SSC/TA（%）：11.99/0.34

内质综合评价：中

一年生枝颜色：黄褐色（166A）

幼叶颜色：绿微着红色

叶片形状：卵圆形

叶缘 / 刺芒：锐锯齿 / 有

每花序花朵数（朵）：4 ~ 7（5.5）

雄蕊数（枚）：19 ~ 21（19.9）

花药颜色：深紫红（59A）

初花期：20190417

盛花期：20190419

果实成熟期：9月下旬（晚）

果实发育期（d）：152

营养生长天数（d）：203

延边明月　Yanbian Mingyue

原产吉林延边，白梨地方品种，2n=34；树势较强，半开张，丰产性强，贮藏性强。

果实类型：脆肉型	风味：甜酸	每花序花朵数（朵）：4～7(5.7)
果实形状：近圆形	果肉硬度（kg/cm^2）：7.63	雄蕊数（枚）：26～32（29.1）
单果重（g）：371	SSC/TA（%）：12.33/0.62	花药颜色：淡紫红（73A）
萼片状态：宿存/残存	内质综合评价：中上	初花期：20190416
果实心室数：4～5	一年生枝颜色：黄褐色（N199C）	盛花期：20190418
果肉质地：松脆	幼叶颜色：绿着红色	果实成熟期：9月下旬（晚）
果肉粗细：较细	叶片形状：卵圆形	果实发育期（d）：155
汁液：多	叶缘/刺芒：锐锯齿/有	营养生长天数（d）：211

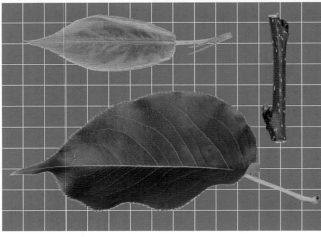

延边磨盘　Yanbian Mopan

原产吉林延边，白梨地方品种；树势较强，半开张，丰产性中等，贮藏性强。

果实类型：脆肉型　　　　　风味：甜酸稍涩　　　　　　每花序花朵数（朵）：4～6(5.4)

果实形状：扁圆形　　　　　果肉硬度（kg/cm²）：8.95　雄蕊数（枚）：18～20（19.6）

单果重（g）：327　　　　　SSC/TA（%）：12.86/1.16　花药颜色：紫色（N77B）

萼片状态：宿存/残存　　　　内质综合评价：中　　　　　初花期：20190415

果实心室数：4～5　　　　　一年生枝颜色：黄褐色（N199B）盛花期：20190417

果肉质地：紧密—疏松　　　　幼叶颜色：红微着绿色　　　　果实成熟期：9月下旬（晚）

果肉粗细：中粗　　　　　　叶片形状：卵圆形　　　　　　果实发育期（d）：155

汁液：多　　　　　　　　　叶缘/刺芒：锐锯齿/有　　　　营养生长天数（d）：213

洋白小　**Yangbaixiao**

原产辽宁海城，白梨地方品种，2n=34；树势较强，半开张，丰产性强，贮藏性强。

果实类型：脆肉型　　　　　　风味：甜酸　　　　　　　　　每花序花朵数（朵）：5 ～ 8(6.4)

果实形状：圆形　　　　　　　果肉硬度（kg/cm²）：6.29　　雄蕊数（枚）：19 ～ 22（19.9）

单果重（g）：131　　　　　　SSC/TA（%）：12.64/0.27　　花药颜色：紫红色（64C）

萼片状态：脱落　　　　　　　内质综合评价：中　　　　　　初花期：20190415

果实心室数：4 ～ 5　　　　　一年生枝颜色：黄褐色（166A）　盛花期：20190417

果肉质地：松脆　　　　　　　幼叶颜色：绿微着红色　　　　果实成熟期：9月下旬（晚）

果肉粗细：中粗　　　　　　　叶片形状：卵圆形　　　　　　果实发育期（d）：156

汁液：多　　　　　　　　　　叶缘/刺芒：锐锯齿/有　　　　营养生长天数（d）：227

野梨1号　Yeli 1

原产河北青龙，白梨地方品种；树势中庸，半开张，丰产性强。

果实类型：脆肉型

果实形状：近圆形

单果重（g）：118

萼片状态：脱落/宿存/残存

果实心室数：4～5

果肉质地：松脆

果肉粗细：中粗

汁液：多

风味/香气：甜酸涩/微香

果肉硬度（kg/cm²）：6.60

SSC/TA（%）：11.88/0.61

内质综合评价：中

一年生枝颜色：黄褐色（166B）

幼叶颜色：绿微着红色

叶片形状：卵圆形

叶缘/刺芒：锐锯齿/有

每花序花朵数（朵）：4～8(6.7)

雄蕊数（枚）：20～26（22.3）

花药颜色：淡紫红（73B）

初花期：20190415

盛花期：20190417

果实成熟期：9月上旬（中）

果实发育期（d）：136

营养生长天数（d）：210

野梨2号　Yeli 2

原产河北青龙，白梨地方品种，2*n*=34；树势较强，半开张，丰产性较强，贮藏性强。

果实类型：脆肉型

果实形状：圆形

单果重（g）：118

萼片状态：宿存/残存/脱落

果实心室数：5

果肉质地：松脆

果肉粗细：中粗

汁液：中多

风味：甜酸

果肉硬度（kg/cm²）：7.54

SSC/TA（%）：12.41/0.29

内质综合评价：中上

一年生枝颜色：黄褐色（166A）

幼叶颜色：绿微着红色

叶片形状：卵圆形

叶缘/刺芒：锐锯齿/有

每花序花朵数（朵）：5～8(7.1)

雄蕊数（枚）：20～22（20.3）

花药颜色：淡紫红（73B）

初花期：20190415

盛花期：20190417

果实成熟期：9月中旬（中）

果实发育期（d）：138

营养生长天数（d）：216

沂源1号　Yiyuan 1

原产山东沂源，白梨地方品种；树势强，丰产性强，贮藏性强。

果实类型：脆肉型

果实形状：长圆形

单果重（g）：481

萼片状态：脱落

果实心室数：5

果肉质地：脆

果肉粗细：粗

汁液：多

风味：酸甜

果肉硬度（kg/cm²）：6.4

SSC/TA（%）：11.18/0.10

内质综合评价：中上

一年生枝颜色：绿褐色（N199A）

幼叶颜色：红微着绿色

叶片形状：卵圆形

叶缘/刺芒：锐锯齿/有

每花序花朵数（朵）：6～8(7.0)

雄蕊数（枚）：30～33（31.7）

花药颜色：紫红色（72A）

初花期：20170401（泰安）

盛花期：20170407（泰安）

果实成熟期：9月中旬（晚）

果实发育期（d）：164

营养生长天数（d）：238

银白梨　*Yinbaili*

原产河北大名、魏县等地，别名银梨、黄梨，白梨地方品种；树势较强，半开张，丰产性强，贮藏性极强。

果实类型：脆肉型　　　　　风味：淡甜　　　　　　　　每花序花朵数（朵）：5～9(7.1)

果实形状：倒卵形　　　　　果肉硬度（kg/cm²）：6.15　雄蕊数（枚）：21～25（23.1）

单果重（g）：208　　　　　SSC/TA（%）：12.55/0.32　花药颜色：淡紫色（N74C）

萼片状态：脱落　　　　　　内质综合评价：中上　　　　初花期：20190417

果实心室数：5　　　　　　一年生枝颜色：黄褐色（165A）盛花期：20190419

果肉质地：松脆　　　　　　幼叶颜色：绿微着红色　　　果实成熟期：9月底（晚）

果肉粗细：较细　　　　　　叶片形状：卵圆形　　　　　果实发育期（d）：161

汁液：多　　　　　　　　　叶缘/刺芒：锐锯齿/有　　　营养生长天数（d）：231

硬枝青　Yingzhiqing

原产江苏睢宁，别名青梨，白梨地方品种；树势中庸，直立，丰产性强，贮藏性较强。

果实类型：脆肉型

果实形状：倒卵形

单果重（g）：208

萼片状态：脱落

果实心室数：5

果肉质地：松脆

果肉粗细：较细

汁液：多

风味：甜

果肉硬度（kg/cm²）：6.69

SSC/TA（%）：9.83/0.11

内质综合评价：中

一年生枝颜色：黄褐色（165A）

幼叶颜色：红微着绿色

叶片形状：卵圆形

叶缘/刺芒：锐锯齿/有

每花序花朵数（朵）：3～7(5.4)

雄蕊数（枚）：20～32（27.0）

花药颜色：紫红色（59D）

初花期：20190416

盛花期：20190418

果实成熟期：9月中旬（中晚）

果实发育期（d）：145

营养生长天数（d）：220

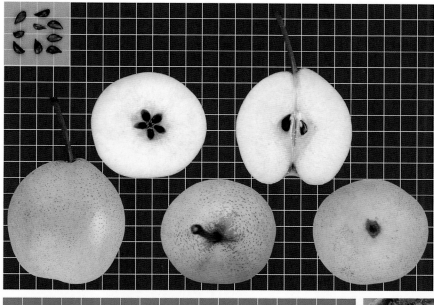

油红宵　**Youhongxiao**

原产辽宁建昌，白梨地方品种，2*n*=34；树势较强，半开张，丰产性较强，贮藏性强。

果实类型：脆肉型	风味：甜酸	每花序花朵数（朵）：5～9(7.2)
果实形状：卵圆形	果肉硬度（kg/cm²）：8.14	雄蕊数（枚）：21～28（24.8）
单果重（g）：121	SSC/TA（%）：12.79/0.72	花药颜色：紫红色（60A）
萼片状态：脱落/残存/宿存	内质综合评价：中	初花期：20190416
果实心室数：5	一年生枝颜色：黄褐色（175A）	盛花期：20190418
果肉质地：脆	幼叶颜色：红微着绿色	果实成熟期：9月底（晚）
果肉粗细：中粗	叶片形状：卵圆形	果实发育期（d）：159
汁液：中多	叶缘/刺芒：锐锯齿/有	营养生长天数（d）：224

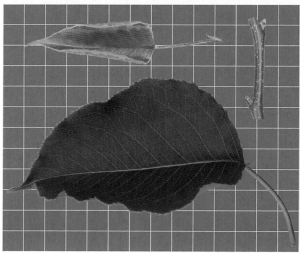

油梨 Youli

原产山西原平，别名香水梨，白梨地方品种，2n=34；树势较强，半开张，丰产性强，贮藏性较强。

果实类型：脆肉型

果实形状：扁圆形

单果重（g）：200

萼片状态：脱落/残存/宿存

果实心室数：5

果肉质地：松脆

果肉粗细：较细

汁液：中多

风味：酸甜

果肉硬度（kg/cm^2）：7.74

SSC/TA（%）：12.08/0.36

内质综合评价：中上

一年生枝颜色：黄褐色（165B）

幼叶颜色：红微着绿色

叶片形状：卵圆形

叶缘/刺芒：锐锯齿/有

每花序花朵数（朵）：4～7(5.0)

雄蕊数（枚）：22～34（26.6）

花药颜色：淡紫色（N74D）

初花期：20190415

盛花期：20190417

果实成熟期：10月上旬（晚）

果实发育期（d）：168

营养生长天数（d）：221

油瓶梨 Youpingli

河北省农林科学院石家庄果树研究所引进，白梨地方品种，2n=34；树势中庸，较直立，丰产性较强，贮藏性强。

果实类型：脆肉型
果实形状：纺锤形/葫芦形
单果重（g）：217
萼片状态：脱落
果实心室数：5
果肉质地：稍脆
果肉粗细：较细
汁液：中多

风味：淡甜
果肉硬度（kg/cm²）：7.15
SSC/TA（%）：12.94/0.21
内质综合评价：中
一年生枝颜色：黄褐色（165A）
幼叶颜色：红色
叶片形状：卵圆形
叶缘/刺芒：锐锯齿/有

每花序花朵数（朵）：4～9(6.7)
雄蕊数（枚）：21～30（25.9）
花药颜色：深紫红（59A）
初花期：20190421
盛花期：20190424
果实成熟期：9月下旬（晚）
果实发育期（d）：154
营养生长天数（d）：218

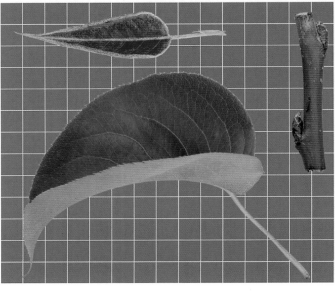

园香　**Yuanxiang**

河北北戴河引进，白梨地方品种；树势强，半开张，丰产性强，贮藏性较强。

果实类型：脆肉型　　　　风味：甜酸　　　　每花序花朵数（朵）：3～6(4.6)

果实形状：圆形　　　　果肉硬度（kg/cm²）：7.29　　雄蕊数（枚）：22～29（25.7）

单果重（g）：194　　　SSC/TA（%）：13.01/0.38　花药颜色：粉红色（58C）

萼片状态：宿存/残存/脱落　内质综合评价：中　　初花期：20190416

果实心室数：5～6　　　一年生枝颜色：黄褐色（164A）盛花期：20190418

果肉质地：紧脆　　　　幼叶颜色：红微着绿色　　果实成熟期：10月上旬（晚）

果肉粗细：粗　　　　　叶片形状：卵圆形　　　果实发育期（d）：169

汁液：中多　　　　　　叶缘/刺芒：锐锯齿/有　　营养生长天数（d）：218

圆把　Yuanba

原产辽宁，白梨地方品种，2n=34；树势较强，半开张，丰产性较强，贮藏性中等。

果实类型：脆肉型

果实形状：圆形

单果重（g）：274

萼片状态：脱落/残存/宿存

果实心室数：5

果肉质地：松脆

果肉粗细：中粗

汁液：多

风味：酸甜

果肉硬度（kg/cm²）：8.28

SSC/TA（%）：11.05/0.17

内质综合评价：中

一年生枝颜色：黄褐色（166C）

幼叶颜色：红微着绿色

叶片形状：卵圆形

叶缘/刺芒：锐锯齿/有

每花序花朵数（朵）：3 ～ 6(4.5)

雄蕊数（枚）：19 ～ 26（20.8）

花药颜色：紫红色（61B）

初花期：20190415

盛花期：20190417

果实成熟期：9月下旬（晚）

果实发育期（d）：154

营养生长天数（d）：237

早梨 *Zaoli*

原产四川大金，别名庆宁早梨，白梨地方品种，2n=34；树势强，半开张，丰产性强，贮藏性中等。

果实类型：脆肉型　　　　风味：酸甜　　　　每花序花朵数（朵）：5 ～ 10(6.6)
果实形状：倒卵形　　　　果肉硬度（kg/cm²）：7.23　　雄蕊数（枚）：21 ～ 27（24.2）
单果重（g）：179　　　SSC/TA（%）：11.38/0.26　　花药颜色：紫红色（60A）
萼片状态：脱落　　　　内质综合评价：中上　　　初花期：20190416
果实心室数：5　　　　一年生枝颜色：黄褐色（175A）　盛花期：20190418
果肉质地：松脆　　　　幼叶颜色：绿着红色　　　果实成熟期：9月下旬（晚）
果肉粗细：较细　　　　叶片形状：卵圆形　　　果实发育期（d）：152
汁液：多　　　　　　叶缘/刺芒：锐锯齿/有　　营养生长天数（d）：230

郑州鹅梨　**Zhengzhou Eli**

原产河南郑州，白梨地方品种；树势强，较直立，丰产性强，贮藏性强。

果实类型：脆肉型

风味：淡甜

每花序花朵数（朵）：6～9(7.3)

果实形状：倒卵形

果肉硬度（kg/cm²）：5.85

雄蕊数（枚）：20～26（21.9）

单果重（g）：228

SSC/TA（%）：12.14/0.10

花药颜色：淡紫色（75A）

萼片状态：脱落

内质综合评价：中上

初花期：20190415

果实心室数：5

一年生枝颜色：黄褐色（N199D）

盛花期：20190417

果肉质地：松脆

幼叶颜色：绿微着红色

果实成熟期：10月上旬（晚）

果肉粗细：较细

叶片形状：卵圆形

果实发育期（d）：164

汁液：多

叶缘/刺芒：锐锯齿/有

营养生长天数（d）：227

猪嘴　*Zhuzui*

原产辽宁金州，白梨地方品种；树势中庸，半开张，丰产性中等。

果实类型：脆肉型

果实形状：圆锥形

单果重（g）：255

萼片状态：脱落/残存

果实心室数：4～5

果肉质地：松脆

果肉粗细：中粗

汁液：中多

风味：甜酸

果肉硬度（kg/cm²）：4.94

SSC/TA（%）：11.19/0.13

内质综合评价：中

一年生枝颜色：褐色（200C）

幼叶颜色：红微着绿色

叶片形状：卵圆形

叶缘/刺芒：锐锯齿/有

每花序花朵数（朵）：4～7(5.8)

雄蕊数（枚）：20～34（23.9）

花药颜色：深紫红（59A）

初花期：20190416

盛花期：20190418

果实成熟期：9月中旬（中）

果实发育期（d）：141

营养生长天数（d）：214

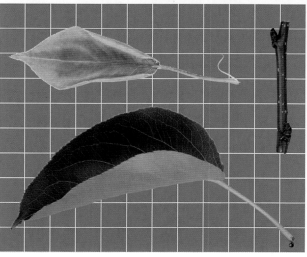

子母梨　*Zimuli*

原产山东平邑，白梨地方品种；树势中庸，半开张，丰产性强，贮藏性较强。

果实类型：脆肉型　　　　风味：淡甜　　　　每花序花朵数（朵）：4～8(6.1)

果实形状：长圆形　　　　果肉硬度（kg/cm²）：11.55　　　雄蕊数（枚）：22～33（26.2）

单果重（g）：170　　　　SSC/TA（%）：12.84/0.18　　　花药颜色：紫红色（72A）

萼片状态：脱落　　　　内质综合评价：中　　　　初花期：20190418

果实心室数：5　　　　一年生枝颜色：黄褐色（165B）　　盛花期：20190420

果肉质地：紧脆　　　　幼叶颜色：红微着绿色　　　果实成熟期：10月上旬（晚）

果肉粗细：粗　　　　叶片形状：卵圆形　　　　果实发育期（d）：169

汁液：中多　　　　叶缘/刺芒：锐锯齿/有　　　营养生长天数（d）：234

第二节 砂 梨

哀家梨 **Aijiali**

原产福建建阳，砂梨地方品种，2*n*=34；树势中庸。

果实类型：脆肉型

果实形状：纺锤形

单果重（g）：228

萼片状态：宿存

果实心室数：5

果肉质地：脆

果肉粗细：中粗

汁液：中多

风味：酸甜

SSC/TA（%）：9.6/0.13

内质综合评价：中

一年生枝颜色：黄褐色

幼叶颜色：绿微着红色

叶片形状：卵圆形

叶缘/刺芒：锐锯齿/有

每花序花朵数（朵）：6.6

雄蕊数（枚）：25.9

花药颜色：紫红色

初花期：20150324（武汉）

盛花期：20150325（武汉）

果实成熟期：9月上旬（晚）

果实发育期（d）：166

营养生长天数（d）：258

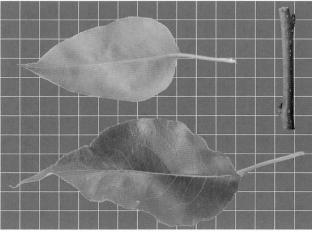

巴东平头梨　**Badong Pingtouli**

原产湖北巴东，砂梨地方品种，2n=34；树势中庸。

果实类型：脆肉型
果实形状：长圆形
单果重（g）：164
萼片状态：残存/宿存
果实心室数：5
果肉质地：紧密
果肉粗细：粗
汁液：少

风味：淡甜
SSC/TA（%）：11.6/0.27
内质综合评价：下
一年生枝颜色：黑褐色
幼叶颜色：绿微着红色
叶片形状：椭圆形
叶缘/刺芒：锐锯齿/有
每花序花朵数（朵）：4.8

雄蕊数（枚）：20.0
花药颜色：淡紫红
初花期：20150323（武汉）
盛花期：20150325（武汉）
果实成熟期：9月中旬（晚）
果实发育期（d）：171
营养生长天数（d）：273

巴克斯　**Bakesi**

原产云南丽江，别名黄把梨，砂梨地方品种，2*n*=34；树势中庸，半开张，丰产性中等，贮藏性强。

果实类型：脆肉型

果实形状：圆锥形

单果重（g）：215

萼片状态：宿存/残存

果实心室数：5

果肉质地：紧脆

果肉粗细：中粗

汁液：中多

风味：甜酸

果肉硬度（kg/cm²）：12.37

SSC/TA（%）：11.81/0.37

内质综合评价：中

一年生枝颜色：黄褐色（N199B）

幼叶颜色：绿色

叶片形状：卵圆形

叶缘/刺芒：锐锯齿/有

每花序花朵数（朵）：4～8(6.4)

雄蕊数（枚）：17～25（20.9）

花药颜色：淡粉色（69A）

初花期：20190419

盛花期：20190421

果实成熟期：10月上旬（晚）

果实发育期（d）：168

营养生长天数（d）：228

白花梨　**Baihuali**

原产重庆铜梁，砂梨地方品种，2*n*=34；树势中庸。

果实类型：脆肉型　　　　　　风味：甜酸　　　　　　　　雄蕊数（枚）：22.9
果实形状：长圆形　　　　　　SSC/TA（%）：11.1/0.47　　花药颜色：紫红色
单果重（g）：486　　　　　　内质综合评价：中下　　　　初花期：20150322（武汉）
萼片状态：脱落　　　　　　　一年生枝颜色：黄褐色　　　盛花期：20150324（武汉）
果实心室数：5～6　　　　　　幼叶颜色：红微着绿色　　　果实成熟期：8月下旬（晚）
果肉质地：紧脆　　　　　　　叶片形状：卵圆形　　　　　果实发育期（d）：153
果肉粗细：中粗　　　　　　　叶缘/刺芒：锐锯齿/有　　　营养生长天数（d）：213
汁液：中多　　　　　　　　　每花序花朵数（朵）：5.1

白皮九月梨 Baipi Jiuyueli

原产贵州威宁，砂梨地方品种，2*n*=34；树势强。

果实类型：脆肉型	风味：淡甜	雄蕊数（枚）：31.2
果实形状：扁圆形	SSC/TA（%）：10.6/0.27	花药颜色：淡粉色
单果重（g）：226	内质综合评价：下	初花期：20150323（武汉）
萼片状态：脱落	一年生枝颜色：黄褐色	盛花期：20150325（武汉）
果实心室数：5	幼叶颜色：绿微着红色	果实成熟期：9月底（晚）
果肉质地：紧密	叶片形状：椭圆形	果实发育期（d）：188
果肉粗细：粗	叶缘/刺芒：锐锯齿/有	营养生长天数（d）：248
汁液：少	每花序花朵数（朵）：6.0	

半斤酥2号　Banjinsu 2

原产地不详，砂梨地方品种，2*n*=34；树势较强，半开张，丰产性较强，贮藏性较强。

果实类型：脆肉型　　　　风味：甜　　　　　　　　　每花序花朵数（朵）：5 ～ 9(6.9)

果实形状：扁圆形　　　　果肉硬度（kg/cm²）：6.35　　雄蕊数（枚）：19 ～ 21 （19.7）

单果重（g）：228　　　　SSC/TA（%）：10.67/0.07　　花药颜色：紫红色（70B）

萼片状态：脱落/残存　　　内质综合评价：中上　　　　初花期：20190416

果实心室数：4 ～ 5　　　一年生枝颜色：黄褐色（175A）盛花期：20190418

果肉质地：松脆　　　　　幼叶颜色：绿着红色　　　　果实成熟期：9月下旬（晚）

果肉粗细：细　　　　　　叶片形状：卵圆形　　　　　果实发育期（d）：160

汁液：多　　　　　　　　叶缘/刺芒：锐锯齿/有　　　营养生长天数（d）：233

宝珠梨　Baozhuli

原产云南呈贡、晋宁等地，砂梨地方品种，2n=34；树势强，半开张，丰产性强，贮藏性较强。

果实类型：脆肉型　　　　　风味：甜　　　　　　　　每花序花朵数（朵）：4～9(6.3)

果实形状：近圆形　　　　　果肉硬度（kg/cm²）：6.36　　雄蕊数（枚）：24～35（29.1）

单果重（g）：216　　　　　SSC/TA（%）：14.32/0.29　　花药颜色：紫色（N77B）

萼片状态：宿存/残存　　　　内质综合评价：上　　　　　初花期：20190419

果实心室数：5～6　　　　　一年生枝颜色：黄褐色（164A）盛花期：20190421

果肉质地：松脆　　　　　　幼叶颜色：绿微着红色　　　果实成熟期：9月下旬（晚）

果肉粗细：较细　　　　　　叶片形状：卵圆形　　　　　果实发育期（d）：155

汁液：多　　　　　　　　　叶缘/刺芒：锐锯齿/有　　　营养 生长期（d）：222

北流花梨　**Beiliu Huali**

原产广西北流，砂梨地方品种，2*n*=34；树势强。

果实类型：脆肉型
果实形状：扁圆形
单果重（g）：259
萼片状态：脱落
果实心室数：5
果肉质地：紧密
果肉粗细：中粗
汁液：中多

风味：甜酸稍涩
SSC/TA（%）：9.7/0.42
内质综合评价：中
一年生枝颜色：灰褐色
幼叶颜色：红微着绿色
叶片形状：椭圆形
叶缘/刺芒：锐锯齿/无
每花序花朵数（朵）：6.8

雄蕊数（枚）：21.5
花药颜色：淡紫红
初花期：20150314（武汉）
盛花期：20150317（武汉）
果实成熟期：9月底（晚）
果实发育期（d）：195
营养生长天数（d）：291

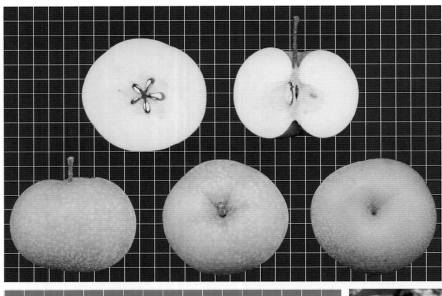

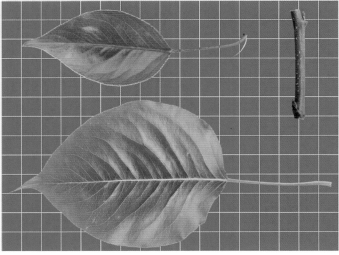

北流蜜梨　**Beiliu Mili**

原产广西北流，砂梨地方品种，2*n*=34；树势弱。

果实类型：脆肉型　　　　风味：酸甜　　　　　　　雄蕊数（枚）：20.8

果实形状：扁圆形　　　　SSC/TA（%）：12.2/0.23　花药颜色：淡紫红

单果重（g）：224　　　　内质综合评价：中　　　　初花期：20150310（武汉）

萼片状态：脱落　　　　　一年生枝颜色：黄褐色　　盛花期：20150314（武汉）

果实心室数：5　　　　　幼叶颜色：绿着红色　　　果实成熟期：9月底（晚）

果肉质地：紧脆　　　　　叶片形状：椭圆形　　　　果实发育期（d）：198

果肉粗细：中粗　　　　　叶缘/刺芒：锐锯齿/有　　营养生长天数（d）：278

汁液：中多　　　　　　　每花序花朵数（朵）：6.5

北流青梨　**Beiliu Qingli**

原产广西北流，砂梨地方品种，2*n*=34；树势强。

果实类型：脆肉型　　　　风味：甜酸　　　　　　　雄蕊数（枚）：19.2

果实形状：圆形　　　　　SSC/TA（%）：11.4/0.34　花药颜色：淡粉色

单果重（g）：289　　　　内质综合评价：下　　　　初花期：20150309（武汉）

萼片状态：宿存　　　　　一年生枝颜色：褐色　　　盛花期：20150313（武汉）

果实心室数：5　　　　　 幼叶颜色：红微着绿色　　果实成熟期：9月上旬（晚）

果肉质地：紧脆　　　　　叶片形状：椭圆形　　　　果实发育期（d）：178

果肉粗细：中粗　　　　　叶缘/刺芒：锐锯齿/无　　营养生长天数（d）：282

汁液：中多　　　　　　　每花序花朵数（朵）：5.9

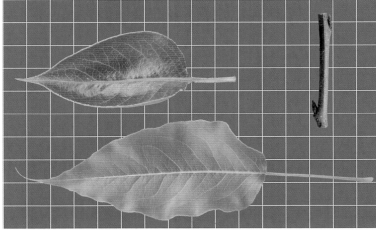

饼子梨 **Bingzili**

原产福建建阳，别名扁梨，砂梨地方品种，2*n*=34；树势较强，半开张，丰产性强，贮藏性较强。

果实类型：脆肉型	风味：酸甜	每花序花朵数（朵）：5～8(6.4)
果实形状：扁圆形	果肉硬度（kg/cm²）：6.24	雄蕊数（枚）：20～25（21.2）
单果重（g）：166	SSC/TA（%）：12.14/0.40	花药颜色：淡紫色（76A）
萼片状态：脱落	内质综合评价：中上	初花期：20190420
果实心室数：4～5	一年生枝颜色：黄褐色（N199C）	盛花期：20190422
果肉质地：松脆	幼叶颜色：红微着绿色	果实成熟期：9月下旬（晚）
果肉粗细：中粗	叶片形状：卵圆形	果实发育期（d）：152
汁液：多	叶缘/刺芒：锐锯齿/有	营养生长天数（d）：218

苍梧大砂梨　Cangwu Dashali

原产广西苍梧，砂梨地方品种；树势较强，半开张，丰产性较强。

果实类型：脆肉型
果实形状：扁圆形
单果重（g）：640
萼片状态：脱落/残存
果实心室数：4 ~ 5
果肉质地：松脆
果肉粗细：中粗
汁液：多

风味：酸甜
果肉硬度（kg/cm²）：7.80
SSC/TA（%）：13.17/0.29
内质综合评价：中
一年生枝颜色：黄褐色（165A）
幼叶颜色：绿微着红色
叶片形状：圆形
叶缘/刺芒：锐锯齿/无

每花序花朵数（朵）：5 ~ 9(7.3)
雄蕊数（枚）：20 ~ 24（20.9）
花药颜色：紫色（N77B）
初花期：20190414
盛花期：20190416
果实成熟期：10月上旬（晚）
果实发育期（d）：165
营养生长天数（d）：231

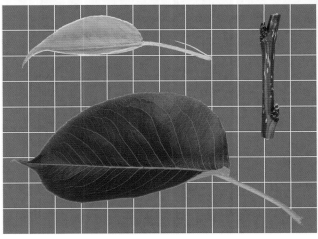

苍溪雪梨　*Cangxi Xueli*

原产四川苍溪，别名苍溪梨，砂梨地方品种，2*n*=34；树势较强，半开张，丰产性强，贮藏性较强。

果实类型：脆肉型

果实形状：倒卵形/葫芦形

单果重（g）：326

萼片状态：脱落/残存

果实心室数：5

果肉质地：疏松

果肉粗细：较细

汁液：多

风味：淡甜

果肉硬度（kg/cm²）：4.83

SSC/TA（%）：11.11/0.10

内质综合评价：中上

一年生枝颜色：黄褐色（166A）

幼叶颜色：绿着红色

叶片形状：卵圆形

叶缘/刺芒：锐锯齿/有

每花序花朵数（朵）：6～9(7.7)

雄蕊数（枚）：18～21（19.8）

花药颜色：淡紫色（76A）

初花期：20190414

盛花期：20190416

果实成熟期：9月下旬（晚）

果实发育期（d）：165

营养生长天数（d）：225

长把梨　Changbali

原产四川西昌，砂梨地方品种，2n=34；树势弱。

果实类型：脆肉型　　　　风味：甜酸　　　　　　　雄蕊数（枚）：22.3
果实形状：圆形　　　　　SSC/TA（%）：10.7/0.45　花药颜色：淡紫红
单果重（g）：172　　　　内质综合评价：中　　　　初花期：20150323（武汉）
萼片状态：脱落　　　　　一年生枝颜色：黄褐色　　盛花期：20150325（武汉）
果实心室数：5　　　　　幼叶颜色：绿着红色　　　果实成熟期：9月中旬（晚）
果肉质地：紧脆　　　　　叶片形状：椭圆形　　　　果实发育期（d）：166
果肉粗细：中粗　　　　　叶缘/刺芒：锐锯齿/有　　营养生长天数（d）：251
汁液：中多　　　　　　　每花序花朵数（朵）：6.0

长把酥 **Changbasu**

原产四川会理，砂梨地方品种；树势较强，半开张，丰产性较强，贮藏性较强。

果实类型：脆肉型
果实形状：倒卵形
单果重（g）：186
萼片状态：脱落
果实心室数：5
果肉质地：松脆
果肉粗细：细
汁液：多

风味：甜酸—淡甜
果肉硬度（kg/cm^2）：9.18
SSC/TA（%）：12.14/0.53
内质综合评价：中上
一年生枝颜色：黄褐色（N199B）
幼叶颜色：红微着绿色
叶片形状：卵圆形
叶缘/刺芒：锐锯齿/有

每花序花朵数（朵）：5 ~ 9(6.5)
雄蕊数（枚）：26 ~ 32（28.7）
花药颜色：淡紫红（64D）
初花期：20190419
盛花期：20190421
果实成熟期：10月上中旬（晚）
果实发育期（d）：167
营养生长天数（d）：220

长冲梨 **Changchongli**

原产云南，砂梨地方品种。

果实类型：脆肉型
果实形状：近圆形
单果重（g）：344
萼片状态：脱落
果实心室数：5～6
果肉质地：松脆
果肉粗细：中粗
汁液：多

风味：淡甜
果肉硬度（kg/cm²）：5.04
SSC/TA（%）：12.62/0.05
内质综合评价：中
一年生枝颜色：黄褐色（165A）
幼叶颜色：红微着绿色
叶片形状：卵圆形
叶缘/刺芒：锐锯齿/有

每花序花朵数（朵）：5～9(6.6)
雄蕊数（枚）：21～28（24.2）
花药颜色：紫红色（70B）
初花期：20190417
盛花期：20190419
果实成熟期：10月上旬（晚）
果实发育期（d）：165
营养生长天数（d）：217

陈家大麻梨　*Chenjia Damali*

原产四川金川沙耳乡陈家，砂梨地方品种，2*n*=34；树势较强，半开张，丰产性强，贮藏性强。

果实类型：脆肉型　　　　　　风味：甜　　　　　　　　每花序花朵数（朵）：5～8(6.6)

果实形状：纺锤形　　　　　　果肉硬度（kg/cm²）：6.12　雄蕊数（枚）：20～24（22.1）

单果重（g）：300　　　　　　SSC/TA（%）：12.44/0.18　花药颜色：紫红色（64A）

萼片状态：宿存/残存　　　　　内质综合评价：中　　　　　初花期：20190415

果实心室数：4～5　　　　　　一年生枝颜色：黄褐色（165A）盛花期：20190417

果肉质地：松脆　　　　　　　幼叶颜色：红着绿色　　　　果实成熟期：9月底（晚）

果肉粗细：中粗　　　　　　　叶片形状：卵圆形　　　　　果实发育期（d）：156

汁液：多　　　　　　　　　　叶缘/刺芒：锐锯齿/有　　　营养生长天数（d）：235

迟咸丰　Chixianfeng

原产湖北利川，砂梨地方品种，2*n*=34；树势较强，半开张，丰产性强。

果实类型：脆肉型	风味：甜酸	每花序花朵数（朵）：5～8(6.6)
果实形状：长圆形/圆形	果肉硬度（kg/cm²）：5.55	雄蕊数（枚）：20～29（23.7）
单果重（g）：266	SSC/TA（%）：12.20/0.12	花药颜色：深紫红（59B）
萼片状态：脱落	内质综合评价：中上	初花期：20190416
果实心室数：5	一年生枝颜色：黄褐色（165A）	盛花期：20190418
果肉质地：松脆	幼叶颜色：绿微着红色	果实成熟期：9月下旬（晚）
果肉粗细：细	叶片形状：卵圆形	果实发育期（d）：159
汁液：中多	叶缘/刺芒：锐锯齿/有	营养生长天数（d）：236

粗花雪梨　**Cuhua Xueli**

原产浙江云和，砂梨地方品种。

果实类型：脆肉型

果实形状：倒卵形

单果重（g）：777

萼片状态：宿存

果实心室数：5

果肉质地：脆

果肉粗细：中粗

汁液：多

风味：甜

SSC（%）：12.5

内质综合评价：中上

一年生枝颜色：绿褐色（N199A）

幼叶颜色：绿微着红色

叶片形状：椭圆形

叶缘/刺芒：锐锯齿/有

每花序花朵数（朵）：5～8(6.7)

雄蕊数（枚）：17～23（20.4）

花药颜色：淡紫色（75A）

初花期：20190323（杭州）

盛花期：20190324（杭州）

果实成熟期：9月中旬（晚）

果实发育期（d）：171

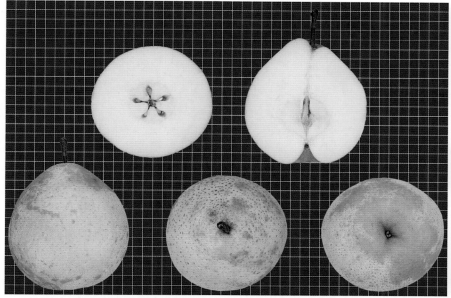

粗皮糖梨　Cupi Tangli

原产广西灌阳，砂梨地方品种，2n=34；树势中庸。

果实类型：脆肉型
果实形状：圆形
单果重（g）：199
萼片状态：脱落/宿存
果实心室数：5
果肉质地：紧密
果肉粗细：粗
汁液：中多

风味：甜酸
SSC/TA（%）：12.3/0.75
内质综合评价：下
一年生枝颜色：绿褐色
幼叶颜色：绿色
叶片形状：卵圆形
叶缘/刺芒：锐锯齿/有
每花序花朵数（朵）：4.9

雄蕊数（枚）：21.0
花药颜色：粉红色
初花期：20150319（武汉）
盛花期：20150323（武汉）
果实成熟期：9月中旬（晚）
果实发育期（d）：175
营养生长天数（d）：231

粗皮酥　**Cupisu**

原产江西婺源，砂梨地方品种，$2n=34$；树势强，半开张，丰产性中等。

果实类型：脆肉型　　　　风味：酸甜　　　　　　　　每花序花朵数（朵）：3～7(4.8)

果实形状：近圆形　　　　果肉硬度（kg/cm²）：11.82　　雄蕊数（枚）：19～27（23.1）

单果重（g）：123　　　　SSC/TA（%）：13.36/0.47　　花药颜色：紫色（N77B）

萼片状态：残存/宿存/脱落　内质综合评价：中　　　　　初花期：20190416

果实心室数：5　　　　　一年生枝颜色：黄褐色（N199B）盛花期：20190418

果肉质地：紧脆　　　　　幼叶颜色：绿微着红色　　　　果实成熟期：9月下旬（晚）

果肉粗细：中粗　　　　　叶片形状：卵圆形　　　　　　果实发育期（d）：157

汁液：中多　　　　　　　叶缘/刺芒：锐锯齿/有　　　　营养生长天数（d）：224

大茶梨　Dachali

原产湖北荆门，砂梨地方品种，2*n*=34；树势强。

果实类型：脆肉型　　　　风味：甜　　　　　　雄蕊数（枚）：20.8
果实形状：长圆形　　　　SSC/TA（%）：11.2/0.39　花药颜色：紫红色
单果重（g）：224　　　　内质综合评价：下　　　初花期：20150323（武汉）
萼片状态：宿存/脱落　　　一年生枝颜色：黄褐色　盛花期：20150325（武汉）
果实心室数：5　　　　　　幼叶颜色：绿微着红色　果实成熟期：9月下旬（晚）
果肉质地：脆　　　　　　叶片形状：卵圆形　　　果实发育期（d）：182
果肉粗细：中粗　　　　　叶缘/刺芒：锐锯齿/有　营养生长天数（d）：265
汁液：中多　　　　　　　每花序花朵数（朵）：3.1

大恩梨　**Daenli**

原产浙江乐清，砂梨地方品种，2*n*=34；树势弱。

果实类型：脆肉型　　　　风味：淡甜　　　　　　雄蕊数（枚）：27.0

果实形状：圆形　　　　　SSC/TA（%）：10.6/0.28　花药颜色：紫红色

单果重（g）：424　　　　内质综合评价：中　　　初花期：20150323（武汉）

萼片状态：脱落/宿存　　　一年生枝颜色：灰褐色　盛花期：20150325（武汉）

果实心室数：5　　　　　　幼叶颜色：绿微着红色　果实成熟期：9月中旬（晚）

果肉质地：脆　　　　　　叶片形状：椭圆形　　　果实发育期（d）：174

果肉粗细：中粗　　　　　叶缘/刺芒：锐锯齿/有　营养生长天数（d）：243

汁液：中多　　　　　　　每花序花朵数（朵）：7.2

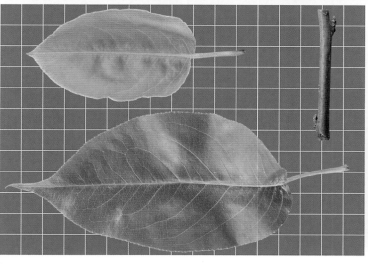

大果青　**Daguoqing**

原产湖南靖县，砂梨地方品种，2*n*=34；树势弱。

果实类型：脆肉型	风味：酸甜	雄蕊数（枚）：24.4
果实形状：圆形	SSC/TA（%）：11.2/0.18	花药颜色：粉红色
单果重（g）：277	内质综合评价：中	初花期：20150323（武汉）
萼片状态：脱落	一年生枝颜色：灰褐色	盛花期：20150325（武汉）
果实心室数：5	幼叶颜色：绿微着红色	果实成熟期：9月中旬（晚）
果肉质地：紧脆	叶片形状：椭圆形	果实发育期（d）：173
果肉粗细：中粗	叶缘/刺芒：锐锯齿/有	营养生长天数（d）：216
汁液：中多	每花序花朵数（朵）：4.1	

大花梨 Dahuali

原产四川简阳，砂梨地方品种，2*n*=34；树势弱。

果实类型：脆肉型　　　　风味：甜酸　　　　　　　　雄蕊数（枚）：31.1

果实形状：圆形　　　　　SSC/TA（%）：11.3/0.33　　花药颜色：淡紫红

单果重（g）：528　　　　内质综合评价：中　　　　　初花期：20150320（武汉）

萼片状态：脱落　　　　　一年生枝颜色：黄褐色　　　盛花期：20150321（武汉）

果实心室数：5　　　　　　幼叶颜色：绿着红色　　　　果实成熟期：8月底（晚）

果肉质地：脆　　　　　　叶片形状：椭圆形　　　　　果实发育期（d）：163

果肉粗细：中粗　　　　　叶缘/刺芒：锐锯齿/有　　　营养生长天数（d）：268

汁液：中多　　　　　　　每花序花朵数（朵）：5.3

大理平川梨　Dali Pingchuanli

原产云南大理，砂梨地方品种，2n=34；树势弱。

果实类型：脆肉型	风味：酸甜	雄蕊数（枚）：29.1
果实形状：圆形	SSC/TA（%）：11.2/0.27	花药颜色：紫红色
单果重（g）：220	内质综合评价：下	初花期：20150323（武汉）
萼片状态：脱落	一年生枝颜色：褐色	盛花期：20150325（武汉）
果实心室数：6	幼叶颜色：绿微着红色	果实成熟期：9月中旬（晚）
果肉质地：紧密	叶片形状：椭圆形	果实发育期（d）：167
果肉粗细：中粗	叶缘/刺芒：锐锯齿/有	营养生长天数（d）：207
汁液：中多	每花序花朵数（朵）：4.3	

大理酸梨　**Dali Suanli**

原产云南大理，砂梨地方品种，2*n*=34；树势强。

果实类型：脆肉型

果实形状：扁圆形

单果重（g）：64

萼片状态：脱落/宿存

果实心室数：5

果肉质地：紧密

果肉粗细：粗

汁液：少

风味：酸

SSC/TA（%）：12.0/1.09

内质综合评价：下

一年生枝颜色：绿黄色

幼叶颜色：绿微着红色

叶片形状：椭圆形

叶缘/刺芒：锐锯齿/有

每花序花朵数（朵）：5.5

雄蕊数（枚）：21.1

花药颜色：紫红色

初花期：20150327（武汉）

盛花期：20150328（武汉）

果实成熟期：9月中旬（晚）

果实发育期（d）：174

营养生长天数（d）：213

大麻梨 Damali

原产四川苍溪，砂梨地方品种；树势较强，半开张，丰产性强，贮藏性中等。

果实类型：脆肉型	风味：甜酸—甜	每花序花朵数（朵）：6～9(7.3)
果实形状：倒卵形	果肉硬度（kg/cm²）：6.53	雄蕊数（枚）：20～27（23.3）
单果重（g）：340	SSC/TA（%）：9.66/0.19	花药颜色：紫红色（64A）
萼片状态：宿存/残存	内质综合评价：中	初花期：20190416
果实心室数：4～5	一年生枝颜色：黄褐色（175A）	盛花期：20190418
果肉质地：松脆	幼叶颜色：红着绿色	果实成熟期：9月底（晚）
果肉粗细：中粗	叶片形状：卵圆形	果实发育期（d）：164
汁液：多	叶缘/刺芒：锐锯齿/有	营养生长天数（d）：216

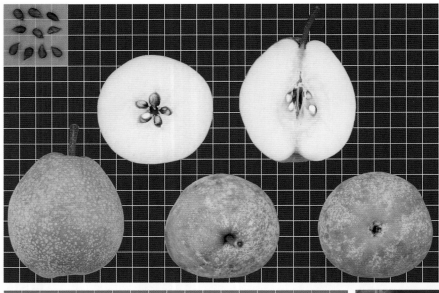

大霉梨　Dameili

原产浙江新昌，砂梨地方品种；树势强，半开张，丰产性较强。

果实类型：脆肉型

果实形状：圆形

单果重（g）：185

萼片状态：宿存/残存/脱落

果实心室数：5

果肉质地：紧脆

果肉粗细：中粗

汁液：中多

风味：甜酸稍涩

果肉硬度（kg/cm²）：7.07

SSC/TA（%）：13.44/0.44

内质综合评价：中

一年生枝颜色：黄褐色（175A）

幼叶颜色：绿着红色

叶片形状：卵圆形

叶缘/刺芒：锐锯齿/有

每花序花朵数（朵）：3～8(6.7)

雄蕊数（枚）：20～31（24.0）

花药颜色：紫红色（71C）

初花期：20190416

盛花期：20190418

果实成熟期：10月上旬（晚）

果实发育期（d）：165

营养生长天数（d）：230

大叶雪 Dayexue

原产江西婺源，砂梨地方品种；树势中庸，半开张，丰产性强，贮藏性中等。

果实类型：脆肉型　　　　　风味：甜酸　　　　　　　　每花序花朵数（朵）：5 ~ 9(6.7)

果实形状：阔倒卵形　　　　果肉硬度（kg/cm²）：4.77　　雄蕊数（枚）：20 ~ 32（25.1）

单果重（g）：323　　　　　SSC/TA（%）：11.04/0.47　　花药颜色：紫红色（70B）

萼片状态：脱落/宿存　　　　内质综合评价：中上　　　　初花期：20190414

果实心室数：5　　　　　　　一年生枝颜色：红褐色（178A）　盛花期：20190416

果肉质地：疏松　　　　　　　幼叶颜色：红着绿色　　　　果实成熟期：9月中下旬（晚）

果肉粗细：细　　　　　　　　叶片形状：卵圆形　　　　　果实发育期（d）：151

汁液：极多　　　　　　　　　叶缘/刺芒：锐锯齿/有　　　营养生长天数（d）：229

大紫酥　**Dazisu**

原产河北大名，砂梨地方品种；树势较强，半开张，丰产性较强。

果实类型：脆肉型

果实形状：近圆形

单果重（g）：203

萼片状态：宿存/残存/脱落

果实心室数：5

果肉质地：紧脆

果肉粗细：中粗

汁液：中多

风味：酸甜

果肉硬度（kg/cm²）：10.22

SSC/TA（%）：13.75/0.12

内质综合评价：中

一年生枝颜色：黄褐色（165A）

幼叶颜色：红着绿色

叶片形状：卵圆形

叶缘/刺芒：锐锯齿/有

每花序花朵数（朵）：4～8(5.7)

雄蕊数（枚）：20～25（21.5）

花药颜色：紫红色（71D）

初花期：20190417

盛花期：20190419

果实成熟期：10月上旬（晚）

果实发育期（d）：170

营养生长天数（d）：223

德昌蜂蜜　Dechang Fengmi

原产四川西昌，砂梨地方品种；树势中庸，半开张，丰产性强。

果实类型：脆肉型

果实形状：扁圆形

单果重（g）：149

萼片状态：宿存/残存

果实心室数：5

果肉质地：松脆

果肉粗细：较细

汁液：多

风味：甜

果肉硬度（kg/cm²）：7.00

SSC/TA（%）：12.19/0.22

内质综合评价：中上

一年生枝颜色：黄褐色（N199B）

幼叶颜色：绿着红色

叶片形状：卵圆形

叶缘/刺芒：锐锯齿/有

每花序花朵数（朵）：6 ~ 9(6.6)

雄蕊数（枚）：26 ~ 33（29.1）

花药颜色：粉红色（61D）

初花期：20190418

盛花期：20190421

果实成熟期：9月下旬（晚）

果实发育期（d）：156

营养生长天数（d）：226

德胜香　Deshengxiang

杭州引进，砂梨品种；树势较强，半开张，丰产性强，贮藏性中等。

果实类型：脆肉型	风味：淡甜	每花序花朵数（朵）：4～8(6.3)
果实形状：扁圆形	果肉硬度（kg/cm²）：6.44	雄蕊数（枚）：20～25（22.2）
单果重（g）：231	SSC/TA（%）：11.07/0.11	花药颜色：紫红色（61A）
萼片状态：脱落/残存/宿存	内质综合评价：中上	初花期：20190417
果实心室数：5	一年生枝颜色：黄褐色（N199C）	盛花期：20190419
果肉质地：松脆	幼叶颜色：红微着绿色	果实成熟期：9月中旬（中）
果肉粗细：细	叶片形状：卵圆形	果实发育期（d）：143
汁液：多	叶缘/刺芒：锐锯齿/有	营养生长天数（d）：222

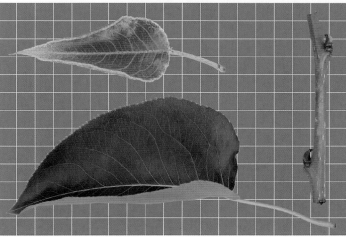

冬大梨　Dongdali

原产江西吉水，砂梨地方品种；树势中庸，直立，丰产性强。

果实类型：脆肉型

果实形状：近圆形

单果重（g）：263

萼片状态：脱落

果实心室数：4 ~ 5

果肉质地：紧脆

果肉粗细：中粗

汁液：多

风味：淡酸稍涩

果肉硬度（kg/cm²）：8.25

SSC/TA（%）：9.23/0.60

内质综合评价：中

一年生枝颜色：黄褐色（200D）

幼叶颜色：红着绿色

叶片形状：卵圆形

叶缘/刺芒：锐锯齿/有

每花序花朵数（朵）：5 ~ 8(6.6)

雄蕊数（枚）：20 ~ 23（20.6）

花药颜色：淡紫色（N77D）

初花期：20190414

盛花期：20190416

果实成熟期：10月上旬（晚）

果实发育期（d）：178

营养生长天数（d）：240

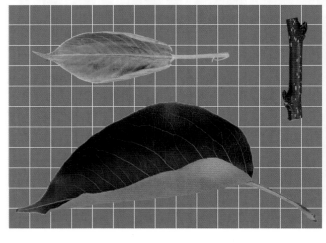

洞冠 **Dongguan**

原产广东阳山，砂梨地方品种；树势强，半开张，丰产性较强。

果实类型：脆肉型　　　　　风味：甜　　　　　　　　　每花序花朵数（朵）：6～8(6.7)

果实形状：近圆形　　　　　果肉硬度（kg/cm²）：8.66　雄蕊数（枚）：20～31（23.0）

单果重（g）：251　　　　　SSC/TA（%）：12.68/0.11　花药颜色：紫红色（71B）

萼片状态：宿存/残存　　　　内质综合评价：中上　　　　初花期：20190414

果实心室数：5　　　　　　　一年生枝颜色：黄褐色（166B）盛花期：20190416

果肉质地：稍脆　　　　　　　幼叶颜色：绿着红色　　　　　果实成熟期：9月底（晚）

果肉粗细：中粗　　　　　　　叶片形状：卵圆形　　　　　　果实发育期（d）：161

汁液：中多　　　　　　　　　叶缘/刺芒：锐锯齿/有　　　　营养生长天数（d）：229

朵朵花　Duoduohua

原产湖北远安，砂梨地方品种，2n=34；树势中庸。

果实类型：脆肉型
果实形状：长圆形
单果重（g）：174
萼片状态：脱落/宿存
果实心室数：5
果肉质地：脆
果肉粗细：中粗
汁液：中多

风味：酸甜
SSC/TA（%）：11.7/0.33
内质综合评价：中
一年生枝颜色：褐色
幼叶颜色：红微着绿色
叶片形状：椭圆形
叶缘/刺芒：锐锯齿/有
每花序花朵数（朵）：5.0

雄蕊数（枚）：23.5
花药颜色：紫红色
初花期：20150322（武汉）
盛花期：20150324（武汉）
果实成熟期：9月中旬（晚）
果实发育期（d）：169
营养生长天数（d）：214

鹅蛋　Edan

原产浙江丽水，砂梨地方品种；树势较强，直立，丰产性较强。

果实类型：脆肉型

果实形状：纺锤形

单果重（g）：58

萼片状态：脱落

果实心室数：3～5

果肉质地：紧脆

果肉粗细：中粗

汁液：中多

风味：酸涩

果肉硬度（kg/cm^2）：8.36

SSC/TA（%）：16.81/1.05

内质综合评价：中下

一年生枝颜色：黄褐色（N199B）

幼叶颜色：绿色

叶片形状：卵圆形

叶缘/刺芒：锐锯齿/有

每花序花朵数（朵）：6～9(7.5)

雄蕊数（枚）：19～21（19.9）

花药颜色：紫红色（70A）

初花期：20190415

盛花期：20190417

果实成熟期：10月中旬（晚）

果实发育期（d）：174

营养生长天数（d）：237

费县红梨　Feixian Hongli

原产山东费县，砂梨地方品种；树势强，丰产性强，贮藏性强。

果实类型：脆肉型	风味：淡甜	每花序花朵数（朵）：6 ～ 8
果实形状：长圆形	果肉硬度（kg/cm²）：9.5	雄蕊数（枚）：20 ～ 34
单果重（g）：207	SSC/TA（%）：11.3/0.11	花药颜色：淡紫色（75A）
萼片状态：残存/宿存	内质综合评价：中下	初花期：20170329（泰安）
果实心室数：5	一年生枝颜色：黄褐色（165A）	盛花期：20170403（泰安）
果肉质地：紧脆	幼叶颜色：绿微着红色	果实成熟期：10月中旬（晚）
果肉粗细：粗	叶片形状：卵圆形	果实发育期（d）：190
汁液：中多	叶缘/刺芒：锐锯齿/有	营养生长天数（d）：245

封开惠州梨　**Fengkai Huizhouli**

原产广东封开，砂梨地方品种，2*n*=34；树势强。

果实类型：脆肉型
果实形状：扁圆形
单果重（g）：201
萼片状态：脱落
果实心室数：5
果肉质地：紧密
果肉粗细：中粗
汁液：中多

风味：酸甜
SSC/TA（%）：11.8/0.23
内质综合评价：中
一年生枝颜色：褐色
幼叶颜色：绿微着红色
叶片形状：椭圆形
叶缘/刺芒：锐锯齿/有
每花序花朵数（朵）：6.1

雄蕊数（枚）：19.8
花药颜色：粉红色
初花期：20150309（武汉）
盛花期：20150313（武汉）
果实成熟期：9月下旬（晚）
果实发育期（d）：192
营养生长天数（d）：280

福安大雪梨　Fu'an Daxueli

原产福建福安，砂梨地方品种，2n=34；树势弱。

果实类型：脆肉型

果实形状：圆形

单果重（g）：386

萼片状态：脱落

果实心室数：5

果肉质地：脆

果肉粗细：中粗

汁液：中多

风味：淡甜

SSC/TA（%）：10.6/0.16

内质综合评价：中

一年生枝颜色：灰褐色

幼叶颜色：绿色

叶片形状：椭圆形

叶缘/刺芒：锐锯齿/有

每花序花朵数（朵）：7.3

雄蕊数（枚）：21.0

花药颜色：淡粉色

初花期：20150319（武汉）

盛花期：20150325（武汉）

果实成熟期：9月中旬（晚）

果实发育期（d）：173

营养生长天数（d）：239

富源黄梨　*Fuyuan Huangli*

原产云南富源，又名大黄梨、黄皮水梨，砂梨地方品种；树势强，半开张，丰产性强。

果实类型：脆肉型

果实形状：扁圆形

单果重（g）：287

萼片状态：脱落

果实心室数：5

果肉质地：紧脆

果肉粗细：中粗

汁液：多

风味：甜

果肉硬度（kg/cm²）：5.82

SSC/TA（%）：11.25/0.24

内质综合评价：中上

一年生枝颜色：黄褐色（165A）

幼叶颜色：红微着绿色

叶片形状：卵圆形

叶缘/刺芒：锐锯齿/有

每花序花朵数（朵）：5～8(6.3)

雄蕊数（枚）：30～34（32.6）

花药颜色：淡紫色（75A）

初花期：20190416

盛花期：20190418

果实成熟期：9月底（晚）

果实发育期（d）：158

营养生长天数（d）：227

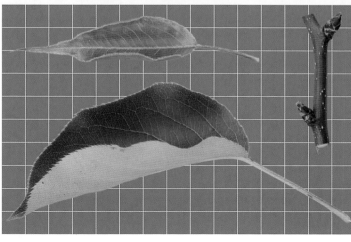

高要黄梨　Gaoyao Huangli

原产广东高要，砂梨地方品种，2n=34；树势中庸。

果实类型：脆肉型　　　　风味：甜酸　　　　　　　　雄蕊数（枚）：29.4
果实形状：扁圆形　　　　SSC/TA（%）：11.3/0.33　　花药颜色：紫红色
单果重（g）：222　　　　内质综合评价：中　　　　　初花期：20150311（武汉）
萼片状态：脱落　　　　　一年生枝颜色：褐色　　　　盛花期：20150314（武汉）
果实心室数：5　　　　　幼叶颜色：红微着绿色　　　果实成熟期：9月下旬（晚）
果肉质地：紧脆　　　　　叶片形状：椭圆形　　　　　果实发育期（d）：191
果肉粗细：中粗　　　　　叶缘/刺芒：锐锯齿/有　　　营养生长天数（d）：235
汁液：少　　　　　　　　每花序花朵数（朵）：6.8

高要青梨　**Gaoyao Qingli**

原产广东高要，砂梨地方品种，2*n*=34；树势强。

果实类型：脆肉型　　　　风味：甜酸　　　　　　　雄蕊数（枚）：20.0
果实形状：倒卵形　　　　SSC/TA（%）：11.17/0.35　花药颜色：淡粉色
单果重（g）：190　　　　内质综合评价：中　　　　初花期：20150312（武汉）
萼片状态：脱落　　　　　一年生枝颜色：褐色　　　盛花期：20150315（武汉）
果实心室数：5　　　　　幼叶颜色：红色　　　　　果实成熟期：9月中旬（晚）
果肉质地：紧密　　　　　叶片形状：椭圆形　　　　果实发育期（d）：180
果肉粗细：中粗　　　　　叶缘/刺芒：圆锯齿/无　　营养生长天数（d）：275
汁液：中多　　　　　　　每花序花朵数（朵）：5.5

灌阳9号　Guanyang 9

原产广西灌阳，砂梨；树势强，半开张，丰产性强，贮藏性中等。

果实类型：脆肉型　　　　　风味：酸甜　　　　　　　　每花序花朵数（朵）：6～9(7.7)

果实形状：长圆形　　　　　果肉硬度（kg/cm²）：7.03　雄蕊数（枚）：18～20（19.5）

单果重（g）：164　　　　　SSC/TA（%）：11.65/0.24　花药颜色：淡紫红（64D）

萼片状态：脱落　　　　　　内质综合评价：中上　　　　初花期：20190417

果实心室数：5　　　　　　一年生枝颜色：黄褐色（N199D）盛花期：20190419

果肉质地：松脆　　　　　　幼叶颜色：绿微着红色　　　果实成熟期：9月中下旬（晚）

果肉粗细：细　　　　　　　叶片形状：卵圆形　　　　　果实发育期（d）：152

汁液：多　　　　　　　　　叶缘/刺芒：锐锯齿/有　　　营养生长天数（d）：235

灌阳红皮梨　**Guanyang Hongpili**

原产广西灌阳，砂梨地方品种，2*n*=34；树势弱。

果实类型：脆肉型

果实形状：纺锤形

单果重（g）：196

萼片状态：宿存

果实心室数：5

果肉质地：脆

果肉粗细：中粗

汁液：中

风味：酸甜稍涩

SSC/TA（%）：11.3/0.28

内质综合评价：中

一年生枝颜色：黄褐色

幼叶颜色：绿色

叶片形状：卵圆形

叶缘/刺芒：锐锯齿/有

每花序花朵数（朵）：7.3

雄蕊数（枚）：19.1

花药颜色：淡紫红

初花期：20150317（武汉）

盛花期：20150322（武汉）

果实成熟期：9月上旬（晚）

果实发育期（d）：169

营养生长天数（d）：210

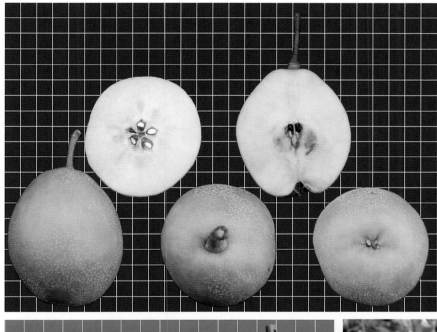

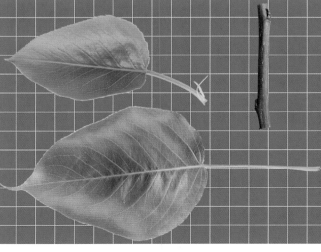

灌阳雪梨　Guanyang Xueli

产于广西灌阳，砂梨地方品种；树势中庸，半开张，丰产性强。

果实类型：脆肉型	风味：酸甜	每花序花朵数（朵）：7～9(7.8)
果实形状：长圆形	果肉硬度（kg/cm²）：6.66	雄蕊数（枚）：19～20（19.8）
单果重（g）：172	SSC/TA（%）：11.04/0.28	花药颜色：淡紫红（64D）
萼片状态：脱落	内质综合评价：中上	初花期：20190419
果实心室数：5	一年生枝颜色：黄褐色（N199D）	盛花期：20190421
果肉质地：松脆	幼叶颜色：绿微着红色	果实成熟期：9月下旬（晚）
果肉粗细：细	叶片形状：卵圆形	果实发育期（d）：155
汁液：多	叶缘/刺芒：锐锯齿/有	营养生长天数（d）：232

广西梨　Guangxili

原产广西，砂梨地方品种，2*n*=34；树势强，半开张，丰产性较强。

果实类型：脆肉型

果实形状：圆形

单果重（g）：162

萼片状态：脱落

果实心室数：5

果肉质地：稍脆

果肉粗细：中粗

汁液：中多

风味：甜

果肉硬度（kg/cm²）：7.75

SSC/TA（%）：13.38/0.10

内质综合评价：中

一年生枝颜色：黄褐色（N199D）

幼叶颜色：绿微着红色

叶片形状：卵圆形

叶缘/刺芒：锐锯齿/有

每花序花朵数（朵）：4～8(6.2)

雄蕊数（枚）：19～22（20.3）

花药颜色：紫红色（64A）

初花期：20190415

盛花期：20190417

果实成熟期：10月中旬（晚）

果实发育期（d）：175

营养生长天数（d）：244

桂花梨   Guihuali

原产浙江乐清，砂梨地方品种，2*n*=34；树势弱。

果实类型：脆肉型
风味：酸甜
雄蕊数（枚）：19.8

果实形状：扁圆形
SSC/TA（%）：10.2/0.29
花药颜色：淡紫红

单果重（g）：217
内质综合评价：中
初花期：20150323（武汉）

萼片状态：脱落
一年生枝颜色：黄褐色
盛花期：20150325（武汉）

果实心室数：5
幼叶颜色：绿微着红色
果实成熟期：9月中旬（晚）

果肉质地：脆
叶片形状：卵圆形
果实发育期（d）：171

果肉粗细：中粗
叶缘/刺芒：锐锯齿/有
营养生长天数（d）：230

汁液：中多
每花序花朵数（朵）：2.8

海东梨　Haidongli

原产云南呈贡，砂梨地方品种；树势较强，半开张，丰产性中等。

果实类型：脆肉型

果实形状：扁圆形

单果重（g）：284

萼片状态：宿存/残存/脱落

果实心室数：5～7

果肉质地：紧脆

果肉粗细：中粗

汁液：多

风味：甜酸稍涩

果肉硬度（kg/cm²）：7.49

SSC/TA（%）：12.26/0.50

内质综合评价：中

一年生枝颜色：黄褐色（175B）

幼叶颜色：红微着绿色

叶片形状：椭圆形

叶缘/刺芒：锐锯齿/有

每花序花朵数（朵）：4～7(5.0)

雄蕊数（枚）：26-34（29.7）

花药颜色：紫红色（71B）

初花期：20190418

盛花期：20190420

果实成熟期：10月上旬（晚）

果实发育期（d）：169

营养生长天数（d）：231

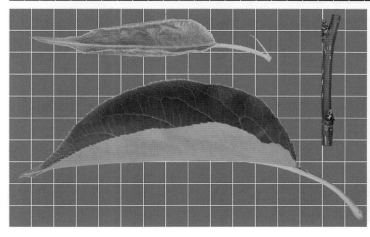

禾花梨　**Hehuali**

原产广东封开，砂梨地方品种，2*n*=34；树势强。

果实类型：脆肉型　　　　风味：酸甜　　　　　　　雄蕊数（枚）：20.0
果实形状：长圆形　　　　SSC/TA（%）：12.6/0.35　花药颜色：淡粉色
单果重（g）：245　　　　内质综合评价：中　　　　初花期：20150313（武汉）
萼片状态：脱落　　　　　一年生枝颜色：绿褐色　　盛花期：20150317（武汉）
果实心室数：5　　　　　幼叶颜色：红色　　　　　果实成熟期：9月上旬（晚）
果肉质地：紧密　　　　　叶片形状：椭圆形　　　　果实发育期（d）：174
果肉粗细：细　　　　　　叶缘/刺芒：锐锯齿/无　　营养生长天数（d）：256
汁液：中多　　　　　　　每花序花朵数（朵）：5.3

荷花梨　**Hehuali**

原产江西上饶，砂梨地方品种，2*n*=34；树势中庸，直立，丰产性强，贮藏性强。

果实类型：脆肉型

果实形状：圆形

单果重（g）：191

萼片状态：宿存

果实心室数：5

果肉质地：紧脆

果肉粗细：中粗

汁液：多

风味：甜酸

果肉硬度（kg/cm^2）：4.77

SSC/TA（%）：11.6/0.49

内质综合评价：中上

一年生枝颜色：黄褐色（165A）

幼叶颜色：绿着红色

叶片形状：卵圆形

叶缘/刺芒：锐锯齿/有

每花序花朵数（朵）：6 ～ 10(8.3)

雄蕊数（枚）：19 ～ 21 （20.1）

花药颜色：紫红色（70B）

初花期：20190419

盛花期：20190421

果实成熟期：9月下旬（晚）

果实发育期（d）：156

营养生长天数（d）：220

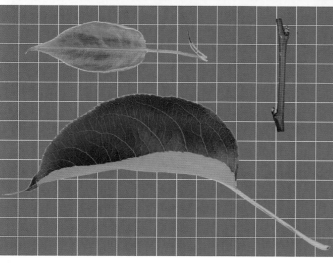

横县浸泡梨　Hengxian Jinpaoli

原产广西横县，砂梨地方品种，2*n*=34；树势中庸。

果实类型：脆肉型

果实形状：扁圆形

单果重（g）：257

萼片状态：脱落

果实心室数：5

果肉质地：紧密

果肉粗细：中粗

汁液：中多

风味：酸

SSC/TA（%）：10.1/0.73

内质综合评价：下

一年生枝颜色：黄褐色

幼叶颜色：红微着绿色

叶片形状：卵圆形

叶缘/刺芒：锐锯齿/有

每花序花朵数（朵）：6.2

雄蕊数（枚）：22.0

花药颜色：紫红色

初花期：20150315（武汉）

盛花期：20150318（武汉）

果实成熟期：9月下旬（晚）

果实发育期（d）：187

营养生长天数（d）：275

横县蜜梨　Hengxian Mili

原产广西横县，砂梨地方品种；树势强，半开张，丰产性中等，贮藏性较弱。

果实类型：脆肉型	风味：甜酸	每花序花朵数（朵）：3～8(4.8)
果实形状：圆形	果肉硬度（kg/cm²）：8.32	雄蕊数（枚）：19～23（21.0）
单果重（g）：190	SSC/TA（%）：13.59/0.34	花药颜色：淡粉色（65C）
萼片状态：脱落/残存	内质综合评价：中	初花期：20190418
果实心室数：5	一年生枝颜色：黄褐色（N199C）	盛花期：20190420
果肉质地：紧脆	幼叶颜色：红色	果实成熟期：9月下旬（晚）
果肉粗细：较细	叶片形状：卵圆形	果实发育期（d）：159
汁液：中多	叶缘/刺芒：锐锯齿/有	营养生长天数（d）：236

横县涩梨　**Hengxian Seli**

原产广西横县，砂梨地方品种，2*n*=34；树势强。

果实类型：脆肉型

果实形状：圆形

单果重（g）：221

萼片状态：脱落/宿存

果实心室数：5

果肉质地：紧脆

果肉粗细：中粗

汁液：中多

风味：酸

SSC/TA（%）：11.6/0.76

内质综合评价：中

一年生枝颜色：黄褐色

幼叶颜色：绿着红色

叶片形状：椭圆形

叶缘/刺芒：锐锯齿/有

每花序花朵数（朵）：5.3

雄蕊数（枚）：17.1

花药颜色：紫红色

初花期：20150320（武汉）

盛花期：20150322（武汉）

果实成熟期：8月中旬（中）

果实发育期（d）：144

营养生长天数（d）：267

红粉梨　**Hongfenli**

原产湖南怀化，砂梨地方品种；树势较强，半开张，丰产性较强，贮藏性弱。

果实类型：脆肉型

果实形状：圆形

单果重（g）：117

萼片状态：脱落/残存/宿存

果实心室数：5

果肉质地：脆—沙面

果肉粗细：中粗

汁液：中多

风味：甜酸

果肉硬度（kg/cm²）：5.43

SSC/TA（%）：15.47/0.55

内质综合评价：中

一年生枝颜色：黄褐色（N199B）

幼叶颜色：红微着绿色

叶片形状：卵圆形

叶缘/刺芒：锐锯齿/有

每花序花朵数（朵）：5～8(6.4)

雄蕊数（枚）：20～24（21.7）

花药颜色：紫红色（61B）

初花期：20190418

盛花期：20190421

果实成熟期：9月中下旬（晚）

果实发育期（d）：151

营养生长天数（d）：241

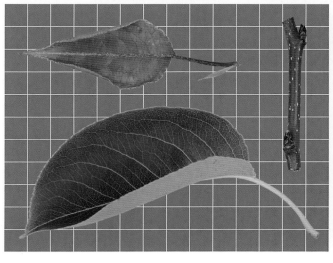

红火把　Honghuoba

原产云南，砂梨地方品种；树势较强，半开张，丰产性强，贮藏性强。

果实类型：脆肉型	风味：甜	每花序花朵数（朵）：4～8(6.3)
果实形状：倒卵形	果肉硬度（kg/cm²）：8.59	雄蕊数（枚）：20～32（26.0）
单果重（g）：135	SSC/TA（%）：13.15/0.21	花药颜色：红色（53A）
萼片状态：宿存/残存	内质综合评价：中上	初花期：20190417
果实心室数：5	一年生枝颜色：黄褐色（165A）	盛花期：20190419
果肉质地：松脆	幼叶颜色：红微着绿色	果实成熟期：9月底（晚）
果肉粗细：中粗	叶片形状：卵圆形	果实发育期（d）：160
汁液：中多	叶缘/刺芒：锐锯齿/有	营养生长天数（d）：224

红蜜 **Hongmi**

原产河南宁陵，砂梨地方品种；树势中庸，半开张，丰产性强，贮藏性极强。

果实类型：脆肉型　　　　风味：甜　　　　　　　　每花序花朵数（朵）：4 ~ 7(5.4)

果实形状：圆锥形　　　　果肉硬度（kg/cm²）：9.44　　雄蕊数（枚）：19 ~ 23（20.4）

单果重（g）：279　　　　SSC/TA（%）：13.99/0.16　　花药颜色：紫色（N77B）

萼片状态：残存/宿存　　　内质综合评价：中　　　　　初花期：20190417

果实心室数：4 ~ 5　　　一年生枝颜色：黄褐色（165A）　盛花期：20190419

果肉质地：紧脆　　　　　幼叶颜色：绿着红色　　　　果实成熟期：10月上中旬（晚）

果肉粗细：较细　　　　　叶片形状：卵圆形　　　　　果实发育期（d）：168

汁液：中多　　　　　　　叶缘/刺芒：锐锯齿/有　　　营养生长天数（d）：231

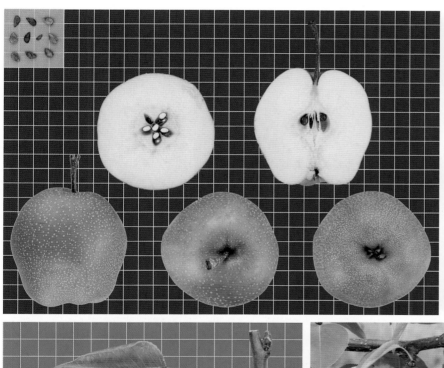

红皮鸡蛋　Hongpi Jidan

原产四川金川，别名鸡蛋梨，砂梨地方品种，2n=34；树势中庸，较直立，丰产性中等。

果实类型：脆肉型	风味：甜酸涩	每花序花朵数（朵）：3～7(5.6)
果实形状：纺锤形/近圆形	果肉硬度（kg/cm²）：9.23	雄蕊数（枚）：20～22（20.3）
单果重（g）：161	SSC/TA（%）：14.40/0.53	花药颜色：淡紫色（75B）
萼片状态：宿存/残存/脱落	内质综合评价：中	初花期：20190416
果实心室数：4～5	一年生枝颜色：黄褐色（175A）	盛花期：20190418
果肉质地：紧脆	幼叶颜色：绿着红色	果实成熟期：10月上旬（晚）
果肉粗细：粗	叶片形状：卵圆形	果实发育期（d）：163
汁液：中多	叶缘/刺芒：锐锯齿/有	营养生长天数（d）：232

红苕棒　**Hongshaobang**

原产四川简阳，砂梨地方品种，2*n*=34；树势强，半开张，丰产性强，贮藏性中等。

果实类型：脆肉型	风味：甜酸	每花序花朵数（朵）：5～8(6.8)
果实形状：长圆形	果肉硬度（kg/cm²）：6.86	雄蕊数（枚）：18～21（19.7）
单果重（g）：286	SSC/TA（%）：14.25/0.44	花药颜色：淡紫色（75A）
萼片状态：脱落	内质综合评价：中上	初花期：20190416
果实心室数：5	一年生枝颜色：黄褐色（175A）	盛花期：20190419
果肉质地：松脆	幼叶颜色：红色	果实成熟期：9月中下旬（晚）
果肉粗细：中粗	叶片形状：卵圆形	果实发育期（d）：153
汁液：多	叶缘/刺芒：锐锯齿/有	营养生长天数（d）：225

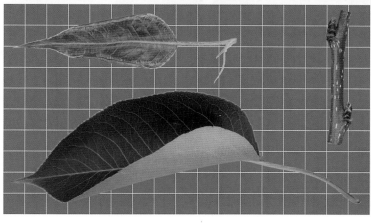

红糖梨 Hongtangli

原产地不详，砂梨，2n=34；树势较强，半开张，丰产性强。

果实类型：脆肉型	风味：酸稍涩	每花序花朵数（朵）：5～8(6.3)
果实形状：圆形	果肉硬度（kg/cm²）：8.96	雄蕊数（枚）：18～20（19.8）
单果重（g）：38	SSC/TA（%）：15.45/0.79	花药颜色：淡粉色（65D）
萼片状态：脱落	内质综合评价：中下	初花期：20190415
果实心室数：3～5	一年生枝颜色：黄褐色（166B）	盛花期：20190417
果肉质地：稍脆	幼叶颜色：绿微着红色	果实成熟期：10月中旬（晚）
果肉粗细：中粗	叶片形状：卵圆形	果实发育期（d）：172
汁液：中多	叶缘/刺芒：锐锯齿/有	营养生长天数（d）：222

红糖梨1号　Hongtangli 1

原产地不详，砂梨；树势较强，半开张，丰产性强。

果实类型：脆肉型

果实形状：扁圆形

单果重（g）：88

萼片状态：宿存

果实心室数：3～5

果肉质地：松脆

果肉粗细：中粗

汁液：多

风味：甜酸稍涩

果肉硬度（kg/cm²）：9.59

SSC/TA（%）：13.73/0.38

内质综合评价：中

一年生枝颜色：黄褐色（N199B）

幼叶颜色：绿微着红色

叶片形状：卵圆形

叶缘/刺芒：锐锯齿/有

每花序花朵数（朵）：6～9(7.5)

雄蕊数（枚）：18～23（20.0）

花药颜色：紫红色（60A）

初花期：20190414

盛花期：20190416

果实成熟期：9月中旬（中晚）

果实发育期（d）：148

营养生长天数（d）：222

红糖梨2号　Hongtangli 2

原产地不详，砂梨；树势较强，半开张，丰产性强。

果实类型：脆肉型　　　　　风味：酸　　　　　　　　每花序花朵数（朵）：5 ~ 7(6.2)

果实形状：长圆形　　　　　果肉硬度（kg/cm²）：7.53　雄蕊数（枚）：19 ~ 21（19.9）

单果重（g）：33　　　　　　SSC/TA（%）：14.80/1.07　花药颜色：淡粉色（69A）

萼片状态：脱落　　　　　　内质综合评价：中下　　　初花期：20190415

果实心室数：3 ~ 5　　　　　一年生枝颜色：黄褐色（165A）盛花期：20190417

果肉质地：紧密—沙面　　　幼叶颜色：绿微着红色　　果实成熟期：10月上旬（晚）

果肉粗细：较细　　　　　　叶片形状：卵圆形　　　　果实发育期（d）：170

汁液：中多　　　　　　　　叶缘/刺芒：锐锯齿/有　　营养生长天数（d）：223

红糖梨3号　Hongtangli 3

原产地不详，砂梨；树势较强，半开张，丰产性强。

果实类型：脆肉型	风味：甜酸	每花序花朵数（朵）：5～7(6.3)
果实形状：圆锥形	果肉硬度（kg/cm²）：6.58	雄蕊数（枚）：18～21（19.8）
单果重（g）：106	SSC/TA（%）：13.51/0.23	花药颜色：紫红色（64C）
萼片状态：脱落	内质综合评价：中	初花期：20190415
果实心室数：3～5	一年生枝颜色：黄褐色（165B）	盛花期：20190417
果肉质地：松脆	幼叶颜色：红微着绿色	果实成熟期：9月中旬（中晚）
果肉粗细：中粗	叶片形状：卵圆形	果实发育期（d）：149
汁液：中多	叶缘/刺芒：锐锯齿/有	营养生长天数（d）：218

红香　Hongxiang

原产四川金川，砂梨地方品种；树势强，半开张，丰产性强，贮藏性中等。

果实类型：脆肉型	风味：甜	每花序花朵数（朵）：5～7(5.9)
果实形状：倒卵形	果肉硬度（kg/cm²）：8.72	雄蕊数（枚）：20～25（22.7）
单果重（g）：188	SSC/TA（%）：12.34/0.14	花药颜色：紫红色（64C）
萼片状态：脱落	内质综合评价：中上	初花期：20190415
果实心室数：5	一年生枝颜色：红褐色（178B）	盛花期：20190417
果肉质地：紧脆—疏松	幼叶颜色：红微着绿色	果实成熟期：9月下旬（晚）
果肉粗细：中粗	叶片形状：卵圆形	果实发育期（d）：152
汁液：中多	叶缘/刺芒：锐锯齿/有	营养生长天数（d）：232

花红　**Huahong**

原产云南，砂梨地方品种；树势强，半开张，丰产性强，贮藏性较强。

果实类型：脆肉型	风味：甜酸	每花序花朵数（朵）：3～8(6.2)
果实形状：扁圆形	果肉硬度（kg/cm²）：4.02	雄蕊数（枚）：26～32（29.2）
单果重（g）：178	SSC/TA（%）：12.04/0.35	花药颜色：紫红色（71C）
萼片状态：脱落/残存/宿存	内质综合评价：中上	初花期：20190422
果实心室数：5	一年生枝颜色：黄褐色（N199C）	盛花期：20190424
果肉质地：松脆	幼叶颜色：绿着红色	果实成熟期：9月底（晚）
果肉粗细：细	叶片形状：卵圆形	果实发育期（d）：156
汁液：极多	叶缘/刺芒：锐锯齿/有	营养生长天数（d）：225

怀化香水 *Huaihua Xiangshui*

原产湖南怀化，砂梨地方品种，2*n*=34；树势中庸。

果实类型：脆肉型	风味：酸甜	雄蕊数（枚）：25.2
果实形状：纺锤形	SSC/TA（%）：14.2/0.49	花药颜色：紫红色
单果重（g）：268	内质综合评价：中上	初花期：20150323（武汉）
萼片状态：脱落	一年生枝颜色：黄褐色	盛花期：20150325（武汉）
果实心室数：5	幼叶颜色：绿微着红色	果实成熟期：8月下旬（晚）
果肉质地：脆	叶片形状：椭圆形	果实发育期（d）：152
果肉粗细：中粗	叶缘/刺芒：锐锯齿/有	营养生长天数（d）：245
汁液：中多	每花序花朵数（朵）：5.1	

黄粗皮梨　**Huangcupili**

原产广西龙胜，砂梨地方品种，2*n*=34；树势强。

果实类型：脆肉型　　　　风味：甜　　　　　　　　雄蕊数（枚）：20.3

果实形状：纺锤形　　　　SSC/TA（%）：11.5/0.33　花药颜色：紫红色

单果重（g）：256　　　　内质综合评价：中下　　　初花期：20150323（武汉）

萼片状态：宿存　　　　　一年生枝颜色：褐色　　　盛花期：20150325（武汉）

果实心室数：5　　　　　幼叶颜色：绿微着红色　　果实成熟期：9月上旬（晚）

果肉质地：紧密　　　　　叶片形状：椭圆形　　　　果实发育期（d）：163

果肉粗细：中粗　　　　　叶缘/刺芒：锐锯齿/有　　营养生长天数（d）：239

汁液：中多　　　　　　　每花序花朵数（朵）：5.5

黄盖　Huanggai

原产四川简阳，砂梨地方品种，2n=34；树势较强，半开张，丰产性较强，贮藏性强。

果实类型：脆肉型	风味：酸甜	每花序花朵数（朵）：5 ~ 8(6.0)
果实形状：近圆形	果肉硬度（kg/cm²）：5.52	雄蕊数（枚）：19 ~ 22（20.5）
单果重（g）：298	SSC/TA（%）：12.65/0.29	花药颜色：紫红色（61B）
萼片状态：脱落/残存	内质综合评价：中	初花期：20190414
果实心室数：4 ~ 5	一年生枝颜色：黄褐色（175B）	盛花期：20190416
果肉质地：紧脆	幼叶颜色：红微着绿色	果实成熟期：10月上旬（晚）
果肉粗细：中粗	叶片形状：卵圆形	果实发育期（d）：161
汁液：中多	叶缘/刺芒：锐锯齿/有	营养生长天数（d）：223

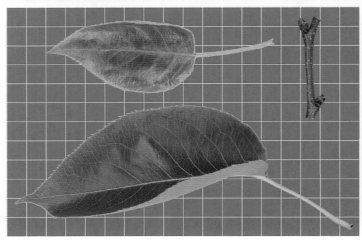

黄皮　Huangpi

原产四川泸定，砂梨地方品种；树势中庸，直立，丰产性强，贮藏性中等。

果实类型：脆肉型	风味：酸甜	每花序花朵数（朵）：5～8(6.6)
果实形状：圆形/扁圆形	果肉硬度（kg/cm²）：5.80	雄蕊数（枚）：21～32（28.4）
单果重（g）：219	SSC/TA（%）：12.49/0.27	花药颜色：紫红色（71B）
萼片状态：脱落	内质综合评价：中	初花期：20190419
果实心室数：5	一年生枝颜色：黄褐色（200D）	盛花期：20190421
果肉质地：松脆	幼叶颜色：红微着绿色	果实成熟期：9月下旬（晚）
果肉粗细：中粗	叶片形状：卵圆形	果实发育期（d）：154
汁液：中多	叶缘/刺芒：锐锯齿/有	营养生长天数（d）：224

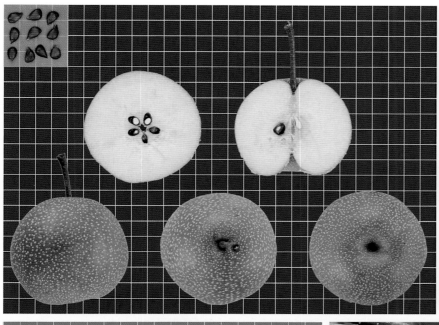

黄皮鹅梨　Huangpi Eli

原产广西灌阳，砂梨地方品种，2n=34；树势强。

果实类型：脆肉型	风味：甜	雄蕊数（枚）：20.0
果实形状：长圆形	SSC/TA（%）：11.4/0.13	花药颜色：淡紫红
单果重（g）：231	内质综合评价：中	初花期：20150325（武汉）
萼片状态：宿存	一年生枝颜色：黄褐色	盛花期：20150326（武汉）
果实心室数：5	幼叶颜色：绿微着红色	果实成熟期：9月下旬（晚）
果肉质地：脆	叶片形状：椭圆形	果实发育期（d）：179
果肉粗细：中粗	叶缘/刺芒：锐锯齿/有	营养生长天数（d）：213
汁液：中多	每花序花朵数（朵）：5.3	

黄皮雪梨　*Huangpi Xueli*

原产广西恭城，砂梨地方品种，2*n*=34；树势中庸。

果实类型：脆肉型　　　风味：甜　　　　　　　雄蕊数（枚）：20.7
果实形状：倒卵形　　　SSC/TA（%）：11.2/0.23　花药颜色：淡粉色
单果重（g）：147　　　内质综合评价：中上　　初花期：20150320（武汉）
萼片状态：脱落　　　　一年生枝颜色：黄褐色　盛花期：20150321（武汉）
果实心室数：5　　　　幼叶颜色：绿色　　　　果实成熟期：9月上旬（晚）
果肉质地：脆　　　　　叶片形状：卵圆形　　　果实发育期（d）：169
果肉粗细：中粗　　　　叶缘/刺芒：锐锯齿/有　营养生长天数（d）：243
汁液：中多　　　　　　每花序花朵数（朵）：7.0

黄皮宵　**Huangpixiao**

原产江西南昌，砂梨地方品种，2*n*=34；树势中庸。

果实类型：脆肉型

果实形状：圆形

单果重（g）：342

萼片状态：宿存

果实心室数：5

果肉质地：疏松

果肉粗细：中粗

汁液：多

风味：酸甜

SSC/TA（%）：11.4/0.22

内质综合评价：中上

一年生枝颜色：褐色

幼叶颜色：红微着绿色

叶片形状：卵圆形

叶缘/刺芒：锐锯齿/有

每花序花朵数（朵）：6.6

雄蕊数（枚）：21.3

花药颜色：粉红色

初花期：20150323（武汉）

盛花期：20150325（武汉）

果实成熟期：8月下旬（晚）

果实发育期（d）：152

营养生长天数（d）：221

黄皮钟　Huangpizhong

原产福建建阳，砂梨地方品种；树势中庸，半开张，丰产性较强，贮藏性强。

果实类型：脆肉型
果实形状：扁圆形
单果重（g）：165
萼片状态：脱落
果实心室数：4～5
果肉质地：松脆
果肉粗细：较细
汁液：多

风味：甜酸
果肉硬度（kg/cm²）：5.65
SSC/TA（%）：12.94/0.36
内质综合评价：中上
一年生枝颜色：黄褐色（165A）
幼叶颜色：绿微着红色
叶片形状：卵圆形
叶缘/刺芒：锐锯齿/有

每花序花朵数（朵）：6～7(6.5)
雄蕊数（枚）：20～22（20.8）
花药颜色：淡紫红（73B）
初花期：20190417
盛花期：20190419
果实成熟期：9月下旬（晚）
果实发育期（d）：157
营养生长天数（d）：223

黄茄梨　Huangqieli

原产浙江乐清，砂梨地方品种，2n=34；树势弱。

果实类型：脆肉型
果实形状：圆形
单果重（g）：262
萼片状态：宿存/脱落
果实心室数：5～6
果肉质地：脆
果肉粗细：中粗
汁液：中

风味：甜
SSC/TA（%）：11.3/0.21
内质综合评价：中
一年生枝颜色：黄褐色
幼叶颜色：绿微着红色
叶片形状：椭圆形
叶缘/刺芒：锐锯齿/有
每花序花朵数（朵）：5.7

雄蕊数（枚）：23.6
花药颜色：紫红色
初花期：20150324（武汉）
盛花期：20150327（武汉）
果实成熟期：8月下旬（晚）
果实发育期（d）：150
营养生长天数（d）：204

黄县红梨　Huangxian Hongli

原产山东黄县，砂梨地方品种。

果实类型：脆肉型

果实形状：圆锥形

单果重（g）：204

萼片状态：脱落/残存

果实心室数：5

果肉质地：紧脆

果肉粗细：粗

汁液：中多

风味：淡甜

果肉硬度（kg/cm²）：20.34

SSC/TA（%）：14.86/0.25

内质综合评价：中

一年生枝颜色：黄褐色（N199B）

幼叶颜色：红微着绿色

叶片形状：卵圆形

叶缘/刺芒：锐锯齿/有

每花序花朵数（朵）：6～8(6.8)

雄蕊数（枚）：27～33（30.6）

花药颜色：紫红色（70B）

初花期：20190416

盛花期：20190418

果实成熟期：10月中旬（晚）

果实发育期（d）：175

营养生长天数（d）：208

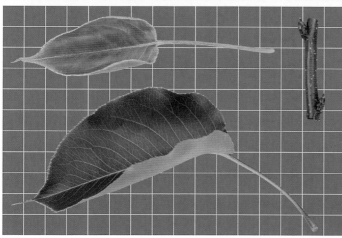

惠水金盖 Huishui Jingai

原产贵州惠水，砂梨地方品种；树势较强，较直立，丰产性强，贮藏性中等。

果实类型：脆肉型	风味：酸甜	每花序花朵数（朵）：4 ~ 8(6.2)
果实形状：圆形/长圆形	果肉硬度（kg/cm^2）：8.60	雄蕊数（枚）：20 ~ 21（20.3）
单果重（g）：204	SSC/TA（%）：12.68/0.33	花药颜色：紫红色（61A）
萼片状态：宿存	内质综合评价：中	初花期：20190419
果实心室数：5	一年生枝颜色：黄褐色（N199C）	盛花期：20190421
果肉质地：紧脆	幼叶颜色：绿着红色	果实成熟期：9月底（晚）
果肉粗细：粗	叶片形状：卵圆形	果实发育期（d）：156
汁液：中多	叶缘/刺芒：锐锯齿/有	营养生长天数（d）：235

惠阳红梨　**Huiyang Hongli**

原产广东惠阳，砂梨地方品种，2*n*=34；树势中庸，半开张，丰产性强，贮藏性较强。

果实类型：脆肉型

果实形状：扁圆形

单果重（g）：201

萼片状态：脱落/宿存/残存

果实心室数：5 ~ 6

果肉质地：松脆

果肉粗细：中粗

汁液：中多

风味：甜酸

果肉硬度（kg/cm²）：6.97

SSC/TA（%）：12.82/0.27

内质综合评价：中

一年生枝颜色：黄褐色（N199B）

幼叶颜色：红微着绿色

叶片形状：卵圆形

叶缘/刺芒：圆锯齿/有

每花序花朵数（朵）：4 ~ 11（8.1）

雄蕊数（枚）：21 ~ 25（22.8）

花药颜色：淡紫色（75B）

初花期：20190421

盛花期：20190423

果实成熟期：10月上旬（晚）

果实发育期（d）：166

营养生长天数（d）：236

惠阳酸梨　**Huiyang Suanli**

原产广东惠阳，砂梨地方品种，2*n*=34；树势强。

果实类型：脆肉型	风味：酸	雄蕊数（枚）：18.8
果实形状：圆形	SSC/TA（%）：10.5/0.63	花药颜色：紫红色
单果重（g）：212	内质综合评价：下	初花期：20150306（武汉）
萼片状态：脱落	一年生枝颜色：黄褐色	盛花期：20150310（武汉）
果实心室数：5	幼叶颜色：红微着绿色	果实成熟期：9月上旬（晚）
果肉质地：紧脆	叶片形状：椭圆形	果实发育期（d）：181
果肉粗细：中粗	叶缘/刺芒：锐锯齿/有	营养生长天数（d）：288
汁液：中多	每花序花朵数（朵）：4.0	

火把梨　**Huobali**

原产云南大理、丽江等地，砂梨地方品种，2*n*=34；树势较强，半开张，丰产性强，贮藏性中等。

果实类型：脆肉型

果实形状：纺锤形

单果重（g）：163

萼片状态：脱落/残存

果实心室数：5 ～ 6

果肉质地：松脆

果肉粗细：细

汁液：多

风味：甜酸稍涩

果肉硬度（kg/cm²）：6.68

SSC/TA（%）：12.34/0.81

内质综合评价：中

一年生枝颜色：黄褐色（175A）

幼叶颜色：红微着绿色

叶片形状：卵圆形

叶缘/刺芒：锐锯齿/有

每花序花朵数（朵）：5 ～ 8(6.3)

雄蕊数（枚）：29 ～ 34（31.6）

花药颜色：紫红色（61A）

初花期：20190418

盛花期：20190420

果实成熟期：9月下旬（晚）

果实发育期（d）：155

营养生长天数（d）：213

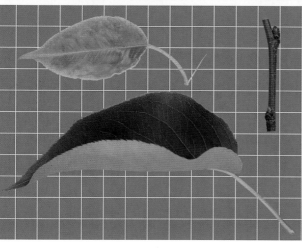

尖叶梨　*Jianyeli*

原产广东高要，砂梨地方品种，2*n*=34；树势强。

果实类型：脆肉型
果实形状：扁圆形
单果重（g）：158
萼片状态：宿存/脱落
果实心室数：5
果肉质地：紧密
果肉粗细：中粗
汁液：中多

风味：甜
SSC/TA（%）：12.40/0.17
内质综合评价：中
一年生枝颜色：黄褐色
幼叶颜色：红微着绿色
叶片形状：椭圆形
叶缘/刺芒：锐锯齿/有
每花序花朵数（朵）：7.9

雄蕊数（枚）：24.0
花药颜色：粉红色
初花期：20150306（武汉）
盛花期：20150310（武汉）
果实成熟期：9月底（晚）
果实发育期（d）：202
营养生长天数（d）：289

江湾白梨　**Jiangwan Baili**

产于江西婺源，砂梨地方品种；树势较强，半开张，丰产性强，贮藏性中等。

果实类型：脆肉型	风味：甜酸	每花序花朵数（朵）：7 ～ 10(8.2)
果实形状：近圆形	果肉硬度（kg/cm²）：6.85	雄蕊数（枚）：21 ～ 31（26.6）
单果重（g）：368	SSC/TA（%）：12.06/0.82	花药颜色：紫红色（70B）
萼片状态：宿存/残存	内质综合评价：中上	初花期：20190416
果实心室数：5	一年生枝颜色：黄褐色（N199B）	盛花期：20190418
果肉质地：松脆	幼叶颜色：红微着绿色	果实成熟期：9月中下旬（晚）
果肉粗细：中粗	叶片形状：卵圆形	果实发育期（d）：152
汁液：多	叶缘/刺芒：锐锯齿/有	营养生长天数（d）：230

江湾糖梨　Jiangwan Tangli

原产江西婺源，砂梨地方品种；树势中庸，直立，丰产性强。

果实类型：脆肉型

果实形状：扁圆形

单果重（g）：146

萼片状态：脱落／残存

果实心室数：4～6

果肉质地：松脆

果肉粗细：中粗

汁液：中多

风味：淡甜

果肉硬度（kg/cm²）：5.84

SSC/TA（%）：14.26/0.15

内质综合评价：中

一年生枝颜色：黄褐色（N199B）

幼叶颜色：红微着绿色

叶片形状：卵圆形

叶缘／刺芒：锐锯齿／有

每花序花朵数（朵）：5～9(7.8)

雄蕊数（枚）：25～32（28.1）

花药颜色：紫红色（64C）

初花期：20190421

盛花期：20190424

果实成熟期：9月初（中）

果实发育期（d）：131

营养生长天数（d）：216

江湾细皮梨　**Jiangwan Xipili**

原产江西婺源，砂梨地方品种，2*n*=34；树势中庸。

果实类型：脆肉型

果实形状：近圆形

单果重（g）：186

萼片状态：脱落/宿存

果实心室数：5

果肉质地：脆

果肉粗细：中粗

汁液：中多

风味：淡甜

SSC/TA（%）：10.6/0.15

内质综合评价：中

一年生枝颜色：褐色

幼叶颜色：绿微着红色

叶片形状：卵圆形

叶缘/刺芒：锐锯齿/有

每花序花朵数（朵）：7.0

雄蕊数（枚）：20.3

花药颜色：紫红色

初花期：20150320（武汉）

盛花期：20150324（武汉）

果实成熟期：8月下旬（晚）

果实发育期（d）：153

营养生长天数（d）：218

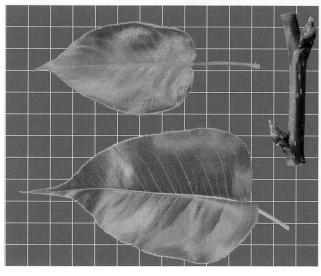

金棒头　*Jinbangtou*

原产湖北远安，砂梨地方品种，2*n*=34；树势中庸。

果实类型：脆肉型
果实形状：纺锤形
单果重（g）：177
萼片状态：脱落 / 宿存
果实心室数：5
果肉质地：脆
果肉粗细：中粗
汁液：中多

风味：淡甜
SSC/TA（%）：10.4/0.22
内质综合评价：中
一年生枝颜色：黄褐色
幼叶颜色：红色
叶片形状：椭圆形
叶缘 / 刺芒：锐锯齿 / 有
每花序花朵数（朵）：3.7

雄蕊数（枚）：19.6
花药颜色：紫红色
初花期：20150320（武汉）
盛花期：20150323（武汉）
果实成熟期：8月下旬（晚）
果实发育期（d）：154
营养生长天数（d）：210

金吊子　*Jindiaozi*

原产重庆铜梁，砂梨地方品种，2*n*=34；树势强。

果实类型：脆肉型	风味：酸甜	雄蕊数（枚）：19.8
果实形状：圆锥形	SSC/TA（%）：11.0/0.42	花药颜色：紫红色
单果重（g）：252	内质综合评价：下	初花期：20150322（武汉）
萼片状态：脱落	一年生枝颜色：黄褐色	盛花期：20150324（武汉）
果实心室数：5	幼叶颜色：红微着绿色	果实成熟期：8月中旬（中）
果肉质地：紧密	叶片形状：卵圆形	果实发育期（d）：142
果肉粗细：粗	叶缘/刺芒：锐锯齿/有	营养生长天数（d）：239
汁液：中多	每花序花朵数（朵）：5.4	

金花早 *Jinhuazao*

原产安徽歙县，砂梨地方品种，2*n*=34；树势中庸。

果实类型：脆肉型	风味：甜	雄蕊数（枚）：28.3
果实形状：圆形	SSC/TA（%）：11.0/0.17	花药颜色：淡紫红
单果重（g）：157	内质综合评价：中上	初花期：20150323（武汉）
萼片状态：脱落	一年生枝颜色：黄褐色	盛花期：20150325（武汉）
果实心室数：5	幼叶颜色：红微着绿色	果实成熟期：8月下旬（晚）
果肉质地：脆	叶片形状：卵圆形	果实发育期（d）：152
果肉粗细：细	叶缘/刺芒：锐锯齿/有	营养生长天数（d）：222
汁液：中多	每花序花朵数（朵）：6.0	

金世纪　*Jinshiji*

原产台湾，砂梨品种；树势中庸，半开张，丰产性较强，贮藏性中等。

果实类型：脆肉型

果实形状：扁圆形/圆形

单果重（g）：210

萼片状态：脱落/宿存/残存

果实心室数：5～6

果肉质地：松脆

果肉粗细：细

汁液：多

风味：甜

果肉硬度（kg/cm²）：6.59

SSC/TA（%）：12.63/0.20

内质综合评价：上

一年生枝颜色：黄褐色（166B）

幼叶颜色：绿色

叶片形状：卵圆形

叶缘/刺芒：锐锯齿/有

每花序花朵数（朵）：4～8(6.1)

雄蕊数（枚）：21～32（27.7）

花药颜色：紫红色（61C）

初花期：20190417

盛花期：20190419

果实成熟期：8月下旬（中）

果实发育期（d）：123

营养生长天数（d）：213

金珠果梨　*Jinzhuguoli*

原产河南，砂梨地方品种，2*n*=34；树势强。

果实类型：脆肉型

果实形状：长圆形

单果重（g）：124

萼片状态：宿存

果实心室数：4

果肉质地：脆

果肉粗细：中粗

汁液：中多

风味：酸

SSC/TA（%）：9.7/0.37

内质综合评价：下

一年生枝颜色：褐色

幼叶颜色：绿着红色

叶片形状：卵圆形

叶缘/刺芒：锐锯齿/有

每花序花朵数（朵）：8.7

雄蕊数（枚）：19.9

花药颜色：紫红色

初花期：20150321（武汉）

盛花期：20150323（武汉）

果实成熟期：9月上旬（晚）

果实发育期（d）：169

营养生长天数（d）：233

晋江苹果梨　**Jinjiang Pingguoli**

原产福建晋江，砂梨地方品种，2*n*=34；树势弱。

果实类型：脆肉型　　　　　风味：酸甜　　　　　　　　雄蕊数（枚）：27.7

果实形状：倒卵形　　　　　SSC/TA（%）：10.5/0.44　　花药颜色：淡粉色

单果重（g）：108　　　　　内质综合评价：中　　　　　初花期：20150319（武汉）

萼片状态：脱落/宿存　　　　一年生枝颜色：绿褐色　　　盛花期：20150323（武汉）

果实心室数：5　　　　　　 幼叶颜色：绿色　　　　　　果实成熟期：7月中旬（早）

果肉质地：紧密　　　　　　叶片形状：卵圆形　　　　　果实发育期（d）：116

果肉粗细：中粗　　　　　　叶缘/刺芒：锐锯齿/有　　　营养生长天数（d）：220

汁液：中多　　　　　　　　每花序花朵数（朵）：6.5

奎星麻壳　Kuixing Make

原产江西上饶，砂梨地方品种；树势中庸，直立，丰产性强，抗病性强，贮藏性较强。

果实类型：脆肉型　　　　　风味：淡甜　　　　　　　　每花序花朵数（朵）：5 ~ 8(7.2)

果实形状：扁圆形　　　　　果肉硬度（kg/cm²）：6.63　　雄蕊数（枚）：20 ~ 22（20.4）

单果重（g）：368　　　　　SSC/TA（%）：10.20/0.10　　花药颜色：淡紫红（70C）

萼片状态：脱落/残存　　　　内质综合评价：中上　　　　初花期：20190416

果实心室数：4 ~ 5　　　　　一年生枝颜色：黄褐色（165A）　盛花期：20190418

果肉质地：松脆　　　　　　幼叶颜色：红微着绿色　　　　果实成熟期：10月上旬（晚）

果肉粗细：较细　　　　　　叶片形状：卵圆形　　　　　　果实发育期（d）：167

汁液：多　　　　　　　　　叶缘/刺芒：锐锯齿/有　　　　营养生长天数（d）：233

昆明麻梨　**Kunming Mali**

原产云南昆明、呈贡等地，别名麻梨，砂梨地方品种；树势强，半开张，丰产性强，贮藏性弱。

果实类型：脆肉型　　　　风味：甜酸　　　　　　　　每花序花朵数（朵）：3～6(5.0)

果实形状：倒卵形　　　　果肉硬度（kg/cm²）：5.83　　雄蕊数（枚）：19～25（21.1）

单果重（g）：273　　　　SSC/TA（%）：12.48/0.14　　花药颜色：粉红色（58C）

萼片状态：脱落/残存　　　内质综合评价：中　　　　　初花期：20190414

果实心室数：5　　　　　　一年生枝颜色：黄褐色（166A）盛花期：20190415

果肉质地：疏松　　　　　幼叶颜色：红微着绿色　　　果实成熟期：9月中旬（中晚）

果肉粗细：中粗　　　　　叶片形状：卵圆形　　　　　果实发育期（d）：149

汁液：多　　　　　　　　叶缘/刺芒：锐锯齿/有　　　营养生长天数（d）：215

丽江马尿梨　Lijiang Maniaoli

原产云南丽江，砂梨地方品种，2*n*=34；树势强。

果实类型：脆肉型	风味：酸	雄蕊数（枚）：27.8
果实形状：扁圆形	SSC/TA（%）：10.5/0.79	花药颜色：淡粉色
单果重（g）：182	内质综合评价：下	初花期：20150328（武汉）
萼片状态：脱落	一年生枝颜色：褐色	盛花期：20150329（武汉）
果实心室数：5	幼叶颜色：红微着绿色	果实成熟期：9月底（晚）
果肉质地：紧密	叶片形状：椭圆形	果实发育期（d）：184
果肉粗细：粗	叶缘/刺芒：锐锯齿/有	营养生长天数（d）：227
汁液：少	每花序花朵数（朵）：4.0	

丽江莫朴鲁　**Lijiang Mopulu**

原产云南丽江，2*n*=34；树势强。

果实类型：脆肉型
果实形状：圆形
单果重（g）：233
萼片状态：脱落
果实心室数：5
果肉质地：紧密
果肉粗细：粗
汁液：少

风味：酸甜
SSC/TA（%）：10.2/0.54
内质综合评价：下
一年生枝颜色：褐色
幼叶颜色：绿微着红色
叶片形状：椭圆形
叶缘/刺芒：锐锯齿/有
每花序花朵数（朵）：4.3

雄蕊数（枚）：25.5
花药颜色：淡粉色
初花期：20150324（武汉）
盛花期：20150326（武汉）
果实成熟期：9月下旬（晚）
果实发育期（d）：179
营养生长天数（d）：219

丽江香梨　Lijiang Xiangli

原产云南丽江，砂梨地方品种；树势强，较直立，丰产性中等，抗枝干病害。

果实类型：脆肉型　　　　　风味：甜酸稍涩　　　　　每花序花朵数（朵）：5～8(6.0)

果实形状：长圆形/卵圆形　果肉硬度（kg/cm²）：8.87　雄蕊数（枚）：20～25（22.6）

单果重（g）：181　　　　SSC/TA（%）：15.00/0.65　花药颜色：紫色（N78C）

萼片状态：脱落/残存　　　内质综合评价：中　　　　初花期：20190417

果实心室数：5　　　　　　一年生枝颜色：黄褐色（N199B）　盛花期：20190419

果肉质地：紧脆　　　　　　幼叶颜色：绿微着红色　　　果实成熟期：10月上旬（晚）

果肉粗细：粗　　　　　　　叶片形状：卵圆形　　　　　果实发育期（d）：157

汁液：中多　　　　　　　　叶缘/刺芒：锐锯齿/有　　　营养生长天数（d）：239

利川玉川梨　**Lichuan Yuchuanli**

原产湖北利川，砂梨地方品种，2*n*=34；树势中庸。

果实类型：脆肉型

果实形状：扁圆形

单果重（g）：177

萼片状态：脱落／宿存

果实心室数：5

果肉质地：脆

果肉粗细：中粗

汁液：中多

风味：淡甜

SSC/TA（%）：11.2/0.20

内质综合评价：中上

一年生枝颜色：黄褐色

幼叶颜色：绿色

叶片形状：卵圆形

叶缘／刺芒：锐锯齿／有

每花序花朵数（朵）：3.4

雄蕊数（枚）：28.1

花药颜色：紫红色

初花期：20150325（武汉）

盛花期：20150327（武汉）

果实成熟期：8月中旬（中）

果实发育期（d）：137

营养生长天数（d）：203

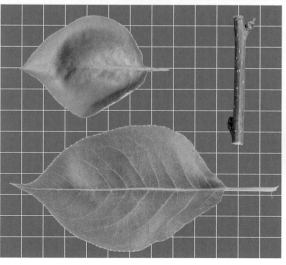

荔浦黄皮梨　Lipu Huangpili

原产广西荔浦，砂梨地方品种，2n=34；树势强。

果实类型：脆肉型
果实形状：长圆形
单果重（g）：271
萼片状态：残存/脱落
果实心室数：5
果肉质地：紧脆
果肉粗细：中粗
汁液：少

风味：甜酸
SSC/TA（%）：11.7/0.31
内质综合评价：中
一年生枝颜色：黄褐色
幼叶颜色：绿色
叶片形状：卵圆形
叶缘/刺芒：锐锯齿/有
每花序花朵数（朵）：6.6

雄蕊数（枚）：20.8
花药颜色：淡紫红
初花期：20150318（武汉）
盛花期：20150320（武汉）
果实成熟期：8月下旬（晚）
果实发育期（d）：157
营养生长天数（d）：217

荔浦雪梨　Lipu Xueli

原产广西荔浦，砂梨地方品种，2*n*=34；树势中庸。

果实类型：脆肉型

果实形状：纺锤形

单果重（g）：208

萼片状态：宿存

果实心室数：5

果肉质地：脆

果肉粗细：中粗

汁液：中多

风味：淡甜

SSC/TA（%）：10.0/0.15

内质综合评价：中上

一年生枝颜色：褐色

幼叶颜色：红微着绿色

叶片形状：卵圆形

叶缘/刺芒：锐锯齿/有

每花序花朵数（朵）：4.4

雄蕊数（枚）：24.8

花药颜色：紫红色

初花期：20150314（武汉）

盛花期：20150318（武汉）

果实成熟期：9月底（晚）

果实发育期（d）：194

营养生长天数（d）：229

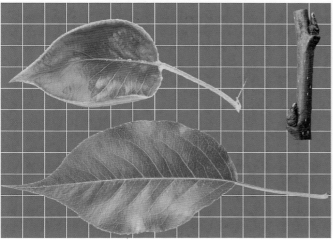

柳城凤山梨　**Liucheng Fengshanli**

原产广西柳城，砂梨地方品种，2*n*=34；树势强。

果实类型：脆肉型
果实形状：纺锤形
单果重（g）：168
萼片状态：脱落
果实心室数：4 ~ 5
果肉质地：脆
果肉粗细：中粗
汁液：中多

风味：淡甜
SSC/TA（%）：10.2/0.13
内质综合评价：中
一年生枝颜色：褐色
幼叶颜色：红色
叶片形状：卵圆形
叶缘/刺芒：锐锯齿/有
每花序花朵数（朵）：5.6

雄蕊数（枚）：23.9
花药颜色：紫色
初花期：20150319（武汉）
盛花期：20150323（武汉）
果实成熟期：9月底（晚）
果实发育期（d）：189
营养生长天数（d）：240

六月黄棕梨　Liuyue Huangzongli

原产福建顺昌，砂梨地方品种，2*n*=34；树势弱。

果实类型：脆肉型

果实形状：扁圆形

单果重（g）：210

萼片状态：脱落/宿存

果实心室数：5

果肉质地：紧密

果肉粗细：粗

汁液：少

风味：淡甜

SSC/TA（%）：11.2/0.13

内质综合评价：中下

一年生枝颜色：绿褐色

幼叶颜色：红色

叶片形状：圆形

叶缘/刺芒：锐锯齿/有

每花序花朵数（朵）：7.0

雄蕊数（枚）：26.0

花药颜色：淡紫色

初花期：20150319（武汉）

盛花期：20150323（武汉）

果实成熟期：9月中旬（晚）

果实发育期（d）：175

营养生长天数（d）：229

六月雪　Liuyuexue

原产江西上饶，砂梨地方品种，2n=34；树势较强，半开张，丰产性较强。

果实类型：脆肉型	风味：甜酸	每花序花朵数（朵）5 ～ 9（6.8）
果实形状：倒卵形	果肉硬度（kg/cm²）：5.35	雄蕊数（枚）：18 ～ 21（19.8）
单果重（g）：228	SSC/TA（%）：11.50/0.28	花药颜色：淡紫色（75A）
萼片状态：宿存/残存	内质综合评价：中上	初花期：20190415
果实心室数：5	一年生枝颜色：黄褐色（175A）	盛花期：20190417
果肉质地：疏松	幼叶颜色：红微着绿色	果实成熟期：9月中下旬（中晚）
果肉粗细：细	叶片形状：卵圆形	果实发育期（d）：148
汁液：多	叶缘/刺芒：锐锯齿/有	营养生长天数（d）：236

隆回巨梨 **Longhui Juli**

原产湖南隆回，砂梨地方品种，2*n*=34；树势强。

果实类型：脆肉型　　　　风味：甜　　　　　　　　雄蕊数（枚）：23.8
果实形状：长圆形　　　　SSC/TA（%）：11.8/0.18　花药颜色：淡紫红
单果重（g）：397　　　　内质综合评价：中上　　　初花期：20150322（武汉）
萼片状态：脱落/宿存　　　一年生枝颜色：黄褐色　　盛花期：20150324（武汉）
果实心室数：5　　　　　　幼叶颜色：红微着绿色　　果实成熟期：9月中旬（晚）
果肉质地：脆　　　　　　　叶片形状：卵圆形　　　　果实发育期（d）：174
果肉粗细：中粗　　　　　　叶缘/刺芒：锐锯齿/有　　营养生长天数（d）：243
汁液：中多　　　　　　　　每花序花朵数（朵）：7.3

泸定王皮梨　Luding Wangpili

原产四川泸定，砂梨地方品种，2*n*=34；树势强。

果实类型：脆肉型	风味：淡甜	雄蕊数（枚）：26.8
果实形状：扁圆形	SSC/TA（%）：11.8/0.16	花药颜色：紫红色
单果重（g）：209	内质综合评价：中下	初花期：20150321（武汉）
萼片状态：宿存/脱落	一年生枝颜色：黄褐色	盛花期：20150322（武汉）
果实心室数：5	幼叶颜色：绿微着红色	果实成熟期：9月中旬（晚）
果肉质地：紧密	叶片形状：椭圆形	果实发育期（d）：173
果肉粗细：粗	叶缘/刺芒：锐锯齿/有	营养生长天数（d）：267
汁液：中多	每花序花朵数（朵）：7.0	

麻梨子 **Malizi**

原产山东莒县，砂梨；树势较强，半开张，丰产性强。

果实类型：脆肉型

果实形状：扁圆形

单果重（g）：68

萼片状态：脱落

果实心室数：3 ~ 4

果肉质地：紧密

果肉粗细：粗

汁液：少

风味：淡酸稍涩

果肉硬度（kg/cm²）：19.10

SSC/TA（%）：15.45/0.32

内质综合评价：下

一年生枝颜色：黄褐色（N199B）

幼叶颜色：绿着红色

叶片形状：椭圆形

叶缘/刺芒：锐锯齿/有

每花序花朵数（朵）：7 ~ 8(7.5)

雄蕊数（枚）：20 ~ 30（26.0）

花药颜色：紫红色（61A）

初花期：20190416

盛花期：20190418

果实成熟期：10月上旬（晚）

果实发育期（d）：167

营养生长天数（d）：211

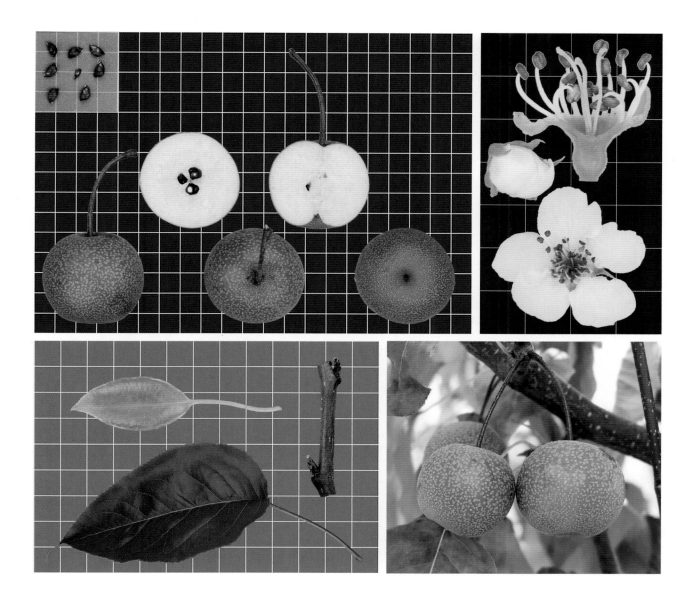

麻皮九月梨　Mapi Jiuyueli

原产贵州威宁，砂梨地方品种，2*n*=34；树势中庸。

果实类型：脆肉型	风味：酸甜	雄蕊数（枚）：25.3
果实形状：倒卵形	SSC/TA（%）：10.3/0.39	花药颜色：淡紫红
单果重（g）：292	内质综合评价：下	初花期：20150326（武汉）
萼片状态：脱落	一年生枝颜色：褐色	盛花期：20150328（武汉）
果实心室数：5	幼叶颜色：红微着绿色	果实成熟期：9月上旬（晚）
果肉质地：紧密	叶片形状：卵圆形	果实发育期（d）：167
果肉粗细：粗	叶缘/刺芒：锐锯齿/有	营养生长天数（d）：271
汁液：中多	每花序花朵数（朵）：5.2	

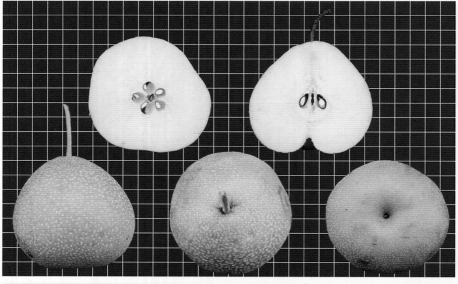

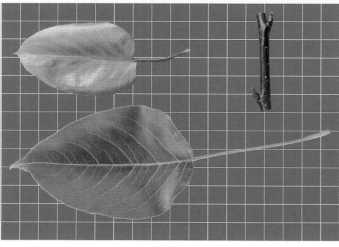

麻瓢 Mapiao

原产湖北枣阳，砂梨地方品种；树势较强，半开张，丰产性强，贮藏性中等。

果实类型：脆肉型	风味：甜酸	每花序花朵数（朵）：4 ～ 9（6.6）
果实形状：倒卵形	果肉硬度（kg/cm²）：5.43	雄蕊数（枚）：19 ～ 20（19.9）
单果重（g）：205	SSC/TA（%）：11.75/0.20	花药颜色：淡紫色（N74D）
萼片状态：宿存/残存/脱落	内质综合评价：中上	初花期：20190418
果实心室数：5	一年生枝颜色：黄褐色（165A）	盛花期：20190421
果肉质地：疏松	幼叶颜色：绿着红色	果实成熟期：9月下旬（晚）
果肉粗细：细	叶片形状：卵圆形	果实发育期（d）：157
汁液：多	叶缘/刺芒：锐锯齿/有	营养生长天数（d）：241

满顶雪　Mandingxue

原产福建浦城，砂梨地方品种，2n=34；树势较强，半开张，丰产性强。

果实类型：脆肉型

果实形状：倒卵形

单果重（g）：206

萼片状态：脱落

果实心室数：5

果肉质地：松脆

果肉粗细：较细

汁液：多

风味：酸甜

果肉硬度（kg/cm²）：7.15

SSC/TA（%）：13.63/0.26

内质综合评价：中上

一年生枝颜色：黄褐色（175A）

幼叶颜色：红微着绿色

叶片形状：卵圆形

叶缘/刺芒：锐锯齿/有

每花序花朵数（朵）：5～8(6.9)

雄蕊数（枚）：31～37（32.8）

花药颜色：淡粉色（65B）

初花期：20190414

盛花期：20190416

果实成熟期：9月下旬（晚）

果实发育期（d）：161

营养生长天数（d）：226

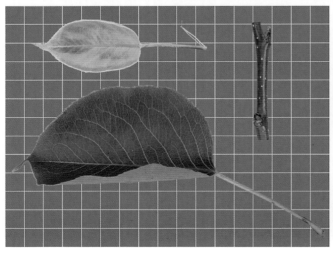

蜜香　Mixiang

原产云南陆良，砂梨地方品种，2*n*=34；树势较强，半开张，丰产性较强，贮藏性中等。

果实类型：脆肉型　　　　　　风味：酸甜　　　　　　　　每花序花朵数（朵）：6～9(7.2)

果实形状：扁圆形　　　　　　果肉硬度（kg/cm²）：6.74　雄蕊数（枚）：22～30（26.4）

单果重（g）：168　　　　　　SSC/TA（%）：12.55/0.21　花药颜色：淡紫红（73A）

萼片状态：脱落/宿存/残存　　内质综合评价：中上　　　　初花期：20190418

果实心室数：5　　　　　　　一年生枝颜色：黄褐色（165A）盛花期：20190421

果肉质地：松脆　　　　　　　幼叶颜色：红微着绿色　　　果实成熟期：9月底（晚）

果肉粗细：较细　　　　　　　叶片形状：卵圆形　　　　　果实发育期（d）：156

汁液：多　　　　　　　　　　叶缘/刺芒：锐锯齿/有　　　营养生长天数（d）：226

面包　**Mianbao**

原产江苏睢宁，砂梨地方品种，2*n*=34；树势中庸。

果实类型：脆肉型	风味：甜	雄蕊数（枚）：21.8
果实形状：长圆形	SSC/TA（%）：12.0/0.25	花药颜色：淡紫红
单果重（g）：173	内质综合评价：中上	初花期：20150320（武汉）
萼片状态：宿存	一年生枝颜色：褐色	盛花期：20150322（武汉）
果实心室数：5	幼叶颜色：红微着绿色	果实成熟期：9月中旬（晚）
果肉质地：脆	叶片形状：卵圆形	果实发育期（d）：176
果肉粗细：中粗	叶缘/刺芒：锐锯齿/有	营养生长天数（d）：272
汁液：中多	每花序花朵数（朵）：6.7	

木瓜梨　**Muguali**

原产安徽歙县，砂梨地方品种，2n=3x=51；树势弱。

果实类型：脆肉型

果实形状：倒卵形

单果重（g）：703

萼片状态：宿存

果实心室数：5

果肉质地：疏松

果肉粗细：中粗

汁液：极多

风味：酸甜

SSC/TA（%）：12.8/0.21

内质综合评价：中上

一年生枝颜色：褐色

幼叶颜色：红微着绿色

叶片形状：椭圆形

叶缘/刺芒：锐锯齿/有

每花序花朵数（朵）：5.6

雄蕊数（枚）：29.8

花药颜色：紫红色

初花期：20150325（武汉）

盛花期：20150328（武汉）

果实成熟期：9月中旬（晚）

果实发育期（d）：170

营养生长天数（d）：206

那坡青皮梨　Napo Qingpili

原产广西田阳，砂梨地方品种，2n=34；树势强。

果实类型：脆肉型	风味：甜酸	雄蕊数（枚）：20.7
果实形状：长圆形	SSC/TA（%）：11.9/0.46	花药颜色：淡粉色
单果重（g）：283	内质综合评价：中下	初花期：20150320（武汉）
萼片状态：脱落	一年生枝颜色：黄褐色	盛花期：20150322（武汉）
果实心室数：5	幼叶颜色：红色	果实成熟期：9月上旬（晚）
果肉质地：紧脆	叶片形状：卵圆形	果实发育期（d）：169
果肉粗细：中粗	叶缘/刺芒：钝锯齿/无	营养生长天数（d）：298
汁液：中多	每花序花朵数（朵）：4.8	

南宁大沙梨　**Nanning Dashali**

原产广西横县，砂梨地方品种，2*n*=34；树势中庸。

果实类型：脆肉型

果实形状：圆形

单果重（g）：160

萼片状态：脱落

果实心室数：5

果肉质地：脆

果肉粗细：中粗

汁液：中多

风味：酸甜

SSC/TA（%）：10.9/0.21

内质综合评价：中

一年生枝颜色：黄褐色

幼叶颜色：绿微着红色

叶片形状：椭圆形

叶缘/刺芒：锐锯齿/有

每花序花朵数（朵）：5.9

雄蕊数（枚）：20.0

花药颜色：淡紫红

初花期：20150314（武汉）

盛花期：20150317（武汉）

果实成熟期：9月中旬（晚）

果实发育期（d）：181

营养生长天数（d）：273

牛头　Niutou

原产云南丽江，砂梨地方品种；树势强，开张，丰产性强，贮藏性强。

果实类型：脆肉型　　　　　风味：甜酸　　　　　　　　每花序花朵数（朵）：4 ～ 7（5.7）

果实形状：圆形　　　　　　果肉硬度（kg/cm²）：7.59　　雄蕊数（枚）：20 ～ 33（26.3）

单果重（g）：370　　　　　SSC/TA（%）：13.81/0.38　　花药颜色：淡粉色（68D）

萼片状态：脱落 / 残存　　　内质综合评价：中　　　　　初花期：20190417

果实心室数：5 ～ 6　　　　一年生枝颜色：黄褐色（165A）　盛花期：20190419

果肉质地：松脆　　　　　　幼叶颜色：红微着绿色　　　　果实成熟期：10月上旬（晚）

果肉粗细：较细　　　　　　叶片形状：卵圆形　　　　　　果实发育期（d）：166

汁液：多　　　　　　　　　叶缘 / 刺芒：锐锯齿 / 有　　　营养生长天数（d）：222

糯稻梨　**Nuodaoli**

原产浙江义乌，砂梨地方品种，2*n*=34；树势较强，半开张，丰产性强，贮藏性较强。

果实类型：脆肉型

果实形状：长圆形

单果重（g）：265

萼片状态：宿存/残存

果实心室数：4 ~ 5

果肉质地：松脆

果肉粗细：较细

汁液：中多

风味：甜

果肉硬度（kg/cm^2）：8.29

SSC/TA（%）：13.14/0.35

内质综合评价：中上

一年生枝颜色：黄褐色（165A）

幼叶颜色：红微着绿色

叶片形状：卵圆形

叶缘/刺芒：锐锯齿/有

每花序花朵数（朵）：4 ~ 8(6.6)

雄蕊数（枚）：19 ~ 26（20.9）

花药颜色：淡紫红（73B）

初花期：20190415

盛花期：20190417

果实成熟期：10月上旬（晚）

果实发育期（d）：169

营养生长天数（d）：231

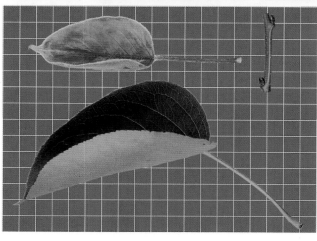

盘梨　**Panli**

原产福建寿宁，砂梨地方品种，2*n*=34；树势强。

果实类型：脆肉型　　　　风味：酸甜　　　　　　　雄蕊数（枚）：20.3

果实形状：扁圆形　　　　SSC/TA（%）：9.8/0.71　花药颜色：淡紫红

单果重（g）：342　　　　内质综合评价：下　　　　初花期：20150323（武汉）

萼片状态：脱落/宿存　　　一年生枝颜色：黄褐色　　盛花期：20150325（武汉）

果实心室数：5　　　　　　幼叶颜色：绿微着红色　　果实成熟期：9月下旬（晚）

果肉质地：紧密　　　　　　叶片形状：椭圆形　　　　果实发育期（d）：180

果肉粗细：粗　　　　　　　叶缘/刺芒：钝锯齿/有　　营养生长天数（d）：247

汁液：中多　　　　　　　　每花序花朵数（朵）：4.7

平顶青　Pingdingqing

原产江西上饶，别名平头青，砂梨地方品种；树势强，半开张，丰产性强，贮藏性较强。

果实类型：脆肉型

果实形状：扁圆形

单果重（g）：349

萼片状态：宿存/残存

果实心室数：5

果肉质地：松脆

果肉粗细：中粗

汁液：多

风味：淡甜

果肉硬度（kg/cm²）：6.13

SSC/TA（%）：10.89/0.20

内质综合评价：中

一年生枝颜色：黄褐色（165B）

幼叶颜色：绿着红色

叶片形状：卵圆形

叶缘/刺芒：锐锯齿/有

每花序花朵数（朵）：6～11(8.5)

雄蕊数（枚）：19～28（22.8）

花药颜色：紫红色（71B）

初花期：20190417

盛花期：20190419

果实成熟期：9月底（晚）

果实发育期（d）：164

营养生长天数（d）：229

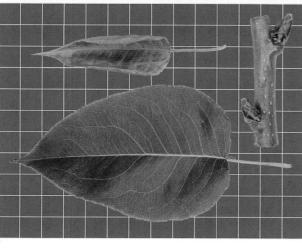

蒲瓜梨 Puguali

原产浙江乐清，别名大恩梨，砂梨地方品种，2*n*=34；树势较强，半开张，丰产性强，贮藏性较强。

果实类型：脆肉型
风味：甜酸
每花序花朵数（朵）：4 ～ 8(6.3)

果实形状：倒卵形
果肉硬度（kg/cm²）：5.30
雄蕊数（枚）：20 ～ 27（24.1）

单果重（g）：455
SSC/TA（%）：12.98/0.45
花药颜色：淡紫色（75B）

萼片状态：宿存/残存/脱落
内质综合评价：中上
初花期：20190418

果实心室数：5
一年生枝颜色：黄褐色（165A）
盛花期：20190421

果肉质地：松脆
幼叶颜色：绿着红色
果实成熟期：9月下旬（晚）

果肉粗细：中粗
叶片形状：卵圆形
果实发育期（d）：156

汁液：多
叶缘/刺芒：锐锯齿/有
营养生长天数（d）：228

蒲梨宵　*Pulixiao*

原产江西南昌，砂梨地方品种，2*n*=34；树势中庸，半开张，丰产性较强，贮藏性中等。

果实类型：脆肉型	风味：甜酸	每花序花朵数（朵）：5～8(6.5)
果实形状：倒卵形	果肉硬度（kg/cm²）：4.84	雄蕊数（枚）：19～20（19.9）
单果重（g）：210	SSC/TA（%）：12.23/0.20	花药颜色：淡紫红（70C）
萼片状态：宿存	内质综合评价：中上	初花期：20190417
果实心室数：5	一年生枝颜色：黄褐色（165A）	盛花期：20190419
果肉质地：疏松	幼叶颜色：红微着绿色	果实成熟期：9月下旬（晚）
果肉粗细：细	叶片形状：卵圆形	果实发育期（d）：156
汁液：多	叶缘/刺芒：锐锯齿/有	营养生长天数（d）：241

浦城雪梨　Pucheng Xueli

原产福建浦城，砂梨地方品种；树势较强，半开张，丰产性强，贮藏性中等。

果实类型：脆肉型
风味：淡甜
每花序花朵数（朵）：5～8(6.7)

果实形状：倒卵形
果肉硬度（kg/cm²）：5.90
雄蕊数（枚）：20～23（20.8）

单果重（g）：175
SSC/TA（%）：10.80/0.18
花药颜色：紫红色（58A）

萼片状态：残存/宿存/脱落
内质综合评价：中
初花期：20190414

果实心室数：4～5
一年生枝颜色：黄褐色（165A）
盛花期：20190416

果肉质地：松脆
幼叶颜色：红微着绿色
果实成熟期：9月中旬（中晚）

果肉粗细：较细
叶片形状：卵圆形
果实发育期（d）：147

汁液：中多
叶缘/刺芒：锐锯齿/有
营养生长天数（d）：221

青梨 Qingli

原产湖南临武，砂梨地方品种，2*n*=34；树势强。

果实类型：脆肉型
果实形状：倒卵形
单果重（g）：277
萼片状态：宿存
果实心室数：5
果肉质地：紧脆
果肉粗细：中粗
汁液：中多

风味：甜酸
SSC/TA（%）：11.5/0.47
内质综合评价：中
一年生枝颜色：黄褐色
幼叶颜色：绿微着红色
叶片形状：卵圆形
叶缘/刺芒：锐锯齿/有
每花序花朵数（朵）：6.7

雄蕊数（枚）：19.8
花药颜色：淡紫红
初花期：20150316（武汉）
盛花期：20150323（武汉）
果实成熟期：9月底（晚）
果实发育期（d）：189
营养生长天数（d）：264

青皮梨　**Qingpili**

原产湖北荆门，砂梨地方品种，2*n*=34；树势强。

果实类型：脆肉型	风味：甜	雄蕊数（枚）：20.0
果实形状：近圆形	SSC/TA（%）：15.4/0.17	花药颜色：紫红色
单果重（g）：351	内质综合评价：中	初花期：20150321（武汉）
萼片状态：脱落	一年生枝颜色：绿黄色	盛花期：20150323（武汉）
果实心室数：5	幼叶颜色：绿微着红色	果实成熟期：8月上旬（中）
果肉质地：紧密	叶片形状：卵圆形	果实发育期（d）：137
果肉粗细：中粗	叶缘/刺芒：锐锯齿/有	营养生长天数（d）：237
汁液：中多	每花序花朵数（朵）：5.8	

青皮酸梨　**Qingpi Suanli**

原产广西恭城，砂梨地方品种，2*n*=34；树势强。

果实类型：脆肉型　　　　风味：甜酸　　　　　　　雄蕊数（枚）：20.7

果实形状：圆形　　　　　SSC/TA（%）：11.0/0.79　花药颜色：紫红色

单果重（g）：177　　　　内质综合评价：下　　　　初花期：20150319（武汉）

萼片状态：残存　　　　　一年生枝颜色：黄褐色　　盛花期：20150320（武汉）

果实心室数：5　　　　　幼叶颜色：绿微着红色　　果实成熟期：9月上旬（晚）

果肉质地：紧密　　　　　叶片形状：卵圆形　　　　果实发育期（d）：171

果肉粗细：粗　　　　　　叶缘/刺芒：锐锯齿/有　　营养生长天数（d）：279

汁液：少　　　　　　　　每花序花朵数（朵）：3.9

青皮早　Qingpizao

原产湖南宜章，砂梨地方品种，2n=34；树势中庸。

果实类型：脆肉型	风味：甜酸	雄蕊数（枚）：22.4
果实形状：长圆形	SSC/TA（%）：11.2/0.37	花药颜色：淡紫色
单果重（g）：326	内质综合评价：中	初花期：20150319（武汉）
萼片状态：脱落/宿存	一年生枝颜色：黄褐色	盛花期：20150323（武汉）
果实心室数：5	幼叶颜色：红微着绿色	果实成熟期：9月下旬（晚）
果肉质地：脆	叶片形状：卵圆形	果实发育期（d）：182
果肉粗细：中粗	叶缘/刺芒：锐锯齿/有	营养生长天数（d）：249
汁液：中多	每花序花朵数（朵）：5.7	

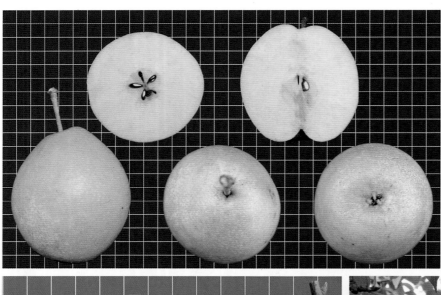

青皮钟　**Qingpizhong**

原产福建建瓯，砂梨地方品种；树势较强，较直立，丰产性强，贮藏性强。

果实类型：脆肉型

果实形状：近圆形

单果重（g）：214

萼片状态：脱落/残存/宿存

果实心室数：5

果肉质地：松脆

果肉粗细：较细

汁液：中多

风味：酸甜

果肉硬度（kg/cm²）：8.25

SSC/TA（%）：12.55/0.28

内质综合评价：中上

一年生枝颜色：黄褐色（N199C）

幼叶颜色：绿微着红色

叶片形状：卵圆形

叶缘/刺芒：锐锯齿/有

每花序花朵数（朵）：5～9(6.8)

雄蕊数（枚）：17～27（22.6）

花药颜色：淡紫红（73B）

初花期：20190417

盛花期：20190419

果实成熟期：9月中旬（中）

果实发育期（d）：142

营养生长天数（d）：235

全州梨　Quanzhouli

原产广西桂林，砂梨地方品种，2n=34；树势中庸。

果实类型：脆肉型	风味：淡甜	雄蕊数（枚）：25.9
果实形状：扁圆形	SSC/TA（%）：10.8/0.20	花药颜色：紫红色
单果重（g）：282	内质综合评价：中	初花期：20150327（武汉）
萼片状态：脱落	一年生枝颜色：黄褐色	盛花期：20150329（武汉）
果实心室数：5～6	幼叶颜色：绿微着红色	果实成熟期：8月中旬（中）
果肉质地：紧脆	叶片形状：卵圆形	果实发育期（d）：136
果肉粗细：中粗	叶缘/刺芒：锐锯齿/有	营养生长天数（d）：206
汁液：中多	每花序花朵数（朵）：6.0	

融安黄雪梨 Rongan Huangxueli

原产广西融安，砂梨地方品种，2*n*=34；树势强。

果实类型：脆肉型　　　　　风味：淡甜　　　　　　　　雄蕊数（枚）：27.5
果实形状：纺锤形　　　　　SSC/TA（%）：10.3/0.12　　花药颜色：紫红色
单果重（g）：288　　　　　内质综合评价：中　　　　　初花期：20150325（武汉）
萼片状态：脱落/宿存　　　　一年生枝颜色：褐色　　　　盛花期：20150326（武汉）
果实心室数：5　　　　　　　幼叶颜色：红着绿色　　　　果实成熟期：8月上旬（中）
果肉质地：脆　　　　　　　　叶片形状：卵圆形　　　　　果实发育期（d）：131
果肉粗细：中粗　　　　　　　叶缘/刺芒：锐锯齿/有　　　营养生长天数（d）：231
汁液：中多　　　　　　　　　每花序花朵数（朵）：4.4

融安青雪梨　Rongan Qingxueli

原产广西融安，砂梨地方品种，2n=34；树势中庸。

果实类型：脆肉型　　　　　风味：酸甜　　　　　　　雄蕊数（枚）：21.2
果实形状：圆形　　　　　　SSC/TA（%）：10.8/0.22　花药颜色：淡粉色
单果重（g）：280　　　　　内质综合评价：中　　　　初花期：20150320（武汉）
萼片状态：脱落　　　　　　一年生枝颜色：黄褐色　　盛花期：20150322（武汉）
果实心室数：5　　　　　　 幼叶颜色：红微着绿色　　果实成熟期：9月中旬（晚）
果肉质地：脆　　　　　　　叶片形状：椭圆形　　　　果实发育期（d）：176
果肉粗细：中粗　　　　　　叶缘/刺芒：锐锯齿/有　　营养生长天数（d）：272
汁液：中多　　　　　　　　每花序花朵数（朵）：3.6

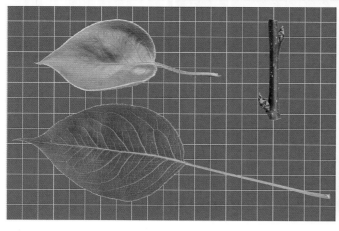

瑞福　Ruifu

原产重庆铜梁，砂梨地方品种，$2n=34$；树势强。

果实类型：脆肉型　　　　风味：甜酸　　　　　　　雄蕊数（枚）：21.6

果实形状：圆锥形　　　　SSC/TA（%）：10.1/0.20　花药颜色：粉红色

单果重（g）：531　　　　内质综合评价：中　　　　初花期：20150322（武汉）

萼片状态：宿存　　　　　一年生枝颜色：褐色　　　盛花期：20150324（武汉）

果实心室数：5　　　　　幼叶颜色：绿微着红色　　果实成熟期：9月中旬（晚）

果肉质地：脆　　　　　　叶片形状：卵圆形　　　　果实发育期（d）：174

果肉粗细：中粗　　　　　叶缘/刺芒：锐锯齿/有　　营养生长天数（d）：247

汁液：中多　　　　　　　每花序花朵数（朵）：6.6

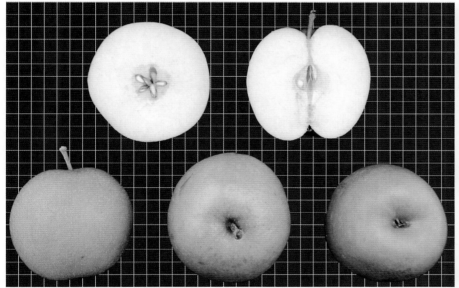

桑美　Sangmei

原产云南丽江，砂梨地方品种；树势强，半开张，丰产性强，贮藏性较强。

果实类型：脆肉型　　　　　　风味：甜　　　　　　　　每花序花朵数（朵）：5～7(6.3)

果实形状：近圆形　　　　　　果肉硬度（kg/cm²）：7.96　　雄蕊数（枚）：18～24（20.5）

单果重（g）：271　　　　　　SSC/TA（%）：13.10/0.20　　花药颜色：淡紫色（75B）

萼片状态：宿存/残存　　　　　内质综合评价：中上　　　　初花期：20190418

果实心室数：5　　　　　　　　一年生枝颜色：黄褐色（N199B）　盛花期：20190421

果肉质地：脆　　　　　　　　　幼叶颜色：红着绿色　　　　　果实成熟期：10月上中旬（晚）

果肉粗细：较细　　　　　　　　叶片形状：卵圆形　　　　　　果实发育期（d）：173

汁液：多　　　　　　　　　　　叶缘/刺芒：锐锯齿/有　　　　营养生长天数（d）：227

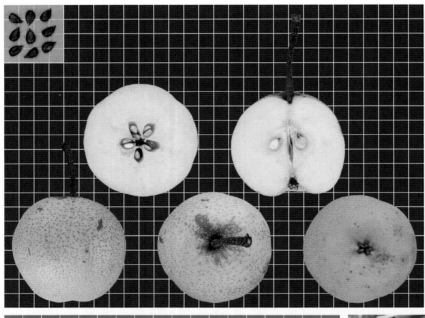

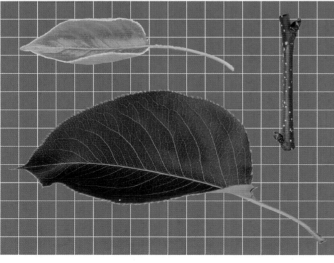

桑皮梨　**Sangpili**

原产四川简阳，砂梨地方品种；树势较强，半开张，丰产性强，贮藏性强。

果实类型：脆肉型　　　　　风味：甜　　　　　　　每花序花朵数（朵）：5～7(6.4)
果实形状：卵圆形　　　　　果肉硬度（kg/cm²）：6.65　雄蕊数（枚）：18～20（19.7）
单果重（g）：120　　　　　SSC/TA（%）：13.28/0.20　花药颜色：紫红色（61C）
萼片状态：宿存　　　　　　内质综合评价：中上　　　初花期：20190415
果实心室数：3～5　　　　　一年生枝颜色：黄褐色（175B）盛花期：20190417
果肉质地：疏松　　　　　　幼叶颜色：红微着绿色　　果实成熟期：9月中旬（中）
果肉粗细：较细　　　　　　叶片形状：卵圆形　　　　果实发育期（d）：141
汁液：多　　　　　　　　　叶缘/刺芒：锐锯齿/有　　营养生长天数（d）：215

山梗大麻梨　Shangeng Damali

原产四川金川，别名褐鸡腿梨，砂梨地方品种；树势较强，半开张，丰产性强，贮藏性强。

果实类型：脆肉型

果实形状：长圆形

单果重（g）：229

萼片状态：宿存/残存

果实心室数：4～5

果肉质地：松脆

果肉粗细：较细

汁液：多

风味：淡甜

果肉硬度（kg/cm²）：6.80

SSC/TA（%）：13.43/0.24

内质综合评价：中上

一年生枝颜色：黄褐色（165B）

幼叶颜色：红微着绿色

叶片形状：卵圆形

叶缘/刺芒：锐锯齿/有

每花序花朵数（朵）：5～7(6.0)

雄蕊数（枚）：19～24（21.2）

花药颜色：紫红色（61A）

初花期：20190416

盛花期：20190418

果实成熟期：9月中下旬（晚）

果实发育期（d）：153

营养生长天数（d）：227

山梗子蜂梨　**Shangengzi Fengli**

原产四川汉源，砂梨地方品种，2*n*=34；树势强。

果实类型：脆肉型	风味：淡甜	雄蕊数（枚）：23.5
果实形状：倒卵形	SSC/TA（%）：10.0/0.13	花药颜色：淡紫红
单果重（g）：266	内质综合评价：中	初花期：20150323（武汉）
萼片状态：宿存	一年生枝颜色：黄褐色	盛花期：20150325（武汉）
果实心室数：5	幼叶颜色：绿微着红色	果实成熟期：9月上旬（晚）
果肉质地：脆	叶片形状：椭圆形	果实发育期（d）：167
果肉粗细：中粗	叶缘/刺芒：锐锯齿/有	营养生长天数（d）：217
汁液：多	每花序花朵数（朵）：5.5	

上海雪梨　**Shanghai Xueli**

原产上海，砂梨地方品种，2*n*=34；树势强。

果实类型：脆肉型	风味：甜	雄蕊数（枚）：19.7
果实形状：卵圆形	SSC/TA（%）：11.8/0.18	花药颜色：淡粉色
单果重（g）：273	内质综合评价：中上	初花期：20150324（武汉）
萼片状态：宿存	一年生枝颜色：褐色	盛花期：20150325（武汉）
果实心室数：5	幼叶颜色：绿微着红色	果实成熟期：9月上旬（晚）
果肉质地：松脆	叶片形状：卵圆形	果实发育期（d）：161
果肉粗细：细	叶缘/刺芒：锐锯齿/有	营养生长天数（d）：212
汁液：中多	每花序花朵数（朵）：4.1	

麝香梨　**Shexiangli**

原产湖南临武，砂梨地方品种，2*n*=34；树势强。

果实类型：脆肉型

果实形状：扁圆形

单果重（g）：249

萼片状态：脱落

果实心室数：5

果肉质地：紧密

果肉粗细：粗

汁液：少

风味：甜酸

SSC/TA（%）：11.6/0.42

内质综合评价：下

一年生枝颜色：黄褐色

幼叶颜色：红微着绿色

叶片形状：椭圆形

叶缘/刺芒：圆锯齿/无

每花序花朵数（朵）：10.3

雄蕊数（枚）：19.0

花药颜色：淡粉色

初花期：20150316（武汉）

盛花期：20150323（武汉）

果实成熟期：10月上旬（晚）

果实发育期（d）：200

营养生长天数（d）：281

嵊县秋白梨　Shengxian Qiubaili

原产浙江嵊州，别名白樟梨，砂梨地方品种；树势较强，较直立，丰产性较强，贮藏性强。

果实类型：脆肉型	风味：甜	每花序花朵数（朵）：4～8(6.7)
果实形状：近圆形	果肉硬度（kg/cm²）：6.96	雄蕊数（枚）：19～20（19.9）
单果重（g）：299	SSC/TA（%）：12.83/0.05	花药颜色：淡紫色（75A）
萼片状态：脱落/宿存/残存	内质综合评价：中	初花期：20190417
果实心室数：5	一年生枝颜色：黄褐色（N199B）	盛花期：20190419
果肉质地：松脆	幼叶颜色：绿微着红色	果实成熟期：10月上中旬（晚）
果肉粗细：中粗	叶片形状：卵圆形	果实发育期（d）：170
汁液：多	叶缘/刺芒：锐锯齿/有	营养生长天数（d）：221

甩梨 Shuaili

原产云南临沧，砂梨地方品种；树势强，半开张，丰产性中等。

果实类型：脆肉型
果实形状：圆锥形
单果重（g）：357
萼片状态：脱落/残存/宿存
果实心室数：5
果肉质地：紧脆
果肉粗细：中粗
汁液：多

风味：酸稍涩
果肉硬度（kg/cm²）：8.12
SSC/TA（%）：12.80/0.45
内质综合评价：中
一年生枝颜色：黄褐色（N199B）
幼叶颜色：绿微着红色
叶片形状：卵圆形
叶缘/刺芒：锐锯齿/有

每花序花朵数（朵）：5～8(6.0)
雄蕊数（枚）：24～34（28.1）
花药颜色：紫红色（61B）
初花期：20190418
盛花期：20190420
果实成熟期：9月底（晚）
果实发育期（d）：156
营养生长天数（d）：219

水汁梨　**Shuizhili**

原产云南鹤庆，砂梨地方品种；树势强，半开张，丰产性较强，贮藏性较强。

果实类型：脆肉型

果实形状：扁圆形

单果重（g）：267

萼片状态：残存/宿存/脱落

果实心室数：5～6

果肉质地：松脆

果肉粗细：较细

汁液：多

风味：甜酸

果肉硬度（kg/cm²）：6.83

SSC/TA（%）：13.83/0.66

内质综合评价：中上

一年生枝颜色：黄褐色（166B）

幼叶颜色：红微着绿色

叶片形状：卵圆形

叶缘/刺芒：锐锯齿/有

每花序花朵数（朵）：3～8(5.2)

雄蕊数（枚）：18～23（20.5）

花药颜色：黄白色（1D）

初花期：20190416

盛花期：20190419

果实成熟期：9月下旬（晚）

果实发育期（d）：159

营养生长天数（d）：226

顺昌麻梨 **Shunchang Mali**

原产福建顺昌，砂梨地方品种，2*n*=34；树势中庸。

果实类型：脆肉型

果实形状：圆形

单果重（g）：399

萼片状态：宿存

果实心室数：5

果肉质地：脆

果肉粗细：中粗

汁液：中多

风味：甜酸

SSC/TA（%）：10.5/0.50

内质综合评价：中

一年生枝颜色：黄褐色

幼叶颜色：红微着绿色

叶片形状：椭圆形

叶缘/刺芒：锐锯齿/有

每花序花朵数（朵）：6.2

雄蕊数（枚）：25.3

花药颜色：粉红色

初花期：20150319（武汉）

盛花期：20150323（武汉）

果实成熟期：9月中旬（晚）

果实发育期（d）：175

营养生长天数（d）：224

泗安青皮梨　Sian Qingpili

原产广西百色，砂梨地方品种，2n=34；树势中庸。

果实类型：脆肉型
果实形状：扁圆形
单果重（g）：265
萼片状态：脱落
果实心室数：5
果肉质地：脆
果肉粗细：中粗
汁液：中多

风味：酸甜
SSC/TA（%）：11.3/0.18
内质综合评价：中
一年生枝颜色：黄褐色
幼叶颜色：红色
叶片形状：椭圆形
叶缘/刺芒：钝锯齿/有
每花序花朵数（朵）：6.2

雄蕊数（枚）：21.8
花药颜色：淡紫色
初花期：20150315（武汉）
盛花期：20150318（武汉）
果实成熟期：9月下旬（晚）
果实发育期（d）：187
营养生长天数（d）：274

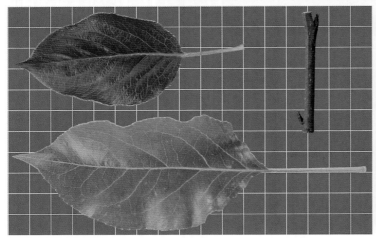

糖梨1号　**Tangli 1**

原产湖南城步，砂梨地方品种，2*n*=34；树势强。

果实类型：脆肉型	风味：甜	雄蕊数（枚）：21.7
果实形状：圆形	SSC/TA（%）：11.7/0.23	花药颜色：紫红色
单果重（g）：360	内质综合评价：中	初花期：20150325（武汉）
萼片状态：宿存	一年生枝颜色：黄褐色	盛花期：20150326（武汉）
果实心室数：5	幼叶颜色：绿着红色	果实成熟期：8月中旬（中）
果肉质地：紧脆	叶片形状：卵圆形	果实发育期（d）：138
果肉粗细：中粗	叶缘/刺芒：锐锯齿/有	营养生长天数（d）：223
汁液：中多	每花序花朵数（朵）：6.0	

甜橙子　Tianchengzi

原产江苏泗阳，砂梨地方品种；树势强，半开张，丰产性较强。

果实类型：脆肉型

果实形状：扁圆形

单果重（g）：227

萼片状态：脱落/宿存/残存

果实心室数：5～6

果肉质地：紧脆

果肉粗细：中粗

汁液：中多

风味：淡甜

果肉硬度（kg/cm²）：8.59

SSC/TA（%）：13.00/0.12

内质综合评价：中

一年生枝颜色：黄褐色（N199B）

幼叶颜色：绿微着红色

叶片形状：卵圆形

叶缘/刺芒：锐锯齿/有

每花序花朵数（朵）：4～8(5.7)

雄蕊数（枚）：17～26（21.8）

花药颜色：淡紫色（N74C）

初花期：20190416

盛花期：20190418

果实成熟期：9月下旬（晚）

果实发育期（d）：156

营养生长天数（d）：225

甜酸 Tiansuan

原产云南陆良，砂梨地方品种；树势较强，开张，丰产性中等。

果实类型：脆肉型　　　　风味：酸甜　　　　　　　每花序花朵数（朵）：3～7(5.2)

果实形状：扁圆形/倒卵形　果肉硬度（kg/cm²）：11.25　雄蕊数（枚）：20～26（21.6）

单果重（g）：108　　　　SSC/TA（%）：16.88/0.39　花药颜色：淡紫色（75A）

萼片状态：脱落/残存　　　内质综合评价：中　　　　初花期：20190420

果实心室数：5　　　　　　一年生枝颜色：褐色（200C）盛花期：20190422

果肉质地：松脆　　　　　　幼叶颜色：绿微着红色　　果实成熟期：10月上旬（晚）

果肉粗细：中粗　　　　　　叶片形状：卵圆形　　　　果实发育期（d）：170

汁液：多　　　　　　　　　叶缘/刺芒：锐锯齿/有　　营养生长天数（d）：219

甜宵梨　**Tianxiaoli**

原产湖南宜章，砂梨地方品种，2*n*=34；树势中庸。

果实类型：脆肉型
果实形状：圆形
单果重（g）：320
萼片状态：宿存/脱落
果实心室数：5～6
果肉质地：紧脆
果肉粗细：中粗
汁液：中多

风味：甜
SSC/TA（%）：12.1/0.17
内质综合评价：中
一年生枝颜色：灰褐色
幼叶颜色：红微着绿色
叶片形状：卵圆形
叶缘/刺芒：锐锯齿/有
每花序花朵数（朵）：7.4

雄蕊数（枚）：30.0
花药颜色：紫红色
初花期：20150318（武汉）
盛花期：20150321（武汉）
果实成熟期：9月上旬（晚）
果实发育期（d）：165
营养生长天数（d）：231

铁皮　Tiepi

原产安徽砀山，砂梨地方品种；树势中庸，半开张，丰产性强，贮藏性强。

果实类型：脆肉型	风味：淡甜	每花序花朵数（朵）：5～6(5.9)
果实形状：圆锥形	果肉硬度（kg/cm²）：11.76	雄蕊数（枚）：19～32（22.9）
单果重（g）：273	SSC/TA（%）：14.59/0.23	花药颜色：淡紫色（75A）
萼片状态：宿存	内质综合评价：中	初花期：20190417
果实心室数：4～5	一年生枝颜色：褐色（200C）	盛花期：20190419
果肉质地：稍脆	幼叶颜色：绿着红色	果实成熟期：10月上旬（晚）
果肉粗细：中粗	叶片形状：卵圆形	果实发育期（d）：165
汁液：中多	叶缘/刺芒：锐锯齿/有	营养生长天数（d）：225

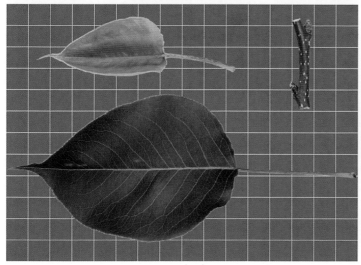

铜梁野生梨　Tongliang Yeshengli

原产重庆铜梁，砂梨，2*n*=34；树势强。

果实类型：脆肉型	风味/香气：淡甜/微香	雄蕊数（枚）：22.2
果实形状：圆形	SSC/TA（%）：12.6/0.27	花药颜色：紫红色
单果重（g）：175	内质综合评价：下	初花期：20170308（武汉）
萼片状态：脱落	一年生枝颜色：褐色	盛花期：20170315（武汉）
果实心室数：5	幼叶颜色：绿微着红色	果实成熟期：10月下旬（晚）
果肉质地：紧密	叶片形状：卵圆形	果实发育期（d）：224
果肉粗细：粗	叶缘/刺芒：锐锯齿/无	营养生长天数（d）：258
汁液：少	每花序花朵数（朵）：7.8	

望水白 **Wangshuibai**

原产湖北远安，砂梨地方品种，2*n*=34；树势中庸。

果实类型：脆肉型
果实形状：倒卵形
单果重（g）：150
萼片状态：脱落
果实心室数：5
果肉质地：脆
果肉粗细：中粗
汁液：中多

风味：酸甜
SSC/TA（%）：10.8/0.24
内质综合评价：中
一年生枝颜色：红褐色
幼叶颜色：绿着红色
叶片形状：卵圆形
叶缘/刺芒：锐锯齿/有
每花序花朵数（朵）：5.4

雄蕊数（枚）：24.7
花药颜色：紫红色
初花期：20150320（武汉）
盛花期：20150323（武汉）
果实成熟期：9月上旬（晚）
果实发育期（d）：158
营养生长天数（d）：209

威宁大黄梨　Weining Dahuangli

原产贵州威宁，砂梨地方品种；树势中庸，丰产性较强，贮藏性强。

果实类型：脆肉型	风味：甜酸	每花序花朵数（朵）：3 ~ 7(6.0)
果实形状：近圆形	果肉硬度（kg/cm²）：6.85	雄蕊数（枚）：25 ~ 29（26.5）
单果重（g）：233	SSC/TA（%）：14.37/0.69	花药颜色：淡紫红（72D）
萼片状态：脱落	内质综合评价：中	初花期：20190422
果实心室数：5	一年生枝颜色：黄褐色（N199B）	盛花期：20190424
果肉质地：紧脆	幼叶颜色：绿微着红色	果实成熟期：9月底（晚）
果肉粗细：中粗	叶片形状：卵圆形	果实发育期（d）：155
汁液：多	叶缘/刺芒：锐锯齿/有	营养生长天数（d）：222

威宁蜂糖梨　**Weining Fengtangli**

原产贵州威宁，砂梨地方品种，2*n*=34；树势强。

果实类型：脆肉型
果实形状：扁圆形
单果重（g）：325
萼片状态：宿存
果实心室数：5
果肉质地：脆
果肉粗细：中粗
汁液：中多

风味：酸甜
SSC/TA（%）：12.1/0.24
内质综合评价：中
一年生枝颜色：黄褐色
幼叶颜色：红微着绿色
叶片形状：椭圆形
叶缘/刺芒：锐锯齿/有
每花序花朵数（朵）：5.4

雄蕊数（枚）：27.6
花药颜色：紫红色
初花期：20150323（武汉）
盛花期：20150325（武汉）
果实成熟期：9月中旬（晚）
果实发育期（d）：173
营养生长天数（d）：258

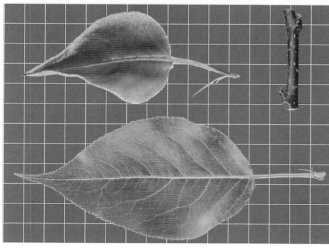

威宁葫芦梨　Weining Hululi

原产贵州威宁，砂梨地方品种，2*n*=34；树势中庸。

果实类型：脆肉型
果实形状：倒卵形
单果重（g）：220
萼片状态：脱落
果实心室数：5
果肉质地：紧密
果肉粗细：粗
汁液：中

风味：甜
SSC/TA（%）：12.3/0.29
内质综合评价：下
一年生枝颜色：绿褐色
幼叶颜色：绿微着红色
叶片形状：椭圆形
叶缘/刺芒：锐锯齿/有
每花序花朵数（朵）：2.1

雄蕊数（枚）：23.3
花药颜色：淡紫红
初花期：20150323（武汉）
盛花期：20150325（武汉）
果实成熟期：9月中旬（晚）
果实发育期（d）：170
营养生长天数（d）：206

威宁化渣梨　**Weining Huazhali**

原产贵州威宁，砂梨地方品种，2*n*=34；树势中庸。

果实类型：脆肉型

果实形状：倒卵形

单果重（g）：273

萼片状态：脱落／宿存

果实心室数：5

果肉质地：脆

果肉粗细：中粗

汁液：多

风味：淡甜

SSC/TA（%）：10.5/0.18

内质综合评价：中上

一年生枝颜色：绿黄色

幼叶颜色：红微着绿色

叶片形状：卵圆形

叶缘／刺芒：锐锯齿／有

每花序花朵数（朵）：4.5

雄蕊数（枚）：27.5

花药颜色：紫红色

初花期：20150321（武汉）

盛花期：20150323（武汉）

果实成熟期：9月中旬（晚）

果实发育期（d）：175

营养生长天数（d）：238

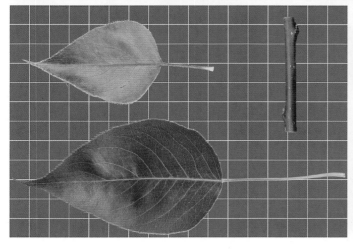

威宁甜酸梨　Weining Tiansuanli

原产贵州威宁，砂梨地方品种，2*n*=34；树势强。

果实类型：脆肉型	风味：甜酸	雄蕊数（枚）：18.9
果实形状：倒卵形	SSC/TA（%）：11.8/0.57	花药颜色：淡紫红
单果重（g）：138	内质综合评价：下	初花期：20150326（武汉）
萼片状态：宿存	一年生枝颜色：黄褐色	盛花期：20150328（武汉）
果实心室数：5	幼叶颜色：红微着绿色	果实成熟期：9月上旬（晚）
果肉质地：紧密	叶片形状：椭圆形	果实发育期（d）：199
果肉粗细：粗	叶缘/刺芒：锐锯齿/有	营养生长天数（d）：244
汁液：中多	每花序花朵数（朵）：6.2	

威宁早白梨　Weining Zaobaili

原产贵州威宁，砂梨地方品种，2n=34；树势中庸。

果实类型：脆肉型

果实形状：圆形

单果重（g）：168

萼片状态：脱落

果实心室数：5

果肉质地：脆

果肉粗细：中粗

汁液：中多

风味：酸甜

SSC/TA（%）：10.7/0.25

内质综合评价：中

一年生枝颜色：褐色

幼叶颜色：红微着绿色

叶片形状：卵圆形

叶缘/刺芒：锐锯齿/有

每花序花朵数（朵）：3.9

雄蕊数（枚）：24.5

花药颜色：紫红色

初花期：20150321（武汉）

盛花期：21050322（武汉）

果实成熟期：8月下旬（晚）

果实发育期（d）：151

营养生长天数（d）：248

威宁早梨　Weining Zaoli

原产贵州威宁，砂梨地方品种，2n=34；树势强。

果实类型：脆肉型	风味：甜	雄蕊数（枚）：20.8
果实形状：倒卵形	SSC/TA（%）：14.1/0.16	花药颜色：红色
单果重（g）：167	内质综合评价：中下	初花期：20150319（武汉）
萼片状态：脱落	一年生枝颜色：黄褐色	盛花期：20150320（武汉）
果实心室数：5	幼叶颜色：红微着绿色	果实成熟期：9月上旬（晚）
果肉质地：紧密	叶片形状：椭圆形	果实发育期（d）：171
果肉粗细：粗	叶缘/刺芒：锐锯齿/有	营养生长天数（d）：247
汁液：中多	每花序花朵数（朵）：6.1	

巍山红雪梨　Weishan Hongxueli

原产云南大理，砂梨地方品种；树势较强，半开张，丰产性强，贮藏性较强。

果实类型：脆肉型　　　　　　风味：甜酸　　　　　　　　每花序花朵数（朵）：4～7(4.9)

果实形状：近圆形　　　　　　果肉硬度（kg/cm²）：6.65　　雄蕊数（枚）：24～40（33.6）

单果重（g）：210　　　　　　SSC/TA（%）：12.67/0.26　　花药颜色：紫红色（61A）

萼片状态：脱落　　　　　　　内质综合评价：中上　　　　初花期：20190419

果实心室数：5～8　　　　　　一年生枝颜色：黄褐色（165B）盛花期：20190422

果肉质地：脆　　　　　　　　幼叶颜色：绿微着红色　　　　果实成熟期：10月上旬（晚）

果肉粗细：中粗　　　　　　　叶片形状：卵圆形　　　　　　果实发育期（d）：158

汁液：多　　　　　　　　　　叶缘/刺芒：锐锯齿/有　　　　营养生长天数（d）：221

文山红梨　**Wenshan Hongli**

原产云南文山，砂梨地方品种，2*n*=34；树势强。

果实类型：脆肉型	风味：甜酸稍涩	雄蕊数（枚）：31.4
果实形状：倒卵形	SSC/TA（%）：11.3/0.44	花药颜色：紫红色
单果重（g）：136	内质综合评价：中下	初花期：20150323（武汉）
萼片状态：脱落	一年生枝颜色：绿褐色	盛花期：20150325（武汉）
果实心室数：5～6	幼叶颜色：红着绿色	果实成熟期：9月底（晚）
果肉质地：紧脆	叶片形状：卵圆形	果实发育期（d）：187
果肉粗细：中粗	叶缘/刺芒：锐锯齿/有	营养生长天数（d）：206
汁液：中多	每花序花朵数（朵）：5.2	

五月金 Wuyuejin

原产湖北荆门，砂梨地方品种，2*n*=34；树势强。

果实类型：脆肉型

果实形状：圆形

单果重（g）：203

萼片状态：脱落

果实心室数：5

果肉质地：脆

果肉粗细：中粗

汁液：多

风味：甜

SSC/TA（%）：10.3/0.23

内质综合评价：中

一年生枝颜色：黄褐色

幼叶颜色：绿微着红色

叶片形状：卵圆形

叶缘/刺芒：锐锯齿/有

每花序花朵数（朵）：7.1

雄蕊数（枚）：25.3

花药颜色：紫红色

初花期：20150326（武汉）

盛花期：20150328（武汉）

果实成熟期：8月上旬（中）

果实发育期（d）：132

营养生长天数（d）：230

西昌后山梨　Xichang Houshanli

原产四川冕宁，砂梨地方品种，2n=34；树势强，开张，丰产性较强，贮藏性强。

果实类型：脆肉型　　　　　风味：甜酸稍涩　　　　　　每花序花朵数（朵）：5～8(6.6)

果实形状：卵圆形　　　　　果肉硬度（kg/cm²）：7.89　　雄蕊数（枚）：20～27（22.5）

单果重（g）：202　　　　　SSC/TA（%）：13.23/0.26　　花药颜色：紫红色（67C）

萼片状态：宿存　　　　　　内质综合评价：中　　　　　　初花期：20190416

果实心室数：5　　　　　　一年生枝颜色：黄褐色（175A）盛花期：20190418

果肉质地：松脆　　　　　　幼叶颜色：红微着绿色　　　　果实成熟期：10月上旬（晚）

果肉粗细：较细　　　　　　叶片形状：卵圆形　　　　　　果实发育期（d）：167

汁液：多　　　　　　　　　叶缘/刺芒：锐锯齿/有　　　　营养生长天数（d）：225

细把清水　*Xiba Qingshui*

原产云南晋宁、呈贡一带，砂梨地方品种，$2n=34$；树势较强，半开张，丰产性中等，贮藏性强。

果实类型：脆肉型	风味：酸甜	每花序花朵数（朵）：4～7(5.5)
果实形状：纺锤形/倒卵形	果肉硬度（kg/cm²）：5.90	雄蕊数（枚）：22～31（28.7）
单果重（g）：143	SSC/TA（%）：11.50/0.42	花药颜色：紫红色（71A）
萼片状态：脱落/残存	内质综合评价：中	初花期：20190419
果实心室数：5～6	一年生枝颜色：黄褐色（165A）	盛花期：20190421
果肉质地：松脆	幼叶颜色：绿微着红色	果实成熟期：9月下旬（晚）
果肉粗细：中粗	叶片形状：卵圆形	果实发育期（d）：153
汁液：多	叶缘/刺芒：锐锯齿/有	营养生长天数（d）：217

细花红梨　**Xihua Hongli**

原产广东惠阳，砂梨地方品种，2*n*=34；树势强。

果实类型：脆肉型	风味：甜酸	雄蕊数（枚）：20.4
果实形状：扁圆形	SSC/TA（%）：13.4/0.30	花药颜色：紫红色
单果重（g）：161	内质综合评价：中	初花期：20150314（武汉）
萼片状态：脱落	一年生枝颜色：褐色	盛花期：20150317（武汉）
果实心室数：5	幼叶颜色：红微着绿色	果实成熟期：9月下旬（晚）
果肉质地：脆	叶片形状：卵圆形	果实发育期（d）：188
果肉粗细：中粗	叶缘/刺芒：钝锯齿/有	营养生长天数（d）：232
汁液：中多	每花序花朵数（朵）：6.3	

细花麻壳　Xihua Make

原产江西上饶，砂梨地方品种；树势中庸，直立，丰产性较强，贮藏性较强。

果实类型：脆肉型　　　　　风味：甜酸　　　　　　　每花序花朵数（朵）：6 ～ 10(8.1)

果实形状：近圆形　　　　　果肉硬度（kg/cm²）：6.61　雄蕊数（枚）：20 ～ 29（23.5）

单果重（g）：305　　　　　SSC/TA（%）：12.86/0.41　花药颜色：紫红色（70B）

萼片状态：残存/宿存　　　　内质综合评价：中上　　　　初花期：20190416

果实心室数：5　　　　　　　一年生枝颜色：黄褐色（165A）盛花期：20190418

果肉质地：疏松　　　　　　　幼叶颜色：红微着绿色　　　果实成熟期：9月底（晚）

果肉粗细：细　　　　　　　　叶片形状：卵圆形　　　　　果实发育期（d）：157

汁液：多　　　　　　　　　　叶缘/刺芒：锐锯齿/有　　　营养生长天数（d）：219

细花雪梨　**Xihua Xueli**

原产浙江云和，砂梨地方品种，2*n*=34；树势弱。

果实类型：脆肉型　　　　风味：酸甜　　　　　　雄蕊数（枚）：18.9
果实形状：圆形　　　　　SSC/TA（%）：10.4/0.25　花药颜色：淡粉色
单果重（g）：330　　　　内质综合评价：中　　　　初花期：20150322（武汉）
萼片状态：脱落　　　　　一年生枝颜色：黄褐色　　盛花期：20150324（武汉）
果实心室数：5　　　　　幼叶颜色：红微着绿色　　果实成熟期：8月下旬（晚）
果肉质地：脆　　　　　　叶片形状：卵圆形　　　　果实发育期（d）：157
果肉粗细：中粗　　　　　叶缘/刺芒：锐锯齿/有　　营养生长天数（d）：247
汁液：少　　　　　　　　每花序花朵数（朵）：4.0

香蕉梨　Xiangjiaoli

原产广西德保，砂梨地方品种，2n=34；树势强。

果实类型：脆肉型

果实形状：卵圆形

单果重（g）：106

萼片状态：宿存/脱落

果实心室数：5～6

果肉质地：紧密

果肉粗细：中粗

汁液：少

风味：酸

SSC/TA（%）：11.3/0.45

内质综合评价：下

一年生枝颜色：褐色

幼叶颜色：红色

叶片形状：椭圆形

叶缘/刺芒：锐锯齿/有

每花序花朵数（朵）：5.0

雄蕊数（枚）：21.8

花药颜色：淡紫红

初花期：20150315（武汉）

盛花期：20150318（武汉）

果实成熟期：10月上旬（晚）

果实发育期（d）：205

营养生长天数（d）：289

香麻梨　Xiangmali

原产四川大金，砂梨地方品种，2*n*=34；树势较强，半开张，丰产性强，贮藏性中等。

果实类型：脆肉型	风味：甜	每花序花朵数（朵）：4～8(6.2)
果实形状：倒卵形	果肉硬度（kg/cm²）：6.64	雄蕊数（枚）：18～22（19.9）
单果重（g）：189	SSC/TA（%）：13.08/0.11	花药颜色：紫红色（64B）
萼片状态：脱落	内质综合评价：中上	初花期：20190416
果实心室数：5	一年生枝颜色：黄褐色（165A）	盛花期：20190418
果肉质地：松脆	幼叶颜色：绿着红色	果实成熟期：9月中下旬（晚）
果肉粗细：较细	叶片形状：卵圆形	果实发育期（d）：150
汁液：多	叶缘/刺芒：锐锯齿/有	营养生长天数（d）：233

香水梨 **Xiangshuili**

原产广东惠阳，砂梨地方品种，2*n*=34；树势强。

果实类型：脆肉型　　　风味：甜酸　　　　　　雄蕊数（枚）：18.7

果实形状：圆形　　　　SSC/TA（%）：11.4/0.29　花药颜色：淡紫红

单果重（g）：198　　　内质综合评价：中　　　初花期：20150308（武汉）

萼片状态：脱落　　　　一年生枝颜色：褐色　　盛花期：20150310（武汉）

果实心室数：5　　　　幼叶颜色：红微着绿色　果实成熟期：9月中下旬（晚）

果肉质地：紧脆　　　　叶片形状：椭圆形　　　果实发育期（d）：195

果肉粗细：中粗　　　　叶缘/刺芒：锐锯齿/有　营养生长天数（d）：295

汁液：中多　　　　　　每花序花朵数（朵）：6.0

小黄皮　Xiaohuangpi

原产四川泸山，砂梨地方品种；树势较强，半开张，丰产性强，贮藏性较强。

果实类型：脆肉型　　　　　　风味：甜　　　　　　　　　每花序花朵数（朵）：5～10(7.1)

果实形状：扁圆形　　　　　　果肉硬度（kg/cm²）：8.53　雄蕊数（枚）：17～20（19.5）

单果重（g）：108　　　　　　SSC/TA（%）：13.89/0.16　花药颜色：紫色（77B）

萼片状态：脱落/宿存/残存　　内质综合评价：中　　　　　初花期：20190415

果实心室数：5　　　　　　　　一年生枝颜色：黄褐色（175A）　盛花期：20190417

果肉质地：紧脆—疏松　　　　幼叶颜色：绿微着红色　　　果实成熟期：10月上旬（晚）

果肉粗细：中粗　　　　　　　叶片形状：卵圆形　　　　　果实发育期（d）：165

汁液：中多　　　　　　　　　叶缘/刺芒：锐锯齿/无　　　营养生长天数（d）：227

小斤 Xiaojin

原产陕西延安，砂梨地方品种；树势中庸，较直立，丰产性强，贮藏性强。

果实类型：脆肉型

果实形状：圆锥形

单果重（g）：124

萼片状态：脱落

果实心室数：4～5

果肉质地：松脆

果肉粗细：中粗

汁液：中多

风味：酸甜一甜

果肉硬度（kg/cm²）：7.53

SSC/TA（%）：13.70/0.41

内质综合评价：中

一年生枝颜色：黄褐色（N199B）

幼叶颜色：红微着绿色

叶片形状：卵圆形

叶缘/刺芒：锐锯齿/有

每花序花朵数（朵）：5～8(6.3)

雄蕊数（枚）：19～34（21.8）

花药颜色：淡紫色（75A）

初花期：20190415

盛花期：20190417

果实成熟期：9月下旬（晚）

果实发育期（d）：151

营养生长天数（d）：218

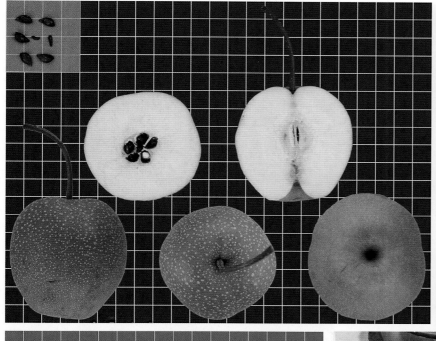

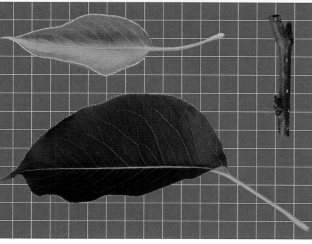

兴义海子梨　Xingyi Haizili

原产贵州兴义，砂梨地方品种；树势中庸，较直立，丰产性强，贮藏性中等。

果实类型：脆肉型	风味：酸甜	每花序花朵数（朵）：4～9(6.5)
果实形状：近圆形	果肉硬度（kg/cm²）：8.22	雄蕊数（枚）：17～35（26.1）
单果重（g）：225	SSC/TA（%）：15.64/0.43	花药颜色：淡紫色（75B）
萼片状态：宿存	内质综合评价：中	初花期：20190420
果实心室数：5	一年生枝颜色：黄褐色（N199C）	盛花期：20190423
果肉质地：紧脆	幼叶颜色：绿着红色	果实成熟期：9月底（晚）
果肉粗细：中粗	叶片形状：卵圆形	果实发育期（d）：156
汁液：中多	叶缘/刺芒：锐锯齿/有	营养生长天数（d）：234

雄古冬梨　**Xionggu Dongli**

原产云南丽江，砂梨地方品种，2*n*=34；树势中庸。

果实类型：脆肉型

果实形状：扁圆形

单果重（g）：392

萼片状态：脱落/残存

果实心室数：5

果肉质地：紧密

果肉粗细：粗

汁液：少

风味：甜酸

SSC/TA（%）：10.6/0.34

内质综合评价：下

一年生枝颜色：绿褐色

幼叶颜色：绿微着红色

叶片形状：卵圆形

叶缘/刺芒：锐锯齿/有

每花序花朵数（朵）：5.6

雄蕊数（枚）：28.9

花药颜色：紫红色

初花期：20150326（武汉）

盛花期：20150328（武汉）

果实成熟期：9月上旬（晚）

果实发育期（d）：162

营养生长天数（d）：268

宣恩秤砣梨　Xuanen Chengtuoli

原产湖北宣恩，砂梨地方品种，2n=34；树势强。

果实类型：脆肉型

果实形状：长圆形

单果重（g）：486

萼片状态：宿存

果实心室数：5～6

果肉质地：脆

果肉粗细：中粗

汁液：中多

风味：甜酸

SSC/TA（%）：11.5/0.38

内质综合评价：中

一年生枝颜色：黄褐色

幼叶颜色：绿微着红色

叶片形状：卵圆形

叶缘/刺芒：锐锯齿/有

每花序花朵数（朵）：4.3

雄蕊数（枚）：25.5

花药颜色：紫红色

初花期：20150322（武汉）

盛花期：20150323（武汉）

果实成熟期：9月上旬（晚）

果实发育期（d）：168

营养生长天数（d）：243

雪苹　Xueping

原产湖北咸丰，砂梨地方品种，2*n*=34；树势强。

果实类型：脆肉型　　　　风味：甜酸　　　　　　　雄蕊数（枚）：27.4
果实形状：倒卵形　　　　SSC/TA（%）：10.8/0.23　花药颜色：紫红色
单果重（g）：388　　　　内质综合评价：中　　　　初花期：20150326（武汉）
萼片状态：脱落　　　　　一年生枝颜色：黄褐色　　盛花期：20150329（武汉）
果实心室数：5　　　　　幼叶颜色：红微着绿色　　果实成熟期：9月中旬（晚）
果肉质地：紧脆　　　　　叶片形状：卵圆形　　　　果实发育期（d）：169
果肉粗细：中粗　　　　　叶缘/刺芒：锐锯齿/有　　营养生长天数（d）：263
汁液：中多　　　　　　　每花序花朵数（朵）：4.8

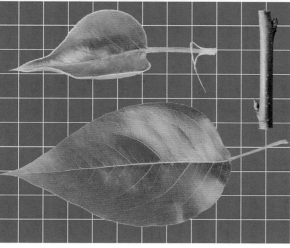

鸭蛋青　Yadanqing

原产湖南靖县，砂梨地方品种，2*n*=34；树势中庸。

果实类型：脆肉型　　　　风味：酸甜　　　　　　　　雄蕊数（枚）：25.5
果实形状：倒卵形　　　　SSC/TA（%）：11.7/0.32　　花药颜色：紫红色
单果重（g）：202　　　　内质综合评价：中　　　　　初花期：20150321（武汉）
萼片状态：脱落/宿存　　　一年生枝颜色：黄褐色　　　盛花期：20150325（武汉）
果实心室数：5　　　　　　幼叶颜色：红微着绿色　　　果实成熟期：8月底（晚）
果肉质地：紧脆　　　　　　叶片形状：椭圆形　　　　　果实发育期（d）：159
果肉粗细：中粗　　　　　　叶缘/刺芒：锐锯齿/有　　　营养生长天数（d）：262
汁液：中多　　　　　　　　每花序花朵数（朵）：3.5

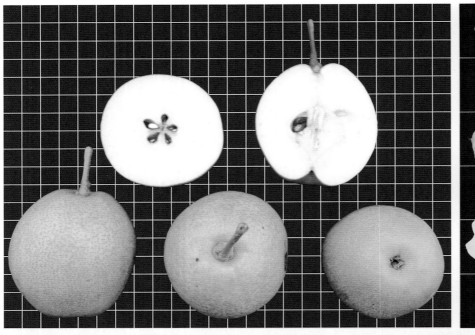

严州雪梨　*Yanzhou Xueli*

原产浙江建德、桐庐等地，砂梨地方品种，2*n*=34；树势中庸，半开张，丰产性强，贮藏性较强。

果实类型：脆肉型

果实形状：倒卵形

单果重（g）：306

萼片状态：脱落/宿存/残存

果实心室数：5

果肉质地：疏松

果肉粗细：细

汁液：多

风味：淡甜

果肉硬度（kg/cm²）：5.16

SSC/TA（%）：10.77/0.06

内质综合评价：中上

一年生枝颜色：黄褐色（165A）

幼叶颜色：红微着绿色

叶片形状：卵圆形

叶缘/刺芒：锐锯齿/有

每花序花朵数（朵）：5～7(6.2)

雄蕊数（枚）：20～26（23.5）

花药颜色：紫红色（61B）

初花期：20190416

盛花期：20190418

果实成熟期：9月中下旬（晚）

果实发育期（d）：151

营养生长天数（d）：232

盐源油芝麻　Yanyuan Youzhima

原产四川西昌，砂梨地方品种；树势中庸，半开张，丰产性中等。

果实类型：脆肉型　　　　风味：甜酸　　　　　　　每花序花朵数（朵）：6～7(6.5)
果实形状：近圆形　　　　果肉硬度（kg/cm²）：8.23　雄蕊数（枚）：20～27（24.1）
单果重（g）：185　　　　SSC/TA（%）：13.31/0.77　花药颜色：黄白色（1D）
萼片状态：脱落　　　　　内质综合评价：中　　　　　初花期：20190417
果实心室数：5　　　　　一年生枝颜色：黄褐色（N199C）盛花期：20190419
果肉质地：脆　　　　　　幼叶颜色：绿微着红色　　　果实成熟期：10月上中旬（晚）
果肉粗细：中粗　　　　　叶片形状：卵圆形　　　　　果实发育期（d）：169
汁液：中多　　　　　　　叶缘/刺芒：锐锯齿/有　　　营养生长天数（d）：217

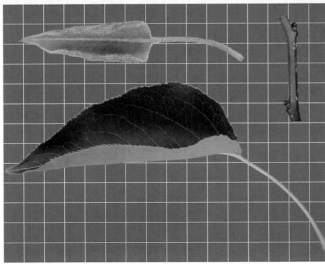

雁荡雪梨　**Yandang Xueli**

原产浙江乐清雁荡山，别名大头梨、迟梨、人头梨，砂梨地方品种，$2n=34$；树势中庸，直立，丰产性较强，贮藏性较强。

果实类型：脆肉型	风味：甜酸	每花序花朵数（朵）：4～8(5.6)
果实形状：扁圆形	果肉硬度（kg/cm^2）：6.73	雄蕊数（枚）：18～28（24.2）
单果重（g）：366	SSC/TA（%）：10.78/0.36	花药颜色：紫红色（64C）
萼片状态：脱落	内质综合评价：中	初花期：20190415
果实心室数：5	一年生枝颜色：黄褐色（165A）	盛花期：20190417
果肉质地：松脆	幼叶颜色：红微着绿色	果实成熟期：10月上旬（晚）
果肉粗细：中粗	叶片形状：卵圆形	果实发育期（d）：162
汁液：多	叶缘/刺芒：锐锯齿/有	营养生长天数（d）：228

夜深梨　**Yeshenli**

原产广东封开，砂梨地方品种，2*n*=34；树势强。

果实类型：脆肉型　　　　　风味：酸甜　　　　　　　雄蕊数（枚）：20.0

果实形状：扁圆形　　　　　SSC/TA（%）：11.4/0.32　花药颜色：粉红色

单果重（g）：135　　　　　内质综合评价：中　　　　初花期：20150306（武汉）

萼片状态：脱落　　　　　　一年生枝颜色：绿褐色　　盛花期：20150310（武汉）

果实心室数：5　　　　　　 幼叶颜色：绿微着红色　　果实成熟期：9月下旬（晚）

果肉质地：紧脆　　　　　　叶片形状：椭圆形　　　　果实发育期（d）：195

果肉粗细：中粗　　　　　　叶缘/刺芒：锐锯齿/有　　营养生长天数（d）：240

汁液：中多　　　　　　　　每花序花朵数（朵）：5.9

义乌霉梨　*Yiwu Meili*

原产浙江义乌，砂梨地方品种；丰产性强，贮藏性弱。

果实类型：脆肉型

果实形状：长圆形

单果重（g）：52

萼片状态：宿存

果实心室数：5

果肉质地：沙面

果肉粗细：细

汁液：少

风味：淡甜

SSC（%）：11.35

内质综合评价：中

一年生枝颜色：黄褐色（166A）

幼叶颜色：绿微着红色

叶片形状：椭圆形

叶缘/刺芒：圆锯齿/无

每花序花朵数（朵）：5～8(6.6)

雄蕊数（枚）：18～28（21.4）

花药颜色：紫红色（70B）

初花期：20190322（杭州）

盛花期：20190324（杭州）

果实成熟期：9月下旬（晚）

果实发育期（d）：183

义乌子梨　Yiwu Zili

原产浙江义乌，砂梨地方品种；树势中庸，半开张，丰产性强，贮藏性较强。

果实类型：脆肉型	风味：淡甜	每花序花朵数（朵）：3～7(5.1)
果实形状：纺锤形	果肉硬度（kg/cm²）：6.65	雄蕊数（枚）：20～28（23.0）
单果重（g）：230	SSC/TA（%）：13.36/0.16	花药颜色：紫色（N77B）
萼片状态：脱落/残存/宿存	内质综合评价：中上	初花期：20190417
果实心室数：5	一年生枝颜色：黄褐色（165A）	盛花期：20190419
果肉质地：松脆	幼叶颜色：红色	果实成熟期：9月下旬（晚）
果肉粗细：中粗	叶片形状：卵圆形	果实发育期（d）：154
汁液：多	叶缘/刺芒：锐锯齿/有	营养生长天数（d）：216

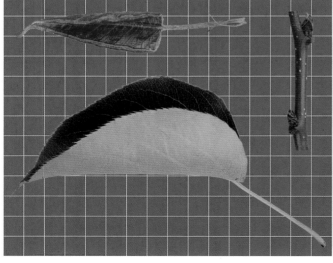

硬雪梨 *Yingxueli*

原产四川西昌，砂梨地方品种，2*n*=34；树势强。

果实类型：脆肉型

果实形状：圆形

单果重（g）：193

萼片状态：脱落

果实心室数：5

果肉质地：脆

果肉粗细：中粗

汁液：中多

风味：酸甜

SSC/TA（%）：11.2/0.33

内质综合评价：中

一年生枝颜色：黄褐色

幼叶颜色：绿微着红色

叶片形状：卵圆形

叶缘/刺芒：锐锯齿/有

每花序花朵数（朵）：7.6

雄蕊数（枚）：23.3

花药颜色：紫红色

初花期：20150323（武汉）

盛花期：20150325（武汉）

果实成熟期：9月中旬（晚）

果实发育期（d）：173

营养生长天数（d）：268

油酥　Yousu

原产江西婺源，砂梨地方品种，2*n*=34；树势中庸。

果实类型：脆肉型	风味：酸	雄蕊数（枚）：20.4
果实形状：卵圆形	SSC/TA（%）：10.6/0.53	花药颜色：紫红色
单果重（g）：253	内质综合评价：中下	初花期：20150320（武汉）
萼片状态：脱落	一年生枝颜色：黑褐色	盛花期：20150324（武汉）
果实心室数：5	幼叶颜色：红微着绿色	果实成熟期：8月下旬（晚）
果肉质地：脆	叶片形状：椭圆形	果实发育期（d）：153
果肉粗细：中粗	叶缘/刺芒：锐锯齿/有	营养生长天数（d）：217
汁液：中多	每花序花朵数（朵）：5.4	

园梨 **Yuanli**

原产浙江杭州，砂梨地方品种，2*n*=34；树势中庸。

果实类型：脆肉型

果实形状：倒卵形

单果重（g）：247

萼片状态：脱落

果实心室数：5

果肉质地：松脆

果肉粗细：中粗

汁液：中多

风味：酸甜

SSC/TA（%）：11.5/0.21

内质综合评价：中

一年生枝颜色：黄褐色

幼叶颜色：绿色

叶片形状：卵圆形

叶缘/刺芒：锐锯齿/有

每花序花朵数（朵）：7.3

雄蕊数（枚）：19.2

花药颜色：紫红色

初花期：20150320（武汉）

盛花期：20150324（武汉）

果实成熟期：8月下旬（晚）

果实发育期（d）：153

营养生长天数（d）：229

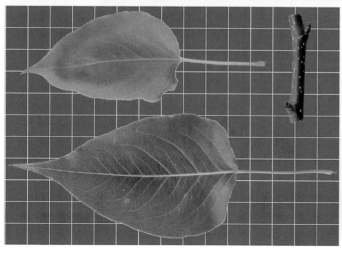

云南秋白　**Yunnan Qiubai**

原产云南，砂梨地方品种；树势中庸，半开张，丰产性强，贮藏性弱。

果实类型：脆肉型	风味：甜酸	每花序花朵数（朵）：3～8(5.9)
果实形状：倒卵形/近圆形	果肉硬度（kg/cm²）：4.46	雄蕊数（枚）：23～32（27.7）
单果重（g）：208	SSC/TA（%）：10.54/0.41	花药颜色：淡紫红（70C）
萼片状态：宿存	内质综合评价：中	初花期：20190417
果实心室数：5～6	一年生枝颜色：绿黄色（199A）	盛花期：20190419
果肉质地：松脆	幼叶颜色：绿着红色	果实成熟期：8月中旬（早）
果肉粗细：中粗	叶片形状：卵圆形	果实发育期（d）：112
汁液：中多	叶缘/刺芒：钝锯齿/有	营养生长天数（d）：226

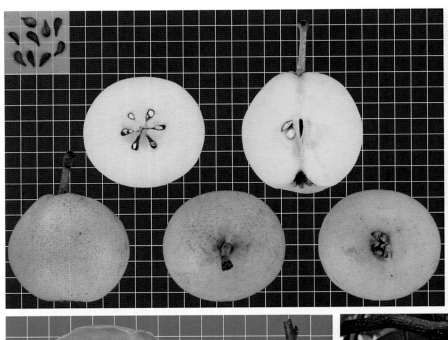

云汁梨　*Yunzhili*

原产云南大理，砂梨地方品种；树势强，半开张，丰产性中等，贮藏性中等。

果实类型：脆肉型	风味：甜酸	每花序花朵数（朵）：4～7(5.3)
果实形状：近圆形	果肉硬度（kg/cm²）：9.30	雄蕊数（枚）：20～24（21.7）
单果重（g）：185	SSC/TA（%）：13.49/0.63	花药颜色：淡粉色（73C）
萼片状态：脱落	内质综合评价：中	初花期：20190418
果实心室数：5	一年生枝颜色：黄褐色（N199C）	盛花期：20190421
果肉质地：脆	幼叶颜色：绿微着红色	果实成熟期：10月中旬（晚）
果肉粗细：中粗	叶片形状：卵圆形	果实发育期（d）：173
汁液：中多	叶缘/刺芒：锐锯齿/有	营养生长天数（d）：230

早麻梨　*Zaomali*

原产湖南临武，砂梨地方品种，2*n*=34；树势中庸。

果实类型：脆肉型	风味：酸甜	雄蕊数（枚）：23.7
果实形状：圆形	SSC/TA（%）：11.3/0.31	花药颜色：淡粉色
单果重（g）：271	内质综合评价：中	初花期：20150316（武汉）
萼片状态：宿存	一年生枝颜色：黄褐色	盛花期：20150323（武汉）
果实心室数：5	幼叶颜色：红微着绿色	果实成熟期：9月中旬（晚）
果肉质地：紧脆	叶片形状：卵圆形	果实发育期（d）：171
果肉粗细：中粗	叶缘/刺芒：锐锯齿/有	营养生长天数（d）：252
汁液：中多	每花序花朵数（朵）：6.8	

早三花 *Zaosanhua*

原产浙江义乌，砂梨地方品种，2*n*=34；树势较强，半开张，丰产性较强，贮藏性强。

果实类型：脆肉型

果实形状：长圆形

单果重（g）：226

萼片状态：宿存/残存

果实心室数：4～5

果肉质地：松脆

果肉粗细：细

汁液：多

风味：酸甜—甜

果肉硬度（kg/cm²）：6.10

SSC/TA（%）：12.43/0.16

内质综合评价：上

一年生枝颜色：黄褐色（166A）

幼叶颜色：绿微着红色

叶片形状：卵圆形

叶缘/刺芒：锐锯齿/有

每花序花朵数（朵）：5～9(6.3)

雄蕊数（枚）：19～29（22.8）

花药颜色：紫红色（61B）

初花期：20190414

盛花期：20190416

果实成熟期：9月底（晚）

果实发育期（d）：161

营养生长期（d）：232

昭通小白梨　*Zhaotong Xiaobaili*

产于云南昭通、贵州威宁等地，砂梨地方品种，2*n*=34；树势中庸。

果实类型：脆肉型　　　　　风味：甜　　　　　　　　雄蕊数（枚）：25.2
果实形状：扁圆形　　　　　SSC/TA（%）：10.5/0.17　花药颜色：紫红色
单果重（g）：132　　　　　内质综合评价：中　　　　初花期：20150321（武汉）
萼片状态：脱落　　　　　　一年生枝颜色：褐色　　　盛花期：21050322（武汉）
果实心室数：5　　　　　　 幼叶颜色：红微着绿色　　果实成熟期：8月中旬（中晚）
果肉质地：脆　　　　　　　叶片形状：椭圆形　　　　果实发育期（d）：149
果肉粗细：中粗　　　　　　叶缘/刺芒：锐锯齿/有　　营养生长天数（d）：210
汁液：中多　　　　　　　　每花序花朵数（朵）：6.0

真香梨　**Zhenxiangli**

原产浙江云和，砂梨地方品种；丰产性强，贮藏性强。

果实类型：脆肉型

果实形状：倒卵形

单果重（g）：456

萼片状态：脱落/残存

果实心室数：5

果肉质地：脆

果肉粗细：细

汁液：中多

风味：甜

SSC（%）：12.6

内质综合评价：上

一年生枝颜色：黄褐色（N199B）

幼叶颜色：绿着红色

叶片形状：卵圆形

叶缘/刺芒：锐锯齿/有

每花序花朵数（朵）：6~8(7.3)

雄蕊数（枚）：21~30（26.6）

花药颜色：紫红色（71A）

初花期：20190324（杭州）

盛花期：20190326（杭州）

果实成熟期：9月上旬（晚）

果实发育期（d）：165

镇巴七里香　*Zhenba Qilixiang*

原产陕西镇巴，砂梨地方品种，2*n*=34；树势中庸。

果实类型：脆肉型

果实形状：圆形

单果重（g）：241

萼片状态：宿存

果实心室数：5

果肉质地：紧脆

果肉粗细：中粗

汁液：中多

风味/香气：酸甜

SSC/TA（%）：11.6/0.20

内质综合评价：中

一年生枝颜色：黄褐色

幼叶颜色：绿微着红色

叶片形状：椭圆形

叶缘/刺芒：锐锯齿/有

每花序花朵数（朵）：4.0

雄蕊数（枚）：22.4

花药颜色：紫红色

初花期：20150323（武汉）

盛花期：20150325（武汉）

果实成熟期：9月底（晚）

果实发育期（d）：187

营养生长天数（d）：213

芝麻酥　**Zhimasu**

原产湖北枣阳，砂梨地方品种；树势强，半开张，丰产性强，贮藏性强。

果实类型：脆肉型　　　　风味：甜　　　　　　　　每花序花朵数（朵）：5～9(7.2)
果实形状：长圆形/圆形　果肉硬度（kg/cm²）：7.09　雄蕊数（枚）：20～21（20.1）
单果重（g）：147　　　SSC/TA（%）：11.77/0.18　花药颜色：紫色（77B）
萼片状态：脱落　　　　内质综合评价：中上　　　初花期：20190415
果实心室数：4～5　　　一年生枝颜色：黄褐色（175A）盛花期：20190417
果肉质地：松脆　　　　幼叶颜色：红微着绿色　　果实成熟期：10月中旬（晚）
果肉粗细：较细　　　　叶片形状：卵圆形　　　　果实发育期（d）：170
汁液：多　　　　　　　叶缘/刺芒：锐锯齿/有　　营养生长天数（d）：229

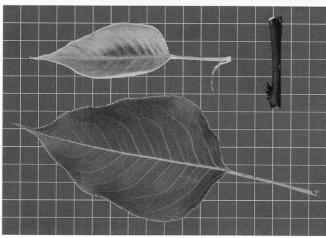

猪尾巴　**Zhuweiba**

原产湖北荆门，砂梨地方品种，2*n*=34；树势强。

果实类型：脆肉型　　　　风味：淡甜　　　　　　雄蕊数（枚）：21.2

果实形状：圆形　　　　　SSC/TA（%）：11.2/0.19　花药颜色：粉红色

单果重（g）：291　　　　内质综合评价：中下　　初花期：20150322（武汉）

萼片状态：脱落　　　　　一年生枝颜色：黄褐色　盛花期：20150323（武汉）

果实心室数：5　　　　　幼叶颜色：绿色　　　　果实成熟期：8月中旬（中）

果肉质地：紧密　　　　　叶片形状：卵圆形　　　果实发育期（d）：141

果肉粗细：粗　　　　　　叶缘/刺芒：锐锯齿/有　营养生长天数（d）：255

汁液：中多　　　　　　　每花序花朵数（朵）：8.3

猪嘴巴 **Zhuzuiba**

原产重庆铜梁，砂梨地方品种，2*n*=34；树势中庸。

果实类型：脆肉型

果实形状：圆形

单果重（g）：520

萼片状态：脱落

果实心室数：5

果肉质地：紧密

果肉粗细：粗

汁液：中多

风味：酸涩

SSC/TA（%）：10.2/0.57

内质综合评价：下

一年生枝颜色：黄褐色

幼叶颜色：绿微着红色

叶片形状：卵圆形

叶缘/刺芒：锐锯齿/有

每花序花朵数（朵）：6.0

雄蕊数（枚）：31.5

花药颜色：粉红色

初花期：20150321（武汉）

盛花期：20150323（武汉）

果实成熟期：9月上旬（晚）

果实发育期（d）：169

营养生长天数（d）：218

紫酥　Zisu

原产安徽砀山，砂梨地方品种；树势较强，直立，丰产性强，贮藏性强。

果实类型：脆肉型	风味：淡甜	每花序花朵数（朵）：5 ～ 7(5.9)
果实形状：长圆形	果肉硬度（kg/cm²）：9.18	雄蕊数（枚）：18 ～ 20（19.5）
单果重（g）：261	SSC/TA（%）：13.41/0.17	花药颜色：淡紫红（72D）
萼片状态：脱落/残存/宿存	内质综合评价：中上	初花期：20190416
果实心室数：4 ～ 5	一年生枝颜色：黄褐色（165A）	盛花期：20190418
果肉质地：松脆	幼叶颜色：红微着绿色	果实成熟期：9月中下旬（中晚）
果肉粗细：细	叶片形状：卵圆形	果实发育期（d）：149
汁液：多	叶缘/刺芒：锐锯齿/有	营养生长天数（d）：220

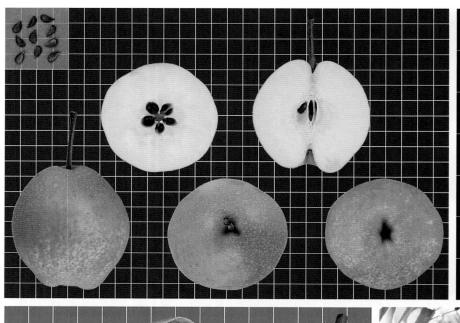

棕包　**Zongbao**

原产福建，砂梨地方品种；树势较强，半开张，丰产性强，抗病性强。

果实类型：脆肉型　　　　　　风味：淡甜　　　　　　　每花序花朵数（朵）：4～8(6.1)

果实形状：扁圆形　　　　　　果肉硬度（kg/cm²）：7.63　雄蕊数（枚）：20～29（22.3）

单果重（g）：235　　　　　　SSC/TA（%）：12.06/0.27　花药颜色：淡紫红（73B）

萼片状态：脱落　　　　　　　内质综合评价：中　　　　初花期：20190418

果实心室数：5　　　　　　　一年生枝颜色：黄褐色（166A）盛花期：20190420

果肉质地：松脆　　　　　　　幼叶颜色：红微着绿色　　果实成熟期：10月上旬（晚）

果肉粗细：较细　　　　　　　叶片形状：卵圆形　　　　果实发育期（d）：165

汁液：多　　　　　　　　　　叶缘/刺芒：锐锯齿/有　　营养生长天数（d）：228

遵义雪 *Zunyixue*

原产贵州遵义，砂梨地方品种；树势强，半开张，丰产性中等，贮藏性中等。

果实类型：脆肉型	风味：甜	每花序花朵数（朵）：6～7(6.7)
果实形状：倒卵形	果肉硬度（kg/cm²）：8.85	雄蕊数（枚）：22～30（26.9）
单果重（g）：163	SSC（%）：14.63	花药颜色：淡紫红（70C）
萼片状态：宿存/残存	内质综合评价：中	初花期：20190423
果实心室数：5	一年生枝颜色：黄褐色（165B）	盛花期：20190425
果肉质地：紧脆	幼叶颜色：绿微着红色	果实成熟期：9月上中旬（中）
果肉粗细：中粗	叶片形状：卵圆形	果实发育期（d）：144
汁液：中多	叶缘/刺芒：锐锯齿/有	营养生长天数（d）：229

第三节 秋子梨

安梨　*Anli*

原产东北或河北北部，秋子梨地方品种，$2n=3x=51$；树势较强，开张，丰产性强，贮藏性强。

果实类型：软肉型　　　　　风味/香气：酸稍涩/微香　　　　每花序花朵数（朵）：3～6（4.7）

果实形状：扁圆形　　　　　果肉硬度（kg/cm²）：2.06　　　雄蕊数（枚）：18～23（20.4）

单果重（g）：104　　　　　SSC/TA（%）：14.79/1.18　　　花药颜色：淡紫色（75A）

萼片状态：宿存/残存　　　　内质综合评价：中　　　　　　初花期：20190411

果实心室数：4～5　　　　　一年生枝颜色：黄褐色（166B）　盛花期：20190413

果肉质地：紧密—软　　　　幼叶颜色：绿微着红色　　　　　果实成熟期：10月上旬（晚）

果肉粗细：粗　　　　　　　叶片形状：卵圆形　　　　　　　果实发育期（d）：171

汁液：多　　　　　　　　　叶缘/刺芒：锐锯齿/有　　　　　营养生长天数（d）：227

鞍山1号　Anshan 1

原产辽宁鞍山，秋子梨地方品种；树势强，开张，丰产性强。

果实类型：脆肉型　　　　风味：酸甜　　　　　　　　每花序花朵数（朵）：5～9（7.2）

果实形状：圆形　　　　　果肉硬度（kg/cm²）：6.95　雄蕊数（枚）：17～20（19.3）

单果重（g）：50　　　　 SSC/TA（%）：12.40/0.29　 花药颜色：紫红色（61C）

萼片状态：宿存/残存　　　内质综合评价：中　　　　　初花期：20190416

果实心室数：3～5　　　　一年生枝颜色：黄褐色（165A）盛花期：20190418

果肉质地：松脆　　　　　幼叶颜色：绿微着红色　　　　果实成熟期：8月下旬（中）

果肉粗细：中粗　　　　　叶片形状：卵圆形　　　　　　果实发育期（d）：126

汁液：中多　　　　　　　叶缘/刺芒：锐锯齿/有　　　　营养生长天数（d）：210

八里香　**Balixiang**

原产辽宁建昌、绥中等地，秋子梨地方品种，2*n*=34；树势强，半开张，丰产性强，贮藏性中等。

果实类型：软肉型
果实形状：扁圆形
单果重（g）：36
萼片状态：宿存
果实心室数：5
果肉质地：紧密—软
果肉粗细：粗
汁液：中多

风味/香气：酸涩/浓香
果肉硬度（kg/cm²）：3.49
SSC/TA（%）：16.26/0.72
内质综合评价：中
一年生枝颜色：黄褐色（175A）
幼叶颜色：绿微着红色
叶片形状：卵圆形
叶缘/刺芒：锐锯齿/有

每花序花朵数（朵）：5～11（7.7）
雄蕊数（枚）：19～20（19.9）
花药颜色：紫红色（60A）
初花期：20190413
盛花期：20190415
果实成熟期：8月下旬（中）
果实发育期（d）：124
营养生长天数（d）：219

白八里香 Baibalixiang

原产辽宁绥中，秋子梨地方品种，2*n*=34；树势较强，半开张，丰产性强，贮藏性中等。

果实类型：软肉型

果实形状：近圆形

单果重（g）：61

萼片状态：宿存/残存

果实心室数：4～5

果肉质地：松脆—软

果肉粗细：中粗

汁液：多

风味/香气：酸/微香

果肉硬度（kg/cm^2）：3.24

SSC/TA（%）：14.61/1.43

内质综合评价：中

一年生枝颜色：黄褐色（175B）

幼叶颜色：绿微着红色

叶片形状：卵圆形

叶缘/刺芒：锐锯齿/有

每花序花朵数（朵）：5～8(7.0)

雄蕊数（枚）：20～23（20.4）

花药颜色：紫红色（60B）

初花期：20190413

盛花期：20190415

果实成熟期：8月下旬（中）

果实发育期（d）：126

营养生长天数（d）：213

白果梨　**Baiguoli**

原产甘肃，秋子梨地方品种：树势较强，半开张，丰产性中等。

果实类型：软肉型
果实形状：倒卵形
单果重（g）：85
萼片状态：宿存
果实心室数：5
果肉质地：脆—软
果肉粗细：中粗
汁液：多

风味：酸涩
果肉硬度（kg/cm²）：3.51
SSC/TA（%）：8.81/1.34
内质综合评价：下
一年生枝颜色：黄褐色（166B）
幼叶颜色：绿着红色
叶片形状：椭圆形
叶缘/刺芒：锐锯齿/有

每花序花朵数（朵）：7 ~ 9（7.8）
雄蕊数（枚）：16 ~ 20（19.4）
花药颜色：淡紫色（77C）
初花期：20190414
盛花期：20190416
果实成熟期：8月上旬（早）
果实发育期（d）：107
营养生长天数（d）：214

白花罐　Baihuaguan

原产河北昌黎、抚宁等地，秋子梨地方品种，2*n*=34；树势较强，半开张，丰产性强。

果实类型：软肉型	风味/香气：甜酸/微香	每花序花朵数（朵）：4～7(5.8)
果实形状：圆形	果肉硬度（kg/cm²）：3.96	雄蕊数（枚）：29～32（30.3）
单果重（g）：124	SSC/TA（%）：14.32/0.34	花药颜色：紫红色（71A）
萼片状态：残存/宿存	内质综合评价：中下	初花期：20190413
果实心室数：5	一年生枝颜色：黄褐色（166B）	盛花期：20190415
果肉质地：紧密—软	幼叶颜色：绿微着红色	果实成熟期：9月上旬（中）
果肉粗细：粗	叶片形状：卵圆形	果实发育期（d）：140
汁液：中多	叶缘/刺芒：锐锯齿/有	营养生长天数（d）：227

大香水　Daxiangshui

产于辽宁鞍山和吉林延边等地，秋子梨地方品种，2*n*=34；树势强，开张，丰产性强，贮藏性弱。

果实类型：软肉型

果实形状：长圆形

单果重（g）：82

萼片状态：宿存

果实心室数：5

果肉质地：紧密—软

果肉粗细：粗

汁液：多

风味/香气：甜酸稍涩/微香

果肉硬度（kg/cm²）：3.80

SSC/TA（%）：13.88/0.81

内质综合评价：中

一年生枝颜色：黄褐色（165A）

幼叶颜色：绿微着红色

叶片形状：卵圆形

叶缘/刺芒：锐锯齿/有

每花序花朵数（朵）：5～9(7.3)

雄蕊数（枚）：18～20（19.7）

花药颜色：淡紫红（73A）

初花期：20190413

盛花期：20190415

果实成熟期：8月中旬（早）

果实发育期（d）：119

营养生长天数（d）：215

敦煌香水梨　Dunhuang Xiangshuili

原产甘肃敦煌，秋子梨地方品种；树势强，半开张，丰产性较强。

果实类型：软肉型
果实形状：扁圆形
单果重（g）：119
萼片状态：宿存
果实心室数：5
果肉质地：紧密—软
果肉粗细：粗
汁液：中多

风味/香气：酸稍涩/微香
果肉硬度（kg/cm²）：4.13
SSC/TA（%）：12.89/0.96
内质综合评价：中
一年生枝颜色：黄褐色（175B）
幼叶颜色：红微着绿色
叶片形状：卵圆形
叶缘/刺芒：锐锯齿/有

每花序花朵数（朵）：5～9(7.3)
雄蕊数（枚）：19～26（20.8）
花药颜色：紫红色（64A）
初花期：20190416
盛花期：20190418
果实成熟期：9月中旬（中晚）
果实发育期（d）：148
营养生长天数（d）：218

伏五香　Fuwuxiang

原产辽宁，秋子梨地方品种，2*n*=34；树势较强，半开张，丰产性强，贮藏性较弱。

果实类型：软肉型	风味/香气：酸/微香	每花序花朵数（朵）：5～8(6.9)
果实形状：圆形	果肉硬度（kg/cm²）：3.25	雄蕊数（枚）：18～20（19.0）
单果重（g）：73	SSC/TA（%）：14.74/1.08	花药颜色：紫红色（71B）
萼片状态：宿存/残存	内质综合评价：中	初花期：20190411
果实心室数：5	一年生枝颜色：黄褐色（166B）	盛花期：20190413
果肉质地：稍脆—软	幼叶颜色：绿微着红色	果实成熟期：8月下旬（中）
果肉粗细：中粗	叶片形状：卵圆形	果实发育期（d）：130
汁液：中多	叶缘/刺芒：锐锯齿/有	营养生长天数（d）：223

官红宵　Guanhongxiao

原产辽宁北镇、绥中等地，秋子梨地方品种，2*n*=34；树势强，半开张，丰产性强，贮藏性较强。

果实类型：软肉型　　　　风味：甜酸　　　　　　　　每花序花朵数（朵）：6～9(7.9)
果实形状：扁圆形　　　　果肉硬度（kg/cm²）：3.19　雄蕊数（枚）：20～25（21.7）
单果重（g）：101　　　　SSC/TA（%）：13.55/0.33　花药颜色：紫红色（71B）
萼片状态：宿存　　　　　内质综合评价：中　　　　　初花期：20190415
果实心室数：5　　　　　　一年生枝颜色：红褐色（176A）盛花期：20190417
果肉质地：紧密—软　　　幼叶颜色：绿微着红色　　　果实成熟期：9月中旬（中晚）
果肉粗细：粗　　　　　　叶片形状：卵圆形　　　　　果实发育期（d）：145
汁液：中多　　　　　　　叶缘/刺芒：锐锯齿/有　　　营养生长天数（d）：222

红八里香　Hongbalixiang

原产辽宁绥中，秋子梨地方品种，2*n*=34；树势强，半开张，丰产性强。

果实类型：软肉型	风味/香气：酸涩/香	每花序花朵数（朵）：6～9(7.5)
果实形状：扁圆形	果肉硬度（kg/cm²）：3.35	雄蕊数（枚）：20
单果重（g）：33	SSC/TA（%）：18.76/1.32	花药颜色：紫红色（60B）
萼片状态：宿存	内质综合评价：中	初花期：20190413
果实心室数：5	一年生枝颜色：黄褐色（177B）	盛花期：20190415
果肉质地：紧密—软	幼叶颜色：绿微着红色	果实成熟期：8月下旬（中）
果肉粗细：粗	叶片形状：卵圆形	果实发育期（d）：125
汁液：中多	叶缘/刺芒：锐锯齿/有	营养生长天数（d）：218

花盖 Huagai

原产辽宁西部，秋子梨地方品种，2*n*=34；树势较强，半开张，丰产性强，贮藏性强。

果实类型：软肉型	风味/香气：甜酸/香	每花序花朵数（朵）：5～7(5.9)
果实形状：扁圆形	果肉硬度（kg/cm²）：5.50	雄蕊数（枚）：18～20（19.4）
单果重（g）：80	SSC/TA（%）：14.74/0.91	花药颜色：淡紫色（N74C）
萼片状态：宿存/残存	内质综合评价：中上	初花期：20190413
果实心室数：4～5	一年生枝颜色：黄褐色（166C）	盛花期：20190415
果肉质地：稍脆—软	幼叶颜色：绿微着红色	果实成熟期：9月底（晚）
果肉粗细：中粗	叶片形状：卵圆形	果实发育期（d）：159
汁液：多	叶缘/刺芒：锐锯齿/有	营养生长天数（d）：224

黄金对麻　Huangjin Duima

原产辽宁北镇，秋子梨地方品种，2*n*=34；树势较强，半开张，丰产性强，贮藏性中等。

果实类型：软肉型	风味/香气：甜酸/微香	每花序花朵数（朵）：6～8(6.8)
果实形状：卵圆形	果肉硬度（kg/cm²）：5.54	雄蕊数（枚）：19～23（20.8）
单果重（g）：84	SSC/TA（%）：14.49/0.45	花药颜色：紫红色（N74A）
萼片状态：宿存	内质综合评价：下	初花期：20190411
果实心室数：4～5	一年生枝颜色：黄褐色（166B）	盛花期：20190413
果肉质地：硬—软	幼叶颜色：绿微着红色	果实成熟期：8月底（中）
果肉粗细：粗	叶片形状：卵圆形	果实发育期（d）：130
汁液：中多	叶缘/刺芒：锐锯齿/有	营养生长天数（d）：218

黄山梨　Huangshanli

原产河北青龙，秋子梨，2n=34；树势较强，半开张，丰产性强，贮藏性较强。

果实类型：软肉型	风味：酸涩	每花序花朵数（朵）：5～7(6.6)
果实形状：扁圆形	果肉硬度（kg/cm²）：3.67	雄蕊数（枚）：19～21（19.8）
单果重（g）：57	SSC/TA（%）：13.67/1.34	花药颜色：淡紫色（N77D）
萼片状态：宿存/残存	内质综合评价：下	初花期：20190414
果实心室数：4～5	一年生枝颜色：黄褐色（175B）	盛花期：20190416
果肉质地：紧密—软	幼叶颜色：绿微着红色	果实成熟期：10月中旬（晚）
果肉粗细：粗	叶片形状：卵圆形	果实发育期（d）：173
汁液：多	叶缘/刺芒：锐锯齿/有	营养生长天数（d）：216

辉山白 Huishanbai

原产辽宁沈阳，秋子梨地方品种，2n=34；树势强，半开张，丰产性中等。

果实类型：软肉型　　　　　风味/香气：甜酸稍涩/香　　　　每花序花朵数（朵）：5～8(6.4)

果实形状：近圆形　　　　　果肉硬度（kg/cm²）：6.86　　　雄蕊数（枚）：19～21（19.8）

单果重（g）：146　　　　　SSC/TA（%）：12.17/0.64　　　花药颜色：紫红色（72A）

萼片状态：宿存　　　　　　内质综合评价：中　　　　　　初花期：20190411

果实心室数：5　　　　　　一年生枝颜色：黄褐色（165A）　盛花期：20190413

果肉质地：紧脆—软　　　　幼叶颜色：绿微着红色　　　　　果实成熟期：9月上旬（中）

果肉粗细：中粗　　　　　　叶片形状：卵圆形　　　　　　　果实发育期（d）：138

汁液：多　　　　　　　　　叶缘/刺芒：锐锯齿/有　　　　　营养生长天数（d）：214

假直把子 *Jiazhibazi*

原产河北青龙，秋子梨地方品种，2*n*=34；树势较强，半开张，丰产性中等，贮藏性中等。

果实类型：软肉型	风味/香气：酸/微香	每花序花朵数（朵）：6～8(7.0)
果实形状：倒卵圆/扁圆形	果肉硬度（kg/cm²）：2.43	雄蕊数（枚）：19～23（20.4）
单果重（g）：90	SSC/TA（%）：14.20/0.95	花药颜色：紫红色（60B）
萼片状态：宿存	内质综合评价：中	初花期：20190410
果实心室数：3～5	一年生枝颜色：黄褐色（166B）	盛花期：20190412
果肉质地：紧密—软	幼叶颜色：绿微着红色	果实成熟期：8月下旬（中）
果肉粗细：中粗	叶片形状：卵圆形	果实发育期（d）：129
汁液：中多	叶缘/刺芒：锐锯齿/有	营养生长天数（d）：211

尖把梨　*Jianbali*

原产辽宁开原，秋子梨地方品种，2*n*=34；树势强，半开张，丰产性较强，贮藏性强，适宜冻藏。

果实类型：软肉型

果实形状：倒卵形

单果重（g）：111

萼片状态：宿存/残存

果实心室数：5

果肉质地：紧密—软

果肉粗细：粗

汁液：中多

风味/香气：酸稍涩/微香

果肉硬度（kg/cm²）：4.80

SSC/TA（%）：15.40/1.09

内质综合评价：中

一年生枝颜色：黄褐色（166B）

幼叶颜色：绿色

叶片形状：卵圆形

叶缘/刺芒：锐锯齿/有

每花序花朵数（朵）：6～8（6.7）

雄蕊数（枚）：17～20（19.3）

花药颜色：粉红色（N57A）

初花期：20190412

盛花期：20190414

果实成熟期：9月下旬（晚）

果实发育期（d）：152

营养生长天数（d）：218

京白梨 *Jingbaili*

原产北京近郊，秋子梨地方品种，2*n*=34；树势较强，半开张，丰产性强，贮藏性中等。

果实类型：软肉型	风味/香气：甜/微香	每花序花朵数（朵）：7～10（8.5）
果实形状：扁圆形	果肉硬度（kg/cm²）：4.49	雄蕊数（枚）：19～22（20.5）
单果重（g）：124	SSC/TA（%）：13.94/0.25	花药颜色：紫红色（64C）
萼片状态：残存/宿存/脱落	内质综合评价：上	初花期：20190416
果实心室数：5～6	一年生枝颜色：黄褐色（166B）	盛花期：20190418
果肉质地：脆—软	幼叶颜色：绿微着红色	果实成熟期：9月上中旬（中）
果肉粗细：较细	叶片形状：卵圆形	果实发育期（d）：138
汁液：多	叶缘/刺芒：锐锯齿/有	营养生长天数（d）：217

麦梨　**Maili**

原产青海乐都，秋子梨地方品种，$2n=34$；树势强，半开张，丰产性较强，贮藏性中等。

果实类型：脆肉型—软肉型
果实形状：扁圆形
单果重（g）：78
萼片状态：宿存
果实心室数：5
果肉质地：松脆—软
果肉粗细：较细
汁液：多

风味：酸
果肉硬度（kg/cm²）：5.07
SSC/TA（%）：12.86/0.95
内质综合评价：中
一年生枝颜色：黄褐色（165B）
幼叶颜色：红微着绿色
叶片形状：卵圆形
叶缘/刺芒：钝锯齿/有

每花序花朵数（朵）：3～7(5.9)
雄蕊数（枚）：17～22（20.4）
花药颜色：紫红色（61A）
初花期：20190415
盛花期：20190417
果实成熟期：8月中旬（早）
果实发育期（d）：115
营养生长天数（d）：217

满园香　Manyuanxiang

原产辽宁西部，秋子梨地方品种，2*n*=34；树势强，丰产性中等，贮藏性较弱，抗寒性强，抗病虫。

果实类型：软肉型　　　　　风味/香气：甜酸稍涩/浓香　　　每花序花朵数（朵）：6～9(7.9)

果实形状：扁圆形　　　　　果肉硬度（kg/cm²）：2.88　　　雄蕊数（枚）：18～20（19.4）

单果重（g）：56　　　　　　SSC/TA（%）：17.96/0.62　　　花药颜色：紫红色（61B）

萼片状态：宿存　　　　　　内质综合评价：中　　　　　　初花期：20190413

果实心室数：5　　　　　　一年生枝颜色：黄褐色（165A）　盛花期：20190415

果肉质地：紧密—软　　　　幼叶颜色：绿微着红色　　　　果实成熟期：8月底（中）

果肉粗细：粗　　　　　　　叶片形状：卵圆形　　　　　　果实发育期（d）：131

汁液：中多　　　　　　　　叶缘/刺芒：锐锯齿/有　　　　营养生长天数（d）：222

面梨　**Mianli**

原产河北青龙，秋子梨地方品种，2*n*=34；树势较强，半开张，丰产性较强。

果实类型：软肉型　　　　风味/香气：甜酸稍涩/微香　　　每花序花朵数（朵）：6～9(7.5)

果实形状：扁圆形　　　　果肉硬度（kg/cm²）：3.85　　雄蕊数（枚）：19～22（20.8）

单果重（g）：49　　　　SSC/TA（%）：14.60/0.76　　花药颜色：紫红色（64A）

萼片状态：宿存/残存　　内质综合评价：下　　　　　初花期：20190413

果实心室数：5　　　　　一年生枝颜色：黄褐色（175C）　盛花期：20190415

果肉质地：紧密—软面　　幼叶颜色：绿微着红色　　　果实成熟期：9月上旬（中）

果肉粗细：粗　　　　　　叶片形状：卵圆形　　　　　果实发育期（d）：142

汁液：中多　　　　　　　叶缘/刺芒：锐锯齿/有　　　营养生长天数（d）：207

面酸　Miansuan

原产辽宁北镇，秋子梨地方品种，2*n*=34；树势强，半开张，丰产性较强，适宜冻藏。

果实类型：软肉型　　　　　　风味/香气：酸/微香　　　　　　每花序花朵数（朵）：4～8(5.7)

果实形状：扁圆形　　　　　　果肉硬度（kg/cm²）：2.76　　　雄蕊数（枚）：16～27（20.9）

单果重（g）：58　　　　　　SSC/TA（%）：15.43/1.17　　　花药颜色：紫红色（64B）

萼片状态：宿存/残存　　　　　内质综合评价：中　　　　　　　初花期：20190413

果实心室数：3～5　　　　　　一年生枝颜色：黄褐色（165A）　盛花期：20190415

果肉质地：硬—软　　　　　　幼叶颜色：绿微着红色　　　　　果实成熟期：9月上中旬（中）

果肉粗细：粗　　　　　　　　叶片形状：卵圆形　　　　　　　果实发育期（d）：141

汁液：多　　　　　　　　　　叶缘/刺芒：锐锯齿/有　　　　　营养生长天数（d）：232

木梨　Muli

原产辽宁建昌，秋子梨地方品种；树势强，半开张，丰产性中等。

果实类型：软肉型

果实形状：圆锥形

单果重（g）：167

萼片状态：宿存

果实心室数：5

果肉质地：紧密—软

果肉粗细：粗

汁液：少

风味/香气：甜酸稍涩/微香

果肉硬度（kg/cm²）：3.80

SSC/TA（%）：13.93/0.43

内质综合评价：下

一年生枝颜色：黄褐色（165A）

幼叶颜色：绿微着红色

叶片形状：卵圆形

叶缘/刺芒：锐锯齿/有

每花序花朵数（朵）：5～6(5.4)

雄蕊数（枚）：20～26（21.1）

花药颜色：紫红色（67A）

初花期：20190409

盛花期：20190411

果实成熟期：9月下旬（晚）

果实发育期（d）：159

营养生长天数（d）：222

南果梨　Nanguoli

原产辽宁鞍山，秋子梨地方品种，2*n*=34；树势较强，半开张，丰产性较强，贮藏性中等。

果实类型：软肉型	风味/香气：甜酸/浓香	每花序花朵数（朵）：6～9(7.7)
果实形状：圆形	果肉硬度（kg/cm²）：3.00	雄蕊数（枚）：19～23（20.3）
单果重（g）：63	SSC/TA（%）：16.11/0.52	花药颜色：紫红色（71C）
萼片状态：脱落/残存/宿存	内质综合评价：上	初花期：20190413
果实心室数：3～5	一年生枝颜色：黄褐色（165A）	盛花期：20190415
果肉质地：紧密—软溶	幼叶颜色：绿微着红色	果实成熟期：9月上旬（中）
果肉粗细：较细	叶片形状：卵圆形	果实发育期（d）：136
汁液：多	叶缘/刺芒：锐锯齿/有	营养生长天数（d）：220

皮胎果 Pitaiguo

原产甘肃广河，秋子梨地方品种；树势较强，半开张，丰产性强。

果实类型：软肉型

果实形状：倒卵形

单果重（g）：75

萼片状态：宿存

果实心室数：3～5

果肉质地：紧密—稍软

果肉粗细：中粗

汁液：中多

风味/香气：酸甜/微香

果肉硬度（kg/cm²）：6.76

SSC/TA（%）：12.10/0.24

内质综合评价：中

一年生枝颜色：黄褐色（N199C）

幼叶颜色：绿微着红色

叶片形状：卵圆形

叶缘/刺芒：锐锯齿/有

每花序花朵数（朵）：7～9(8.1)

雄蕊数（枚）：19～20（19.8）

花药颜色：紫红色（59C）

初花期：20190416

盛花期：20190418

果实成熟期：8月下旬（中）

果实发育期（d）：124

营养生长天数（d）：214

平梨　Pingli

原产辽宁，秋子梨地方品种，2*n*=34；树势较强，半开张，丰产性中等。

果实类型：软肉型

果实形状：卵圆形

单果重（g）：62

萼片状态：宿存

果实心室数：5

果肉质地：紧密—软

果肉粗细：粗

汁液：中多

风味/香气：甜酸涩/香

果肉硬度（kg/cm²）：4.63

SSC/TA（%）：14.93/0.43

内质综合评价：中

一年生枝颜色：黄褐色（177B）

幼叶颜色：绿微着红色

叶片形状：卵圆形

叶缘/刺芒：锐锯齿/有

每花序花朵数（朵）：7～9(7.9)

雄蕊数（枚）：18～20（20.0）

花药颜色：粉红色（N57C）

初花期：20190414

盛花期：20190416

果实成熟期：8月下旬（中）

果实发育期（d）：125

营养生长天数（d）：213

青山梨　Qingshanli

原产河北青龙，秋子梨野生类型，2*n*=34；树势强，半开张，丰产性强，贮藏性较强。

果实类型：软肉型　　　　　风味/香气：酸稍涩/微香　　　　每花序花朵数（朵）：5～7（5.5）

果实形状：扁圆形　　　　　果肉硬度（kg/cm²）：4.80　　　雄蕊数（枚）：20～22（20.3）

单果重（g）：69　　　　　 SSC/TA（%）：15.39/1.19　　　花药颜色：紫红色（71C）

萼片状态：宿存　　　　　　内质综合评价：下　　　　　　 初花期：20190411

果实心室数：5　　　　　　 一年生枝颜色：黄褐色（165A）　盛花期：20190413

果肉质地：紧密—软　　　　 幼叶颜色：绿微着红色　　　　　果实成熟期：9月中旬（中）

果肉粗细：粗　　　　　　　叶片形状：卵圆形　　　　　　　果实发育期（d）：142

汁液：少　　　　　　　　　叶缘/刺芒：锐锯齿/有　　　　　营养生长天数（d）：231

青糖　Qingtang

原产辽宁北镇，秋子梨地方品种，$2n=34$；树势较强，半开张，丰产性强。

果实类型：脆肉型—软肉型
果实形状：扁圆形
单果重（g）：108
萼片状态：宿存
果实心室数：4～5
果肉质地：紧密—松软
果肉粗细：粗
汁液：中多

风味：甜酸—甜
果肉硬度（kg/cm²）：3.83
SSC/TA（%）：14.13/0.56
内质综合评价：中
一年生枝颜色：黄褐色（165A）
幼叶颜色：绿微着红色
叶片形状：卵圆形
叶缘/刺芒：锐锯齿/有

每花序花朵数（朵）：3～7(5.3)
雄蕊数（枚）：15～20（18.2）
花药颜色：紫红色（71B）
初花期：20190413
盛花期：20190415
果实成熟期：9月中旬（中）
果实发育期（d）：144
营养生长天数（d）：218

秋子　Qiuzi

原产辽宁，秋子梨地方品种，$2n=34$；树势较强，丰产性较强，贮藏性强，抗寒性强，适宜冻藏。

果实类型：脆肉型

果实形状：卵圆形

单果重（g）：54

萼片状态：宿存/残存

果实心室数：5

果肉质地：松脆

果肉粗细：中粗

汁液：多

风味/香气：甜酸/微香

果肉硬度（kg/cm²）：7.13

SSC/TA（%）：12.65/0.93

内质综合评价：中

一年生枝颜色：黄褐色（166B）

幼叶颜色：红微着绿色

叶片形状：卵圆形

叶缘/刺芒：锐锯齿/有

每花序花朵数（朵）：4～8(6.7)

雄蕊数（枚）：15～22（18.4）

花药颜色：紫红色（64B）

初花期：20190415

盛花期：20190417

果实成熟期：9月上旬（中）

果实发育期（d）：134

营养生长天数（d）：220

热梨 Reli

原产河北承德、辽宁建昌等地，秋子梨地方品种，2n=34；树势较强，半开张，丰产性强。

果实类型：软肉型	风味/香气：酸涩/微香	每花序花朵数（朵）：6～9(7.5)
果实形状：圆形	果肉硬度（kg/cm²）：5.97	雄蕊数（枚）：18～22（20.2）
单果重（g）：72	SSC/TA（%）：13.64/1.19	花药颜色：紫红色（71A）
萼片状态：残存/宿存/脱落	内质综合评价：中	初花期：20190412
果实心室数：4～5	一年生枝颜色：黄褐色（166A）	盛花期：20190414
果肉质地：松脆—软	幼叶颜色：绿微着红色	果实成熟期：8月下旬（中）
果肉粗细：中粗	叶片形状：卵圆形	果实发育期（d）：130
汁液：多	叶缘/刺芒：锐锯齿/有	营养生长天数（d）：210

热秋子　Reqiuzi

原产东北地区，秋子梨地方品种，2*n*=34；树势较强，半开张，丰产性强，贮藏性强。

果实类型：脆肉型	风味/香气：酸甜/微香	每花序花朵数（朵）：5～9(7.4)
果实形状：圆形/扁圆形	果肉硬度（kg/cm²）：6.76	雄蕊数（枚）：19～20（19.9）
单果重（g）：35	SSC/TA（%）：13.78/0.29	花药颜色：紫红色（71C）
萼片状态：宿存	内质综合评价：中	初花期：20190414
果实心室数：4～5	一年生枝颜色：黄褐色（166B）	盛花期：20190416
果肉质地：松脆	幼叶颜色：绿微着红色	果实成熟期：8月下旬（中）
果肉粗细：中粗	叶片形状：卵圆形	果实发育期（d）：124
汁液：多	叶缘/刺芒：锐锯齿/有	营养生长天数（d）：226

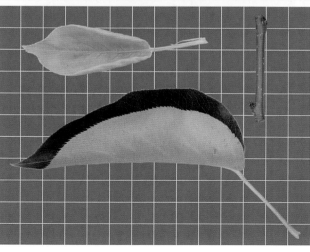

软儿梨 Ruanerli

原产甘肃黄河流域及河西地区，秋子梨地方品种，$2n=3x=51$；树势强，丰产性较强，适宜冻藏。

果实类型：软肉型	风味/香气：酸稍涩/微香	每花序花朵数（朵）：4～9(6.4)
果实形状：扁圆形	果肉硬度（kg/cm²）：3.73	雄蕊数（枚）：19～23（20.4）
单果重（g）：92	SSC/TA（%）：13.11/0.73	花药颜色：紫红色（70B）
萼片状态：宿存	内质综合评价：中	初花期：20190415
果实心室数：5	一年生枝颜色：黄褐色（165A）	盛花期：20190417
果肉质地：紧密—软面	幼叶颜色：红着绿色	果实成熟期：9月上旬（中）
果肉粗细：粗	叶片形状：卵圆形	果实发育期（d）：138
汁液：中多	叶缘/刺芒：锐锯齿/有	营养生长天数（d）：230

扫帚苗子 Saozhoumiaozi

原产河北青龙，秋子梨地方品种，2*n*=34；树势强，半开张，丰产性中等，贮藏性中等。

果实类型：软肉型　　　　　风味/香气：甜酸稍涩/微香　　　每花序花朵数（朵）：6～9(6.9)

果实形状：扁圆形　　　　　果肉硬度（kg/cm²）：2.99　　雄蕊数（枚）：18～20（19.5）

单果重（g）：71　　　　　　SSC/TA（%）：14.84/0.80　　花药颜色：粉红色（52A）

萼片状态：宿存/残存　　　　内质综合评价：下　　　　　　初花期：20190413

果实心室数：5　　　　　　　一年生枝颜色：黄褐色（N199C）盛花期：20190415

果肉质地：紧密—软　　　　　幼叶颜色：绿微着红色　　　　果实成熟期：9月初（中）

果肉粗细：粗　　　　　　　　叶片形状：卵圆形　　　　　　果实发育期（d）：138

汁液：中多　　　　　　　　　叶缘/刺芒：锐锯齿/有　　　　营养生长天数（d）：222

沙疙瘩　Shageda

原产青海，秋子梨地方品种；树势较强，半开张，丰产性较强，贮藏性中等。

果实类型：软肉型

果实形状：扁圆形

单果重（g）：144

萼片状态：宿存/残存

果实心室数：4～5

果肉质地：紧密—软面

果肉粗细：粗

汁液：中多

风味：酸涩—甜酸

果肉硬度（kg/cm²）：4.03

SSC/TA（%）：14.66/1.06

内质综合评价：下

一年生枝颜色：黄褐色（N199C）

幼叶颜色：红着绿色

叶片形状：卵圆形

叶缘/刺芒：锐锯齿/有

每花序花朵数（朵）：6～9(7.3)

雄蕊数（枚）：19～21（20.1）

花药颜色：紫红色（61B）

初花期：20190415

盛花期：20190417

果实成熟期：9月中旬（中晚）

果实发育期（d）：146

营养生长天数（d）：227

山梨24　Shanli 24

原产河北承德，秋子梨，2*n*=34；树势强，半开张，丰产性较强，贮藏性中等。

果实类型：软肉型　　　　　　风味/香气：甜酸稍涩/微香　　　　每花序花朵数（朵）：6～9(8.0)

果实形状：扁圆形/圆形　　　　果肉硬度（kg/cm^2）：4.65　　　雄蕊数（枚）：20～22（20.4）

单果重（g）：66　　　　　　　SSC/TA（%）：15.56/0.60　　　　　花药颜色：紫红色（60A）

萼片状态：宿存/残存　　　　　内质综合评价：下　　　　　　　初花期：20190415

果实心室数：4～5　　　　　　一年生枝颜色：黄褐色（175C）　　盛花期：20190417

果肉质地：紧密—软　　　　　　幼叶颜色：绿着红色　　　　　　果实成熟期：9月中旬（中）

果肉粗细：粗　　　　　　　　　叶片形状：卵圆形　　　　　　　果实发育期（d）：142

汁液：中多　　　　　　　　　　叶缘/刺芒：锐锯齿/有　　　　　营养生长天数（d）：206

甜秋子　**Tianqiuzi**

原产辽宁北镇，秋子梨地方品种，2*n*=34；树势较强，半开张，丰产性强，贮藏性中等。

果实类型：脆肉型	风味/香气：甜酸/微香	每花序花朵数（朵）：5～8(6.9)
果实形状：扁圆形	果肉硬度（kg/cm²）：5.81	雄蕊数（枚）：17～24（19.9）
单果重（g）：86	SSC/TA（%）：12.74/0.39	花药颜色：淡紫红（64D）
萼片状态：宿存/残存	内质综合评价：中上	初花期：20190414
果实心室数：5	一年生枝颜色：黄褐色（175C）	盛花期：20190416
果肉质地：松脆	幼叶颜色：红微着绿色	果实成熟期：9月上旬（中）
果肉粗细：较细	叶片形状：卵圆形	果实发育期（d）：135
汁液：多	叶缘/刺芒：锐锯齿/有	营养生长天数（d）：214

五香梨 *Wuxiangli*

原产辽宁、河北，别名五节香、臭盖子，秋子梨地方品种，2*n*=34；树势较强，半开张，丰产性较强，贮藏性中等。

果实类型：软肉型	风味/香气：甜酸/微香	每花序花朵数（朵）：5～9(8.0)
果实形状：圆形	果肉硬度（kg/cm²）：3.62	雄蕊数（枚）：20～21（20.3）
单果重（g）：136	SSC/TA（%）：13.74/0.73	花药颜色：紫红色（61B）
萼片状态：宿存	内质综合评价：中上	初花期：20190414
果实心室数：5～6	一年生枝颜色：黄褐色（175C）	盛花期：20190416
果肉质地：紧密—软	幼叶颜色：红微着绿色	果实成熟期：9月下旬（晚）
果肉粗细：中粗	叶片形状：卵圆形	果实发育期（d）：154
汁液：多	叶缘/刺芒：锐锯齿/有	营养生长天数（d）：218

武威麦梨　Wuwei Maili

原产甘肃武威，秋子梨地方品种；树势强，开张，丰产性中等。

果实类型：软肉型

果实形状：倒卵形

单果重（g）：39

萼片状态：宿存

果实心室数：4～5

果肉质地：紧密—软

果肉粗细：粗

汁液：少

风味：甜酸涩

果肉硬度（kg/cm²）：9.59

SSC/TA（%）：12.14/0.95

内质综合评价：下

一年生枝颜色：黄褐色（177A）

幼叶颜色：绿色

叶片形状：椭圆形

叶缘/刺芒：全缘/无

每花序花朵数（朵）：5～7(5.9)

雄蕊数（枚）：16～21（18.5）

花药颜色：黄白色（2D）

初花期：20190417

盛花期：20190419

果实成熟期：8月底（中）

果实发育期（d）：127

营养生长天数（d）：205

小白小　Xiaobaixiao

原产吉林延边，秋子梨地方品种；树势强，半开张，丰产性强。

果实类型：软肉型　　　　　风味/香气：甜酸/微香　　　　每花序花朵数（朵）：6～10（7.6）

果实形状：圆形　　　　　　果肉硬度（kg/cm²）：3.41　　雄蕊数（枚）20～21（20.1）

单果重（g）：42　　　　　SSC/TA（%）：13.40/0.67　　花药颜色：淡粉色（68D）

萼片状态：宿存　　　　　　内质综合评价：中　　　　　初花期：20190413

果实心室数：5　　　　　　一年生枝颜色：黄褐色（N170A）盛花期：20190415

果肉质地：脆—软　　　　　幼叶颜色：绿微着红色　　　　果实成熟期：8月下旬（中）

果肉粗细：较细　　　　　　叶片形状：卵圆形　　　　　果实发育期（d）：128

汁液：多　　　　　　　　叶缘/刺芒：锐锯齿/有　　　　营养生长天数（d）：214

小核白　**Xiaohebai**

原产辽宁开原，秋子梨地方品种，2*n*=34；树势强，半开张，丰产性中等。

果实类型：脆肉型—软肉型　　　风味：甜酸　　　　　　　　每花序花朵数（朵）：5～8(6.6)

果实形状：扁圆形　　　　　　果肉硬度（kg/cm²）：5.83　雄蕊数（枚）：19～21（20.0）

单果重（g）：73　　　　　　SSC/TA（%）：12.38/0.43　花药颜色：淡紫红（73B）

萼片状态：宿存/残存/脱落　　内质综合评价：中　　　　初花期：20190414

果实心室数：4～5　　　　　一年生枝颜色：黄褐色（175B）盛花期：20190416

果肉质地：松脆—松软　　　　幼叶颜色：绿微着红色　　　果实成熟期：8月下旬（中）

果肉粗细：中粗　　　　　　　叶片形状：卵圆形　　　　　果实发育期（d）：133

汁液：中多　　　　　　　　　叶缘/刺芒：锐锯齿/有　　　营养生长天数（d）：219

小五香　Xiaowuxiang

原产东北地区，秋子梨地方品种；树势中庸，半开张，丰产性强。

果实类型：软肉型　　　　风味：甜酸　　　　　　　　每花序花朵数（朵）：7～10（8.1）

果实形状：扁圆形　　　　果肉硬度（kg/cm²）：4.23　　雄蕊数（枚）：19～21（20.0）

单果重（g）：49　　　　 SSC/TA（%）：12.07/0.70　　花药颜色：紫红色（63A）

萼片状态：宿存　　　　　内质综合评价：中　　　　　初花期：20170414

果实心室数：5　　　　　 一年生枝颜色：黄褐色（166B）盛花期：20170416

果肉质地：稍脆—软　　　幼叶颜色：红微着绿色　　　果实成熟期：9月中旬（中晚）

果肉粗细：中粗　　　　　叶片形状：卵圆形　　　　　果实发育期（d）：145

汁液：中多　　　　　　　叶缘/刺芒：锐锯齿/有　　　营养生长天数（d）：217

小香水　Xiaoxiangshui

产于吉林、辽宁，秋子梨地方品种，2*n*=34；树势较强，半开张，丰产性强，贮藏性弱。

果实类型：软肉型	风味/香气：甜酸/香	每花序花朵数（朵）：6～9(7.4)
果实形状：圆形	果肉硬度（kg/cm²）：3.27	雄蕊数（枚）：17～21（19.1）
单果重（g）：45	SSC/TA（%）：14.41/0.70	花药颜色：淡紫红（73B）
萼片状态：宿存	内质综合评价：中上	初花期：20190416
果实心室数：5	一年生枝颜色：黄褐色（166B）	盛花期：20190418
果肉质地：松脆—软溶	幼叶颜色：绿着红色	果实成熟期：8月中旬（早）
果肉粗细：较细	叶片形状：卵圆形	果实发育期（d）：119
汁液：多	叶缘/刺芒：锐锯齿/有	营养生长天数（d）：208

兴城谢花甜 Xingcheng Xiehuatian

原产辽宁兴城，自然实生，秋子梨，2n=34；树势强，半开张，丰产性强，贮藏性较强。

果实类型：软肉型　　　　　风味/香气：甜/微香　　　　每花序花朵数（朵）：5～8（6.6）

果实形状：近圆形　　　　　果肉硬度（kg/cm²）：4.44　雄蕊数（枚）：20

单果重（g）：76　　　　　　SSC/TA（%）：13.51/0.16　花药颜色：紫红色（61B）

萼片状态：宿存　　　　　　内质综合评价：中　　　　初花期：20190413

果实心室数：4～5　　　　　一年生枝颜色：黄褐色（N170A）盛花期：20190415

果肉质地：紧密—稍软　　　幼叶颜色：绿着红色　　　果实成熟期：8月底（中）

果肉粗细：中粗　　　　　　叶片形状：卵圆形　　　　果实发育期（d）：132

汁液：中多　　　　　　　　叶缘/刺芒：锐锯齿/有　　营养生长天数（d）：222

鸭广梨 Yaguangli

原产北京近郊及河北安次一带，秋子梨地方品种；树势强，半开张，丰产性强，贮藏性较强。

果实类型：软肉型
风味/香气：甜酸—甜/微香
每花序花朵数（朵）：6～9（8.4）

果实形状：近圆形
果肉硬度（kg/cm²）：3.28
雄蕊数（枚）：19～20（19.6）

单果重（g）：131
SSC/TA（%）：16.13/0.27
花药颜色：深紫红（59B）

萼片状态：宿存
内质综合评价：中上
初花期：20190413

果实心室数：5
一年生枝颜色：黄褐色（N199C）
盛花期：20190415

果肉质地：紧密—软
幼叶颜色：绿微着红色
果实成熟期：9月下旬（晚）

果肉粗细：粗
叶片形状：卵圆形
果实发育期（d）：156

汁液：中多
叶缘/刺芒：锐锯齿/有
营养生长天数（d）：231

延边谢花甜　**Yanbian Xiehuatian**

原产吉林延边，秋子梨地方品种；树势较强，半开张。

果实类型：软肉型　　　　风味：酸甜　　　　　　每花序花朵数（朵）：6～9(7.1)

果实形状：近圆形　　　　果肉硬度（kg/cm²）：2.60　　雄蕊数（枚）：19～22（20.2）

单果重（g）：44　　　　SSC/TA（%）：13.70/0.65　花药颜色：淡紫红（73B）

萼片状态：宿存　　　　　内质综合评价：中　　　　初花期：20190414

果实心室数：5　　　　　一年生枝颜色：黄褐色（165A）盛花期：20190416

果肉质地：紧密—软　　　幼叶颜色：绿微着红色　　　果实成熟期：8月下旬（中）

果肉粗细：较细　　　　　叶片形状：卵圆形　　　　　果实发育期（d）：135

汁液：中多　　　　　　　叶缘/刺芒：锐锯齿/有　　　营养生长天数（d）：214

羊奶香 Yangnaixiang

原产辽宁鞍山，秋子梨地方品种，2n=34；树势强，半开张，丰产性强，贮藏性弱。

果实类型：软肉型	风味/香气：酸甜/香	每花序花朵数（朵）：5～8(6.8)
果实形状：扁圆形	果肉硬度（kg/cm²）：4.35	雄蕊数（枚）：19～20（19.8）
单果重（g）：39	SSC/TA（%）：15.45/0.42	花药颜色：淡粉色（65B）
萼片状态：宿存	内质综合评价：中上	初花期：20190412
果实心室数：3～5	一年生枝颜色：黄褐色（166B）	盛花期：20190414
果肉质地：脆—软	幼叶颜色：绿微着红色	果实成熟期：8月中旬（早）
果肉粗细：中粗	叶片形状：卵圆形	果实发育期（d）：117
汁液：中多	叶缘/刺芒：锐锯齿/有	营养生长天数（d）：213

早蜜 Zaomi

原产辽宁建平，秋子梨地方品种，2n=34；树势强，半开张，丰产性强，贮藏性弱。

果实类型：软肉型

果实形状：圆形

单果重（g）：70

萼片状态：宿存

果实心室数：3～5

果肉质地：紧密—软面

果肉粗细：粗

汁液：中多

风味/香气：酸甜/微香

果肉硬度（kg/cm²）：3.65

SSC/TA（%）：15.0/0.42

内质综合评价：中

一年生枝颜色：黄褐色（175A）

幼叶颜色：绿微着红色

叶片形状：卵圆形·

叶缘/刺芒：锐锯齿/有

每花序花朵数（朵）：6～9(7.7)

雄蕊数（枚）：19～23（20.5）

花药颜色：紫红色（61B）

初花期：20190412

盛花期：20190414

果实成熟期：8月下旬（中）

果实发育期（d）：128

营养生长天数（d）：213

直把子　Zhibazi

原产河北青龙，秋子梨；树势强，半开张，丰产性中等。

果实类型：软肉型

果实形状：阔倒卵形

单果重（g）：77

萼片状态：宿存

果实心室数：3～5

果肉质地：紧密—软

果肉粗细：粗

汁液：中多

风味/香气：酸稍涩/微香

果肉硬度（kg/cm²）：1.87

SSC/TA（%）：13.99/0.78

内质综合评价：中

一年生枝颜色：黄褐色（166C）

幼叶颜色：绿微着红色

叶片形状：卵圆形

叶缘/刺芒：锐锯齿/有

每花序花朵数（朵）：6～9(7.1)

雄蕊数（枚）：17～21（19.7）

花药颜色：紫红色（61A）

初花期：20190410

盛花期：20190412

果实成熟期：8月下旬（中）

果实发育期（d）：130

营养生长天数（d）：211

自生13 Zisheng 13

原产辽宁北镇，秋子梨；树势较强，半开张，丰产性中等。

果实类型：脆肉型—软肉型
果实形状：扁圆形
单果重（g）：99
萼片状态：宿存/残存
果实心室数：5
果肉质地：脆—软
果肉粗细：较细
汁液：多

风味：酸稍涩
果肉硬度（kg/cm²）：3.06
SSC/TA（%）：12.97/0.61
内质综合评价：中
一年生枝颜色：黄褐色（175C）
幼叶颜色：绿微着红色
叶片形状：圆形
叶缘/刺芒：锐锯齿/有

每花序花朵数（朵）：5～7(5.5)
雄蕊数（枚）：21～31（26.5）
花药颜色：淡紫色（76A）
初花期：20190413
盛花期：20190415
果实成熟期：9月中旬（中）
果实发育期（d）：141
营养生长天数（d）：222

自生17　Zisheng 17

原产辽宁北镇，秋子梨；树势强，半开张，丰产性中等。

果实类型：软肉型	风味：酸涩—甜酸	每花序花朵数（朵）：6～8(6.4)
果实形状：扁圆形	果肉硬度（kg/cm²）：5.26	雄蕊数（枚）：22～31（27.9）
单果重（g）：85	SSC/TA（%）：13.37/1.01	花药颜色：淡紫色（75A）
萼片状态：宿存/残存	内质综合评价：中下	初花期：20190413
果实心室数：4～5	一年生枝颜色：黄褐色（175B）	盛花期：20190415
果肉质地：紧密—松软	幼叶颜色：绿微着红色	果实成熟期：9月上旬（中）
果肉粗细：中粗	叶片形状：卵圆形	果实发育期（d）：137
汁液：中多	叶缘/刺芒：锐锯齿/有	营养生长天数（d）：215

第四节 新 疆 梨

红那禾　**Hongnahe**

原产新疆吐鲁番，新疆梨地方品种，$2n=3x=51$；树势强，半开张，丰产性较强，贮藏性较强。

果实类型：脆肉型

果实形状：倒卵形

单果重（g）：133

萼片状态：宿存/残存

果实心室数：4～5

果肉质地：松脆

果肉粗细：较细

汁液：多

风味：甜酸稍涩

果肉硬度（kg/cm²）：6.78

SSC/TA（%）：12.76/0.42

内质综合评价：中

一年生枝颜色：灰褐色（N200B）

幼叶颜色：绿微着红色

叶片形状：卵圆形

叶缘/刺芒：锐锯齿/有

每花序花朵数（朵）：4～7(6.2)

雄蕊数（枚）：20～26（23.2）

花药颜色：淡紫红（73B）

初花期：20190416

盛花期：20190418

果实成熟期：10月上旬（晚）

果实发育期（d）：172

营养生长天数（d）：216

花长把　Huachangba

原产甘肃兰州，新疆梨，可能是兰州长把的芽变；树势较强，半开张，丰产性强，贮藏性中等。

果实类型：脆肉型—软肉型　　　风味/香气：酸甜/微香　　　每花序花朵数（朵）：6～9(7.5)

果实形状：倒卵形/纺锤形　　　果肉硬度（kg/cm²）：5.89　　雄蕊数（枚）：19～21（19.6）

单果重（g）：93　　　　　　　SSC/TA（%）：12.81/0.19　　花药颜色：紫红色（71A）

萼片状态：宿存　　　　　　　　内质综合评价：中　　　　　初花期：20190417

果实心室数：4～5　　　　　　一年生枝颜色：黄褐色（165A）　盛花期：20190419

果肉质地：疏松—软　　　　　　幼叶颜色：绿着红色　　　　果实成熟期：8月底（中）

果肉粗细：中粗　　　　　　　　叶片形状：卵圆形　　　　　果实发育期（d）：131

汁液：中多　　　　　　　　　　叶缘/刺芒：锐锯齿/有　　　营养生长天数（d）：216

黄麻梨　Huangmali

原产甘肃临夏，新疆梨地方品种；树势较强，开张，丰产性强，贮藏性弱。

果实类型：脆肉型

果实形状：倒卵形

单果重（g）：113

萼片状态：宿存

果实心室数：5

果肉质地：疏松—沙面

果肉粗细：中粗

汁液：中多

风味：甜酸稍涩

果肉硬度（kg/cm²）：4.83

SSC/TA（%）：11.64/0.55

内质综合评价：中下

一年生枝颜色：黄褐色（N170A）

幼叶颜色：绿微着红色

叶片形状：卵圆形

叶缘/刺芒：圆锯齿/无

每花序花朵数（朵）：5～9(7.3)

雄蕊数（枚）：19～22（20.3）

花药颜色：粉红色（N57C）

初花期：20190417

盛花期：20190419

果实成熟期：8月中下旬（早）

果实发育期（d）：118

营养生长天数（d）：207

黄酸梨　Huangsuanli

原产新疆，新疆梨地方品种；树势强，半开张，丰产性较强，抗病性强，贮藏性较强。

果实类型：脆肉型	风味：酸	每花序花朵数（朵）：6～9（7.4）
果实形状：倒卵形	果肉硬度（kg/cm²）：10.13	雄蕊数（枚）：18～20（19.2）
单果重（g）：137	SSC/TA（%）：11.36/0.65	花药颜色：紫红色（60D）
萼片状态：宿存	内质综合评价：下	初花期：20190415
果实心室数：4～5	一年生枝颜色：黄褐色（N199B）	盛花期：20190417
果肉质地：紧脆	幼叶颜色：绿微着红色	果实成熟期：9月下旬（晚）
果肉粗细：粗	叶片形状：卵圆形	果实发育期（d）：157
汁液：中多	叶缘/刺芒：锐锯齿/有	营养生长天数（d）：221

霍城句句 **Huocheng Juju**

原产新疆轮台，新疆梨地方品种；树势强，半开张，丰产性中等。

果实类型：脆肉型

果实形状：卵圆形

单果重（g）：97

萼片状态：宿存/残存

果实心室数：4～5

果肉质地：紧脆

果肉粗细：中粗

汁液：多

风味：甜

果肉硬度（kg/cm²）：6.62

SSC/TA（%）：12.75/0.25

内质综合评价：中

一年生枝颜色：紫褐色（187A）

幼叶颜色：红微着绿色

叶片形状：卵圆形

叶缘/刺芒：锐锯齿/有

每花序花朵数（朵）：4～8(6.3)

雄蕊数（枚）：18～20（19.3）

花药颜色：紫红色（61A）

初花期：20190418

盛花期：20190420

果实成熟期：9月下旬（晚）

果实发育期（d）：152

营养生长天数（d）：218

库尔勒香梨   Korla Pear

原产新疆库尔勒地区，新疆梨地方品种；树势强，半开张，丰产性强，贮藏性强。

果实类型：脆肉型

果实形状：纺锤形

单果重（g）：121

萼片状态：脱落/宿存

果实心室数：4～6

果肉质地：疏松

果肉粗细：细

汁液：多

风味/香气：甜/清香

果肉硬度（kg/cm²）：4.88

SSC/TA（%）：12.89/0.12

内质综合评价：上

一年生枝颜色：黄褐色（N199B）

幼叶颜色：红微着绿色

叶片形状：卵圆形

叶缘/刺芒：锐锯齿/有

每花序花朵数（朵）：6～9(7.2)

雄蕊数（枚）：20～29（25.2）

花药颜色：紫红色（70B）

初花期：20190416

盛花期：20190419

果实成熟期：9月中旬（晚）

果实发育期（d）：152

营养生长天数（d）：223

库车阿木特　**Kuche Amute**

原产新疆库车，新疆梨地方品种；树势强，半开张，丰产性中等，贮藏性强。

果实类型：脆肉型

果实形状：圆形

单果重（g）：131

萼片状态：宿存

果实心室数：5

果肉质地：紧脆

果肉粗细：粗

汁液：中多

风味：甜酸

果肉硬度（kg/cm²）：11.97

SSC/TA（%）：12.49/0.47

内质综合评价：中

一年生枝颜色：黄褐色（165A）

幼叶颜色：绿微着红色

叶片形状：卵圆形

叶缘/刺芒：全缘/无

每花序花朵数（朵）：3～9(6.2)

雄蕊数（枚）：20～29（22.5）

花药颜色：淡紫色（76A）

初花期：20190416

盛花期：20190418

果实成熟期：10月上旬（晚）

果实发育期（d）：163

营养生长天数（d）：229

奎克句句　**Kuike Juju**

原产新疆库车，别名绿句句，新疆梨地方品种，2n=34；树势较强，半开张，丰产性强。

果实类型：脆肉型　　　　　风味/香气：甜酸/微香　　　　每花序花朵数（朵）：6～9(7.3)

果实形状：圆形　　　　　　果肉硬度（kg/cm²）：4.97　　雄蕊数（枚）：17～25（21.1）

单果重（g）：83　　　　　　SSC/TA（%）：13.69/0.42　　花药颜色：淡紫色（76A）

萼片状态：宿存/残存　　　　内质综合评价：中上　　　　　初花期：20190415

果实心室数：4～5　　　　　一年生枝颜色：紫褐色（187A）盛花期：20190417

果肉质地：疏松　　　　　　幼叶颜色：绿色　　　　　　　果实成熟期：9月下旬（晚）

果肉粗细：细　　　　　　　叶片形状：卵圆形　　　　　　果实发育期（d）：151

汁液：多　　　　　　　　　叶缘/刺芒：锐锯齿/有　　　　营养生长天数（d）：215

昆切克　**Kunqieke**

原产新疆叶城，新疆梨地方品种，$2n=3x=51$；贮藏性较强。

果实类型：脆肉型

果实形状：葫芦形

单果重（g）：178

萼片状态：宿存

果实心室数：5

果肉质地：松脆

果肉粗细：中粗

汁液：多

风味：甜

果肉硬度（kg/cm²）：4.75

SSC/TA（%）：12.74/0.23

内质综合评价：中

一年生枝颜色：黄褐色（N199B）

幼叶颜色：绿微着红色

叶片形状：卵圆形

叶缘/刺芒：钝锯齿/有

每花序花朵数（朵）：3～9(6.9)

雄蕊数（枚）：18～20（19.5）

花药颜色：紫红色（60B）

初花期：20190421

盛花期：20190423

果实成熟期：9月中旬（中晚）

果实发育期（d）：146

营养生长天数（d）：209

兰州长把　**Lanzhou Changba**

原产甘肃兰州，新疆梨地方品种，2*n*=34；树势较强，半开张，丰产性强。

果实类型：脆肉型—软肉型
果实形状：倒卵形/纺锤形
单果重（g）：103
萼片状态：宿存
果实心室数：4～5
果肉质地：松脆—软
果肉粗细：中粗
汁液：中多

风味/香气：酸甜/微香
果肉硬度（kg/cm²）：4.53
SSC/TA（%）：12.93/0.32
内质综合评价：中
一年生枝颜色：黄褐色（165A）
幼叶颜色：绿着红色
叶片形状：卵圆形
叶缘/刺芒：锐锯齿/有

每花序花朵数（朵）：5～9(7.5)
雄蕊数（枚）：19～20（19.9）
花药颜色：紫红色（64A）
初花期：20190417
盛花期：20190419
果实成熟期：8月底（中）
果实发育期（d）：132
营养生长天数（d）：217

轮台句句　**Luntai Juju**

原产新疆轮台，新疆梨地方品种；树势中庸，半开张，丰产性强。

果实类型：脆肉型
果实形状：圆形
单果重（g）：64
萼片状态：宿存/残存
果实心室数：3～5
果肉质地：疏松
果肉粗细：较细
汁液：多

风味/香气：甜
果肉硬度（kg/cm²）：4.57
SSC/TA（%）：12.46/0.21
内质综合评价：中上
一年生枝颜色：紫褐色（187A）
幼叶颜色：绿色
叶片形状：卵圆形
叶缘/刺芒：锐锯齿/无

每花序花朵数（朵）：6～10（7.9）
雄蕊数（枚）：19～26（22.3）
花药颜色：淡紫色（75B）
初花期：20190419
盛花期：20190421
果实成熟期：9月中旬（中）
果实发育期（d）：142
营养生长天数（d）：216

乃希布特　Naixibute

原产新疆阿克苏，新疆梨地方品种；树势强，半开张，丰产性强，贮藏性较强。

果实类型：脆肉型	风味：酸甜	每花序花朵数（朵）：6～10（8.1）
果实形状：倒卵形	果肉硬度（kg/cm²）：9.24	雄蕊数（枚）19～26（21.2）
单果重（g）：84	SSC/TA（%）：12.49/0.38	花药颜色：淡粉色（69A）
萼片状态：宿存	内质综合评价：中下	初花期：20190414
果实心室数：5	一年生枝颜色：黄褐色（165A）	盛花期：20190416
果肉质地：紧脆	幼叶颜色：绿微着红色	果实成熟期：9月下旬（晚）
果肉粗细：粗	叶片形状：椭圆形	果实发育期（d）：157
汁液：少	叶缘/刺芒：全缘/无	营养生长天数（d）：232

色尔克甫 **Seerkefu**

原产新疆，新疆梨地方品种，2*n*=34；树势较强，半开张，丰产性强。

果实类型：脆肉型	风味/香气：甜/微香	每花序花朵数（朵）：5～9(7.9)
果实形状：倒卵形	果肉硬度（kg/cm²）：6.08	雄蕊数（枚）：20～24（21.5）
单果重（g）：100	SSC/TA（%）：13.03/0.17	花药颜色：淡紫色（77C）
萼片状态：宿存	内质综合评价：中上	初花期：20190414
果实心室数：4～5	一年生枝颜色：紫褐色（187A）	盛花期：20190416
果肉质地：松脆	幼叶颜色：绿微着红色	果实成熟期：9月中下旬（晚）
果肉粗细：较细	叶片形状：卵圆形	果实发育期（d）：156
汁液：中多	叶缘/刺芒：锐锯齿/有	营养生长天数（d）：219

酸梨　Suanli

原产青海，新疆梨地方品种；树势强，开张，丰产性中等。

果实类型：脆肉型　　　　风味：酸涩　　　　　　　　每花序花朵数（朵）：5～9(7.3)

果实形状：倒卵形　　　　果肉硬度（kg/cm²）：7.29　雄蕊数（枚）：18～25（20.9）

单果重（g）：113　　　　SSC/TA（%）：14.11/1.34　花药颜色：淡紫色（75C）

萼片状态：宿存　　　　　内质综合评价：下　　　　　初花期：20190416

果实心室数：5　　　　　一年生枝颜色：黄褐色（N199D）盛花期：20190418

果肉质地：松脆　　　　　幼叶颜色：绿微着红色　　　果实成熟期：8月下旬（中）

果肉粗细：中粗　　　　　叶片形状：卵圆形　　　　　果实发育期（d）：125

汁液：中多　　　　　　　叶缘/刺芒：锐锯齿/有　　　营养生长天数（d）：211

窝窝　Wowo

原产青海，新疆梨地方品种；树势强，开张，丰产性强。

果实类型：软肉型　　　风味：甜酸　　　　　　　　每花序花朵数（朵）：4～9(6.9)

果实形状：倒卵形　　　果肉硬度（kg/cm²）：3.43　　雄蕊数（枚）：20～26（22.1）

单果重（g）：133　　　SSC/TA（%）：10.10/0.56　　花药颜色：淡紫色（N74D）

萼片状态：宿存　　　　内质综合评价：中　　　　　初花期：20190415

果实心室数：5　　　　一年生枝颜色：黄褐色（166B）盛花期：20190417

果肉质地：松脆—软　　幼叶颜色：绿微着红色　　　果实成熟期：8月中旬（早）

果肉粗细：中粗　　　　叶片形状：卵圆形　　　　　果实发育期（d）：114

汁液：多　　　　　　　叶缘/刺芒：钝锯齿/有　　　营养生长天数（d）：218

武威冰珠　Wuwei Bingzhu

原产甘肃武威，新疆梨地方品种；树势强，开张，丰产性较强，贮藏性中等。

果实类型：脆肉型　　　　　风味/香气：酸甜/微香　　　　每花序花朵数（朵）：4～7(6.0)

果实形状：纺锤形　　　　　果肉硬度（kg/cm²）：5.48　　雄蕊数（枚）：19～20（19.9）

单果重（g）：111　　　　　SSC/TA（%）：13.40/0.30　　花药颜色：紫红色（71A）

萼片状态：宿存/残存　　　　内质综合评价：中上　　　　　初花期：20190418

果实心室数：4～5　　　　　一年生枝颜色：黄褐色（N199C）　盛花期：20190420

果肉质地：疏松　　　　　　幼叶颜色：绿微着红色　　　　　果实成熟期：9月下旬（晚）

果肉粗细：较细　　　　　　叶片形状：卵圆形　　　　　　　果实发育期（d）：151

汁液：多　　　　　　　　　叶缘/刺芒：锐锯齿/有　　　　　营养生长天数（d）：217

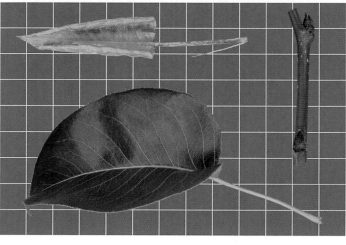

武威香蕉　Wuwei Xiangjiao

原产甘肃武威，新疆梨地方品种；树势强，半开张，丰产性强。

果实类型：脆肉型—软肉型　　　风味：甜酸　　　　　　　　每花序花朵数（朵）：4～6(5.3)

果实形状：倒卵形/纺锤形　　　果肉硬度（kg/cm²）：5.81　　雄蕊数（枚）：20～23（20.3）

单果重（g）：185　　　　　　SSC/TA（%）：12.04/0.54　　花药颜色：紫红色（71B）

萼片状态：宿存/残存　　　　　内质综合评价：中　　　　　初花期：20190416

果实心室数：5　　　　　　　　一年生枝颜色：黄褐色（165A）盛花期：20190418

果肉质地：松脆—软　　　　　　幼叶颜色：红微着绿色　　　果实成熟期：10月上旬（晚）

果肉粗细：细　　　　　　　　　叶片形状：卵圆形　　　　　果实发育期（d）：166

汁液：多　　　　　　　　　　　叶缘/刺芒：锐锯齿/有　　　营养生长天数（d）：213

武威猪头　*Wuwei Zhutou*

原产甘肃武威、张掖等地，新疆梨地方品种；树势强，开张，丰产性较强。

果实类型：脆肉型

果实形状：倒卵形

单果重（g）：134

萼片状态：宿存

果实心室数：4～5

果肉质地：松脆

果肉粗细：中粗

汁液：多

风味：酸甜

果肉硬度（kg/cm²）：6.39

SSC/TA（%）：12.06/0.27

内质综合评价：中

一年生枝颜色：黄褐色（165A）

幼叶颜色：绿微着红色

叶片形状：卵圆形

叶缘/刺芒：锐锯齿/有

每花序花朵数（朵）：4～10（6.7）

雄蕊数（枚）：19～23（21.2）

花药颜色：紫红色（71B）

初花期：20190418

盛花期：20190420

果实成熟期：9月上旬（中）

果实发育期（d）：134

营养生长天数（d）：224

新疆黄梨　Xinjiang Huangli

原产新疆库车，新疆梨地方品种；树势较强，半开张，丰产性强，贮藏性强。

果实类型：脆肉型—软肉型	风味/香气：甜酸/微香	每花序花朵数（朵）：5～10（7.3）
果实形状：圆形/扁圆形	果肉硬度（kg/cm²）：5.30	雄蕊数（枚）：20～26（23.2）
单果重（g）：122	SSC/TA（%）：13.37/0.37	花药颜色：淡紫红（73B）
萼片状态：残存/宿存	内质综合评价：中上	初花期：20190418
果实心室数：4～5	一年生枝颜色：褐色（200B）	盛花期：20190420
果肉质地：松脆—软	幼叶颜色：绿微着红色	果实成熟期：10月上旬（晚）
果肉粗细：细	叶片形状：卵圆形	果实发育期（d）：168
汁液：多	叶缘/刺芒：钝锯齿/有	营养生长天数（d）：224

油饺团　**Youjiaotuan**

原产甘肃临夏，新疆梨地方品种；树势强，半开张。

果实类型：软肉型	风味：甜酸稍涩	每花序花朵数（朵）：5～9(6.7)
果实形状：倒卵形	果肉硬度（kg/cm²）：5.41	雄蕊数（枚）：17～22（19.4）
单果重（g）：60	SSC/TA（%）：12.73/0.56	花药颜色：淡粉色（65C）
萼片状态：脱落/残存/宿存	内质综合评价：下	初花期：20190417
果实心室数：5	一年生枝颜色：黄褐色（N199B）	盛花期：20190419
果肉质地：软面	幼叶颜色：绿色	果实成熟期：8月中旬（早）
果肉粗细：中粗	叶片形状：椭圆形	果实发育期（d）：117
汁液：中多	叶缘/刺芒：全缘/无	营养生长天数（d）：212

第五节 新 品 种（系）

51-3-5

中国农业科学院果树研究所育成，亲本为京白×巴梨；树势强，半开张，丰产性较强。

果实类型：软肉型	风味/香气：甜酸/微香	每花序花朵数（朵）：4~8(6.3)
果实形状：倒卵形	果肉硬度（kg/cm²）：5.32	雄蕊数（枚）：18~22（20.1）
单果重（g）：101	SSC/TA（%）：14.71/0.42	花药颜色：紫红色（61A）
萼片状态：宿存/残存	内质综合评价：中上	初花期：20190418
果实心室数：5	一年生枝颜色：黄褐色（165B）	盛花期：20190420
果肉质地：紧密—软面	幼叶颜色：绿微着红色	果实成熟期：9月中旬（中）
果肉粗细：较细	叶片形状：椭圆形	果实发育期（d）：144
汁液：中多	叶缘/刺芒：锐锯齿/有	营养生长天数（d）：225

6901

原产安徽砀山，砀山酥梨芽变；树势强，开张，丰产性强，贮藏性较强。

果实类型：脆肉型	风味：淡甜	每花序花朵数（朵）：4～8(6.2)
果实形状：圆柱形	果肉硬度（kg/cm²）：4.79	雄蕊数（枚）：21～26（23.4）
单果重（g）：227	SSC/TA（%）：11.11/0.04	花药颜色：紫色（N77B）
萼片状态：脱落/宿存/残存	内质综合评价：中上	初花期：20190418
果实心室数：5	一年生枝颜色：黄褐色（165A）	盛花期：20190420
果肉质地：疏松	幼叶颜色：绿着红色	果实成熟期：9月下旬（晚）
果肉粗细：较细	叶片形状：卵圆形	果实发育期（d）：157
汁液：多	叶缘/刺芒：锐锯齿/有	营养生长天数（d）：220

6902

原产安徽砀山，砀山酥梨芽变，白梨；树势较强，半开张，丰产性强，贮藏性强。

果实类型：脆肉型	风味：淡甜	每花序花朵数（朵）：5～8(6.2)
果实形状：圆柱形	果肉硬度（kg/cm²）：3.92	雄蕊数（枚）：20～26（22.4）
单果重（g）：287	SSC/TA（%）：11.19/0.05	花药颜色：紫色（N78C）
萼片状态：脱落/宿存/残存	内质综合评价：中上	初花期：20190417
果实心室数：5～6	一年生枝颜色：黄褐色（N199D）	盛花期：20190419
果肉质地：疏松	幼叶颜色：绿着红色	果实成熟期：9月下旬（晚）
果肉粗细：较细	叶片形状：卵圆形	果实发育期（d）：157
汁液：多	叶缘/刺芒：锐锯齿/有	营养生长天数（d）：219

矮香　Aixiang

中国农业科学院果树研究所育成，车头梨实生，2*n*=34；树势中庸，半开张，丰产性较强，贮藏性弱。

果实类型：软肉型　　　　　　风味/香气：甜/香　　　　　　每花序花朵数（朵）：5～9(7.1)

果实形状：圆形　　　　　　　果肉硬度（kg/cm²）：2.25　　雄蕊数（枚）：20～25（22.3）

单果重（g）：99　　　　　　 SSC/TA（%）：12.77/0.23　　 花药颜色：淡紫红（73B）

萼片状态：宿存　　　　　　　内质综合评价：中上　　　　　初花期：20190417

果实心室数：4～5　　　　　　一年生枝颜色：黄褐色（N199C）盛花期：20190419

果肉质地：脆—软溶　　　　　幼叶颜色：绿色　　　　　　　果实成熟期：9月上旬（中）

果肉粗细：较细　　　　　　　叶片形状：椭圆形　　　　　　果实发育期（d）：136

汁液：中多　　　　　　　　　叶缘/刺芒：锐锯齿/有　　　　营养生长天数（d）：202

安农1号 Annong 1

湖南安江农业学校选育,菊水实生;树势中庸,较直立,丰产性中等,贮藏性较强。

果实类型:脆肉型
果实形状:圆形
单果重(g):216
萼片状态:脱落
果实心室数:4～5
果肉质地:松脆
果肉粗细:细
汁液:多

风味:甜
果肉硬度(kg/cm^2):4.60
SSC/TA(%):12.15/0.09
内质综合评价:上
一年生枝颜色:黄褐色(165A)
幼叶颜色:绿微着红色
叶片形状:卵圆形
叶缘/刺芒:锐锯齿/有

每花序花朵数(朵):5～9(6.8)
雄蕊数(枚):20～27(22.0)
花药颜色:紫红色(71B)
初花期:20190417
盛花期:20190419
果实成熟期:9月中旬(中)
果实发育期(d):144
营养生长天数(d):209

八月红　Bayuehong

原陕西省果树研究所育成，亲本为早巴梨×早酥梨，1995年通过审定；树势较强，半开张，丰产性较强，贮藏性中等。

果实类型：脆肉型—软肉型　　　　风味/香气：甜酸/微香　　　　每花序花朵数（朵）：5～8(6.9)

果实形状：倒卵圆形　　　　　　　果肉硬度（kg/cm²）：7.31　　雄蕊数（枚）：20～23（20.9）

单果重（g）：227　　　　　　　　SSC/TA（%）：12.98/0.34　　花药颜色：紫红色（64A）

萼片状态：宿存　　　　　　　　　内质综合评价：中上　　　　　初花期：20190419

果实心室数：5　　　　　　　　　一年生枝颜色：红褐色（183A）　盛花期：20190421

果肉质地：紧脆—软　　　　　　　幼叶颜色：绿微着红色　　　　果实成熟期：8月下旬（中）

果肉粗细：细　　　　　　　　　　叶片形状：椭圆形　　　　　　果实发育期（d）：122

汁液：多　　　　　　　　　　　　叶缘/刺芒：锐锯齿/有　　　　营养生长天数（d）：209

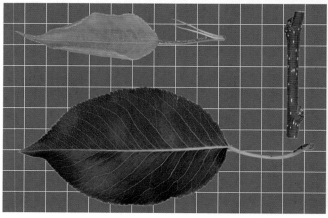

八月酥　**Bayuesu**

中国农业科学院郑州果树研究所育成，亲本为栖霞大香水 × 郑州鹅梨，1996年通过审定；树势中庸，半开张，丰产性强。

果实类型：脆肉型	风味：淡甜	每花序花朵数（朵）：4 ~ 8（5.7）
果实形状：圆形	果肉硬度（kg/cm²）：7.46	雄蕊数（枚）：20 ~ 24（21.7）
单果重（g）：252	SSC/TA（%）：10.96/0.20	花药颜色：紫红色（58A）
萼片状态：脱落/残存	内质综合评价：中上	初花期：20190417
果实心室数：5	一年生枝颜色：黄褐色（175A）	盛花期：20190419
果肉质地：松脆	幼叶颜色：红着绿色	果实成熟期：9月上旬（中）
果肉粗细：较细	叶片形状：卵圆形	果实发育期（d）：135
汁液：多	叶缘/刺芒：锐锯齿/有	营养生长天数（d）：225

北丰　**Beifeng**

内蒙古呼伦贝尔市（原呼伦贝尔盟）农业科学研究所育成，亲本为乔玛×早酥，1989年育成；树势中庸，半开张，丰产性强。

果实类型：脆肉型—软肉型　　　风味/香气：甜酸稍涩/微香　　　每花序花朵数（朵）：5～10 (7.7)

果实形状：圆形　　　　　　　　果肉硬度（kg/cm²）：5.31　　　雄蕊数（枚）：19～23 (21.1)

单果重（g）：111　　　　　　　SSC/TA（%）：11.56/0.33　　　花药颜色：紫红色（61A）

萼片状态：宿存　　　　　　　　内质综合评价：中　　　　　　　初花期：20190414

果实心室数：5　　　　　　　　一年生枝颜色：黄褐色（164A）　盛花期：20190416

果肉质地：脆—软　　　　　　　幼叶颜色：绿微着红色　　　　　果实成熟期：8月上旬（早）

果肉粗细：较细　　　　　　　　叶片形状：卵圆形　　　　　　　果实发育期（d）：109

汁液：多　　　　　　　　　　　叶缘/刺芒：锐锯齿/有　　　　　营养生长天数（d）：210

苍溪5-51　Cangxi 5-51

四川省苍溪县农业局选育，亲本为鸭梨×苍溪雪梨，1991年通过鉴定；树势强，半开张，丰产性强。

果实类型：脆肉型

果实形状：倒卵形

单果重（g）：253

萼片状态：脱落

果实心室数：4～5

果肉质地：松脆

果肉粗细：较细

汁液：多

风味：甜

果肉硬度（kg/cm²）：4.72

SSC/TA（%）：12.63/0.10

内质综合评价：中上

一年生枝颜色：黄褐色（166A）

幼叶颜色：绿着红色

叶片形状：卵圆形

叶缘/刺芒：锐锯齿/有

每花序花朵数（朵）：6～10（8.3）

雄蕊数（枚）：19～22（20.0）

花药颜色：紫红色（70B）

初花期：20190414

盛花期：20190416

果实成熟期：9月下旬（晚）

果实发育期（d）：153

营养生长天数（d）：214

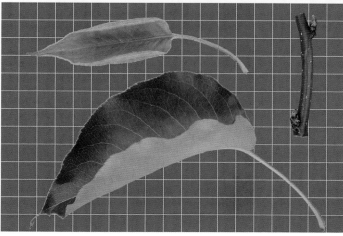

重阳红 Chongyanghong

西北农林科技大学育成，亲本为库尔勒香梨 × 砀山酥梨；树势强，半开张，丰产性较强，贮藏性强。

果实类型：脆肉型	风味：淡甜	每花序花朵数（朵）：5～8(7.1)
果实形状：长圆形	果肉硬度（kg/cm²）：6.28	雄蕊数（枚）：20～26（23.0）
单果重（g）：227	SSC/TA（%）：11.68/0.16	花药颜色：淡粉色（69A）
萼片状态：宿存/残存/脱落	内质综合评价：中上	初花期：20190415
果实心室数：5	一年生枝颜色：黄褐色（N199B）	盛花期：20190417
果肉质地：松脆	幼叶颜色：红微着绿色	果实成熟期：9月底（晚）
果肉粗细：较细	叶片形状：卵圆形	果实发育期（d）：160
汁液：多	叶缘/刺芒：锐锯齿/有	营养生长天数（d）：220

初夏绿　*Chuxialü*

浙江省农业科学院园艺研究所育成，亲本为西子绿×翠冠，2008年通过审定；丰产性强，贮藏性中等。

果实类型：脆肉型

果实形状：圆形

单果重（g）：467

萼片状态：脱落

果实心室数：5

果肉质地：松脆

果肉粗细：细

汁液：多

风味：甜

SSC/TA（%）：11.9/0.06

内质综合评价：中上

一年生枝颜色：黄褐色（N199B）

幼叶颜色：绿微着红色

叶片形状：卵圆形

叶缘/刺芒：锐锯齿/有

每花序花朵数（朵）：5～7(6.1)

雄蕊数（枚）：24～32（29.0）

花药颜色：紫红色（71D）

初花期：20190327（杭州）

盛花期：20190328（杭州）

果实成熟期：7月下旬（早）

果实发育期（d）：116

垂枝鸭梨　Chuizhi Yali

河北石家庄引进，鸭梨芽变，2*n*=34；树势较强，树姿下垂，丰产性中等。

果实类型：脆肉型	风味：甜	每花序花朵数（朵）：5～8(6.1)
果实形状：倒卵形	果肉硬度（kg/cm²）：5.05	雄蕊数（枚）：18～24（21.0）
单果重（g）：187	SSC/TA（%）：12.62/0.18	花药颜色：紫红色（71B）
萼片状态：脱落	内质综合评价：上	初花期：20190415
果实心室数：5	一年生枝颜色：黄褐色（166B）	盛花期：20190417
果肉质地：疏松	幼叶颜色：绿着红色	果实成熟期：9月下旬（晚）
果肉粗细：细	叶片形状：卵圆形	果实发育期（d）：156
汁液：多	叶缘/刺芒：锐锯齿/有	营养生长天数（d）：220

脆丰　Cuifeng

中国农业科学院果树研究所选育，亲本为苹果梨 × 身不知，1969年选出，2*n*=34；树势较强，半开张，丰产性较强。

果实类型：脆肉型
果实形状：近圆形
单果重（g）：201
萼片状态：脱落/宿存/残存
果实心室数：5
果肉质地：松脆
果肉粗细：细
汁液：多

风味：甜
果肉硬度（kg/cm²）：5.83
SSC/TA（%）：12.50/0.13
内质综合评价：中上
一年生枝颜色：黄褐色（166A）
幼叶颜色：绿微着红色
叶片形状：卵圆形
叶缘/刺芒：锐锯齿/有

每花序花朵数（朵）：5～8(7.3)
雄蕊数（枚）：20～24（20.7）
花药颜色：紫红色（60A）
初花期：20190419
盛花期：20190422
果实成熟期：9月下旬（晚）
果实发育期（d）：156
营养生长天数（d）：212

脆香梨 Cuixiangli

黑龙江省农业科学院园艺研究所育成，亲本为龙香×56-11-155，1996年通过审定；树势较强，半开张，丰产性强，抗寒性强。

果实类型：脆肉型—软肉型
风味/香气：甜/微香
每花序花朵数（朵）：4～9(6.9)

果实形状：卵圆形
果肉硬度（kg/cm²）：5.10
雄蕊数（枚）：20～24（22.0）

单果重（g）：111
SSC/TA（%）：11.39/0.13
花药颜色：紫色（N79C）

萼片状态：宿存
内质综合评价：中上
初花期：20190414

果实心室数：5～6
一年生枝颜色：绿褐色（N199A）
盛花期：20190416

果肉质地：紧脆—软
幼叶颜色：绿微着红色
果实成熟期：8月下旬（中）

果肉粗细：中粗
叶片形状：卵圆形
果实发育期（d）：122

汁液：中多
叶缘/刺芒：锐锯齿/有
营养生长天数（d）：220

翠伏　**Cuifu**

湖北省农业科学院果树茶叶研究所育成，亲本为长十郎×江岛，1973年定名，别名金水2号，2*n*=34；树势中庸，半开张，丰产性强，贮藏性中等。

果实类型：脆肉型	风味：甜	每花序花朵数（朵）：7～10（8.4）
果实形状：倒卵形/近圆形	果肉硬度（kg/cm²）：5.73	雄蕊数（枚）：20～23（20.9）
单果重（g）：162	SSC/TA（%）：10.74/0.25	花药颜色：淡紫红（73B）
萼片状态：脱落	内质综合评价：上	初花期：20190419
果实心室数：4～5	一年生枝颜色：黄褐色（N199C）	盛花期：20190421
果肉质地：松脆	幼叶颜色：绿微着红色	果实成熟期：8月中旬（早）
果肉粗细：细	叶片形状：卵圆形	果实发育期（d）：115
汁液：多	叶缘/刺芒：锐锯齿/有	营养生长天数（d）：213

翠冠　Cuiguan

浙江省农业科学院园艺研究所育成，亲本为幸水 ×（杭青 × 新世纪），1999年通过审定；树势中庸，半开张，丰产性强，贮藏性中等。

果实类型：脆肉型　　　　风味：甜　　　　　　　　每花序花朵数（朵）：6 ~ 9(7.1)

果实形状：扁圆形　　　　果肉硬度（kg/cm²）：4.05　　雄蕊数（枚）：21 ~ 31（25.4）

单果重（g）：235　　　　SSC/TA（%）：12.76/0.13　　花药颜色：紫红色（71B）

萼片状态：脱落　　　　　内质综合评价：上　　　　初花期：20190416

果实心室数：5 ~ 7　　　一年生枝颜色：黄褐色（166B）　盛花期：20190418

果肉质地：松脆　　　　　幼叶颜色：红色　　　　　果实成熟期：8月中旬（早）

果肉粗细：极细　　　　　叶片形状：椭圆形　　　　果实发育期（d）：115

汁液：多　　　　　　　　叶缘/刺芒：锐锯齿/有　　　营养生长天数（d）：214

大慈梨　Dacili

吉林省农业科学院果树研究所育成，亲本为大梨×茌梨，1995年通过审定；树势较强，较直立，丰产性强，贮藏性强。

果实类型：脆肉型

果实形状：卵圆形/长圆形

单果重（g）：185

萼片状态：宿存

果实心室数：5

果肉质地：松脆

果肉粗细：细

汁液：多

风味：酸甜

果肉硬度（kg/cm²）：7.59

SSC/TA（%）：11.36/0.36

内质综合评价：中上

一年生枝颜色：黄褐色（N199C）

幼叶颜色：红微着绿色

叶片形状：卵圆形

叶缘/刺芒：锐锯齿/有

每花序花朵数（朵）：3～5(4.4)

雄蕊数（枚）：18～20（19.5）

花药颜色：淡紫色（75C）

初花期：20190415

盛花期：20190417

果实成熟期：9月中旬（晚）

果实发育期（d）：151

营养生长天数（d）：220

大梨　Dali

吉林省农业科学院果树研究所育成，苹果梨实生，1989年育成；树势较强，较直立，丰产性较强，贮藏性强。

果实类型：脆肉型　　　　　风味：酸—甜酸　　　　　　每花序花朵数（朵）：4～6(5.2)

果实形状：扁圆形　　　　　果肉硬度（kg/cm²）：6.20　雄蕊数（枚）：20～24（21.5）

单果重（g）：277　　　　　SSC/TA（%）：11.93/0.66　花药颜色：紫色（77B）

萼片状态：宿存　　　　　　内质综合评价：中上　　　　初花期：20190416

果实心室数：5　　　　　　一年生枝颜色：黄褐色（175A）盛花期：20190418

果肉质地：脆　　　　　　　幼叶颜色：绿微着红色　　　果实成熟期：9月底（晚）

果肉粗细：细　　　　　　　叶片形状：卵圆形　　　　　果实发育期（d）：161

汁液：中多　　　　　　　　叶缘/刺芒：锐锯齿/有　　　营养生长天数（d）：206

大南果　Dananguo

鞍山市农林牧业局、鞍山副业总场、辽宁省果树科学研究所、沈阳农业大学选育，南果梨芽变，1990年通过审定；树势较强，较直立，丰产性强，贮藏性中等。

果实类型：软肉型

果实形状：扁圆形

单果重（g）：70

萼片状态：宿存/脱落/残存

果实心室数：4～5

果肉质地：脆—软溶

果肉粗细：较细

汁液：多

风味/香气：酸甜/浓香

果肉硬度（kg/cm²）：5.79

SSC/TA（%）：13.65/0.18

内质综合评价：上

一年生枝颜色：黄褐色（165A）

幼叶颜色：绿微着红色

叶片形状：卵圆形

叶缘/刺芒：锐锯齿/有

每花序花朵数（朵）：7～10（8.4）

雄蕊数（枚）：19～23（21.1）

花药颜色：紫红色（71B）

初花期：20190413

盛花期：20190415

果实成熟期：9月上旬（中）

果实发育期（d）：139

营养生长天数（d）：215

冬蜜 Dongmi

黑龙江省农业科学院园艺分院育成，亲本为龙香梨×明月，1999年通过审定；树势强，半开张，丰产性强，贮藏性强，适宜冻藏。

果实类型：脆肉型—软肉型　　　风味：甜酸　　　　　　　　每花序花朵数（朵）：5～8(6.8)

果实形状：圆形　　　　　　　　果肉硬度（kg/cm²）：8.57　　雄蕊数（枚）：20～29（23.2）

单果重（g）：167　　　　　　　SSC/TA（%）：13.15/0.78　　花药颜色：紫红色（71A）

萼片状态：宿存　　　　　　　　内质综合评价：中上　　　　初花期：20190414

果实心室数：4～5　　　　　　　一年生枝颜色：黄褐色（N199B）盛花期：20190416

果肉质地：紧脆—松软　　　　　幼叶颜色：绿着红色　　　　果实成熟期：9月上旬（中）

果肉粗细：细　　　　　　　　　叶片形状：卵圆形　　　　　果实发育期（d）：132

汁液：中多　　　　　　　　　　叶缘/刺芒：锐锯齿/有　　　营养生长天数（d）：221

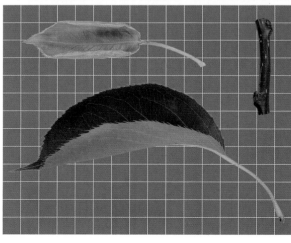

鄂梨1号 Eli 1

湖北省农业科学院果树茶叶研究所育成，亲本为伏梨×金水酥，2002年通过审定；树势较强，半开张，丰产性强，叶片抗病性强。

果实类型：脆肉型
果实形状：近圆形
单果重（g）：299
萼片状态：宿存/残存
果实心室数：4～5
果肉质地：松脆
果肉粗细：细
汁液：极多

风味：甜
果肉硬度（kg/cm²）：4.08
SSC/TA（%）：11.22/0.21
内质综合评价：上
一年生枝颜色：黄褐色（175A）
幼叶颜色：绿微着红色
叶片形状：卵圆形
叶缘/刺芒：锐锯齿/有

每花序花朵数（朵）：3～9(6.8)
雄蕊数（枚）：21～25（21.3）
花药颜色：淡紫红（70C）
初花期：20190417
盛花期：20190420
果实成熟期：8月中旬（早）
果实发育期（d）：115
营养生长天数（d）：216

鄂梨2号　Eli 2

湖北省农业科学院果树茶叶研究所育成，亲本为中香×（伏梨×启发），2002年通过审定；树势强，半开张，丰产性强。

果实类型：脆肉型

果实形状：倒卵形

单果重（g）：200

萼片状态：脱落/宿存

果实心室数：4～5

果肉质地：松脆

果肉粗细：细

汁液：多

风味：甜

果肉硬度（kg/cm²）：3.06

SSC/TA（%）：12.67/0.19

内质综合评价：上

一年生枝颜色：黄褐色（166A）

幼叶颜色：红色

叶片形状：卵圆形

叶缘/刺芒：锐锯齿/有

每花序花朵数（朵）：5～7(6.2)

雄蕊数（枚）：20～26（23.8）

花药颜色：紫红色（61B）

初花期：20190414

盛花期：20190416

果实成熟期：8月中下旬（早）

果实发育期（d）：117

营养生长天数（d）：223

丰香梨　**Fengxiangli**

吉林省通化市园艺研究所育成，苹果梨实生，1978年命名；树势较强，半开张，丰产性强。

果实类型：脆肉型　　　　风味/香气：甜酸/微香　　　每花序花朵数（朵）：7~10（8.2）

果实形状：圆形　　　　　果肉硬度（kg/cm²）：6.98　雄蕊数（枚）：18~22（19.7）

单果重（g）：146　　　　SSC/TA（%）：12.24/0.25　花药颜色：紫红色（60C）

萼片状态：宿存　　　　　内质综合评价：中　　　　初花期：20190415

果实心室数：4~5　　　　一年生枝颜色：黄褐色（165A）盛花期：20190417

果肉质地：稍脆　　　　　幼叶颜色：绿着红色　　　果实成熟期：9月上旬（中）

果肉粗细：中粗　　　　　叶片形状：卵圆形　　　　果实发育期（d）：137

汁液：中多　　　　　　　叶缘/刺芒：锐锯齿/有　　营养生长天数（d）：214

伏香　Fuxiang

黑龙江省农业科学院园艺分院育成，亲本为龙香 × 56-11-155（身不知 × 混合花粉），1987年通过审定；树势较强，半开张，丰产性强，贮藏性弱。

果实类型：软肉型	风味/香气：甜酸—甜/微香	每花序花朵数（朵）：5～10 (6.7)
果实形状：卵圆形	果肉硬度（kg/cm²）：5.20	雄蕊数（枚）：22～28（24.1）
单果重（g）：110	SSC/TA（%）：12.78/0.33	花药颜色：紫红色（63B）
萼片状态：宿存	内质综合评价：中	初花期：20190413
果实心室数：5	一年生枝颜色：黄褐色（165A）	盛花期：20190415
果肉质地：脆—软面	幼叶颜色：绿微着红色	果实成熟期：8月上中旬（早）
果肉粗细：中粗	叶片形状：卵圆形	果实发育期（d）：114
汁液：少	叶缘/刺芒：锐锯齿/有	营养生长天数（d）：219

甘梨早6　**Ganlizao 6**

甘肃省农业科学院林果花卉研究所育成，亲本为四百目 × 早酥，2008年通过审定；树势中庸，直立，丰产性强。

果实类型：脆肉型
果实形状：圆锥形 / 卵圆形
单果重（g）：137
萼片状态：宿存
果实心室数：4 ～ 5
果肉质地：松脆
果肉粗细：细
汁液：多

风味：甜
果肉硬度（kg/cm²）：4.34
SSC/TA（%）：10.12/0.14
内质综合评价：上
一年生枝颜色：褐色（200C）
幼叶颜色：绿微着红色
叶片形状：椭圆形
叶缘 / 刺芒：锐锯齿 / 有

每花序花朵数（朵）：5 ～ 9(7.3)
雄蕊数（枚）：25 ～ 30（27.5）
花药颜色：紫红色（71A）
初花期：20190418
盛花期：20190420
果实成熟期：7月下旬（早）
果实发育期（d）：98
营养生长天数（d）：229

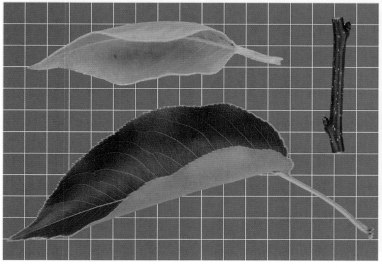

甘梨早8　Ganlizao 8

甘肃省农业科学院林果花卉研究所育成，亲本为四百目×早酥，2008年通过审定；树势较强，直立，丰产性强，贮藏性中等。

果实类型：脆肉型　　　　风味：甜酸　　　　　　　　每花序花朵数（朵）：6～9(7.0)

果实形状：卵圆形　　　　果肉硬度（kg/cm²）：5.25　雄蕊数（枚）：19～21（19.9）

单果重（g）：153　　　　SSC/TA（%）：11.04/0.57　花药颜色：紫红色（71A）

萼片状态：宿存/残存/脱落　内质综合评价：中上　　　初花期：20190417

果实心室数：5　　　　　　一年生枝颜色：黄褐色（N199B）盛花期：20190419

果肉质地：松脆　　　　　　幼叶颜色：绿微着红色　　　果实成熟期：7月下旬（早）

果肉粗细：细　　　　　　　叶片形状：卵圆形　　　　　果实发育期（d）：96

汁液：多　　　　　　　　　叶缘/刺芒：锐锯齿/有　　　营养生长天数（d）：210

寒红梨　*Hanhongli*

吉林省农业科学院果树研究所育成，亲本为南果梨×晋酥梨，2003年通过审定；树势强，半开张，丰产性强。

果实类型：脆肉型　　　　风味：甜酸　　　　　　　　每花序花朵数（朵）：6～8(6.8)

果实形状：近圆形　　　　果肉硬度（kg/cm²）：7.40　雄蕊数（枚）：20～29（24.0）

单果重（g）：172　　　　SSC/TA（%）：12.49/0.37　花药颜色：紫色（N77B）

萼片状态：残存/宿存　　　内质综合评价：上　　　　　初花期：20190416

果实心室数：3～5　　　　一年生枝颜色：黄褐色（N199C）盛花期：20190418

果肉质地：脆　　　　　　幼叶颜色：绿着红色　　　　　果实成熟期：9月中旬（中）

果肉粗细：细　　　　　　叶片形状：卵圆形　　　　　　果实发育期（d）：140

汁液：多　　　　　　　　叶缘/刺芒：锐锯齿/有　　　　营养生长天数（d）：223

寒香梨　Hanxiangli

吉林省农业科学院果树研究所育成，亲本为大香水 × 苹香梨，2002 年通过审定；树势较强，半开张，丰产性强，贮藏性中等。

果实类型：软肉型　　　　　风味 / 香气：甜酸 / 香　　　　　每花序花朵数（朵）：6 ～ 8(6.7)

果实形状：卵圆形　　　　　果肉硬度（kg/cm²）：6.27　　　雄蕊数（枚）：16 ～ 32（22.5）

单果重（g）：151　　　　　SSC/TA（%）：13.10/0.35　　　花药颜色：淡紫红（64D）

萼片状态：宿存 / 残存　　　内质综合评价：上　　　　　　初花期：20190419

果实心室数：5　　　　　　一年生枝颜色：黄褐色（165B）　盛花期：20190421

果肉质地：脆—软　　　　　幼叶颜色：绿微着红色　　　　　果实成熟期：9 月中旬（中）

果肉粗细：较细　　　　　　叶片形状：卵圆形　　　　　　　果实发育期（d）：144

汁液：多　　　　　　　　　叶缘 / 刺芒：锐锯齿 / 有　　　　营养生长天数（d）：212

杭红　Hanghong

原浙江农业大学选育，可能是菊水梨实生，1970年选出；树势中庸，半开张，丰产性强，贮藏性较强。

果实类型：脆肉型	风味：淡甜	每花序花朵数（朵）：7～9(8.2)
果实形状：扁圆形	果肉硬度（kg/cm²）：5.23	雄蕊数（枚）：26～30（27.9）
单果重（g）：200	SSC/TA（%）：11.09/0.12	花药颜色：淡紫色（75A）
萼片状态：宿存	内质综合评价：中上	初花期：20190417
果实心室数：5	一年生枝颜色：黄褐色（171A）	盛花期：20190419
果肉质地：松脆	幼叶颜色：红色	果实成熟期：9月上旬（中）
果肉粗细：较细	叶片形状：卵圆形	果实发育期（d）：132
汁液：中多	叶缘/刺芒：锐锯齿/有	营养生长天数（d）：215

杭青　Hangqing

原浙江农业大学选育，可能是菊水梨实生，1971年选出；树势较强，半开张，丰产性强，贮藏性中等。

果实类型：脆肉型	风味：淡甜	每花序花朵数（朵）：5～7(6.0)
果实形状：卵圆形	果肉硬度（kg/cm²）：5.05	雄蕊数（枚）：20～27（22.6）
单果重（g）：221	SSC/TA（%）：11.61/0.12	花药颜色：淡紫色（75A）
萼片状态：宿存	内质综合评价：中上	初花期：20190417
果实心室数：5	一年生枝颜色：黄褐色（171A）	盛花期：20190419
果肉质地：疏松	幼叶颜色：红微着绿色	果实成熟期：8月中旬（中）
果肉粗细：较细	叶片形状：卵圆形	果实发育期（d）：126
汁液：多	叶缘/刺芒：锐锯齿/有	营养生长天数（d）：231

红金秋　Hongjinqiu

黑龙江省农业科学院牡丹江农业科学研究所育成，亲本为大香水×苹果梨，1998年通过审定；树势强，半开张，丰产性强，抗寒性强。

果实类型：脆肉型

果实形状：扁圆形

单果重（g）：250

萼片状态：宿存

果实心室数：4～5

果肉质地：脆

果肉粗细：中粗

汁液：多

风味：甜酸

果肉硬度（kg/cm²）：7.50

SSC/TA（%）：12.06/0.82

内质综合评价：中上

一年生枝颜色：黄褐色（175A）

幼叶颜色：绿微着红色

叶片形状：卵圆形

叶缘/刺芒：锐锯齿/有

每花序花朵数（朵）：5～9(7.3)

雄蕊数（枚）：20～24（20.7）

花药颜色：紫红色（71A）

初花期：20190417

盛花期：20190419

果实成熟期：9月中旬（中）

果实发育期（d）：143

营养生长天数（d）：240

红太阳　Hongtaiyang

中国农业科学院郑州果树研究所选育；树势强，半开张，丰产性强，贮藏性弱。

果实类型：脆肉型—软肉型　　　风味/香气：甜/微香　　　每花序花朵数（朵）：6～8(6.9)

果实形状：纺锤形/长圆形　　　果肉硬度（kg/cm²）：6.95　　雄蕊数（枚）：20～26（23.2）

单果重（g）：158　　　　　　SSC/TA（%）：11.21/0.17　　花药颜色：红色（53B）

萼片状态：宿存　　　　　　　内质综合评价：中　　　　　初花期：20190417

果实心室数：5　　　　　　　一年生枝颜色：黄褐色（165A）盛花期：20190419

果肉质地：脆—松软　　　　　幼叶颜色：红着绿色　　　　果实成熟期：8月中旬（早）

果肉粗细：细　　　　　　　　叶片形状：椭圆形　　　　　果实发育期（d）：115

汁液：中多　　　　　　　　　叶缘/刺芒：锐锯齿/有　　　营养生长天数（d）：216

红香酥　**Hongxiangsu**

中国农业科学院郑州果树研究所育成，亲本为库尔勒香梨×郑州鹅梨，1997年通过审定；树势强，半开张，丰产性强，贮藏性强，抗病性强。

果实类型：脆肉型

果实形状：纺锤形

单果重（g）：224

萼片状态：宿存/残存/脱落

果实心室数：5

果肉质地：松脆

果肉粗细：较细

汁液：多

风味：甜

果肉硬度（kg/cm²）：6.30

SSC/TA（%）：12.72/0.05

内质综合评价：上

一年生枝颜色：黄褐色（N199B）

幼叶颜色：红微着绿色

叶片形状：卵圆形

叶缘/刺芒：锐锯齿/有

每花序花朵数（朵）：4～8(6.0)

雄蕊数（枚）：21～25（23.5）

花药颜色：紫红色（70B）

初花期：20190417

盛花期：20190419

果实成熟期：9月中下旬（中晚）

果实发育期（d）：146

营养生长天数（d）：219

红秀2号　Hongxiu 2

新疆生产建设兵团农七师果树研究所育成，亲本为大香水 × 苹果梨，1989年通过鉴定；树势强，开张，丰产性强，贮藏性强。

果实类型：脆肉型

果实形状：扁圆形

单果重（g）：123

萼片状态：宿存

果实心室数：4～5

果肉质地：松脆

果肉粗细：较细

汁液：多

风味：甜酸

果肉硬度（kg/cm²）：6.19

SSC/TA（%）：12.60/0.42

内质综合评价：中上

一年生枝颜色：绿黄色（199A）

幼叶颜色：绿微着红色

叶片形状：卵圆形

叶缘/刺芒：锐锯齿/有

每花序花朵数（朵）：5～10（7.6）

雄蕊数（枚）：20～23（20.9）

花药颜色：淡紫色（75A）

初花期：20190415

盛花期：20190417

果实成熟期：9月上旬（中）

果实发育期（d）：132

营养生长天数（d）：215

红月梨　**Hongyueli**

辽宁省果树科学研究所育成，亲本为红茄梨 × 苹果梨，2010 年通过备案。

果实类型：软肉型

果实形状：圆锥形

单果重（g）：220

萼片状态：宿存/残存

果实心室数：5

果肉质地：脆—软

果肉粗细：细

汁液：中多

风味/香气：甜酸/微香

SSC/TA（%）：12.8/0.34

内质综合评价：中上

一年生枝颜色：黑褐色（200A）

幼叶颜色：绿微着红色

叶片形状：卵圆形

叶缘/刺芒：锐锯齿/有

每花序花朵数（朵）：6 ~ 9(8.2)

雄蕊数（枚）：20 ~ 24（21.7）

花药颜色：淡紫红（70C）

初花期：20180405（北京）

盛花期：20180406（北京）

果实成熟期：9月上旬（晚）

果实发育期（d）：152

营养生长天数（d）：225

红早酥 Hongzaosu

西北农林科技大学育成，早酥梨芽变，2004年在陕西渭北梨园被发现；树势较强，直立，丰产性强。

果实类型：脆肉型	风味：淡甜	每花序花朵数（朵）：8～10（8.8）
果实形状：卵圆形/圆锥形	果肉硬度（kg/cm²）：6.66	雄蕊数（枚）：21～29（24.4）
单果重（g）：193	SSC/TA（%）：9.23/0.24	花药颜色：紫红色（61A）
萼片状态：宿存	内质综合评价：中上	初花期：20190421
果实心室数：5	一年生枝颜色：紫褐色（187A）	盛花期：20190423
果肉质地：松脆	幼叶颜色：红色	果实成熟期：8月中下旬（早）
果肉粗细：细	叶片形状：椭圆形	果实发育期（d）：119
汁液：多	叶缘/刺芒：锐锯齿/有	营养生长天数（d）：203

华金　Huajin

中国农业科学院果树研究所育成，亲本为早酥×早白，2003年获植物新品种权；树势较强，半开张，丰产性强，贮藏性中等。

果实类型：脆肉型　　　　　风味：甜　　　　　　　　每花序花朵数（朵）：5～9(7.1)

果实形状：长圆形　　　　　果肉硬度（kg/cm²）：4.41　　雄蕊数（枚）：17～26（20.7）

单果重（g）：296　　　　　SSC/TA（%）：10.68/0.13　　花药颜色：深红色（59B）

萼片状态：脱落/残存/宿存　内质综合评价：上　　　　　初花期：20190417

果实心室数：5　　　　　　一年生枝颜色：黄褐色（165A）盛花期：20190419

果肉质地：松脆　　　　　　幼叶颜色：绿微着红色　　　果实成熟期：8月中旬（早）

果肉粗细：细　　　　　　　叶片形状：椭圆形　　　　　果实发育期（d）：115

汁液：多　　　　　　　　　叶缘/刺芒：锐锯齿/有　　　营养生长天数（d）：218

华梨2号　Huali 2

华中农业大学育成，亲本为二宫白×菊水，2002年通过审定；树势中庸，贮藏性弱，丰产性强。

果实类型：脆肉型　　　　风味：甜　　　　　　　　　每花序花朵数（朵）：7～10（8.5）

果实形状：扁圆形　　　　果肉硬度（kg/cm²）：5.6　　雄蕊数（枚）：19～27（22.4）

单果重（g）：155　　　　SSC/TA（%）：16.3/0.12　花药颜色：紫红色（70B）

萼片状态：脱落　　　　　内质综合评价：上　　　　　初花期：20180405（北京）

果实心室数：5　　　　　　一年生枝颜色：黄褐色（166A）　盛花期：20180406（北京）

果肉质地：松脆　　　　　幼叶颜色：绿色　　　　　　果实成熟期：8月中旬（中）

果肉粗细：细　　　　　　叶片形状：卵圆形　　　　　果实发育期（d）：135

汁液：多　　　　　　　　叶缘/刺芒：锐锯齿/有　　　营养生长天数（d）：226

华酥　Huasu

中国农业科学院果树研究所育成，亲本为早酥×八云，1999年通过审定；树势中庸，丰产性强，贮藏性弱。

果实类型：脆肉型

果实形状：圆形/扁圆形

单果重（g）：301

萼片状态：脱落/宿存

果实心室数：5～6

果肉质地：松脆

果肉粗细：细

汁液：多

风味：酸甜

果肉硬度（kg/cm²）：4.63

SSC/TA（%）：10.79/0.20

内质综合评价：上

一年生枝颜色：红褐色（178A）

幼叶颜色：红着绿色

叶片形状：卵圆形

叶缘/刺芒：锐锯齿/有

每花序花朵数（朵）：5～8(7.3)

雄蕊数（枚）：25～32（28.0）

花药颜色：紫红色（63B）

初花期：20190419

盛花期：20190421

果实成熟期：8月中旬（早）

果实发育期（d）：112

营养生长天数（d）：208

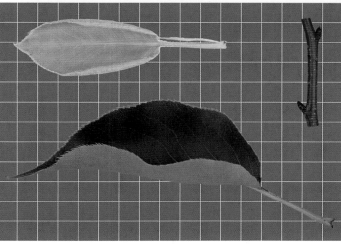

华香脆　**Huaxiangcui**

中国农业科学院果树研究所育成，亲本为沙01×南果梨，$2n=3x=51$，2019年通过品种登记；树势强，半开张，丰产性较强。

果实类型：脆肉型　　　　　风味：甜　　　　　　　　　每花序花朵数（朵）：7～8(7.3)

果实形状：倒卵形　　　　　果肉硬度（kg/cm^2）：6.32　　雄蕊数（枚）：18～25（21.3）

单果重（g）：158　　　　 SSC/TA（%）：12.70/0.32　　花药颜色：紫红色（64C）

萼片状态：宿存/残存/脱落　内质综合评价：中上　　　　初花期：20190415

果实心室数：4～5　　　　 一年生枝颜色：黑褐色（200A）盛花期：20190417

果肉质地：松脆　　　　　　幼叶颜色：绿微着红色　　　　果实成熟期：9月下旬（晚）

果肉粗细：较细　　　　　　叶片形状：卵圆形　　　　　　果实发育期（d）：155

汁液：多　　　　　　　　　叶缘/刺芒：锐锯齿/有　　　　营养生长天数（d）：227

华香酥　**Huaxiangsu**

中国农业科学院果树研究所育成，亲本为沙01×南果梨，$2n=3x=51$，2018年通过品种登记；树势强，开张，丰产性较强，贮藏性较强。

果实类型：脆肉型　　　　　风味：甜　　　　　　　每花序花朵数（朵）：6～8(6.6)

果实形状：倒卵形　　　　　果肉硬度（kg/cm²）：5.87　雄蕊数（枚）：19～22（20.0）

单果重（g）：190　　　　　SSC/TA（%）：12.47/0.13　花药颜色：紫红色（71A）

萼片状态：宿存/残存/脱落　内质综合评价：中上　　　初花期：20190414

果实心室数：5　　　　　　一年生枝颜色：黄褐色（166A）盛花期：20190416

果肉质地：松脆　　　　　　幼叶颜色：绿微着红色　　　果实成熟期：9月中旬（中）

果肉粗细：较细　　　　　　叶片形状：卵圆形　　　　　果实发育期（d）：143

汁液：多　　　　　　　　　叶缘/刺芒：锐锯齿/有　　　营养生长天数（d）：219

怀来大鸭梨　Huailai Dayali

原产河北怀来，鸭梨的芽变，二倍体与四倍体的嵌合体；树势较强，开张，丰产性强，贮藏性较强。

果实类型：脆肉型	风味：淡甜	每花序花朵数（朵）：6～8(7.0)
果实形状：倒卵形	果肉硬度（kg/cm²）：4.08	雄蕊数（枚）：21～26（22.8）
单果重（g）：231	SSC/TA（%）：12.55/0.13	花药颜色：紫红色（61C）
萼片状态：脱落	内质综合评价：上	初花期：20190416
果实心室数：5～6	一年生枝颜色：黄褐色（175A）	盛花期：20190418
果肉质地：疏松	幼叶颜色：绿着红色	果实成熟期：9月下旬（晚）
果肉粗细：细	叶片形状：卵圆形	果实发育期（d）：161
汁液：极多	叶缘/刺芒：锐锯齿/有	营养生长天数（d）：220

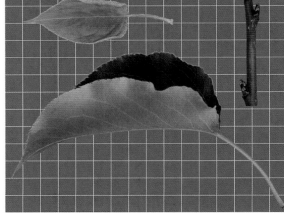

黄冠　**Huangguan**

河北省农林科学院石家庄果树研究所育成，亲本为雪花梨 × 新世纪，1997年通过审定，2*n*=34；树势较强，半开张，丰产性强，贮藏性较强。

果实类型：脆肉型

果实形状：卵圆形/长圆形

单果重（g）：234

萼片状态：脱落/残存

果实心室数：4～5

果肉质地：松脆

果肉粗细：细

汁液：多

风味：甜

果肉硬度（kg/cm²）：4.38

SSC/TA（%）：11.55/0.11

内质综合评价：上

一年生枝颜色：黄褐色（165A）

幼叶颜色：红色

叶片形状：卵圆形

叶缘/刺芒：锐锯齿/有

每花序花朵数（朵）：5～8(6.7)

雄蕊数（枚）：20～25（21.2）

花药颜色：紫红色（60A）

初花期：20190419

盛花期：20190421

果实成熟期：8月下旬（中）

果实发育期（d）：126

营养生长天数（d）：231

黄花　**Huanghua**

原浙江农业大学育成，亲本为黄蜜 × 三花，1974年通过鉴定，2*n*=34；树势中庸，半开张，丰产性强，贮藏性较强。

果实类型：脆肉型
果实形状：圆锥形/扁圆形
单果重（g）：239
萼片状态：宿存/残存
果实心室数：5
果肉质地：松脆
果肉粗细：较细
汁液：多

风味：甜
果肉硬度（kg/cm²）：7.17
SSC/TA（%）：11.69/0.16
内质综合评价：上
一年生枝颜色：黄褐色（166B）
幼叶颜色：红微着绿色
叶片形状：卵圆形
叶缘/刺芒：锐锯齿/有

每花序花朵数（朵）：4～8(6.1)
雄蕊数（枚）：20～23（21.1）
花药颜色：淡紫红（70C）
初花期：20190419
盛花期：20190421
果实成熟期：9月上旬（中）
果实发育期（d）：132
营养生长天数（d）：217

黄晶　Huangjing

中国农业科学院果树研究所育成，亲本为红梨 × 安梨，1959年选出；树势较强，半开张，贮藏性较强。

果实类型：脆肉型

果实形状：圆形

单果重（g）：211

萼片状态：脱落

果实心室数：5

果肉质地：松脆

果肉粗细：较细

汁液：多

风味：酸甜

果肉硬度（kg/cm²）：6.99

SSC/TA（%）：11.00/0.27

内质综合评价：中上

一年生枝颜色：黄褐色（166A）

幼叶颜色：绿微着红色

叶片形状：卵圆形

叶缘/刺芒：锐锯齿/有

每花序花朵数（朵）：5～9(6.8)

雄蕊数（枚）：20～31（27.9）

花药颜色：淡紫红（70C）

初花期：20190414

盛花期：20190416

果实成熟期：8月下旬（中）

果实发育期（d）：128

营养生长天数（d）：217

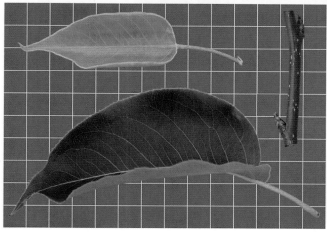

冀蜜　Jimi

河北省农林科学院石家庄果树研究所育成，亲本为雪花梨 × 黄花，1997年通过审定；树势较强，半开张，丰产性强，贮藏性强。

果实类型：脆肉形
果实形状：圆形
单果重（g）：269
萼片状态：脱落 / 残存 / 宿存
果实心室数：5
果肉质地：松脆
果肉粗细：较细
汁液：多

风味：淡甜
果肉硬度（kg/cm²）：5.01
SSC（%）：13.26
内质综合评价：上
一年生枝颜色：黄褐色（N199B）
幼叶颜色：红微着绿色
叶片形状：卵圆形
叶缘 / 刺芒：锐锯齿 / 有

每花序花朵数（朵）：3 ~ 8(6.1)
雄蕊数（枚）：18 ~ 29（23.5）
花药颜色：紫色（N77B）
初花期：20190419
盛花期：20190421
果实成熟期：9月初（中）
果实发育期（d）：133
营养生长天数（d）：217

冀硕 *Jishuo*

河北省农林科学院石家庄果树研究所育成，亲本为黄冠×金花，2013年通过审定。

果实类型：脆肉型　　　　风味：甜　　　　　　　　　　雄蕊数（枚）：20～23（20.6）

果实形状：纺锤形　　　　SSC/TA（%）：13.04/0.20　　花药颜色：紫红色（61A）

单果重（g）：260　　　　内质综合评价：上　　　　　　初花期：20180401（石家庄）

萼片状态：脱落/残存　　　一年生枝颜色：黄褐色（165A）盛花期：20180403（石家庄）

果实心室数：5　　　　　　幼叶颜色：绿微着红色　　　　果实成熟期：8月下旬（中）

果肉质地：脆　　　　　　　叶片形状：卵圆形　　　　　　果实发育期（d）：130～140

果肉粗细：细　　　　　　　叶缘/刺芒：锐锯齿/有　　　　营养生长天数（d）：230～240

汁液：多　　　　　　　　　每花序花朵数（朵）：7～9(7.9)

冀酥 *Jisu*

河北省农林科学院石家庄果树研究所育成，亲本为黄冠×金花，2013年通过审定；树势较强，丰产性强，贮藏性强。

果实类型：脆肉型

果实形状：近圆形

单果重（g）：248

萼片状态：脱落

果实心室数：5

果肉质地：松脆

果肉粗细：细

汁液：多

风味：酸甜

果肉硬度（kg/cm²）：7.9

SSC/TA（%）：12.0/0.24

内质综合评价：上

一年生枝颜色：褐色（200B）

幼叶颜色：绿微着红色

叶片形状：卵圆形

叶缘/刺芒：锐锯齿/有

每花序花朵数（朵）：6～9(7.3)

雄蕊数（枚）：19～24（21.2）

花药颜色：紫红色（70B）

初花期：20180401（石家庄）

盛花期：20180403（石家庄）

果实成熟期：8月下旬（中）

果实发育期（d）：128

营养生长天数（d）：230～240

冀玉　*Jiyu*

河北省农林科学院石家庄果树研究所育成，亲本为雪花梨×翠云（八云×杭青），2009年通过审定；树势强，半开张，丰产性强，贮藏性较强。

果实类型：脆肉型	风味：淡甜	每花序花朵数（朵）：4～7(5.7)
果实形状：圆形	果肉硬度（kg/cm²）：5.08	雄蕊数（枚）：20～26（22.2）
单果重（g）：245	SSC/TA（%）：11.64/0.16	花药颜色：紫红色（71B）
萼片状态：脱落/宿存	内质综合评价：上	初花期：20190417
果实心室数：5	一年生枝颜色：褐色（200B）	盛花期：20190419
果肉质地：松脆	幼叶颜色：红色	果实成熟期：8月下旬（中）
果肉粗细：细	叶片形状：卵圆形	果实发育期（d）：128
汁液：多	叶缘/刺芒：锐锯齿/有	营养生长天数（d）：224

尖把王 *Jianbawang*

辽宁省农业科学院果树研究所选育，尖把梨芽变，2003年通过审定；树势强，开张，丰产性中等，贮藏性弱。

果实类型：软肉型
果实形状：倒卵形
单果重（g）：131
萼片状态：宿存
果实心室数：4～5
果肉质地：紧密—软
果肉粗细：粗
汁液：中多

风味/香气：酸稍涩/微香
果肉硬度（kg/cm²）：4.30
SSC/TA（%）：12.73/0.96
内质综合评价：中
一年生枝颜色：黄褐色（N199D）
幼叶颜色：绿色
叶片形状：卵圆形
叶缘/刺芒：锐锯齿/有

每花序花朵数（朵）：4～7(5.0)
雄蕊数（枚）：18～22（20.1）
花药颜色：粉红色（58B）
初花期：20190411
盛花期：20190413
果实成熟期：8月下旬（中）
果实发育期（d）：132
营养生长天数（d）：217

金翠香　*Jincuixiang*

大连陈记果品有限公司育成，亲本为庄河1号×雪花，2006年通过审定；树势中庸，半开张，丰产性强，贮藏性较强。

果实类型：脆肉型

果实形状：倒卵形

单果重（g）：153

萼片状态：脱落

果实心室数：5

果肉质地：松脆

果肉粗细：细

汁液：多

风味：甜

果肉硬度（kg/cm²）：6.45

SSC/TA（%）：13.34/0.19

内质综合评价：上

一年生枝颜色：黄褐色（N199C）

幼叶颜色：红微着绿色

叶片形状：卵圆形

叶缘/刺芒：锐锯齿/有

每花序花朵数（朵）：3～7（5.2）

雄蕊数（枚）：18～31（24.6）

花药颜色：紫红色（61B）

初花期：20190421

盛花期：20190423

果实成熟期：8月底（中）

果实发育期（d）：127

营养生长天数（d）：209

金花4号　Jinhua 4

原产四川金川，金花梨优系，2*n*=34；树势强，半开张，丰产性强，贮藏性强，抗病性强。

果实类型：脆肉型　　　　　风味：淡甜　　　　　　　　每花序花朵数（朵）：4～7(5.9)

果实形状：长圆形　　　　　果肉硬度（kg/cm²）：5.77　　雄蕊数（枚）：19～26（21.0）

单果重（g）：345　　　　　SSC/TA（%）：10.94/0.15　　花药颜色：紫红色（71B）

萼片状态：脱落/宿存/残存　内质综合评价：中上　　　　初花期：20190416

果实心室数：5　　　　　　一年生枝颜色：黄褐色（165A）盛花期：20190418

果肉质地：松脆　　　　　　幼叶颜色：红微着绿色　　　　果实成熟期：9月下旬（晚）

果肉粗细：较细　　　　　　叶片形状：卵圆形　　　　　　果实发育期（d）：158

汁液：多　　　　　　　　　叶缘/刺芒：锐锯齿/有　　　　营养生长天数（d）：227

金秋梨　*Jinqiuli*

湖南省安江农业学校选育，新高梨芽变，1994年通过审定，2*n*=34；树势中庸。

果实类型：脆肉型　　　　风味：淡甜　　　　　　　雄蕊数（枚）：23.9

果实形状：圆形　　　　　SSC/TA（%）：11.0/0.08　花药颜色：淡紫红

单果重（g）：187　　　　内质综合评价：中上　　　初花期：20150324（武汉）

萼片状态：脱落/宿存　　　一年生枝颜色：黄褐色　　盛花期：20150327（武汉）

果实心室数：5　　　　　　幼叶颜色：红微着绿色　　果实成熟期：9月底（晚）

果肉质地：松脆　　　　　　叶片形状：卵圆形　　　　果实发育期（d）：186

果肉粗细：中粗　　　　　　叶缘/刺芒：锐锯齿/有　　营养生长天数（d）：248

汁液：中多　　　　　　　　每花序花朵数（朵）：3.8

金水1号　Jinshui 1

湖北省农业科学院果树茶叶研究所育成，别名金水梨，亲本为长十郎×江岛，1972年定名；树势较强，半开张，丰产性强，贮藏性中等。

果实类型：脆肉型

果实形状：近圆形

单果重（g）：243

萼片状态：脱落／残存／宿存

果实心室数：5

果肉质地：松脆

果肉粗细：细

汁液：多

风味：酸甜

果肉硬度（kg/cm²）：6.09

SSC/TA（%）：11.44/0.13

内质综合评价：中上

一年生枝颜色：黄褐色（165B）

幼叶颜色：红微着绿色

叶片形状：卵圆形

叶缘／刺芒：锐锯齿／有

每花序花朵数（朵）：3～8(6.7)

雄蕊数（枚）：19～24（20.4）

花药颜色：紫红色（64C）

初花期：20190415

盛花期：20190417

果实成熟期：8月下旬（中）

果实发育期（d）：133

营养生长天数（d）：224

金水3号　*Jinshui 3*

湖北省农业科学院果树茶叶研究所育成，亲本为江岛×麻壳，1973年定名，2*n*=34；树势强，半开张，丰产性强，贮藏性中等。

果实类型：脆肉型　　　　风味：酸甜　　　　　　　　　每花序花朵数（朵）：4～8（5.7）

果实形状：倒卵形　　　　果肉硬度（kg/cm²）：5.04　　雄蕊数（枚）：23～33（28.8）

单果重（g）：225　　　　SSC/TA（%）：12.22/0.22　　花药颜色：紫红色（67B）

萼片状态：宿存/脱落/残存　内质综合评价：上　　　　　初花期：20190416

果实心室数：5～6　　　　一年生枝颜色：黄褐色（N199C）　盛花期：20190418

果肉质地：疏松　　　　　幼叶颜色：红微着绿色　　　　果实成熟期：8月下旬（中）

果肉粗细：细　　　　　　叶片形状：卵圆形　　　　　　果实发育期（d）：132

汁液：多　　　　　　　　叶缘/刺芒：锐锯齿/有　　　　营养生长天数（d）：223

金水酥　*Jinshuisu*

湖北省农业科学院果树茶叶研究所育成，亲本为兴隆麻梨 × 金水1号，1985年通过鉴定；树势强，半开张，丰产性强，贮藏性弱，抗病性强。

果实类型：脆肉型	风味：酸甜—甜	每花序花朵数（朵）：4～9(7.0)
果实形状：倒卵形	果肉硬度（kg/cm²）：4.14	雄蕊数（枚）：19～23（20.2）
单果重（g）：190	SSC/TA（%）：11.70/0.13	花药颜色：紫红色（64C）
萼片状态：脱落	内质综合评价：上	初花期：20190418
果实心室数：5	一年生枝颜色：黄褐色（N199C）	盛花期：20190420
果肉质地：疏松	幼叶颜色：绿着红色	果实成熟期：8月中旬（早）
果肉粗细：细	叶片形状：卵圆形	果实发育期（d）：116
汁液：多	叶缘/刺芒：锐锯齿/有	营养生长天数（d）：220

金香水　*Jinxiangshui*

黑龙江省农业科学院牡丹江分院育成，亲本为苹果梨×牡育48–64（合龙45实生），1997年通过审定；树势强，开张，丰产性强。

果实类型：软肉型

果实形状：扁圆形

单果重（g）：73

萼片状态：宿存

果实心室数：5

果肉质地：脆—软溶

果肉粗细：较细

汁液：多

风味/香气：甜酸/香

果肉硬度（kg/cm²）：6.58

SSC/TA（%）：13.84/0.44

内质综合评价：中上

一年生枝颜色：黄褐色（165A）

幼叶颜色：绿着红色

叶片形状：卵圆形

叶缘/刺芒：锐锯齿/有

每花序花朵数（朵）：6～10（8.3）

雄蕊数（枚）：18～23（20.4）

花药颜色：深紫红（59A）

初花期：20190414

盛花期：20190416

果实成熟期：8月下旬（中）

果实发育期（d）：126

营养生长天数（d）：216

金星梨　*Jinxingli*

中国农业科学院郑州果树研究所育成，亲本为栖霞大香水 × 兴隆麻梨，2002年通过审定。

果实类型：脆肉型	风味：甜	每花序花朵数（朵）：6～8(6.7)
果实形状：近圆形	果肉硬度（kg/cm²）：8.6	雄蕊数（枚）：24～30（27.6）
单果重（g）：212	SSC/TA（%）：14.1/0.14	花药颜色：深紫红（59A）
萼片状态：脱落	内质综合评价：上	初花期：20180406（北京）
果实心室数：5	一年生枝颜色：黄褐色（166A）	盛花期：20180408（北京）
果肉质地：脆	幼叶颜色：红微着绿色	果实成熟期：8月底（中）
果肉粗细：细	叶片形状：卵圆形	果实发育期（d）：144
汁液：多	叶缘/刺芒：锐锯齿/有	营养生长天数（d）：214

锦丰　*Jinfeng*

中国农业科学院果树研究所育成，亲本为苹果梨×茌梨，1969年定名；树势强，开张，丰产性强，贮藏性强。

果实类型：脆肉型

果实形状：近圆形

单果重（g）：302

萼片状态：宿存/残存

果实心室数：5

果肉质地：松脆

果肉粗细：细

汁液：多

风味：酸甜

果肉硬度（kg/cm²）：5.23

SSC/TA（%）：15.39/0.26

内质综合评价：上

一年生枝颜色：褐色（200C）

幼叶颜色：红微着绿色

叶片形状：卵圆形

叶缘/刺芒：锐锯齿/有

每花序花朵数（朵）：4～8(6.0)

雄蕊数（枚）：20～22（20.4）

花药颜色：紫红色（70B）

初花期：20190417

盛花期：20190419

果实成熟期：9月下旬（晚）

果实发育期（d）：156

营养生长天数（d）：217

锦香　**Jinxiang**

中国农业科学院果树研究所育成，亲本为南果梨×巴梨，1971年定名；树势中庸，树体矮小，半开张，丰产性中等，贮藏性弱，鲜食制罐兼用。

果实类型：软肉型	风味/香气：甜酸/浓香	每花序花朵数（朵）：5～8(6.4)
果实形状：纺锤形	果肉硬度（kg/cm²）：3.23	雄蕊数（枚）：20～23（20.7）
单果重（g）：131	SSC/TA（%）：14.48/0.57	花药颜色：淡紫红（73A）
萼片状态：宿存	内质综合评价：上	初花期：20190416
果实心室数：5	一年生枝颜色：黄褐色（165A）	盛花期：20190418
果肉质地：紧密—软溶	幼叶颜色：绿微着红色	果实成熟期：9月上中旬（中）
果肉粗细：细	叶片形状：卵圆形	果实发育期（d）：141
汁液：多	叶缘/刺芒：锐锯齿/有	营养生长天数（d）：218

晋蜜梨 *Jinmili*

山西省农业科学院果树研究所育成，亲本为砀山酥梨 × 猪嘴梨，1985年通过审定；树势较强，半开张，丰产性较强，贮藏性强。

果实类型：脆肉型

果实形状：长圆形/近圆形

单果重（g）：230

萼片状态：脱落/残存/宿存

果实心室数：3 ～ 5

果肉质地：松脆

果肉粗细：细

汁液：多

风味：甜

果肉硬度（kg/cm²）：5.13

SSC/TA（%）：11.61/0.18

内质综合评价：上

一年生枝颜色：黄褐色（N199C）

幼叶颜色：绿着红色

叶片形状：卵圆形

叶缘/刺芒：锐锯齿/有

每花序花朵数（朵）：5 ～ 11（6.7）

雄蕊数（枚）：19 ～ 23（20.5）

花药颜色：紫红色（64A）

初花期：20190419

盛花期：20190421

果实成熟期：9月底（晚）

果实发育期（d）：161

营养生长天数（d）：219

晋酥梨　*Jinsuli*

山西省农业科学院果树研究所育成，亲本为鸭梨 × 金梨，1972年命名；树势中庸，开张，丰产性较强，贮藏性较强。

果实类型：脆肉型
果实形状：倒卵形/近圆形
单果重（g）：375
萼片状态：脱落
果实心室数：4 ~ 5
果肉质地：松脆
果肉粗细：细
汁液：多

风味：酸甜
果肉硬度（kg/cm²）：4.71
SSC/TA（%）：15.64/0.35
内质综合评价：上
一年生枝颜色：黄褐色（N199B）
幼叶颜色：绿微着红色
叶片形状：卵圆形
叶缘/刺芒：锐锯齿/有

每花序花朵数（朵）：5 ~ 7(5.7)
雄蕊数（枚）：20 ~ 26（21.5）
花药颜色：紫红色（71B）
初花期：20190419
盛花期：20190421
果实成熟期：9月下旬（晚）
果实发育期（d）：157
营养生长天数（d）：223

橘蜜　**Jumi**

中国农业科学院果树研究所育成，亲本为京白×秋白，1959年选出；树势强，丰产性中等，贮藏性弱。

果实类型：脆肉型—软肉型
果实形状：圆形
单果重（g）：159
萼片状态：宿存
果实心室数：5～6
果肉质地：紧脆—软面
果肉粗细：较细
汁液：中多

风味：甜
果肉硬度（kg/cm^2）：8.48
SSC/TA（%）：15.56/0.22
内质综合评价：中上
一年生枝颜色：黄褐色（165A）
幼叶颜色：绿微着红色
叶片形状：卵圆形
叶缘/刺芒：锐锯齿/有

每花序花朵数（朵）：7～10（8.4）
雄蕊数（枚）：19～24（22.2）
花药颜色：紫红色（61A）
初花期：20190417
盛花期：20190419
果实成熟期：8月下旬（中）
果实发育期（d）：123
营养生长天数（d）：219

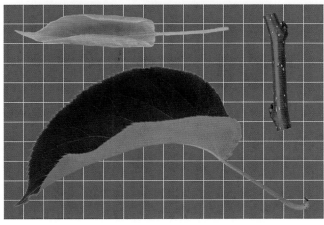

连优　Lianyou

大连市农业科学研究院选育，亲本不详；树势强，半开张，丰产性较强。

果实类型：脆肉型—软肉型　　　风味/香气：甜/微香　　　　　每花序花朵数（朵）：4～6(5.1)

果实形状：纺锤形　　　　　　　果肉硬度（kg/cm²）：4.13　　雄蕊数（枚）：20～29（23.1）

单果重（g）：236　　　　　　　SSC/TA（%）：13.05/0.24　　花药颜色：淡粉色（68C）

萼片状态：宿存/残存　　　　　　内质综合评价：中上　　　　　初花期：20190417

果实心室数：5　　　　　　　　　一年生枝颜色：黄褐色（165A）盛花期：20190419

果肉质地：松脆—软　　　　　　　幼叶颜色：绿微着红色　　　　果实成熟期：9月中下旬（晚）

果肉粗细：较细　　　　　　　　　叶片形状：卵圆形　　　　　　果实发育期（d）：152

汁液：中多　　　　　　　　　　　叶缘/刺芒：锐锯齿/有　　　　营养生长天数（d）：232

龙泉37号　Longquan 37

四川省成都市龙泉驿区农业科学研究所培育。

果实类型：脆肉型
果实形状：倒卵形
单果重（g）：357
萼片状态：脱落/残存
果实心室数：5
果肉质地：脆
果肉粗细：细
汁液：中多

风味/香气：甜/微香
果肉硬度（kg/cm²）：6.7
SSC（%）：13.3
内质综合评价：上
一年生枝颜色：黄褐色（166B）
幼叶颜色：红着绿色
叶片形状：卵圆形
叶缘/刺芒：锐锯齿/有

每花序花朵数（朵）：6～7(6.4)
雄蕊数（枚）：24～28（25.8）
花药颜色：紫红色（61B）
初花期：20180405（北京）
盛花期：20180406（北京）
果实成熟期：8月中旬（中）
果实发育期（d）：130
营养生长天数（d）：218

龙香 Longxiang

黑龙江省农业科学院园艺分院育成，碴子梨实生，1982年通过审定；树势强，半开张，丰产性强，抗寒性强。

果实类型：软肉型 风味/香气：甜酸稍涩/微香 雄蕊数（枚）：19~21（20.1）

果实形状：圆形 SSC/TA（%）：13.11/0.49 花药颜色：淡紫色（75A）

单果重（g）：57 内质综合评价：中 初花期：20190411

萼片状态：宿存 一年生枝颜色：黄褐色（165B） 盛花期：20190413

果实心室数：5 幼叶颜色：绿微着红色 果实成熟期：8月中旬（中）

果肉质地：紧密—软 叶片形状：卵圆形 果实发育期（d）：121

果肉粗细：粗 叶缘/刺芒：锐锯齿/有 营养生长天数（d）：218

汁液：中多 每花序花朵数（朵）：5~10（7.1）

龙园洋红梨　Longyuan Yanghongli

黑龙江省农业科学院园艺分院育成，亲本为甜香梨 × 乔玛，2005 年通过审定；树势强，半开张，丰产性强。

果实类型：软肉型	风味/香气：甜酸稍涩/微香	每花序花朵数（朵）：3 ~ 10（7.0）
果实形状：纺锤形	果肉硬度（kg/cm²）：2.01	雄蕊数（枚）：20 ~ 27（21.4）
单果重（g）：214	SSC/TA（%）：14.09/0.43	花药颜色：紫红色（60A）
萼片状态：宿存	内质综合评价：上	初花期：20190414
果实心室数：5	一年生枝颜色：黄褐色（177A）	盛花期：20190416
果肉质地：脆—软溶	幼叶颜色：绿微着红色	果实成熟期：8 月中旬（中）
果肉粗细：中粗	叶片形状：卵圆形	果实发育期（d）：125
汁液：多	叶缘/刺芒：锐锯齿/有	营养生长天数（d）：221

龙园洋梨　Longyuan Yangli

黑龙江省农业科学院园艺分院育成，亲本为龙香梨 × 混合花粉（63-1-76和63-2-5），2000年通过审定；树势较强，半开张，丰产性强，抗寒性强，贮藏性弱。

果实类型：软肉型　　　　　风味/香气：甜酸稍涩/微香　　　雄蕊数（枚）：21 ~ 27（23.5）

果实形状：倒卵形/葫芦形　　SSC/TA（%）：11.86/0.43　　　花药颜色：淡紫色（75A）

单果重（g）：141　　　　　内质综合评价：中上　　　　　初花期：20190416

萼片状态：宿存　　　　　　一年生枝颜色：绿黄色（199A）　盛花期：20190418

果实心室数：5　　　　　　幼叶颜色：绿微着红色　　　　　果实成熟期：8月下旬（中）

果肉质地：紧脆—软　　　　叶片形状：椭圆形　　　　　　　果实发育期（d）：130

果肉粗细：较细　　　　　　叶缘/刺芒：锐锯齿/有　　　　　营养生长天数（d）：219

汁液：中多　　　　　　　　每花序花朵数（朵）：4 ~ 8(5.9)

满天红　Mantianhong

中国农业科学院郑州果树研究所与新西兰皇家园艺与食品研究所育成，亲本为幸水×火把梨，2008年通过审定；树势较强，半开张，丰产性强。

果实类型：脆肉型　　　　风味：甜酸　　　　　　每花序花朵数（朵）：6～12（7.9）

果实形状：近圆形　　　　果肉硬度（kg/cm²）：5.74　雄蕊数（枚）：28～35（31.8）

单果重（g）：267　　　　SSC/TA（%）：14.97/0.61　花药颜色：紫红色（64C）

萼片状态：脱落/残存　　　内质综合评价：中上　　　初花期：20190418

果实心室数：5～7　　　　一年生枝颜色：绿褐色（N199A）盛花期：20190420

果肉质地：松脆　　　　　幼叶颜色：绿微着红色　　果实成熟期：9月中旬（中晚）

果肉粗细：较细　　　　　叶片形状：卵圆形　　　　果实发育期（d）：146

汁液：多　　　　　　　　叶缘/刺芒：锐锯齿/有　　营养生长天数（d）：214

美人酥 *Meirensu*

中国农业科学院郑州果树研究所与新西兰皇家园艺与食品研究所育成，亲本为幸水 × 火把梨，2008年通过审定；树势较强，半开张，丰产性强。

果实类型：脆肉型   风味：甜酸   每花序花朵数（朵）：7 ~ 12（8.9）

果实形状：近圆形   果肉硬度（kg/cm²）：6.24   雄蕊数（枚）：22 ~ 36（30.6）

单果重（g）：196   SSC/TA（%）：13.87/0.39   花药颜色：紫红色（70A）

萼片状态：宿存/残存/脱落   内质综合评价：中上   初花期：20190419

果实心室数：5 ~ 8   一年生枝颜色：黄褐色（N199B）   盛花期：20190421

果肉质地：松脆   幼叶颜色：绿微着红色   果实成熟期：9月中旬（中晚）

果肉粗细：较细   叶片形状：卵圆形   果实发育期（d）：147

汁液：多   叶缘/刺芒：锐锯齿/有   营养生长天数（d）：216

明丰　**Mingfeng**

吉林省延边朝鲜族自治州西城公社选育，亲本为身不知×苹果梨，1975年定名；树势中庸，半开张，丰产性强，贮藏性较强。

果实类型：脆肉型	风味：甜酸	每花序花朵数（朵）：6～10（7.5）
果实形状：近圆形	果肉硬度（kg/cm²）：6.88	雄蕊数（枚）：21～28（25.0）
单果重（g）：237	SSC/TA（%）：12.62/0.37	花药颜色：紫红色（64B）
萼片状态：残存/宿存	内质综合评价：中上	初花期：20190419
果实心室数：5	一年生枝颜色：黄褐色（166A）	盛花期：20190422
果肉质地：紧脆	幼叶颜色：红微着绿色	果实成熟期：9月中下旬（中晚）
果肉粗细：细	叶片形状：卵圆形	果实发育期（d）：148
汁液：多	叶缘/刺芒：锐锯齿/有	营养生长天数（d）：213

明珠　**Mingzhu**

2006年通过辽宁省备案；树势较强，半开张，丰产性较强。

果实类型：脆肉型—软肉型　　　风味：甜酸　　　　　　　　每花序花朵数（朵）：3～7(5.6)

果实形状：纺锤形　　　　　　　果肉硬度（kg/cm²）：5.36　　雄蕊数（枚）：18～24（20.5）

单果重（g）：227　　　　　　　SSC/TA（%）：13.18/0.64　　花药颜色：淡紫红（63C）

萼片状态：宿存　　　　　　　　内质综合评价：中上　　　　　初花期：20190419

果实心室数：4～5　　　　　　　一年生枝颜色：红褐色（176A）　盛花期：20190421

果肉质地：松脆—软溶　　　　　幼叶颜色：红着绿色　　　　　果实成熟期：8月底（中）

果肉粗细：细　　　　　　　　　叶片形状：卵圆形　　　　　　果实发育期（d）：127

汁液：多　　　　　　　　　　　叶缘/刺芒：锐锯齿/有　　　　营养生长天数（d）：217

南果4号　Nanguo 4

辽宁省果树科学研究所引进，南果梨的芽变；树势中庸，半开张，丰产性中等。

果实类型：软肉型
风味/香气：酸甜/香
每花序花朵数（朵）：5～8(7.2)

果实形状：圆形
果肉硬度（kg/cm²）：4.39
雄蕊数（枚）：19～24（21.9）

单果重（g）：74
SSC/TA（%）：17.58/0.64
花药颜色：淡紫红（73B）

萼片状态：宿存/残存/脱落
内质综合评价：上
初花期：20190414

果实心室数：3～5
一年生枝颜色：黄褐色（166A）
盛花期：20190416

果肉质地：紧密—软溶
幼叶颜色：绿微着红色
果实成熟期：9月上旬（中）

果肉粗细：较细
叶片形状：卵圆形
果实发育期（d）：141

汁液：多
叶缘/刺芒：锐锯齿/有
营养生长天数（d）：212

南苹优系　Nanping Youxi

辽宁省辽阳县河栏镇林业站育成，亲本为南果梨 × 苹果梨，1990年杂交；树势强，较直立，丰产性强，贮藏性较强。

果实类型：脆肉型　　　风味：甜酸　　　　　　每花序花朵数（朵）：3 ~ 10 (7.4)

果实形状：扁圆形　　　果肉硬度（kg/cm²）：8.76　雄蕊数（枚）：20 ~ 22 （21.0）

单果重（g）：142　　　SSC/TA（%）：14.87/1.21　花药颜色：淡粉色（65A）

萼片状态：脱落/残存/宿存　内质综合评价：中上　初花期：20190416

果实心室数：5　　　　一年生枝颜色：黄褐色（165A）盛花期：20190418

果肉质地：松脆　　　　幼叶颜色：红微着绿色　　果实成熟期：9月下旬（晚）

果肉粗细：较细　　　　叶片形状：卵圆形　　　　果实发育期（d）：161

汁液：多　　　　　　　叶缘/刺芒：锐锯齿/有　　营养生长天数（d）：210

柠檬黄　Ningmenghuang

中国农业科学院果树研究所选育，母本为京白梨，父本为未知西洋梨品种，1952年杂交，2n=34；树势较强，半开张，丰产性强，贮藏性弱。

果实类型：软肉型
风味/香气：酸甜稍涩/微香
每花序花朵数（朵）：5～8(7.0)

果实形状：倒卵形
果肉硬度（kg/cm²）：5.03
雄蕊数（枚）：20～26（23.1）

单果重（g）：167
SSC/TA（%）：14.32/0.47
花药颜色：紫红色（61B）

萼片状态：宿存/残存/脱落
内质综合评价：中
初花期：20190418

果实心室数：5～6
一年生枝颜色：红褐色（176A）
盛花期：20190420

果肉质地：紧密—软
幼叶颜色：绿微着红色
果实成熟期：9月上旬（中）

果肉粗细：中粗
叶片形状：卵圆形
果实发育期（d）：134

汁液：中多
叶缘/刺芒：锐锯齿/有
营养生长天数（d）：219

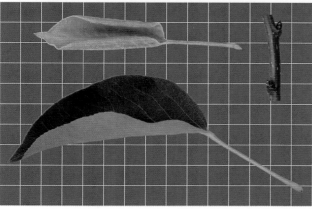

苹博香　Pingboxiang

吉林省延边朝鲜族自治州华龙集团果树研究所育成，亲本为苹果梨 × 博多青，1995年通过审定；树势强，直立，丰产性较强。

果实类型：脆肉型	风味：甜	每花序花朵数（朵）：7～9(7.8)
果实形状：近圆形	果肉硬度（kg/cm²）：6.17	雄蕊数（枚）：20～30（26.0）
单果重（g）：202	SSC/TA（%）：12.80/0.13	花药颜色：紫色（N77B）
萼片状态：宿存/残存	内质综合评价：中上	初花期：20190418
果实心室数：5～6	一年生枝颜色：黑褐色（200A）	盛花期：20190420
果肉质地：松脆	幼叶颜色：红色	果实成熟期：9月初（中）
果肉粗细：较细	叶片形状：卵圆形	果实发育期（d）：134
汁液：多	叶缘/刺芒：锐锯齿/有	营养生长天数（d）：215

苹甜　**Pingtian**

吉林省农业科学院果树研究所育成，苹果梨实生，1957年杂交；树势强，开张，丰产性中等。

果实类型：脆肉型
果实形状：圆形
单果重（g）：133
萼片状态：宿存
果实心室数：5～6
果肉质地：松脆
果肉粗细：较细
汁液：多

风味：酸甜
果肉硬度（kg/cm²）：5.42
SSC/TA（%）：11.31/0.39
内质综合评价：中上
一年生枝颜色：黄褐色（N199B）
幼叶颜色：绿微着红色
叶片形状：卵圆形
叶缘/刺芒：锐锯齿/有

每花序花朵数（朵）：5～9(7.6)
雄蕊数（枚）：24～32（26.8）
花药颜色：紫红色（71A）
初花期：20190414
盛花期：20190415
果实成熟期：8月下旬（中）
果实发育期（d）：126
营养生长天数（d）：209

苹香 Pingxiang

吉林省农业科学院果树研究所选育，亲本为苹果梨 × 延边谢花甜，1956年杂交；树势较强，半开张，丰产性强，贮藏性中等。

果实类型：脆肉型—软肉型　　　风味/香气：甜酸/微香　　　每花序花朵数（朵）：5～9(7.9)

果实形状：圆形　　　　　　　　果肉硬度（kg/cm²）：5.83　　雄蕊数（枚）：18～20（19.8）

单果重（g）：128　　　　　　　SSC/TA（%）：11.19/0.40　　花药颜色：紫色（N77B）

萼片状态：宿存　　　　　　　　内质综合评价：中上　　　　初花期：20190415

果实心室数：4～5　　　　　　　一年生枝颜色：黄褐色（165A）　盛花期：20190417

果肉质地：松脆—松软　　　　　幼叶颜色：红微着绿色　　　果实成熟期：9月上旬（中）

果肉粗细：较细　　　　　　　　叶片形状：卵圆形　　　　　果实发育期（d）：136

汁液：多　　　　　　　　　　　叶缘/刺芒：锐锯齿/有　　　营养生长天数（d）：211

七月红香梨　Qiyue Hongxiangli

原产中国，亲本不详，可能属于西洋梨与脆肉型梨的种间杂交类型。

果实类型：软肉型	风味/香气：甜/微香	每花序花朵数（朵）：6～8(7.0)
果实形状：纺锤形	果肉硬度（kg/cm²）：3.4	雄蕊数（枚）：20～23（21.9）
单果重（g）：357	SSC（%）：12.6	花药颜色：淡紫红（70C）
萼片状态：宿存	内质综合评价：中	初花期：20180412（北京）
果实心室数：5	一年生枝颜色：黄褐色（165A）	盛花期：20180415（北京）
果肉质地：软面	幼叶颜色：绿色	果实成熟期：9月上旬（中晚）
果肉粗细：较细	叶片形状：卵圆形	果实发育期（d）：146
汁液：少	叶缘/刺芒：钝锯齿/有	营养生长天数（d）：211

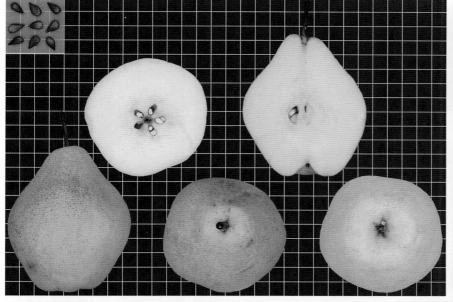

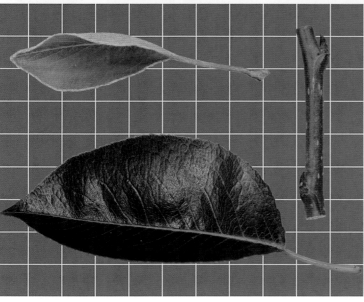

七月酥　Qiyuesu

中国农业科学院郑州果树研究所育成，亲本为幸水×早酥，1999年通过审定；树势较强，直立，丰产性较强，贮藏性弱，易早期落叶。

果实类型：脆肉型　　　　　风味：甜　　　　　　　　　　每花序花朵数（朵）：7～10（8.0）

果实形状：卵圆形　　　　　果肉硬度（kg/cm²）：3.16　　雄蕊数（枚）：24～31（27.7）

单果重（g）：193　　　　　SSC/TA（%）：10.53/0.09　　花药颜色：紫红色（64A）

萼片状态：残存/脱落　　　　内质综合评价：上　　　　　　初花期：20190419

果实心室数：5～7　　　　　一年生枝颜色：褐色（200B）　盛花期：20190421

果肉质地：松脆　　　　　　幼叶颜色：绿色　　　　　　　果实成熟期：8月上旬（早）

果肉粗细：细　　　　　　　叶片形状：椭圆形　　　　　　果实发育期（d）：105

汁液：多　　　　　　　　　叶缘/刺芒：锐锯齿/有　　　　营养生长天数（d）：214

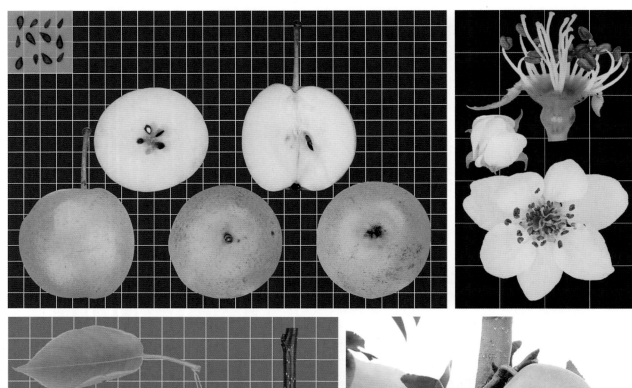

秦丰 Qinfeng

原陕西省果树研究所育成，亲本为茌梨 × 象牙，1988年通过审定；树势较强，半开张，丰产性中等，贮藏性较强。

果实类型：脆肉型　　　　风味：酸甜　　　　　　　　每花序花朵数（朵）：4～8(5.7)

果实形状：长圆形　　　　果肉硬度（kg/cm²）：4.73　　雄蕊数（枚）：19～31（22.1）

单果重（g）：241　　　　SSC/TA（%）：14.13/0.18　　花药颜色：紫红色（61A）

萼片状态：脱落　　　　　内质综合评价：上　　　　　初花期：20190416

果实心室数：4～5　　　　一年生枝颜色：黄褐色（N199C）　盛花期：20190418

果肉质地：疏松　　　　　幼叶颜色：红微着绿色　　　　果实成熟期：9月中旬（中晚）

果肉粗细：细　　　　　　叶片形状：卵圆形　　　　　　果实发育期（d）：146

汁液：多　　　　　　　　叶缘/刺芒：锐锯齿/有　　　　营养生长天数（d）：233

秦酥梨　**Qinsuli**

原陕西省果树研究所育成，亲本为砀山酥梨×黄县长把，1978年定名；树势较强，半开张，丰产性较强，抗病性强，贮藏性强。

果实类型：脆肉型

果实形状：圆柱形

单果重（g）：206

萼片状态：脱落/宿存

果实心室数：5

果肉质地：松脆

果肉粗细：细

汁液：多

风味：淡甜

果肉硬度（kg/cm²）：5.71

SSC/TA（%）：10.56/0.11

内质综合评价：中上

一年生枝颜色：绿褐色（N199A）

幼叶颜色：绿微着红色

叶片形状：卵圆形

叶缘/刺芒：锐锯齿/有

每花序花朵数（朵）：5～8(7.0)

雄蕊数（枚）：21～31（26.4）

花药颜色：紫红色（64A）

初花期：20190417

盛花期：20190419

果实成熟期：9月底（晚）

果实发育期（d）：161

营养生长天数（d）：217

清香 Qingxiang

浙江省农业科学院园艺研究所育成，亲本为新世纪×三花，2005年通过认定；树势中庸，半开张，丰产性强，贮藏性弱。

果实类型：脆肉型

果实形状：卵圆形/圆形

单果重（g）：204

萼片状态：宿存/残存/脱落

果实心室数：5

果肉质地：松脆

果肉粗细：较细

汁液：多

风味：甜

果肉硬度（kg/cm²）：4.99

SSC/TA（%）：11.50/0.09

内质综合评价：中上

一年生枝颜色：黄褐色（166A）

幼叶颜色：红着绿色

叶片形状：卵圆形

叶缘/刺芒：锐锯齿/有

每花序花朵数（朵）：5～9(7.3)

雄蕊数（枚）：24～31（27.8）

花药颜色：紫红色（64B）

初花期：20190417

盛花期：20190419

果实成熟期：8月下旬（中）

果实发育期（d）：125

营养生长天数（d）：219

秋水　Qiushui

上海市农业科学院林木果树研究所育成，亲本为祗园 × 栖霞大香水；树势较强，半开张，丰产性强。

果实类型：脆肉型	风味：甜	每花序花朵数（朵）：5 ~ 7(6.3)
果实形状：近圆形	果肉硬度（kg/cm²）：3.17	雄蕊数（枚）：18 ~ 23（19.9）
单果重（g）：183	SSC/TA（%）：11.35/0.12	花药颜色：紫红色（70B）
萼片状态：脱落/残存	内质综合评价：上	初花期：20190417
果实心室数：5	一年生枝颜色：黄褐色（166A）	盛花期：20190419
果肉质地：松脆	幼叶颜色：红微着绿色	果实成熟期：8月中旬（早）
果肉粗细：细	叶片形状：卵圆形	果实发育期（d）：117
汁液：多	叶缘/刺芒：锐锯齿/有	营养生长天数（d）：219

秋水晶　Qiushuijing

西北农林科技大学育成，亲本为砀山酥梨 × 栖霞大香水，1999年通过审定；树势极强，半开张，丰产性中等，贮藏性强。

果实类型：脆肉型
果实形状：长圆形/倒卵形
单果重（g）：211
萼片状态：宿存/残存/脱落
果实心室数：4 ~ 5
果肉质地：疏松
果肉粗细：较细
汁液：多

风味：甜
果肉硬度（kg/cm²）：3.66
SSC/TA（%）：11.89/0.15
内质综合评价：中上
一年生枝颜色：黄褐色（N199C）
幼叶颜色：绿微着红色
叶片形状：卵圆形
叶缘/刺芒：锐锯齿/有

每花序花朵数（朵）：4 ~ 6(5.2)
雄蕊数（枚）：22 ~ 33（28.0）
花药颜色：紫色（72B）
初花期：20190418
盛花期：20190420
果实成熟期：9月上中旬（中）
果实发育期（d）：144
营养生长天数（d）：208

秋甜　Qiutian

吉林省农业科学院果树研究所引进，可能为苹果梨杂交后代；树势强，半开张，丰产性强，贮藏性较强。

果实类型：脆肉型

果实形状：扁圆形

单果重（g）：200

萼片状态：宿存

果实心室数：4～5

果肉质地：松脆

果肉粗细：较细

汁液：多

风味：酸甜

果肉硬度（kg/cm²）：7.62

SSC/TA（%）：14.10/0.36

内质综合评价：中上

一年生枝颜色：绿褐色（N199A）

幼叶颜色：绿微着红色

叶片形状：卵圆形

叶缘/刺芒：锐锯齿/有

每花序花朵数（朵）：6～9(7.8)

雄蕊数（枚）：20～23（20.9）

花药颜色：紫色（N77B）

初花期：20190418

盛花期：20190420

果实成熟期：9月中旬（中晚）

果实发育期（d）：146

营养生长天数（d）：209

秋香　Qiuxiang

黑龙江省农业科学院园艺分院选育，亲本为59-89-1×56-11-155(身不知×混合花粉)，1989年通过审定；树势强，半开张，丰产性强，抗寒性强，贮藏性中等。

果实类型：软肉型　　　　　风味/香气：甜酸/微香　　　　每花序花朵数（朵）：7～13(10.8)

果实形状：圆形　　　　　　果肉硬度（kg/cm²）：3.51　　雄蕊数（枚）：17～20(19.1)

单果重（g）：72　　　　　SSC/TA（%）：12.85/0.84　　花药颜色：紫红色（N74A）

萼片状态：宿存　　　　　　内质综合评价：中上　　　　　初花期：20190414

果实心室数：5　　　　　　一年生枝颜色：红褐色（183A）　盛花期：20190416

果肉质地：脆—软溶　　　　幼叶颜色：绿色　　　　　　　果实成熟期：8月下旬（中）

果肉粗细：较细　　　　　　叶片形状：卵圆形　　　　　　果实发育期（d）：131

汁液：多　　　　　　　　　叶缘/刺芒：锐锯齿/有　　　　营养生长天数（d）：214

沙01　Sha 01

新疆巴音郭楞蒙古自治州沙依东园艺场选育，库尔勒香梨芽变，1969年选出；树势较强，半开张，丰产性中等，贮藏性强。

果实类型：脆肉型　　　　　　风味/香气：甜/微香　　　　　　每花序花朵数（朵）：5～8(6.3)

果实形状：长圆形/倒卵形　　果肉硬度（kg/cm²）：3.65　　雄蕊数（枚）：17～24（20.0）

单果重（g）：117　　　　　　SSC/TA（%）：12.16/0.26　　花药颜色：淡紫色（75A）

萼片状态：脱落/宿存　　　　内质综合评价：上　　　　　　初花期：20190419

果实心室数：5　　　　　　　一年生枝颜色：黄褐色（166B）　盛花期：20190421

果肉质地：疏松　　　　　　　幼叶颜色：绿微着红色　　　　果实成熟期：9月中旬（中晚）

果肉粗细：细　　　　　　　　叶片形状：卵圆形　　　　　　果实发育期（d）：146

汁液：多　　　　　　　　　　叶缘/刺芒：锐锯齿/有　　　　营养生长天数（d）：214

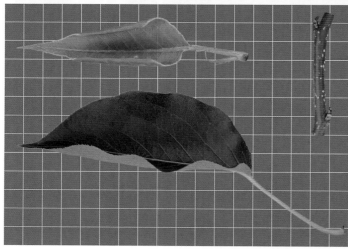

十七号　**Shiqihao**

大连市农业科学院引进，亲本不详；树势强，半开张，丰产性中等。

果实类型：软肉型	风味/香气：甜酸/微香	每花序花朵数（朵）：6～9(7.4)
果实形状：葫芦形	果肉硬度（kg/cm²）：2.28	雄蕊数（枚）：18～23（21.0）
单果重（g）：102	SSC/TA（%）：14.35/0.79	花药颜色：紫红色（71D）
萼片状态：宿存	内质综合评价：中上	初花期：20190421
果实心室数：5	一年生枝颜色：黄褐色（166B）	盛花期：20190423
果肉质地：软—软面	幼叶颜色：绿色	果实成熟期：7月下旬（早）
果肉粗细：细	叶片形状：椭圆形	果实发育期（d）：91
汁液：中多	叶缘/刺芒：钝锯齿/无	营养生长天数（d）：229

硕丰　Shuofeng

山西省农业科学院果树研究所育成，亲本为苹果梨 × 砀山酥梨，1995年通过审定；树势较强，半开张，丰产性强，贮藏性强，抗病性较强。

果实类型：脆肉型　　　　风味：酸甜　　　　　　　　每花序花朵数（朵）：6～10 (7.8)

果实形状：近圆形　　　　果肉硬度（kg/cm²）：4.16　雄蕊数（枚）：20～27（23.9）

单果重（g）：251　　　　SSC/TA（%）：11.62/0.12　花药颜色：深紫红（59A）

萼片状态：宿存　　　　　内质综合评价：上　　　　　初花期：20190423

果实心室数：5　　　　　一年生枝颜色：黄褐色（N199B）　盛花期：20190425

果肉质地：疏松　　　　　幼叶颜色：红微着绿色　　　果实成熟期：9月上旬（中）

果肉粗细：细　　　　　　叶片形状：卵圆形　　　　　果实发育期（d）：135

汁液：多　　　　　　　　叶缘/刺芒：锐锯齿/有　　　营养生长天数（d）：222

苏翠2号　**Sucui 2**

江苏省农业科学院园艺研究所育成，亲本为西子绿×翠冠，2011年通过认定。

果实类型：脆肉型　　　　风味：淡甜　　　　　　　每花序花朵数（朵）：6～9(7.5)

果实形状：圆形　　　　　果肉硬度（kg/cm²）：5.6　雄蕊数（枚）：24～30（27.1）

单果重（g）：281　　　　SSC（%）：11.2　　　　　花药颜色：紫红色（63B）

萼片状态：脱落　　　　　内质综合评价：上　　　　初花期：20180406（北京）

果实心室数：5　　　　　一年生枝颜色：黄褐色（166A）盛花期：20180408（北京）

果肉质地：松脆　　　　　幼叶颜色：绿微着红色　　果实成熟期：8月上旬（早）

果肉粗细：细　　　　　　叶片形状：卵圆形　　　　果实发育期（d）：119

汁液：多　　　　　　　　叶缘/刺芒：锐锯齿/有　　营养生长天数（d）：214

甜香梨 Tianxiangli

黑龙江省农业科学院园艺分院与中国农业科学院果树研究所合作育成，亲本为南果梨 × 苹果梨，2014年通过审定；树势中庸，丰产性强，贮藏性较强，抗寒性强。

果实类型：软肉型　　　　　　风味/香气：酸甜/微香　　　　每花序花朵数（朵）：7～9(7.9)

果实形状：扁圆形　　　　　　果肉硬度（kg/cm²）：3.61　　雄蕊数（枚）：19～24（20.9）

单果重（g）：63　　　　　　SSC/TA（%）：15.34/0.64　　花药颜色：紫红色（64C）

萼片状态：脱落/残存/宿存　　内质综合评价：中上　　　　　初花期：20190417

果实心室数：3～5　　　　　　一年生枝颜色：黄褐色（177A）盛花期：20190420

果肉质地：紧密—软溶　　　　幼叶颜色：绿微着红色　　　　果实成熟期：8月下旬（中）

果肉粗细：较细　　　　　　　叶片形状：卵圆形　　　　　　果实发育期（d）：130

汁液：多　　　　　　　　　　叶缘/刺芒：锐锯齿/有　　　　营养生长天数（d）：214

五九香　**Wujiuxiang**

中国农业科学院果树研究所育成，亲本为鸭梨 × 巴梨，1959年定名，$2n=34$；树势中庸，较丰产，贮藏性中等。

果实类型：软肉型

果实形状：粗颈葫芦形

单果重（g）：257

萼片状态：宿存/残存

果实心室数：5

果肉质地：紧密—软

果肉粗细：中粗

汁液：中多

风味/香气：酸甜/微香

果肉硬度（kg/cm^2）：3.19

SSC/TA（%）：13.16/0.37

内质综合评价：中上

一年生枝颜色：黄褐色（166C）

幼叶颜色：绿微着红色

叶片形状：卵圆形

叶缘/刺芒：锐锯齿/有

每花序花朵数（朵）：4 ～ 7(5.7)

雄蕊数（枚）：20 ～ 23（20.8）

花药颜色：淡紫红（73B）

初花期：20190414

盛花期：20190416

果实成熟期：9月上旬（中）

果实发育期（d）：139

营养生长天数（d）：222

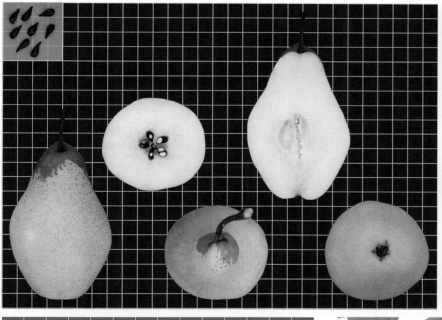

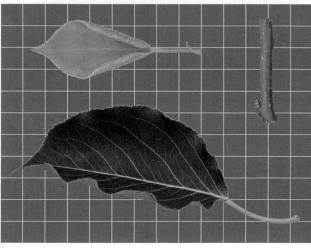

武巴　Wuba

甘肃武威地区农业科学研究所育成，巴梨实生，1970年选出；树势较强，半开张，丰产性中等。

果实类型：脆肉型—软肉型　　　风味/香气：甜酸/微香　　　每花序花朵数（朵）：5～9(6.8)

果实形状：葫芦形　　　　　　　果肉硬度（kg/cm²）：6.31　雄蕊数（枚）：19～27（21.8）

单果重（g）：258　　　　　　　SSC/TA（%）：14.51/0.79　花药颜色：淡紫红（73B）

萼片状态：残存/宿存/脱落　　　内质综合评价：中上　　　　初花期：20190418

果实心室数：5～6　　　　　　　一年生枝颜色：黄褐色（164A）盛花期：20190420

果肉质地：松脆—软　　　　　　幼叶颜色：绿微着红色　　　　果实成熟期：9月下旬（晚）

果肉粗细：较细　　　　　　　　叶片形状：卵圆形　　　　　　果实发育期（d）：155

汁液：多　　　　　　　　　　　叶缘/刺芒：锐锯齿/有　　　　营养生长天数（d）：215

武香 **Wuxiang**

甘肃武威地区农业科学研究所育成，冬香梨实生，1970年选出；树势强，半开张，丰产性中等。

果实类型：脆肉型—软肉型	风味/香气：甜酸/微香	每花序花朵数（朵）：5～9(7.4)
果实形状：倒卵形	果肉硬度（kg/cm²）：6.78	雄蕊数（枚）：19～30（22.4）
单果重（g）：148	SSC/TA（%）：13.01/0.53	花药颜色：紫红色（70B）
萼片状态：脱落/残存	内质综合评价：中上	初花期：20190421
果实心室数：5	一年生枝颜色：黄褐色（165A）	盛花期：20190423
果肉质地：松脆—软	幼叶颜色：红微着绿色	果实成熟期：9月下旬（晚）
果肉粗细：较细	叶片形状：椭圆形	果实发育期（d）：156
汁液：多	叶缘/刺芒：锐锯齿/有	营养生长天数（d）：212

西子绿　Xizilü

浙江大学选育，亲本为新世纪 ×（八云 × 杭青），1990年选出；树势中庸，半开张，丰产性强，果皮洁净光滑，外观漂亮，贮藏性中等。

果实类型：脆肉型　　　　风味：淡甜　　　　　　　每花序花朵数（朵）：6～9(7.9)

果实形状：扁圆形　　　　果肉硬度（kg/cm²）：4.92　　雄蕊数（枚）：20～27（24.3）

单果重（g）：185　　　　SSC/TA（%）：10.26/0.12　花药颜色：紫红色（61A）

萼片状态：脱落　　　　　内质综合评价：中上　　　　初花期：20190418

果实心室数：5　　　　　一年生枝颜色：黄褐色（N199B）盛花期：20190421

果肉质地：松脆　　　　　幼叶颜色：绿着红色　　　　果实成熟期：8月中旬（早）

果肉粗细：细　　　　　　叶片形状：卵圆形　　　　　果实发育期（d）：115

汁液：多　　　　　　　　叶缘/刺芒：锐锯齿/有　　　营养生长天数（d）：214

香茌 Xiangchi

原山东莱阳农业学校育成，亲本为茌梨 × 栖霞大香水，1955 年杂交；树势中庸，半开张，丰产性中等，贮藏性较强。

果实类型：脆肉型

果实形状：倒卵形

单果重（g）：189

萼片状态：脱落

果实心室数：5 ～ 6

果肉质地：松脆

果肉粗细：细

汁液：多

风味：酸甜

果肉硬度（kg/cm²）：5.04

SSC/TA（%）：13.49/0.36

内质综合评价：上

一年生枝颜色：黄褐色（165A）

幼叶颜色：红着绿色

叶片形状：卵圆形

叶缘/刺芒：锐锯齿/有

每花序花朵数（朵）：4 ～ 6(5.1)

雄蕊数（枚）：20 ～ 26（23.0）

花药颜色：紫红色（70B）

初花期：20190417

盛花期：20190419

果实成熟期：8 月下旬（中）

果实发育期（d）：126

营养生长天数（d）：212

向阳红　Xiangyanghong

中国农业科学院果树研究所育成，母本为京白梨，父本为西洋梨未知品种，1969年选出；树势强，半开张，丰产性较强，贮藏性弱，果实不抗轮纹病。

果实类型：软肉型　　　　　　风味/香气：酸甜/微香　　　　　　每花序花朵数（朵）：5～8（6.7）
果实形状：短葫芦形　　　　　果肉硬度（kg/cm²）：3.49　　　　雄蕊数（枚）：20～22（20.2）
单果重（g）：117　　　　　　SSC/TA（%）：13.58/0.36　　　　花药颜色：淡紫红（70C）
萼片状态：宿存　　　　　　　内质综合评价：中　　　　　　　　初花期：20190418
果实心室数：5　　　　　　　 一年生枝颜色：黄褐色（N199C）　盛花期：20190420
果肉质地：稍脆—软面　　　　幼叶颜色：绿微着红色　　　　　　果实成熟期：8月中旬（早）
果肉粗细：较细　　　　　　　叶片形状：椭圆形　　　　　　　　果实发育期（d）：115
汁液：中多　　　　　　　　　叶缘/刺芒：锐锯齿/有　　　　　　营养生长天数（d）：232

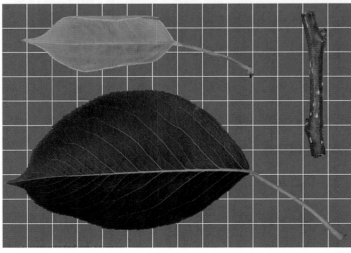

新杭　Xinhang

原浙江农业大学选育，亲本为新世纪×杭青；树势较强，半开张，丰产性强，贮藏性中等。

果实类型：脆肉型　　　　　风味：酸甜　　　　　　　每花序花朵数（朵）：7~9（8.1）

果实形状：圆形　　　　　　果肉硬度（kg/cm²）：6.65　　雄蕊数（枚）：25~32（29.6）

单果重（g）：196　　　　　SSC/TA（%）：11.86/0.17　　花药颜色：紫色（77B）

萼片状态：脱落　　　　　　内质综合评价：中上　　　　初花期：20190419

果实心室数：5~6　　　　　一年生枝颜色：黄褐色（N199C）　盛花期：20190421

果肉质地：松脆　　　　　　幼叶颜色：红着绿色　　　　果实成熟期：8月中旬（早）

果肉粗细：细　　　　　　　叶片形状：卵圆形　　　　　果实发育期（d）：115

汁液：多　　　　　　　　　叶缘/刺芒：锐锯齿/有　　　营养生长天数（d）：214

新梨7号　Xinli 7

塔里木农垦大学育成，亲本为库尔勒香梨 × 早酥，2000年通过审定。

果实类型：脆肉型　　　　　　风味：甜　　　　　　　　每花序花朵数（朵）：7 ~ 8(7.7)

果实形状：卵圆形/圆锥形　　果肉硬度（kg/cm²）：3.1　雄蕊数（枚）：21 ~ 25（23.0）

单果重（g）：230　　　　　　SSC/TA（%）：12.4/0.1　　花药颜色：粉红色（58C）

萼片状态：宿存　　　　　　　内质综合评价：上　　　　初花期：20180405（北京）

果实心室数：5　　　　　　　一年生枝颜色：黄褐色（165A）盛花期：20180406（北京）

果肉质地：疏松　　　　　　　幼叶颜色：绿微着红色　　果实成熟期：7月中下旬（早）

果肉粗细：极细　　　　　　　叶片形状：卵圆形　　　　果实发育期（d）：99

汁液：多　　　　　　　　　　叶缘/刺芒：锐锯齿/有　　营养生长天数（d）：221

新苹梨　*Xinpingli*

辽宁省果树科学研究所选育，亲本不详，2003年通过审定；树势中庸，半开张，丰产性强，贮藏性强。

果实类型：脆肉型　　　　　　　风味：酸甜　　　　　　　　每花序花朵数（朵）：4～8(6.0)

果实形状：近圆形　　　　　　　果肉硬度（kg/cm²）：7.67　雄蕊数（枚）：20～28（23.6）

单果重（g）：277　　　　　　　SSC/TA（%）：13.13/0.42　花药颜色：粉红色（68B）

萼片状态：宿存　　　　　　　　内质综合评价：上　　　　　初花期：20190416

果实心室数：3～5　　　　　　　一年生枝颜色：黄褐色（165A）盛花期：20190418

果肉质地：松脆　　　　　　　　幼叶颜色：红微着绿色　　　果实成熟期：9月中下旬（中晚）

果肉粗细：细　　　　　　　　　叶片形状：卵圆形　　　　　果实发育期（d）：149

汁液：多　　　　　　　　　　　叶缘/刺芒：锐锯齿/有　　　营养生长天数（d）：208

兴选1号　Xingxuan 1

中国农业科学院果树研究所育成，亲本为京白×拉法兰斯或太森，1959年选出；树势较强，半开张，丰产性强，贮藏性弱。

果实类型：软肉型　　　　　风味/香气：甜酸/微香　　　　每花序花朵数（朵）：5～8(6.7)

果实形状：葫芦形　　　　　果肉硬度（kg/cm²）：4.12　　雄蕊数（枚）：20～24（22.1）

单果重（g）：166　　　　　SSC/TA（%）：12.43/0.24　　花药颜色：淡紫红（64D）

萼片状态：宿存　　　　　　内质综合评价：中　　　　　初花期：20190418

果实心室数：5～6　　　　　一年生枝颜色：黄褐色（175B）盛花期：20190420

果肉质地：紧密—软面　　　幼叶颜色：绿微着红色　　　果实成熟期：9月上中旬（中晚）

果肉粗细：中粗　　　　　　叶片形状：椭圆形　　　　　果实发育期（d）：146

汁液：少　　　　　　　　　叶缘/刺芒：钝锯齿/无　　　营养生长天数（d）226

雪青　Xueqing

原浙江农业大学选育，亲本为雪花梨 × 新世纪，1990年选出；树势中庸，半开张，丰产性强，贮藏性较强。

果实类型：脆肉型
果实形状：圆形/扁圆形
单果重（g）：228
萼片状态：脱落/宿存
果实心室数：5
果肉质地：松脆
果肉粗细：细
汁液：多

风味：甜
果肉硬度（kg/cm²）：5.12
SSC/TA（%）：10.04/0.20
内质综合评价：上
一年生枝颜色：黄褐色（N199C）
幼叶颜色：绿微着红色
叶片形状：卵圆形
叶缘/刺芒：锐锯齿/有

每花序花朵数（朵）：6～9(7.3)
雄蕊数（枚）：23～32（26.9）
花药颜色：紫红色（60A）
初花期：20190418
盛花期：20190420
果实成熟期：8月中下旬（中）
果实发育期（d）：123
营养生长天数（d）：221

雪香梨　Xuexiangli

黑龙江省农业科学院牡丹江分院育成，母本为大香水梨，父本不详，2009年通过审定；树势强，半开张，丰产性强，贮藏性较强，抗寒性强。

果实类型：脆肉型

果实形状：长圆形

单果重（g）：110

萼片状态：宿存

果实心室数：5

果肉质地：松脆

果肉粗细：较细

汁液：多

风味：甜酸

果肉硬度（kg/cm²）：7.07

SSC/TA（%）：11.98/0.54

内质综合评价：中上

一年生枝颜色：黄褐色（166B）

幼叶颜色：绿微着红色

叶片形状：卵圆形

叶缘/刺芒：锐锯齿/有

每花序花朵数（朵）：4～7(6.0)

雄蕊数（枚）：22～27 (24.0)

花药颜色：紫红色（63A）

初花期：20190415

盛花期：20190418

果实成熟期：8月底（中）

果实发育期（d）：127

营养生长天数（d）：213

延香梨　*Yanxiangli*

延边朝鲜族自治州农业科学院育成，亲本为苹果梨×南果梨，2011年通过审定；树势强，开张，丰产性较强。

果实类型：软肉型

果实形状：扁圆形

单果重（g）：142

萼片状态：宿存/残存

果实心室数：5

果肉质地：紧脆—软

果肉粗细：细

汁液：多

风味/香气：酸甜/微香

果肉硬度（kg/cm²）：4.20

SSC/TA（%）：13.22/0.35

内质综合评价：上

一年生枝颜色：黄褐色（165A）

幼叶颜色：绿微着红色

叶片形状：卵圆形

叶缘/刺芒：锐锯齿/有

每花序花朵数（朵）：7～10（8.4）

雄蕊数（枚）：25～30（26.8）

花药颜色：紫红色（70A）

初花期：20190418

盛花期：20190420

果实成熟期：8月下旬（中）

果实发育期（d）：127

营养生长天数（d）：208

友谊1号　Youyi 1

黑龙江省友谊农场育成，亲本为鸭蛋香×大梨，2000年通过审定；树势较强，直立，丰产性较强，适宜冻藏，抗寒性强。

果实类型：脆肉型　　　　　风味：甜酸　　　　　　　　每花序花朵数（朵）：5～7(6.2)
果实形状：近圆形　　　　　果肉硬度（kg/cm²）：6.54　雄蕊数（枚）：19～21（19.8）
单果重（g）：188　　　　　SSC/TA（%）：12.64/0.47　花药颜色：紫红色（61A）
萼片状态：宿存/残存　　　　内质综合评价：中上　　　　初花期：20190416
果实心室数：4～5　　　　　一年生枝颜色：黄褐色（166A）盛花期：20190418
果肉质地：松脆　　　　　　幼叶颜色：绿微着红色　　　　果实成熟期：9月上旬（中）
果肉粗细：较细　　　　　　叶片形状：卵圆形　　　　　　果实发育期（d）：136
汁液：多　　　　　　　　　叶缘/刺芒：锐锯齿/有　　　　营养生长天数（d）：210

玉冠　**Yuguan**

浙江省农业科学院园艺研究所育成，亲本为筑水 × 黄花，2008年通过审定。

果实类型：脆肉型　　　　风味：甜　　　　　　　　每花序花朵数（朵）：7～9(7.6)

果实形状：近圆形　　　　果肉硬度（kg/cm²）：6.4　雄蕊数（枚）：20～30（25.1）

单果重（g）：241　　　　SSC（%）：13.8　　　　　花药颜色：淡紫红（73B）

萼片状态：宿存　　　　　内质综合评价：上　　　　初花期：20180406（北京）

果实心室数：5　　　　　　一年生枝颜色：黄褐色（175A）盛花期：20180408（北京）

果肉质地：松脆　　　　　幼叶颜色：红着绿色　　　　果实成熟期：8月中旬（中）

果肉粗细：较细　　　　　叶片形状：卵圆形　　　　　果实发育期（d）：130

汁液：多　　　　　　　　叶缘/刺芒：锐锯齿/有　　　营养生长天数（d）：214

玉露香 Yuluxiang

山西省农业科学院果树研究所选育，亲本为库尔勒香梨 × 雪花梨，2002年通过审定；树势强，半开张，丰产性强，贮藏性强。

果实类型：脆肉型　　　　　风味：甜　　　　　　　　每花序花朵数（朵）：4～11（8.1）

果实形状：近圆形　　　　　果肉硬度（kg/cm²）：4.67　　雄蕊数（枚）：19～28（21.0）

单果重（g）：207　　　　　SSC/TA（%）：11.43/0.15　　花药颜色：紫红色（61B）

萼片状态：脱落/宿存　　　　内质综合评价：上　　　　　初花期：20190418

果实心室数：5　　　　　　　一年生枝颜色：黄褐色（N199B）　盛花期：20190420

果肉质地：疏松　　　　　　　幼叶颜色：红微着绿色　　　　果实成熟期：9月上旬（中）

果肉粗细：细　　　　　　　　叶片形状：卵圆形　　　　　　果实发育期（d）：133

汁液：多　　　　　　　　　　叶缘/刺芒：锐锯齿/有　　　　营养生长天数（d）：228

玉绿　*Yulü*

湖北省农业科学院果树茶叶研究所育成，亲本为苍梨×太白，2009年通过审定；树势中庸，半开张，丰产性强。

果实类型：脆肉型

果实形状：圆形

单果重（g）：226

萼片状态：脱落

果实心室数：5～6

果肉质地：疏松

果肉粗细：细

汁液：多

风味：酸甜

果肉硬度（kg/cm²）：5.17

SSC/TA（%）：10.57/0.20

内质综合评价：上

一年生枝颜色：黄褐色（175A）

幼叶颜色：红色

叶片形状：卵圆形

叶缘/刺芒：锐锯齿/有

每花序花朵数（朵）：4～7(5.6)

雄蕊数（枚）：20～33（25.8）

花药颜色：紫红色（64C）

初花期：20180425

盛花期：20180426

果实成熟期：8月上旬（早）

果实发育期（d）：111

营养生长天数（d）：222

玉酥梨　**Yusuli**

山西省农业科学院果树研究所选育，亲本为砀山酥梨×猪嘴梨，2009年通过审定；树势较强，半开张，丰产性较强，贮藏性中等，抗病性强。

果实类型：脆肉型　　　　　风味：甜　　　　　　　　　每花序花朵数（朵）：5～7(6.1)

果实形状：长圆形　　　　　果肉硬度（kg/cm²）：5.27　雄蕊数（枚）：19～24（21.2）

单果重（g）：289　　　　　SSC/TA（%）：12.63/0.12　花药颜色：紫色（N79C）

萼片状态：宿存/残存/脱落　内质综合评价：中上　　　初花期：20190417

果实心室数：3～5　　　　　一年生枝颜色：黄褐色（N199B）　盛花期：20190419

果肉质地：疏松　　　　　　幼叶颜色：绿着红色　　　果实成熟期：9月中下旬（晚）

果肉粗细：细　　　　　　　叶片形状：卵圆形　　　　果实发育期（d）：153

汁液：多　　　　　　　　　叶缘/刺芒：锐锯齿/有　　营养生长天数（d）：233

玉香　Yuxiang

湖北省农业科学院果树茶叶研究所育成，亲本为伏梨 × 金水酥，2011年通过认定；树势中庸，半开张，丰产性强。

果实类型：脆肉型　　　　风味：甜　　　　　　　　每花序花朵数（朵）：5～9(6.9)

果实形状：倒卵形/近圆形　果肉硬度（kg/cm²）：4.53　雄蕊数（枚）：19～22（20.1）

单果重（g）：219　　　　SSC（%）：12.45　　　　花药颜色：紫红色（70B）

萼片状态：脱落/残存/宿存　内质综合评价：上　　　　初花期：20190421

果实心室数：4～5　　　　一年生枝颜色：红褐色（178A）盛花期：20190423

果肉质地：松脆　　　　　幼叶颜色：红着绿色　　　　果实成熟期：8月中旬（早）

果肉粗细：较细　　　　　叶片形状：圆形　　　　　　果实发育期（d）：113

汁液：多　　　　　　　　叶缘/刺芒：锐锯齿/有　　　营养生长天数（d）：226

早白 **Zaobai**

中国农业科学院果树研究所育成，二十世纪梨实生，1969年选出，2*n*=34；树势较强，半开张，丰产性强。

果实类型：脆肉型

果实形状：长圆形

单果重（g）：182

萼片状态：脱落/宿存

果实心室数：5

果肉质地：松脆

果肉粗细：中粗

汁液：多

风味：甜

果肉硬度（kg/cm²）：6.24

SSC/TA（%）：12.65/0.14

内质综合评价：中上

一年生枝颜色：黄褐色（N199B）

幼叶颜色：绿微着红色

叶片形状：卵圆形

叶缘/刺芒：锐锯齿/有

每花序花朵数（朵）：5～9(7.6)

雄蕊数（枚）：20～28（22.2）

花药颜色：紫红色（71B）

初花期：20190422

盛花期：20190424

果实成熟期：8月下旬（中）

果实发育期（d）：120

营养生长天数（d）：215

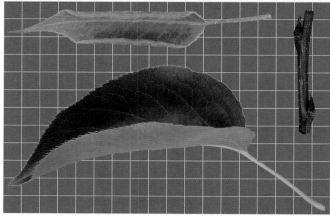

早翠　**Zaocui**

华中农业大学育成，亲本为跃进×二宫白，1982年命名；树势较强，半开张，丰产性强，贮藏性中等。

果实类型：脆肉型　　　　　风味：酸甜　　　　　　　每花序花朵数（朵）：6～9 (7.5)

果实形状：圆形　　　　　　果肉硬度（kg/cm²）：4.10　雄蕊数（枚）：18～20 （19.8）

单果重（g）：157　　　　　SSC/TA（%）：11.35/0.28　花药颜色：紫红色 （61A）

萼片状态：宿存/脱落　　　　内质综合评价：上　　　　　初花期：20190420

果实心室数：4～5　　　　　一年生枝颜色：黄褐色（165A）盛花期：20190422

果肉质地：疏松　　　　　　幼叶颜色：绿微着红色　　　果实成熟期：8月中旬（早）

果肉粗细：细　　　　　　　叶片形状：卵圆形　　　　　果实发育期（d）：115

汁液：极多　　　　　　　　叶缘/刺芒：锐锯齿/有　　　营养生长天数（d）：216

早冠　*Zaoguan*

河北省农林科学院石家庄果树研究所选育，亲本为鸭梨×青云，2005年通过审定；树势中庸，贮藏性弱。

果实类型：脆肉型　　　　　风味：淡甜　　　　　　　　每花序花朵数（朵）：7～11（8.9）

果实形状：圆形　　　　　　果肉硬度（kg/cm²）：3.79　雄蕊数（枚）：19～22（20.5）

单果重（g）：221　　　　　SSC/TA（%）：12.23/0.17　花药颜色：紫红色（61A）

萼片状态：脱落　　　　　　内质综合评价：上　　　　　初花期：20190419

果实心室数：5　　　　　　一年生枝颜色：黄褐色（165A）盛花期：20190421

果肉质地：疏松　　　　　　幼叶颜色：绿着红色　　　　果实成熟期：8月中旬（早）

果肉粗细：细　　　　　　　叶片形状：卵圆形　　　　　果实发育期（d）：119

汁液：多　　　　　　　　　叶缘/刺芒：锐锯齿/有　　　营养生长天数（d）：204

早黄 Zaohuang

内蒙古呼伦贝尔市（原呼伦贝尔盟）农业科学研究所育成，亲本为乔玛×早酥；树势中庸，较直立，丰产性中等，贮藏性弱。

果实类型：脆肉型　　　　　风味：甜酸稍涩　　　　　每花序花朵数（朵）：6～9(7.4)

果实形状：近圆形　　　　　果肉硬度（kg/cm²）：7.73　　雄蕊数（枚）：20～30（27.0）

单果重（g）：82　　　　　SSC/TA（%）：12.48/1.20　　花药颜色：紫红色（61A）

萼片状态：宿存/残存　　　内质综合评价：中　　　　初花期：20190416

果实心室数：5～6　　　　一年生枝颜色：黄褐色（165B）　盛花期：20190418

果肉质地：脆　　　　　　幼叶颜色：绿色　　　　　果实成熟期：7月下旬（早）

果肉粗细：较细　　　　　叶片形状：卵圆形　　　　　果实发育期（d）：96

汁液：中多　　　　　　　叶缘/刺芒：锐锯齿/有　　　营养生长天数（d）：204

早金酥 Zaojinsu

辽宁省果树科学研究所育成，亲本为早酥 × 金水酥，2009年通过备案；树势较强，半开张，丰产性强。

果实类型：脆肉型

果实形状：纺锤形

单果重（g）：208

萼片状态：宿存/脱落/残存

果实心室数：5

果肉质地：疏松

果肉粗细：细

汁液：极多

风味：酸甜

果肉硬度（kg/cm²）：4.37

SSC/TA（%）：10.50/0.19

内质综合评价：上

一年生枝颜色：黄褐色（166A）

幼叶颜色：绿微着红色

叶片形状：卵圆形

叶缘/刺芒：锐锯齿/有

每花序花朵数（朵）：4～8(6.2)

雄蕊数（枚）：18～23（20.2）

花药颜色：紫红色（60A）

初花期：20190421

盛花期：20190423

果实成熟期：8月上旬（早）

果实发育期（d）：102

营养生长天数（d）：216

早金香 **Zaojinxiang**

中国农业科学院果树研究所育成，亲本为矮香 × 三季，2009 年通过备案；树势中庸，萌芽率高，成枝力强，丰产性强，贮藏性弱。

果实类型：软肉型

果实形状：粗颈葫芦形

单果重（g）：247

萼片状态：宿存

果实心室数：5

果肉质地：软

果肉粗细：较细

汁液：多

风味/香气：酸甜/微香

SSC/TA（%）：13.5/0.13

内质综合评价：上

一年生枝颜色：黄褐色

幼叶颜色：绿色

叶片形状：卵圆形

叶缘/刺芒：锐锯齿/有

每花序花朵数（朵）：5 ~ 7(6.0)

雄蕊数（枚）：20 ~ 27（23.1）

花药颜色：紫红色

初花期：20190425

盛花期：20190428

果实成熟期：8 月上中旬（早）

果实发育期（d）：109

营养生长天数（d）：195 ~ 220

早魁 Zaokui

河北省农林科学院石家庄果树研究所育成，亲本为雪花梨 × 黄花，2002年通过审定；树势中庸，半开张，丰产性强。

果实类型：脆肉型

果实形状：卵圆形

单果重（g）：235

萼片状态：脱落/残存

果实心室数：4～5

果肉质地：松脆

果肉粗细：较细

汁液：多

风味：淡甜

果肉硬度（kg/cm²）：4.04

SSC/TA（%）：12.07/0.11

内质综合评价：中上

一年生枝颜色：黄褐色（165A）

幼叶颜色：红微着绿色

叶片形状：卵圆形

叶缘/刺芒：锐锯齿/有

每花序花朵数（朵）：5～8(6.8)

雄蕊数（枚）：20～32（26.4）

花药颜色：紫红色（71B）

初花期：20180426

盛花期：20180427

果实成熟期：8月中旬（早）

果实发育期（d）：114

营养生长天数（d）：208

早绿　*Zaolü*

浙江省农业科学院园艺研究所育成，亲本为新世纪×鸭梨；丰产性强，贮藏性较强。

果实类型：脆肉型　　　　　风味：淡甜　　　　　　　雄蕊数（枚）：23～35（28.8）

果实形状：倒卵形　　　　　SSC（%）：11.4　　　　　花药颜色：紫红色（71B）

单果重（g）：261　　　　　内质综合评价：中上　　　初花期：20190324（杭州）

萼片状态：脱落　　　　　　一年生枝颜色：黄褐色（165A）　盛花期：20190326（杭州）

果实心室数：5～7　　　　　幼叶颜色：红着绿色　　　　果实成熟期：8月上旬（中）

果肉质地：脆　　　　　　　叶片形状：卵圆形　　　　　果实发育期（d）：123

果肉粗细：较细　　　　　　叶缘/刺芒：锐锯齿/有

汁液：多　　　　　　　　　每花序花朵数（朵）：8～9(8.4)

早生新水　Zaoshengxinshui

上海市农业科学院作物林果研究所育成，新水梨实生，2004年通过审定；树势中庸，半开张，丰产性较强。

果实类型：脆肉型
果实形状：扁圆形
单果重（g）：255
萼片状态：脱落／残存
果实心室数：5～6
果肉质地：松脆
果肉粗细：较细
汁液：多

风味：甜
果肉硬度（kg/cm²）：5.29
SSC/TA（%）：11.96/0.21
内质综合评价：上
一年生枝颜色：黄褐色（N199C）
幼叶颜色：红微着绿色
叶片形状：卵圆形
叶缘／刺芒：锐锯齿／有

每花序花朵数（朵）：4～7(5.2)
雄蕊数（枚）：22～29（25.2）
花药颜色：紫红色（64C）
初花期：20190417
盛花期：20190419
果实成熟期：8月上旬（早）
果实发育期（d）：100
营养生长天数（d）：214

早酥 *Zaosu*

中国农业科学院果树研究所育成，亲本为苹果梨×身不知，1969年定名，2*n*=34；树势较强，半开张，丰产性强，贮藏性中等。

果实类型：脆肉型

果实形状：圆锥形

单果重（g）：268

萼片状态：宿存

果实心室数：5

果肉质地：松脆

果肉粗细：极细

汁液：多

风味：淡甜

果肉硬度（kg/cm²）：4.29

SSC/TA（%）：11.36/0.24

内质综合评价：上

一年生枝颜色：红褐色（176A）

幼叶颜色：绿微着红色

叶片形状：卵圆形

叶缘/刺芒：锐锯齿/有

每花序花朵数（朵）：5～9(7.9)

雄蕊数（枚）：19～26（22.0）

花药颜色：紫红色（61B）

初花期：20190418

盛花期：20190420

果实成熟期：8月中旬（早）

果实发育期（d）：116

营养生长天数（d）：216

早酥蜜 Zaosumi

原陕西省果树研究所选育，亲本为早酥×早白，2001年通过鉴定；树势强，开张，丰产性强，贮藏性中等。

果实类型：脆肉型

果实形状：圆锥形

单果重（g）：170

萼片状态：宿存

果实心室数：5

果肉质地：疏松

果肉粗细：细

汁液：多

风味：甜

果肉硬度（kg/cm²）：4.35

SSC/TA（%）：11.67/0.18

内质综合评价：中上

一年生枝颜色：红褐色（178A）

幼叶颜色：绿微着红色

叶片形状：椭圆形

叶缘/刺芒：锐锯齿/有

每花序花朵数（朵）：7～10（8.5）

雄蕊数（枚）：19～21（20.0）

花药颜色：紫红色（70B）

初花期：20190421

盛花期：20190423

果实成熟期：8月上旬（早）

果实发育期（d）：104

营养生长天数（d）：216

早酥香 **Zaosuxiang**

中国农业科学院果树研究所育成，亲本为苹果梨 × 身不知；树势中庸，半开张，丰产性中等。

果实类型：脆肉型　　　　　　风味：酸甜　　　　　　　　每花序花朵数（朵）：4 ~ 9(6.4)

果实形状：扁圆形　　　　　　果肉硬度（kg/cm²）：4.48　　雄蕊数（枚）：17 ~ 21 (19.4)

单果重（g）：121　　　　　　SSC/TA（%）：13.65/0.40　　花药颜色：紫色（N79C）

萼片状态：脱落/残存　　　　　内质综合评价：中上　　　　初花期：20190416

果实心室数：5　　　　　　　　一年生枝颜色：黄褐色（165B）盛花期：20190418

果肉质地：松脆　　　　　　　幼叶颜色：绿微着红色　　　果实成熟期：9月上旬（中）

果肉粗细：较细　　　　　　　叶片形状：卵圆形　　　　　果实发育期（d）：137

汁液：中多　　　　　　　　　叶缘/刺芒：锐锯齿/有　　　营养生长天数（d）：216

早香1号　Zaoxiang 1

中国农业科学院果树研究所选育，亲本为香水梨 × 二十世纪，1971年定名，2*n*=34；树势中庸，半开张，丰产性强，贮藏性弱。

果实类型：脆肉型—软肉型	风味/香气：甜酸/微香	每花序花朵数（朵）：5～8（6.9）
果实形状：扁圆形	果肉硬度（kg/cm²）：4.83	雄蕊数（枚）：20～23（20.7）
单果重（g）：73	SSC/TA（%）：13.06/0.30	花药颜色：紫红色（60A）
萼片状态：宿存/残存	内质综合评价：中上	初花期：20180425
果实心室数：5	一年生枝颜色：黄褐色（175B）	盛花期：20180426
果肉质地：松脆—软溶	幼叶颜色：红着绿色	果实成熟期：8月上旬（早）
果肉粗细：细	叶片形状：卵圆形	果实发育期（d）：102
汁液：多	叶缘/刺芒：锐锯齿/有	营养生长天数（d）：212

早香2号 Zaoxiang 2

中国农业科学院果树研究所育成，亲本为香水梨×二十世纪，1971年定名；树势中庸，半开张，丰产性中等，贮藏性弱。

果实类型：软肉型
果实形状：扁圆形
单果重（g）：158
萼片状态：脱落/宿存
果实心室数：4～5
果肉质地：紧脆—软
果肉粗细：较细
汁液：多

风味/香气：酸甜/微香
果肉硬度（kg/cm²）：4.72
SSC/TA（%）：13.85/0.40
内质综合评价：中上
一年生枝颜色：黄褐色（N199C）
幼叶颜色：红微着绿色
叶片形状：卵圆形
叶缘/刺芒：锐锯齿/有

每花序花朵数（朵）：6～9(7.6)
雄蕊数（枚）：20～32（25.7）
花药颜色：紫红色（64C）
初花期：20190414
盛花期：20190416
果实成熟期：8月中旬（早）
果实发育期（d）：118
营养生长天数（d）：211

早香脆　*Zaoxiangcui*

原陕西省果树研究所育成，亲本为早酥 × 早白（二十世纪实生），2001年通过鉴定；树势强，半开张，丰产性强，贮藏性中等。

果实类型：脆肉型

果实形状：长圆形/卵圆形

单果重（g）：254

萼片状态：宿存

果实心室数：5

果肉质地：松脆

果肉粗细：细

汁液：多

风味：酸甜

果肉硬度（kg/cm²）：5.88

SSC/TA（%）：12.43/0.28

内质综合评价：上

一年生枝颜色：红褐色（178A）

幼叶颜色：红微着绿色

叶片形状：卵圆形

叶缘/刺芒：锐锯齿/有

每花序花朵数（朵）：3 ~ 9(7.6)

雄蕊数（枚）：18 ~ 21（19.9）

花药颜色：紫红色（61A）

初花期：20190421

盛花期：20190423

果实成熟期：8月下旬（中）

果实发育期（d）：122

营养生长天数（d）：209

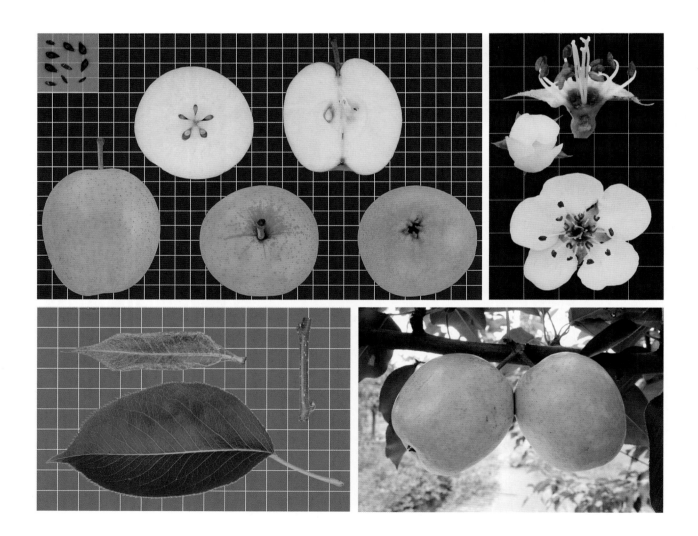

早香水 *Zaoxiangshui*

黑龙江省农业科学院牡丹江农业科学研究所育成，亲本为龙香×矮香，2005年通过审定；树势强，半开张，丰产性强，抗寒性强，贮藏性弱。

果实类型：软肉型	风味/香气：酸甜/浓香	每花序花朵数（朵）：3～8(5.6)
果实形状：扁圆形	果肉硬度（kg/cm²）：4.03	雄蕊数（枚）：18～20（19.1）
单果重（g）：59	SSC/TA（%）：12.12/0.23	花药颜色：淡紫色（75B）
萼片状态：宿存	内质综合评价：中上	初花期：20190414
果实心室数：4～5	一年生枝颜色：黄褐色（165A）	盛花期：20190416
果肉质地：脆—软	幼叶颜色：绿着红色	果实成熟期：8月中旬（早）
果肉粗细：中粗	叶片形状：卵圆形	果实发育期（d）：117
汁液：多	叶缘/刺芒：锐锯齿/有	营养生长天数（d）：214

蔗梨　*Zheli*

吉林省农业科学院果树研究所育成，亲本为苹果梨×杭青，2000年通过审定；树势中庸，半开张，丰产性较强，贮藏性强。

果实类型：脆肉型　　　　　风味：酸甜　　　　　　　　每花序花朵数（朵）：4～8(5.7)

果实形状：扁圆形　　　　　果肉硬度（kg/cm²）：7.37　雄蕊数（枚）：17～20（18.3）

单果重（g）：262　　　　　SSC/TA（%）：11.10/0.23　花药颜色：紫红色（71A）

萼片状态：宿存/残存　　　　内质综合评价：上　　　　　初花期：20190415

果实心室数：5　　　　　　　一年生枝颜色：黄褐色（200D）盛花期：20190417

果肉质地：松脆　　　　　　　幼叶颜色：红微着绿色　　　果实成熟期：9月上旬（中）

果肉粗细：细　　　　　　　　叶片形状：卵圆形　　　　　果实发育期（d）：134

汁液：多　　　　　　　　　　叶缘/刺芒：锐锯齿/有　　　营养生长天数（d）：220

珍珠梨　*Zhenzhuli*

上海市农业科学院园艺研究所育成，亲本为八云 × 伏茄，1979年杂交；树势中庸，半开张，丰产性强，贮藏性弱。

果实类型：脆肉型—软肉型　　　　风味：甜酸　　　　　　　　每花序花朵数（朵）：5 ~ 8(6.4)

果实形状：短葫芦形　　　　　　　果肉硬度（kg/cm²）：5.13　　雄蕊数（枚）：20 ~ 29 (22.9)

单果重（g）：100　　　　　　　　SSC/TA（%）：12.33/0.33　　花药颜色：紫红色（63B）

萼片状态：宿存　　　　　　　　　内质综合评价：中上　　　　初花期：20190417

果实心室数：5 ~ 6　　　　　　　一年生枝颜色：红褐色（178A）　盛花期：20190419

果肉质地：松脆—软面　　　　　　幼叶颜色：绿色　　　　　　　果实成熟期：7月上旬（早）

果肉粗细：细　　　　　　　　　　叶片形状：卵圆形　　　　　　果实发育期（d）：75

汁液：中多　　　　　　　　　　　叶缘/刺芒：锐锯齿/有　　　　营养生长天数（d）：215

中翠　Zhongcui

华中农业大学选育，亲本为跃进×二宫白，1982年鉴定命名；树势强，半开张，丰产性强。

果实类型：脆肉型　　　　　风味：酸甜　　　　　　　　每花序花朵数（朵）：6～8(6.7)

果实形状：倒卵形　　　　　果肉硬度（kg/cm²）：5.22　雄蕊数（枚）：19～25（21.6）

单果重（g）：236　　　　　SSC/TA（%）：13.64/0.28　花药颜色：紫红色（70B）

萼片状态：宿存　　　　　　内质综合评价：中上　　　　初花期：20190421

果实心室数：4～5　　　　　一年生枝颜色：黄褐色（175A）盛花期：20190423

果肉质地：疏松　　　　　　幼叶颜色：绿着红色　　　　果实成熟期：8月中旬（早）

果肉粗细：较细　　　　　　叶片形状：卵圆形　　　　　果实发育期（d）：113

汁液：中多　　　　　　　　叶缘/刺芒：锐锯齿/有　　　营养生长天数（d）：216

中梨1号　Zhongli 1

中国农业科学院郑州果树研究所育成，亲本为新世纪 × 早酥，2003 年通过审定；树势强，半开张，丰产性强，贮藏性中等。

果实类型：脆肉型　　　　　　风味：甜　　　　　　　　每花序花朵数（朵）：5 ~ 10（8.4）

果实形状：圆形/扁圆形　　　果肉硬度（kg/cm²）：3.71　雄蕊数（枚）：28 ~ 34（30.6）

单果重（g）：232　　　　　　SSC/TA（%）：11.16/0.08　花药颜色：紫红色（64A）

萼片状态：宿存　　　　　　　内质综合评价：上　　　　初花期：20190418

果实心室数：5 ~ 7　　　　　一年生枝颜色：黄褐色（N199D）盛花期：20190420

果肉质地：松脆　　　　　　　幼叶颜色：绿微着红色　　　果实成熟期：8月中旬（早）

果肉粗细：细　　　　　　　　叶片形状：椭圆形　　　　　果实发育期（d）：119

汁液：多　　　　　　　　　　叶缘/刺芒：锐锯齿/有　　　营养生长天数（d）：215

中梨2号 *Zhongli 2*

中国农业科学院郑州果树研究所育成，亲本为栖霞大香水×兴隆麻梨，2015年通过审定；树势中庸，半开张，丰产性强，贮藏性中等。

果实类型：脆肉型	风味：甜	每花序花朵数（朵）：5～8(6.7)
果实形状：圆形	果肉硬度（kg/cm²）：5.77	雄蕊数（枚）：20～29（24.6）
单果重（g）：208	SSC/TA（%）：11.99/0.16	花药颜色：紫红色（71A）
萼片状态：脱落	内质综合评价：上	初花期：20190418
果实心室数：4～5	一年生枝颜色：黄褐色（175A）	盛花期：20190421
果肉质地：松脆	幼叶颜色：红色	果实成熟期：8月下旬（中）
果肉粗细：细	叶片形状：卵圆形	果实发育期（d）：126
汁液：多	叶缘/刺芒：锐锯齿/有	营养生长天数（d）：220

中梨4号　*Zhongli 4*

中国农业科学院郑州果树研究所育成，亲本为早美酥×七月酥，2013年通过审定。

果实类型：脆肉型　　　　　风味：酸甜　　　　　　　每花序花朵数（朵）：7～9(8.5)

果实形状：近圆形　　　　　果肉硬度（kg/cm²）：5.8　雄蕊数（枚）：26～32（29.1）

单果重（g）：370　　　　　SSC（%）：12.9　　　　花药颜色：红色（53B）

萼片状态：宿存　　　　　　内质综合评价：上　　　　初花期：20180407（北京）

果实心室数：5～7　　　　　一年生枝颜色：黄褐色（175A）盛花期：20180409（北京）

果肉质地：松脆　　　　　　幼叶颜色：绿微着红色　　　果实成熟期：7月下旬（早）

果肉粗细：细　　　　　　　叶片形状：卵圆形　　　　　果实发育期（d）：107

汁液：多　　　　　　　　　叶缘/刺芒：锐锯齿/有　　　营养生长天数（d）：218

中香 Zhongxiang

原山东莱阳农业学校选育，亲本为栖霞大香水×茌梨，1959年杂交，1969年结果；树势较强，半开张，丰产性强，贮藏性较强。

果实类型：脆肉型

果实形状：圆锥形/长圆形

单果重（g）：183

萼片状态：脱落

果实心室数：3～5

果肉质地：松脆

果肉粗细：细

汁液：多

风味：酸甜—甜

果肉硬度（kg/cm²）：5.68

SSC/TA（%）：12.71/0.08

内质综合评价：上

一年生枝颜色：黄褐色（166A）

幼叶颜色：绿着红色

叶片形状：卵圆形

叶缘/刺芒：锐锯齿/有

每花序花朵数（朵）：4～7(5.6)

雄蕊数（枚）：19～21（20.0）

花药颜色：紫红色（64B）

初花期：20190416

盛花期：20190418

果实成熟期：9月中旬（中晚）

果实发育期（d）：145

营养生长天数（d）：229

第六节　其　他

吊蛋　**Diaodan**

原产甘肃临夏，褐梨；树势强，半开张，丰产性较强。

果实类型：脆肉型

果实形状：长圆形

单果重（g）：34

萼片状态：宿存/残存/脱落

果实心室数：4～5

果肉质地：稍脆

果肉粗细：中粗

汁液：中多

风味：甜酸稍涩

果肉硬度（kg/cm²）：5.07

SSC/TA（%）：15.19/0.87

内质综合评价：下

一年生枝颜色：黄褐色（165A）

幼叶颜色：红色

叶片形状：卵圆形

叶缘/刺芒：锐锯齿/有

每花序花朵数（朵）：3～7(5.6)

雄蕊数（枚）：21～28（25.2）

花药颜色：粉红色（N57C）

初花期：20190419

盛花期：20190421

果实成熟期：9月下旬（晚）

果实发育期（d）：150

营养生长天数（d）：211

罐梨　Guanli

原产河北昌黎，褐梨；树势较强，半开张，丰产性强。

果实类型：脆肉型　　　　　风味：酸涩　　　　　　　　　每花序花朵数（朵）：8～12（9.6）

果实形状：倒卵形　　　　　果肉硬度（kg/cm²）：6.21　　雄蕊数（枚）：19～22（20.2）

单果重（g）：21　　　　　SSC/TA（%）：19.33/1.96　　花药颜色：紫红色（60C）

萼片状态：脱落　　　　　　内质综合评价：下　　　　　　初花期：20190417

果实心室数：3～4　　　　　一年生枝颜色：黄褐色（166A）　盛花期：20190419

果肉质地：紧密—沙面　　　幼叶颜色：绿微着红色　　　　果实成熟期：10月上旬（晚）

果肉粗细：粗　　　　　　　叶片形状：卵圆形　　　　　　果实发育期（d）：167

汁液：少　　　　　　　　　叶缘/刺芒：锐锯齿/有　　　　营养生长天数（d）：221

河北梨1号　Hebeili 1

原产河北昌黎，河北梨；树势强，半开张，丰产性强。

果实类型：脆肉型　　　　风味：微酸极涩　　　　　　　每花序花朵数（朵）：6～10 (8.5)

果实形状：卵圆形　　　　果肉硬度（kg/cm²）：6.60　　雄蕊数（枚）：19～22（20.5）

单果重（g）：7.8　　　　SSC/TA（%）：22.90/3.33　　花药颜色：紫红色（64A）

萼片状态：宿存　　　　　内质综合评价：下　　　　　　初花期：20190409

果实心室数：4～5　　　　一年生枝颜色：黄褐色（165A）盛花期：20190411

果肉质地：紧脆　　　　　幼叶颜色：绿色　　　　　　　果实成熟期：9月中旬（晚）

果肉粗细：中粗　　　　　叶片形状：椭圆形　　　　　　果实发育期（d）：156

汁液：中多　　　　　　　叶缘/刺芒：圆锯齿/无　　　　营养生长天数（d）：231

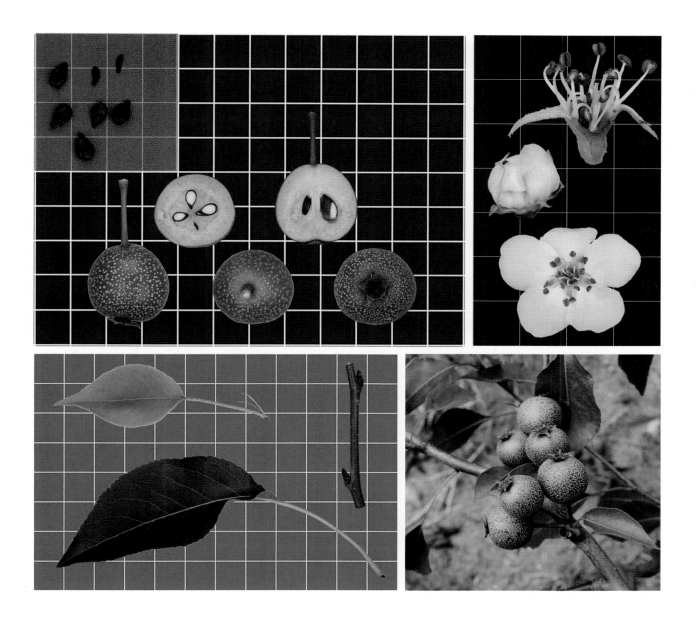

金沙乌　*Jinshawu*

原产云南，川梨；树势强，半开张，丰产性中等，贮藏后期果肉水样褐化。

果实类型：脆肉型
果实形状：扁圆形
单果重（g）：130
萼片状态：脱落/残存/宿存
果实心室数：5
果肉质地：松脆
果肉粗细：中粗
汁液：中多

风味：甜酸
果肉硬度（kg/cm²）：8.48
SSC/TA（%）：13.09/0.27
内质综合评价：中
一年生枝颜色：黄褐色（N199C）
幼叶颜色：红微着绿色
叶片形状：卵圆形
叶缘/刺芒：锐锯齿/有

每花序花朵数（朵）：5～8(6.2)
雄蕊数（枚）：22～29（25.4）
花药颜色：紫红色（71B）
初花期：20190417
盛花期：20190419
果实成熟期：10月上旬（晚）
果实发育期（d）：164
营养生长天数（d）：235

马奶头　Manaitou

原产青海，褐梨；树势强，开张，丰产性强。

果实类型：脆肉型　　　　风味：甜酸涩　　　　　　　每花序花朵数（朵）：5～8（6.5）

果实形状：长圆形　　　　果肉硬度（kg/cm²）：6.29　　雄蕊数（枚）：24～30（26.3）

单果重（g）：32　　　　SSC/TA（%）：17.15/0.56　　花药颜色：粉红色（58B）

萼片状态：脱落/残存　　 内质综合评价：下　　　　　初花期：20180426

果实心室数：4～5　　　 一年生枝颜色：黄褐色（175A）　盛花期：20180427

果肉质地：沙面　　　　　幼叶颜色：红色　　　　　　果实成熟期：9月中旬（中）

果肉粗细：中粗　　　　　叶片形状：卵圆形　　　　　果实发育期（d）：138

汁液：少　　　　　　　　叶缘/刺芒：锐锯齿/有　　　营养生长天数（d）：203

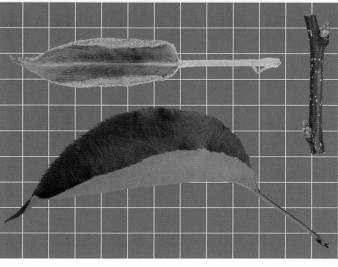

酸大梨 **Suandali**

原产云南呈贡，川梨，别名大乌梨；树势中庸，半开张，丰产性强。

果实类型：脆肉型	风味：酸涩—甜酸	每花序花朵数（朵）：6～8(7.0)
果实形状：扁圆形	果肉硬度（kg/cm²）：7.74	雄蕊数（枚）：20～26（21.5）
单果重（g）：177	SSC/TA（%）：12.22/1.01	花药颜色：紫红色（71A）
萼片状态：宿存	内质综合评价：下	初花期：20190418
果实心室数：5	一年生枝颜色：黄褐色（N199B）	盛花期：20190421
果肉质地：脆	幼叶颜色：绿着红色	果实成熟期：10月上旬（晚）
果肉粗细：粗	叶片形状：卵圆形	果实发育期（d）：169
汁液：多	叶缘/刺芒：锐锯齿/有	营养生长天数（d）：227

乌梨　Wuli

原产云南陆良，川梨；树势强，半开张，丰产性中等。

果实类型：脆肉型
果实形状：近圆形
单果重（g）：232
萼片状态：宿存/残存/脱落
果实心室数：4～5
果肉质地：松脆
果肉粗细：粗
汁液：多

风味：甜酸涩
果肉硬度（kg/cm²）：6.96
SSC/TA（%）：12.15/0.87
内质综合评价：中下
一年生枝颜色：黄褐色（N199C）
幼叶颜色：红微着绿色
叶片形状：卵圆形
叶缘/刺芒：锐锯齿/有

每花序花朵数（朵）：6～8(6.9)
雄蕊数（枚）：20～25（22.5）
花药颜色：紫红色（61B）
初花期：20190419
盛花期：20190421
果实成熟期：10月上旬（晚）
果实发育期（d）：175
营养生长天数（d）：212

第七节　西洋梨

阿巴特　Abbe Fetel，Abate Fetel

原产法国，西洋梨品种；树势中庸，半开张，丰产性强，贮藏性中等。

果实类型：软肉型
果实形状：细颈葫芦形
单果重（g）：211
萼片状态：宿存
果实心室数：4～5
果肉质地：软—软溶
果肉粗细：细
汁液：中多

风味/香气：甜/香
果肉硬度（kg/cm²）：2.48
SSC/TA（%）：13.90/0.18
内质综合评价：上
一年生枝颜色：绿黄色（199A）
幼叶颜色：绿色
叶片形状：椭圆形
叶缘/刺芒：圆锯齿/无

每花序花朵数（朵）：5～7(6.1)
雄蕊数（枚）：17～23（19.8）
花药颜色：紫红色（64B）
初花期：20190423
盛花期：20190425
果实成熟期：9月上旬（中）
果实发育期（d）：130
营养生长天数（d）：225

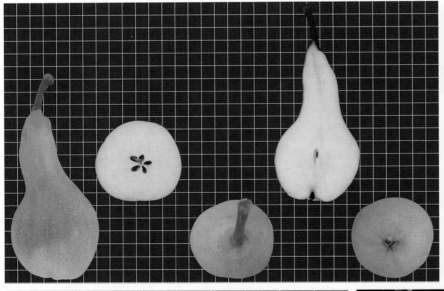

卢卡斯　**Alexander Lucas**

德国引进，西洋梨品种；树势较强，开张，丰产性强。

果实类型：软肉型　　　　风味/香气：酸甜/粉香　　　　每花序花朵数（朵）：4～9(7.3)

果实形状：短葫芦形　　　果肉硬度（kg/cm²）：4.46　　雄蕊数（枚）：18～26（21.6）

单果重（g）：204　　　　SSC/TA（%）：12.26/0.18　　花药颜色：淡紫红（64D）

萼片状态：宿存　　　　　内质综合评价：中上　　　　初花期：20190422

果实心室数：5　　　　　一年生枝颜色：黄褐色（165A）盛花期：20190424

果肉质地：紧脆—软　　　幼叶颜色：绿色　　　　　　果实成熟期：8月下旬（中）

果肉粗细：较细　　　　　叶片形状：椭圆形　　　　　果实发育期（d）：127

汁液：中多　　　　　　　叶缘/刺芒：钝锯齿/无　　　营养生长天数（d）：213

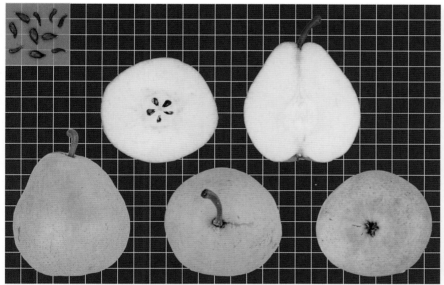

好本号　**Allexandrine Douillard**

原产法国，西洋梨品种；树势较强，半开张，丰产性较强。

果实类型：软肉型	风味/香气：甜/香	每花序花朵数（朵）：3～7(4.8)
果实形状：葫芦形	果肉硬度（kg/cm²）：3.90	雄蕊数（枚）：17～22（19.7）
单果重（g）：241	SSC/TA（%）：15.69/0.16	花药颜色：紫红色（63B）
萼片状态：宿存/残存	内质综合评价：上	初花期：20190424
果实心室数：5	一年生枝颜色：黄褐色（N199B）	盛花期：20190427
果肉质地：紧密—软溶	幼叶颜色：绿色	果实成熟期：9月下旬（晚）
果肉粗细：细	叶片形状：椭圆形	果实发育期（d）：153
汁液：中多	叶缘/刺芒：圆锯齿/无	营养生长天数（d）：223

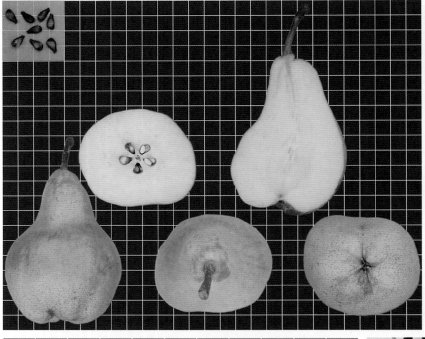

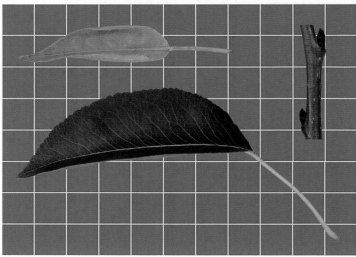

秋红　Autumn Red

美国引进，西洋梨品种；树势较强，半开张，丰产性较强。

果实类型：软肉型

果实形状：粗颈葫芦形

单果重（g）：113

萼片状态：宿存

果实心室数：5

果肉质地：紧密—软

果肉粗细：较细

汁液：中多

风味/香气：酸甜/微香

果肉硬度（kg/cm²）：3.97

SSC/TA（%）：13.58/0.48

内质综合评价：中上

一年生枝颜色：黑褐色（200A）

幼叶颜色：绿色

叶片形状：椭圆形

叶缘/刺芒：圆锯齿/无

每花序花朵数（朵）：3～6(4.9)

雄蕊数（枚）：17～22（19.5）

花药颜色：深紫红（59B）

初花期：20190427

盛花期：20190430

果实成熟期：9月下旬（中晚）

果实发育期（d）：148

营养生长天数（d）：219

白乳 **Bairu**

河北昌黎引进，西洋梨品种；树势较强，半开张，丰产性中等。

果实类型：软肉型　　　　　风味/香气：甜/粉香　　　　　每花序花朵数（朵）：6～9(8.2)

果实形状：短葫芦形　　　　果肉硬度（kg/cm²）：4.02　　雄蕊数（枚）：19～20（19.4）

单果重（g）：130　　　　　SSC/TA（%）：12.69/0.14　　花药颜色：紫红色（64A）

萼片状态：宿存　　　　　　内质综合评价：中上　　　　初花期：20190422

果实心室数：3～5　　　　　一年生枝颜色：红褐色（176A）盛花期：20190424

果肉质地：紧密—软　　　　幼叶颜色：红微着绿色　　　　果实成熟期：8月下旬（中）

果肉粗细：细　　　　　　　叶片形状：椭圆形　　　　　　果实发育期（d）：128

汁液：中少　　　　　　　　叶缘/刺芒：圆锯齿/无　　　　营养生长天数（d）：224

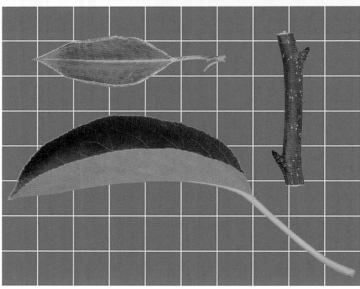

八角梨 **Bajiaoli**

原产新疆喀什，西洋梨；树势较强，开张，丰产性中等。

果实类型：软肉型　　　　　　风味：酸甜—甜　　　　　　每花序花朵数（朵）：3～10 (5.8)

果实形状：葫芦形　　　　　　果肉硬度（kg/cm²）：5.07　　雄蕊数（枚）：16～22 （19.6）

单果重（g）：73　　　　　　　SSC/TA（%）：12.71/0.14　　花药颜色：紫红色（61B）

萼片状态：宿存/残存　　　　　内质综合评价：下　　　　　　初花期：20190421

果实心室数：4～5　　　　　　一年生枝颜色：黄褐色（166A）盛花期：20190423

果肉质地：紧密—软　　　　　　幼叶颜色：绿色　　　　　　　果实成熟期：8月中旬（早）

果肉粗细：中粗　　　　　　　　叶片形状：椭圆形　　　　　　果实发育期（d）：115

汁液：少　　　　　　　　　　　叶缘/刺芒：圆锯齿/无　　　　营养生长天数（d）：222

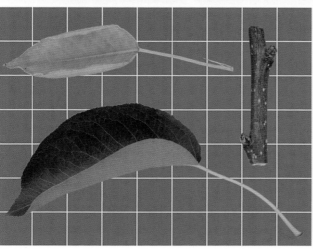

巴梨　Bartlett

原产英国，西洋梨品种，别名Williams，起源于偶然实生；树势中庸，丰产性较强，贮藏性中等。

果实类型：软肉型

果实形状：葫芦形

单果重（g）：262

萼片状态：宿存

果实心室数：5

果肉质地：紧密—软溶

果肉粗细：细

汁液：多

风味/香气：甜/香

果肉硬度（kg/cm²）：1.93

SSC/TA（%）：13.80/0.28

内质综合评价：上

一年生枝颜色：黄褐色（166B）

幼叶颜色：绿色

叶片形状：卵圆形

叶缘/刺芒：圆锯齿/无

每花序花朵数（朵）：5～8(6.6)

雄蕊数（枚）：20～24（21.5）

花药颜色：紫红色（63B）

初花期：20180410（北京）

盛花期：20180412（北京）

果实成熟期：8月下旬（中）

果实发育期（d）：137

营养生长天数（d）：221

红巴梨　**Bartlett - Max Red**

原产美国，西洋梨品种，巴梨芽变，1945年发现，2*n*=34；树势中庸，丰产性较强。

果实类型：软肉型
果实形状：葫芦形
单果重（g）：214
萼片状态：宿存
果实心室数：5
果肉质地：紧脆—软溶
果肉粗细：细
汁液：多

风味/香气：酸甜/微香
果肉硬度（kg/cm²）：3.59
SSC/TA（%）：13.64/0.27
内质综合评价：上
一年生枝颜色：黄褐色（166B）
幼叶颜色：绿色
叶片形状：椭圆形
叶缘/刺芒：钝锯齿/无

每花序花朵数（朵）：6～7(6.5)
雄蕊数（枚）：20～23（21.1）
花药颜色：紫红色（64C）
初花期：20160427
盛花期：20160429
果实成熟期：9月上旬（中）
果实发育期（d）：133
营养生长天数（d）：218

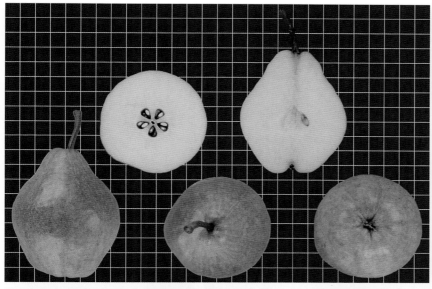

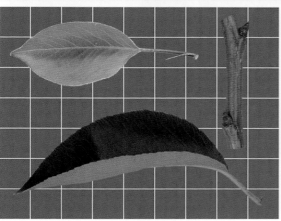

博斯克　**Beurré Bosc**

原产比利时，西洋梨；树势较强，半开张，丰产性较强。

果实类型：软肉型　　　　风味/香气：酸甜/微香　　　　每花序花朵数（朵）：3～6(4.9)

果实形状：葫芦形　　　　果肉硬度（kg/cm²）：2.84　　雄蕊数（枚）：20～27（22.2）

单果重（g）：232　　　　SSC/TA（%）：14.17/0.28　　花药颜色：紫红色（70B）

萼片状态：残存/宿存　　　内质综合评价：中上　　　　初花期：20190425

果实心室数：4～5　　　　一年生枝颜色：黄褐色（N170A）　盛花期：20190427

果肉质地：紧密—软溶　　　幼叶颜色：绿色　　　　　　果实成熟期：9月上旬（中）

果肉粗细：细　　　　　　叶片形状：椭圆形　　　　　果实发育期（d）：132

汁液：中多　　　　　　　叶缘/刺芒：锐锯齿/有　　　营养生长天数（d）：214

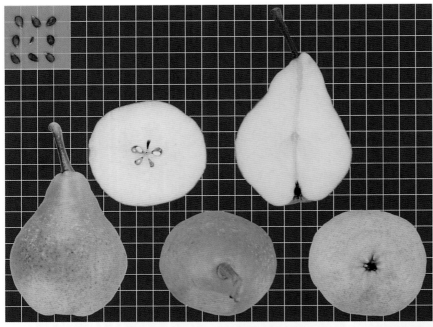

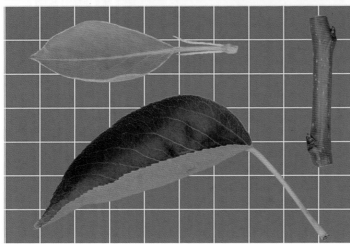

伏茄　**Beurré Giffard**

法国品种，西洋梨，起源于偶然实生。

果实类型：软肉型

果实形状：细颈葫芦形

单果重（g）：99

萼片状态：宿存

果实心室数：5

果肉质地：紧密—软

果肉粗细：细

汁液：中多

风味/香气：酸甜/香

果肉硬度（kg/cm^2）：2.52

SSC/TA（%）：14.99/0.29

内质综合评价：上

一年生枝颜色：红褐色（178A）

幼叶颜色：绿色

叶片形状：椭圆形

叶缘/刺芒：全缘/无

每花序花朵数（朵）：4 ~ 6(4.8)

雄蕊数（枚）：20 ~ 26（21.8）

花药颜色：淡粉色（62B）

初花期：20180422

盛花期：20180424

果实成熟期：7月中旬（早）

果实发育期（d）：81

营养生长天数（d）：217

哈代　**Beurré Hardy**

原产法国，西洋梨品种，1820年发现；树势较强，开张，丰产性强。

果实类型：软肉型	风味 / 香气：酸甜 / 微香	每花序花朵数（朵）：3～10 (5.9)
果实形状：短葫芦形	果肉硬度（kg/cm²）：3.68	雄蕊数（枚）：19～22 (20.3)
单果重（g）：192	SSC/TA（%）：14.65/0.21	花药颜色：淡紫红（73B）
萼片状态：宿存	内质综合评价：中上	初花期：20190421
果实心室数：5	一年生枝颜色：黄褐色（165B）	盛花期：20190424
果肉质地：紧密—软溶	幼叶颜色：绿色	果实成熟期：8月中下旬（早）
果肉粗细：较细	叶片形状：椭圆形	果实发育期（d）：113
汁液：中多	叶缘 / 刺芒：钝锯齿 / 无	营养生长天数（d）：220

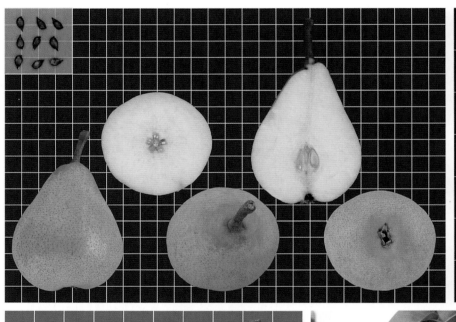

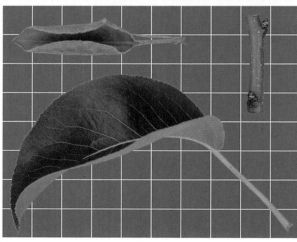

红哈代　**Beurré Hardy - Royal Red**

原产美国，西洋梨品种，Beurré Hardy 的芽变；树势较强，半开张，丰产性中等。

果实类型：软肉型　　　　　　风味／香气：酸甜稍涩／微香　　　每花序花朵数（朵）：6～9(7.5)

果实形状：短葫芦形　　　　　果肉硬度（kg/cm²）：2.42　　　雄蕊数（枚）：19～22（20.6）

单果重（g）：171　　　　　　SSC/TA（%）：12.85/0.35　　　花药颜色：淡紫红（64D）

萼片状态：宿存　　　　　　　内质综合评价：中上　　　　　　初花期：20190423

果实心室数：5　　　　　　　一年生枝颜色：黑褐色（200A）　盛花期：20190426

果肉质地：紧密—软溶　　　　幼叶颜色：绿色　　　　　　　　果实成熟期：8月中旬（早）

果肉粗细：细　　　　　　　　叶片形状：椭圆形　　　　　　　果实发育期（d）：109

汁液：中多　　　　　　　　　叶缘／刺芒：钝锯齿／无　　　　　营养生长天数（d）：227

波　Bo

波兰引进，西洋梨品种；树势较强，开张，丰产性中等。

果实类型：软肉型	风味/香气：酸甜/微香	每花序花朵数（朵）：4～8(5.9)
果实形状：短葫芦形	果肉硬度（kg/cm²）：4.54	雄蕊数（枚）：20～27（22.0）
单果重（g）：102	SSC/TA（%）：12.34/0.39	花药颜色：粉红色（N57A）
萼片状态：宿存	内质综合评价：中	初花期：20190418
果实心室数：5～6	一年生枝颜色：黄褐色（175B）	盛花期：20190420
果肉质地：紧密—软	幼叶颜色：绿色	果实成熟期：7月中旬（早）
果肉粗细：细	叶片形状：卵圆形	果实发育期（d）：90
汁液：中多	叶缘/刺芒：钝锯齿/无	营养生长天数（d）：226

朱丽比恩　**Bunte Julibirne**

德国引进，西洋梨品种。

果实类型：软肉型

果实形状：短葫芦形

单果重（g）：103

萼片状态：宿存

果实心室数：5

果肉质地：软—软面

果肉粗细：较细

汁液：少

风味/香气：酸甜/微香

果肉硬度（kg/cm²）：2.48

SSC（%）：12.39

内质综合评价：中

一年生枝颜色：黄褐色（165A）

幼叶颜色：绿色

叶片形状：卵圆形

叶缘/刺芒：钝锯齿/有

每花序花朵数（朵）：6～9(7.5)

雄蕊数（枚）：18～21（19.6）

花药颜色：紫红色（64C）

初花期：20180408（北京）

盛花期：20180410（北京）

果实成熟期：6月下旬（早）

果实发育期（d）：75

营养生长天数（d）：218

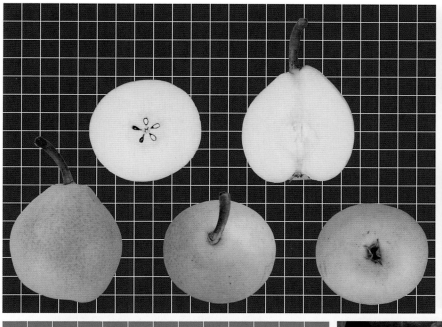

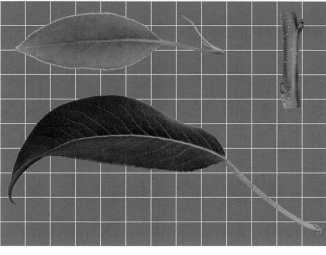

粉酪　Butirra Rosata Morettini

原产意大利，西洋梨品种，亲本为Coscia×Beurré Clairgeau；树势较强，半开张，丰产性中等。

果实类型：软肉型	风味/香气：酸甜/微香	每花序花朵数（朵）：3～8（5.9）
果实形状：葫芦形	果肉硬度（kg/cm²）：2.11	雄蕊数（枚）：18～21（20.0）
单果重（g）：219	SSC/TA（%）：12.99/0.18	花药颜色：紫红色（61B）
萼片状态：宿存/残存	内质综合评价：中上	初花期：20190423
果实心室数：5	一年生枝颜色：黄褐色（N199C）	盛花期：20190425
果肉质地：紧密—软	幼叶颜色：绿色	果实成熟期：8月初（早）
果肉粗细：细	叶片形状：椭圆形	果实发育期（d）：100
汁液：中多	叶缘/刺芒：圆锯齿/无	营养生长天数（d）：223

基理拜瑞　Бере guu

1961年从苏联引进，西洋梨品种；树势较强，半开张，丰产性较强。

果实类型：软肉型
果实形状：短葫芦形
单果重（g）：199
萼片状态：宿存
果实心室数：5
果肉质地：紧密—软
果肉粗细：较细
汁液：中多

风味/香气：甜/粉香
果肉硬度（kg/cm²）：5.60
SSC/TA（%）：15.41/0.15
内质综合评价：中上
一年生枝颜色：灰绿色（N200B）
幼叶颜色：绿色
叶片形状：椭圆形
叶缘/刺芒：钝锯齿/无

每花序花朵数（朵）：4～7(6.0)
雄蕊数（枚）：19～20（19.8）
花药颜色：淡紫红（73B）
初花期：20190420
盛花期：20190423
果实成熟期：9月中旬（中）
果实发育期（d）：143
营养生长天数（d）：214

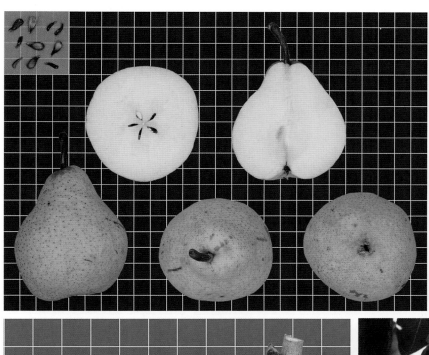
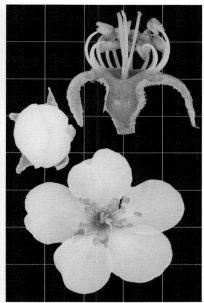
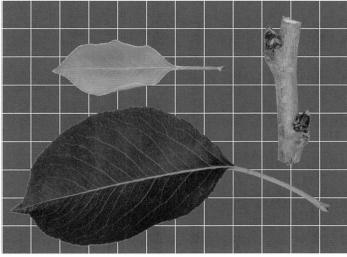

基费拉实生　Сеянец Киффера

俄罗斯引进，西洋梨品种。

果实类型：软肉型	风味/香气：酸甜/微香	每花序花朵数（朵）：4～8(6.8)
果实形状：短葫芦形	果肉硬度（kg/cm²）：3.44	雄蕊数（枚）：18～25（20.8）
单果重（g）：191	SSC/TA（%）：13.06/0.36	花药颜色：淡紫红（73B）
萼片状态：宿存	内质综合评价：中	初花期：20190422
果实心室数：5	一年生枝颜色：黄褐色（N199C）	盛花期：20190424
果肉质地：紧密—稍软	幼叶颜色：红微着绿色	果实成熟期：10月上旬（晚）
果肉粗细：较细	叶片形状：椭圆形	果实发育期（d）：168
汁液：中多	叶缘/刺芒：钝锯齿/无	营养生长天数（d）：224

查纽斯卡 **Charneuska**

捷克引进，西洋梨品种；树势中庸，半开张，丰产性较强。

果实类型：软肉型

果实形状：葫芦形

单果重（g）：156

萼片状态：宿存

果实心室数：5

果肉质地：稍紧—软面

果肉粗细：细

汁液：少

风味/香气：甜/微香

果肉硬度（kg/cm²）：3.81

SSC/TA（%）：14.95/0.16

内质综合评价：中上

一年生枝颜色：黄褐色（165A）

幼叶颜色：绿色

叶片形状：椭圆形

叶缘/刺芒：圆锯齿/无

每花序花朵数（朵）：7～8(7.5)

雄蕊数（枚）：19～29（24.6）

花药颜色：淡紫红（73B）

初花期：20180428

盛花期：20180429

果实成熟期：9月中下旬（中）

果实发育期（d）：144

营养生长天数（d）：217

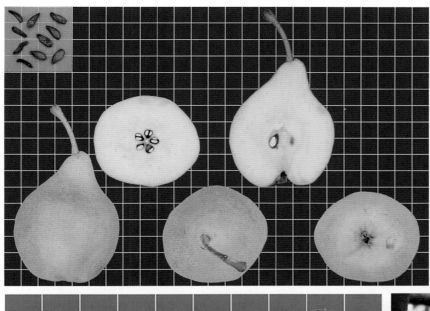

茄梨　Clapp Favorite

原产美国，西洋梨品种，亲本为日面红×巴梨，1860年育成；树势强，丰产性强，贮藏性弱。

果实类型：软肉型	风味/香气：酸甜/微香	每花序花朵数（朵）：4～8(6.4)
果实形状：葫芦形	果肉硬度（kg/cm²）：2.22	雄蕊数（枚）：22～26（24.5）
单果重（g）：183	SSC/TA（%）：12.63/0.40	花药颜色：紫红色（61A）
萼片状态：宿存/残存	内质综合评价：上	初花期：20190423
果实心室数：4～5	一年生枝颜色：红褐色（178A）	盛花期：20190425
果肉质地：紧密—软溶	幼叶颜色：绿微着红色	果实成熟期：8月上旬（早）
果肉粗细：细	叶片形状：椭圆形	果实发育期（d）：99
汁液：多	叶缘/刺芒：圆锯齿/无	营养生长天数（d）：218

利布林 Clapps Liebling

原产德国，西洋梨品种；树势强，半开张，较丰产。

果实类型：软肉型
风味/香气：酸甜/微香
每花序花朵数（朵）：4～7(5.2)

果实形状：葫芦形
果肉硬度（kg/cm²）：2.44
雄蕊数（枚）：21～28（24.1）

单果重（g）：164
SSC/TA（%）：14.39/0.45
花药颜色：紫红色（61A）

萼片状态：宿存/残存
内质综合评价：中上
初花期：20190423

果实心室数：5
一年生枝颜色：黄褐色（N199C）
盛花期：20190426

果肉质地：紧密—软
幼叶颜色：绿微着红色
果实成熟期：8月上旬（早）

果肉粗细：细
叶片形状：椭圆形
果实发育期（d）：101

汁液：中多
叶缘/刺芒：圆锯齿/无
营养生长天数（d）：227

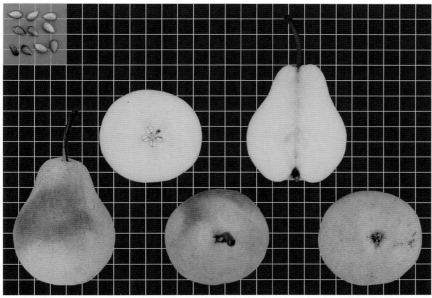

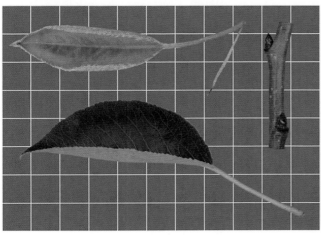

康佛伦斯　Conference

英国品种，西洋梨，Leon Leclerc de Laval实生，1894年发现；树势较强，半开张，丰产性强，贮藏性较强。

果实类型：软肉型

果实形状：细颈葫芦形

单果重（g）：141

萼片状态：宿存/残存

果实心室数：5

果肉质地：紧密—软溶

果肉粗细：细

汁液：中多

风味/香气：甜/微香

果肉硬度（kg/cm²）：4.02

SSC/TA（%）：14.09/0.08

内质综合评价：上

一年生枝颜色：黄褐色（N199C）

幼叶颜色：绿微着红色

叶片形状：椭圆形

叶缘/刺芒：钝锯齿/无

每花序花朵数（朵）：6～9(7.1)

雄蕊数（枚）：20～25（21.0）

花药颜色：紫红色（71C）

初花期：20190424

盛花期：20190427

果实成熟期：9月中旬（中）

果实发育期（d）：141

营养生长天数（d）：230

达马列斯　**Damaliesi**

西洋梨品种，云南省大板桥园艺场引进；树势强，开张，丰产性强。

果实类型：软肉型　　　　风味/香气：甜酸稍涩/粉香　　　每花序花朵数（朵）：6 ~ 9(7.3)

果实形状：短葫芦形　　　果肉硬度（kg/cm²）：4.14　　雄蕊数（枚）：20 ~ 25（22.1）

单果重（g）：169　　　　SSC/TA（%）：11.51/0.27　　花药颜色：紫红色（63A）

萼片状态：宿存/残存　　　内质综合评价：中上　　　　初花期：20190419

果实心室数：4 ~ 5　　　一年生枝颜色：黄褐色（165A）　盛花期：20190421

果肉质地：软　　　　　　幼叶颜色：绿色　　　　　　果实成熟期：8月中旬（早）

果肉粗细：细　　　　　　叶片形状：椭圆形　　　　　果实发育期（d）：113

汁液：多　　　　　　　　叶缘/刺芒：锐锯齿/无　　　营养生长天数（d）：218

戴维 David

捷克引进，西洋梨品种；树势中庸，半开张，丰产性中等。

果实类型：软肉型	风味/香气：甜/粉香	每花序花朵数（朵）：3～8(5.2)
果实形状：细颈葫芦形	果肉硬度（kg/cm²）：2.42	雄蕊数（枚）：20～29（22.2）
单果重（g）：219	SSC/TA（%）：14.24/0.09	花药颜色：紫红色（60A）
萼片状态：宿存	内质综合评价：中上	初花期：20190423
果实心室数：5	一年生枝颜色：黄褐色（165A）	盛花期：20190425
果肉质地：紧密—软	幼叶颜色：绿色	果实成熟期：9月上旬（中）
果肉粗细：细	叶片形状：椭圆形	果实发育期（d）：131
汁液：中多	叶缘/刺芒：钝锯齿/无	营养生长天数（d）：224

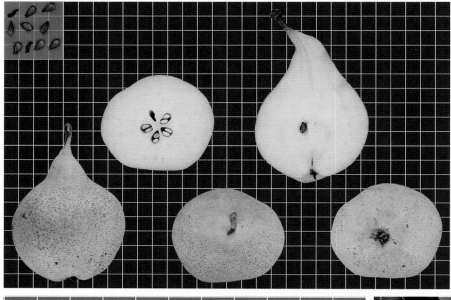

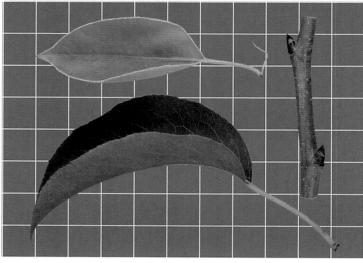

底卡拉 *Dekora*

捷克引进，西洋梨品种；树势较强，半开张，丰产性中等。

果实类型：软肉型　　　　　风味/香气：甜酸/微香　　　　每花序花朵数（朵）：4～7(6.2)

果实形状：葫芦形　　　　　果肉硬度（kg/cm²）：4.69　雄蕊数（枚）：21～28（23.3）

单果重（g）：167　　　　　SSC（%）：12.30　　　　　花药颜色：淡紫红（73B）

萼片状态：宿存　　　　　　内质综合评价：中上　　　　初花期：20180429

果实心室数：5　　　　　　一年生枝颜色：绿黄色（199A）盛花期：20180430

果肉质地：紧密—软　　　　幼叶颜色：绿微着红色　　　果实成熟期：9月上旬（中）

果肉粗细：较细　　　　　　叶片形状：椭圆形　　　　　果实发育期（d）：127

汁液：中多　　　　　　　　叶缘/刺芒：全缘/无　　　　营养生长天数（d）：212

奥扎纳　Dell'Auzzana

意大利引进，西洋梨品种。

果实类型：软肉型

果实形状：短葫芦形

单果重（g）：170

萼片状态：宿存

果实心室数：4～5

果肉质地：松脆—软面

果肉粗细：细

汁液：中多—少

风味/香气：甜/粉香

果肉硬度（kg/cm²）：5.30

SSC/TA（%）：15.32/0.26

内质综合评价：中上

一年生枝颜色：黄褐色（166B）

幼叶颜色：绿微着红色

叶片形状：椭圆形

叶缘/刺芒：圆锯齿/无

每花序花朵数（朵）：8～10（8.6）

雄蕊数（枚）：16～22（18.8）

花药颜色：紫红色（61C）

初花期：20180426

盛花期：20180427

果实成熟期：9月上旬（中）

果实发育期（d）：130

营养生长天数（d）：218

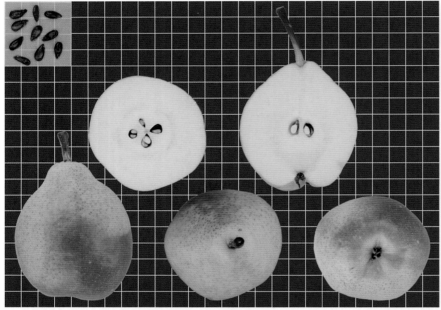

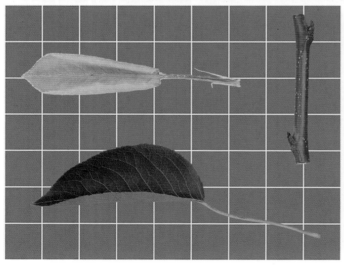

斯查拉 **Dobra Szara**

波兰引进，西洋梨品种；树势较强，半开张，丰产性较强，贮藏性弱。

果实类型：软肉型

果实形状：葫芦形

单果重（g）：68

萼片状态：宿存

果实心室数：5～7

果肉质地：紧密—软面

果肉粗细：中粗

汁液：中多

风味/香气：酸甜/微香

果肉硬度（kg/cm²）：1.75

SSC/TA（%）：16.34/0.34

内质综合评价：中

一年生枝颜色：黄褐色（166B）

幼叶颜色：绿色

叶片形状：卵圆形

叶缘/刺芒：圆锯齿/无

每花序花朵数（朵）：6～8(6.9)

雄蕊数（枚）：27～33（30.7）

花药颜色：紫红色（70B）

初花期：20190421

盛花期：20190423

果实成熟期：8月中旬（早）

果实发育期（d）：109

营养生长天数（d）：219

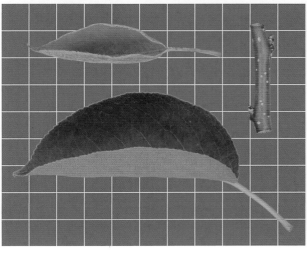

三季　Docteur Jules Guyot

原产法国，西洋梨品种，起源于实生，1870年发现；树势较强，半开张，丰产性较强，贮藏性弱。

果实类型：软肉型	风味/香气：酸甜/香	每花序花朵数（朵）：3~6(4.4)
果实形状：粗颈葫芦形	果肉硬度（kg/cm²）：2.68	雄蕊数（枚）：19~24（21.7）
单果重（g）：280	SSC/TA（%）：13.10/0.23	花药颜色：紫红色（63A）
萼片状态：宿存/残存	内质综合评价：上	初花期：20190425
果实心室数：5~6	一年生枝颜色：黄褐色（166A）	盛花期：20190428
果肉质地：紧密—软	幼叶颜色：绿色	果实成熟期：8月上中旬（早）
果肉粗细：较细	叶片形状：椭圆形	果实发育期（d）：110
汁液：中多	叶缘/刺芒：钝锯齿/无	营养生长天数（d）：210

吉奥博士　**Dr Gyuiot**

山西省农业科学院果树研究所引进，西洋梨品种；树势强，半开张，丰产性强。

果实类型：软肉型

果实形状：葫芦形

单果重（g）：221

萼片状态：宿存

果实心室数：4～5

果肉质地：紧密—软

果肉粗细：细

汁液：中多

风味/香气：酸甜/微香

果肉硬度（kg/cm²）：3.65

SSC/TA（%）：13.73/0.32

内质综合评价：中上

一年生枝颜色：黄褐色（N199B）

幼叶颜色：绿微着红色

叶片形状：卵圆形

叶缘/刺芒：钝锯齿/无

每花序花朵数（朵）：6～8(6.6)

雄蕊数（枚）：19～22（20.6）

花药颜色：紫红色（63A）

初花期：20190421

盛花期：20190423

果实成熟期：9月下旬（晚）

果实发育期（d）：154

营养生长天数（d）：225

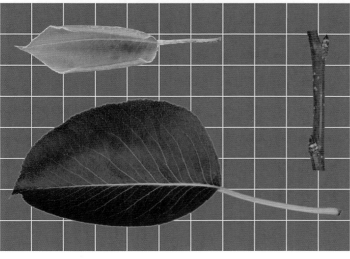

安古列姆 Duchesse d'Angouleme

原产法国，西洋梨品种，起源于偶然实生，1808年发现，$2n=3x=51$；树势较强，半开张，贮藏性弱。

果实类型：软肉型	风味/香气：酸甜/粉香	每花序花朵数（朵）：4～8(6.2)
果实形状：短葫芦形	果肉硬度（kg/cm²）：2.83	雄蕊数（枚）：19～20（19.8）
单果重（g）：178	SSC/TA（%）：12.96/0.09	花药颜色：粉红色（58C）
萼片状态：宿存	内质综合评价：中上	初花期：20190423
果实心室数：5	一年生枝颜色：绿褐色（N199C）	盛花期：20190425
果肉质地：紧密—软	幼叶颜色：绿色	果实成熟期：9月中旬（中）
果肉粗细：较细	叶片形状：椭圆形	果实发育期（d）：144
汁液：中多	叶缘/刺芒：锐锯齿/无	营养生长天数（d）：218

多拉多　EI Dorado

美国品种，可能为巴梨实生；树势强，半开张，丰产性中等，贮藏性弱。

果实类型：软肉型

果实形状：短葫芦形

单果重（g）：260

萼片状态：宿存

果实心室数：5

果肉质地：软

果肉粗细：较细

汁液：中多

风味/香气：酸甜/粉香

果肉硬度（kg/cm²）：3.21

SSC/TA（%）：14.14/0.19

内质综合评价：中上

一年生枝颜色：黄褐色（165A）

幼叶颜色：绿色

叶片形状：椭圆形

叶缘/刺芒：全缘/无

每花序花朵数（朵）：3～8(6.2)

雄蕊数（枚）：20～27（22.0）

花药颜色：紫红色（67C）

初花期：20190421

盛花期：20190423

果实成熟期：7月中旬（早）

果实发育期（d）：85

营养生长天数（d）：220

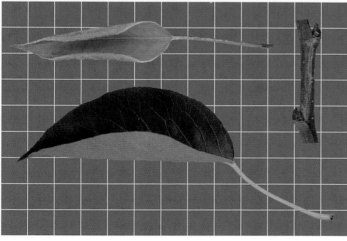

俄梨　Eli

俄罗斯引进，西洋梨品种；树势较强，较直立，丰产性弱。

果实类型：软肉型　　　　　风味/香气：酸甜/微香　　　　每花序花朵数（朵）：4～8（5.8）

果实形状：粗颈葫芦形　　　果肉硬度（kg/cm²）：5.00　　雄蕊数（枚）：26～31（28.5）

单果重（g）：356　　　　　SSC/TA（%）：14.40/0.44　　花药颜色：淡紫红（63C）

萼片状态：残存/宿存　　　　内质综合评价：中上　　　　初花期：20190425

果实心室数：5～7　　　　　一年生枝颜色：红褐色（178A）盛花期：20190427

果肉质地：紧密—软　　　　幼叶颜色：绿着红色　　　　果实成熟期：9月中旬（中）

果肉粗细：较细　　　　　　叶片形状：椭圆形　　　　　果实发育期（d）：136

汁液：中多　　　　　　　　叶缘/刺芒：圆锯齿/无　　　营养生长天数（d）：219

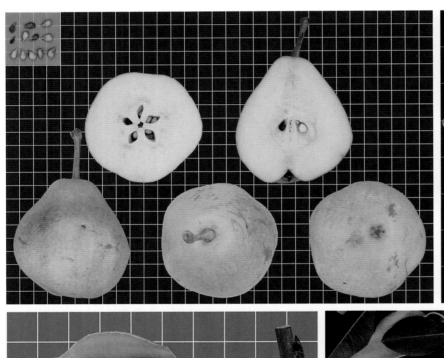

伊特鲁里亚　Etruska

原产意大利，西洋梨品种；树势强，半开张，丰产性较强，贮藏性弱。

果实类型：软肉型
果实形状：葫芦形
单果重（g）：119
萼片状态：宿存/残存
果实心室数：5
果肉质地：软—软面
果肉粗细：细
汁液：中多

风味/香气：甜/微香
果肉硬度（kg/cm²）：2.99
SSC/TA（%）：12.69/0.06
内质综合评价：中上
一年生枝颜色：绿黄色（199A）
幼叶颜色：绿色
叶片形状：卵圆形
叶缘/刺芒：锐锯齿/无

每花序花朵数（朵）：3～9（6.0）
雄蕊数（枚）：19～21（19.9）
花药颜色：淡粉色（65B）
初花期：20190422
盛花期：20190424
果实成熟期：7月中旬（早）
果实发育期（d）：86
营养生长天数（d）：214

日面红　Flemish Beauty

比利时品种，西洋梨，2*n*=34；树势较强，半开张，丰产性较强，贮藏性弱。

果实类型：软肉型

果实形状：粗颈葫芦形

单果重（g）：241

萼片状态：宿存

果实心室数：5

果肉质地：紧密—软

果肉粗细：细

汁液：中多

风味/香气：甜/粉香

果肉硬度（kg/cm²）：4.22

SSC/TA（%）：13.96/0.23

内质综合评价：上

一年生枝颜色：黄褐色（166A）

幼叶颜色：绿色

叶片形状：椭圆形

叶缘/刺芒：钝锯齿/无

每花序花朵数（朵）：5～8(6.1)

雄蕊数（枚）：23～28（26.1）

花药颜色：紫红色（61A）

初花期：20190420

盛花期：20190423

果实成熟期：8月下旬（中）

果实发育期（d）：123

营养生长天数（d）：213

居特路易斯　**Gute Luise**

德国引进，西洋梨品种；树势较强，半开张，丰产性中等。

果实类型：软肉型　　　　风味/香气：酸甜/微香　　　　每花序花朵数（朵）：3～7(4.8)

果实形状：葫芦形　　　　果肉硬度（kg/cm²）：4.12　　雄蕊数（枚）：18～22（19.5）

单果重（g）：116　　　　SSC/TA（%）：14.61/0.18　　花药颜色：紫红色（61B）

萼片状态：宿存/残存　　　内质综合评价：中上　　　　初花期：20180426

果实心室数：5　　　　　　一年生枝颜色：黄褐色（N199D）　盛花期：20180427

果肉质地：紧密—软面　　　幼叶颜色：绿色　　　　　　果实成熟期：8月下旬（中）

果肉粗细：较细　　　　　　叶片形状：椭圆形　　　　　果实发育期（d）：121

汁液：中多　　　　　　　　叶缘/刺芒：圆锯齿/无　　　营养生长天数（d）：221

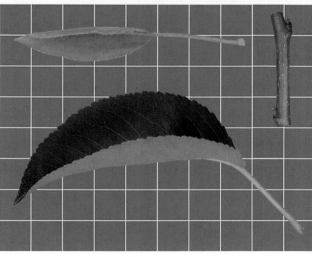

海寿兹卡　Harozka

捷克引进，西洋梨品种；树势强，半开张，丰产性中等，贮藏性弱。

果实类型：软肉型
果实形状：短葫芦形
单果重（g）：99
萼片状态：宿存
果实心室数：5
果肉质地：软面
果肉粗细：中粗
汁液：少

风味/香气：酸甜/微香
果肉硬度（kg/cm^2）：3.22
SSC/TA（%）：13.55/0.47
内质综合评价：中
一年生枝颜色：绿褐色（N199A）
幼叶颜色：绿色
叶片形状：椭圆形
叶缘/刺芒：全缘/无

每花序花朵数（朵）：5～8(6.8)
雄蕊数（枚）：19～21（20.0）
花药颜色：紫红色（61A）
初花期：20190416
盛花期：20190418
果实成熟期：8月上中旬（早）
果实发育期（d）：111
营养生长天数（d）：214

哈罗甜　Harrow Sweet

原产加拿大，西洋梨品种，亲本为Bartlett×（Old Home×Early Sweet）；树势较强，半开张，丰产性较强，贮藏性弱。

果实类型：软肉型
果实形状：葫芦形
单果重（g）：272
萼片状态：宿存
果实心室数：5
果肉质地：紧密—软
果肉粗细：细
汁液：中多

风味/香气：甜酸/粉香
果肉硬度（kg/cm^2）：4.47
SSC/TA（%）：14.66/0.53
内质综合评价：中上
一年生枝颜色：黄褐色（165B）
幼叶颜色：绿色
叶片形状：椭圆形
叶缘/刺芒：圆锯齿/无

每花序花朵数（朵）：4～7(5.5)
雄蕊数（枚）：20～29（26.3）
花药颜色：淡紫红（73B）
初花期：20190423
盛花期：20190425
果实成熟期：8月下旬（早）
果实发育期（d）：118
营养生长天数（d）：225

佳娜　**Jana**

捷克引进，西洋梨品种；树势中庸，半开张，丰产性中等。

果实类型：软肉型	风味/香气：甘甜/香	每花序花朵数（朵）：3～6(5.2)
果实形状：短葫芦形	果肉硬度（kg/cm²）：3.38	雄蕊数（枚）：26～32（28.3）
单果重（g）：294	SSC（%）：13.45	花药颜色：淡紫红（73B）
萼片状态：残存	内质综合评价：中上	初花期：20180429
果实心室数：5	一年生枝颜色：黄褐色（177A）	盛花期：20180430
果肉质地：紧密—软	幼叶颜色：绿色	果实成熟期：9月下旬（晚）
果肉粗细：细	叶片形状：卵圆形	果实发育期（d）：154
汁液：中多	叶缘/刺芒：圆锯齿/无	营养生长天数（d）：220

珍妮阿　**Jeanne d'Are**

德国引进，西洋梨品种；树势强，半开张，丰产性强，贮藏性中等。

果实类型：软肉型
果实形状：葫芦形
单果重（g）：252
萼片状态：宿存
果实心室数：5
果肉质地：紧密—软
果肉粗细：较细
汁液：多

风味/香气：甜酸稍涩/微香
果肉硬度（kg/cm^2）：3.59
SSC/TA（%）：13.88/0.40
内质综合评价：中上
一年生枝颜色：黄褐色（N199B）
幼叶颜色：绿色
叶片形状：椭圆形
叶缘/刺芒：锐锯齿/无

每花序花朵数（朵）：4～7(5.6)
雄蕊数（枚）：17～21（19.6）
花药颜色：紫红色（70B）
初花期：20190421
盛花期：20190423
果实成熟期：9月中旬（中）
果实发育期（d）：141
营养生长天数（d）：223

哈巴罗夫斯克　Khabarovsk

俄罗斯引进，西洋梨；树势强，半开张，丰产性中等。

果实类型：软肉型

果实形状：短葫芦形

单果重（g）：125

萼片状态：宿存

果实心室数：5

果肉质地：紧密—软

果肉粗细：粗

汁液：中多

风味/香气：酸涩/微香

果肉硬度（kg/cm²）：3.11

SSC/TA（%）：14.01/1.02

内质综合评价：中下

一年生枝颜色：黄褐色（166A）

幼叶颜色：绿微着红色

叶片形状：椭圆形

叶缘/刺芒：锐锯齿/有

每花序花朵数（朵）：3～8(5.3)

雄蕊数（枚）：17～20（19.1）

花药颜色：淡粉色（58D）

初花期：20190413

盛花期：20190415

果实成熟期：8月上旬（早）

果实发育期（d）：113

营养生长天数（d）：207

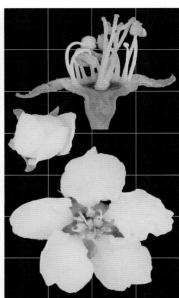

索比士　**Kréd Sobieshi**

波兰引进，西洋梨品种；树势强，半开张，丰产性中等，贮藏性弱。

果实类型：软肉型

果实形状：葫芦形

单果重（g）：169

萼片状态：宿存/残存/脱落

果实心室数：5～6

果肉质地：软

果肉粗细：较细

汁液：中多

风味/香气：酸甜稍涩/微香

果肉硬度（kg/cm²）：2.37

SSC/TA（%）：12.89/0.39

内质综合评价：中

一年生枝颜色：黄褐色（166B）

幼叶颜色：绿色

叶片形状：卵圆形

叶缘/刺芒：钝锯齿/无

每花序花朵数（朵）：6～11（8.0）

雄蕊数（枚）：18～27（22.4）

花药颜色：紫红色（61B）

初花期：20190417

盛花期：20190419

果实成熟期：7月底（早）

果实发育期（d）：98

营养生长天数（d）：216

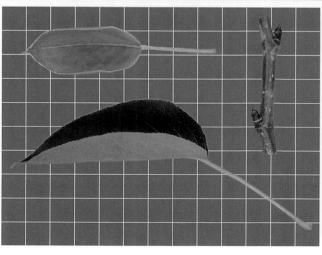

李克特　*Le Lectier*

法国品种，西洋梨，亲本为Bartlett × Bergamotte Fortunee。

果实类型：软肉型

果实形状：葫芦形

单果重（g）：229

萼片状态：宿存

果实心室数：5

果肉质地：紧密—软溶

果肉粗细：细

汁液：多

风味/香气：甜/香

果肉硬度（kg/cm²）：2.6

SSC（%）：16.4

内质综合评价：上

一年生枝颜色：黄褐色（165A）

幼叶颜色：绿色

叶片形状：椭圆形

叶缘/刺芒：钝锯齿/无

每花序花朵数（朵）：7 ~ 9(7.8)

雄蕊数（枚）：19 ~ 26（21.0）

花药颜色：淡粉色（62C）

初花期：20180408（北京）

盛花期：20180410（北京）

果实成熟期：10月中旬（晚）

果实发育期（d）：193

营养生长天数（d）：218

马道美　Madame Verte

德国引进，西洋梨品种；树势较强，半开张，丰产性中等，贮藏性弱。

果实类型：软肉型

果实形状：葫芦形

单果重（g）：181

萼片状态：宿存

果实心室数：5

果肉质地：紧密—软

果肉粗细：中粗

汁液：中多

风味/香气：甜酸稍涩/粉香

果肉硬度（kg/cm²）：3.42

SSC/TA（%）：16.22/0.42

内质综合评价：中

一年生枝颜色：黄褐色（165A）

幼叶颜色：绿色

叶片形状：椭圆形

叶缘/刺芒：钝锯齿/无

每花序花朵数（朵）：3～9(5.9)

雄蕊数（枚）：20～23（21.1）

花药颜色：淡紫红（64D）

初花期：20190421

盛花期：20190423

果实成熟期：9月上旬（中）

果实发育期（d）：130

营养生长天数（d）：223

美尼梨　Menie

波兰引进，西洋梨品种，2*n*=34；贮藏性弱。

果实类型：软肉型　　　　风味/香气：酸甜稍涩/微香　　　每花序花朵数（朵）：6～9(7.8)

果实形状：葫芦形　　　　果肉硬度（kg/cm²）：1.97　　　雄蕊数（枚）：19～27（23.0）

单果重（g）：176　　　　SSC/TA（%）：11.99/0.27　　　花药颜色：紫红色（60B）

萼片状态：宿存　　　　　内质综合评价：中　　　　　　初花期：20190417

果实心室数：5　　　　　一年生枝颜色：黄褐色（165A）　盛花期：20190419

果肉质地：软　　　　　　幼叶颜色：绿色　　　　　　　果实成熟期：7月底（早）

果肉粗细：较细　　　　　叶片形状：卵圆形　　　　　　果实发育期（d）：99

汁液：中多　　　　　　　叶缘/刺芒：钝锯齿/无　　　　营养生长天数（d）：217

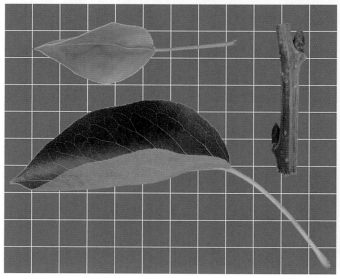

派克汉姆 Packham's Triumph

原产澳大利亚新南威尔士，别名盘克汉姆、帕克胜利，西洋梨品种，Charles Henry Packham 约于1897年育成，亲本为 Uvedale St. Germain × Bartlett；树势中庸，半开张，丰产性强，贮藏性较强。

果实类型：软肉型	风味/香气：甜/香	每花序花朵数（朵）：5～8（6.1）
果实形状：粗颈葫芦形	果肉硬度（kg/cm²）：2.92	雄蕊数（枚）：20～22（20.4）
单果重（g）：268	SSC（%）：13.14	花药颜色：紫红色（64A）
萼片状态：宿存/残存	内质综合评价：上	初花期：20180409（北京）
果实心室数：5	一年生枝颜色：黄褐色（166B）	盛花期：20180411（北京）
果肉质地：紧密—软溶	幼叶颜色：绿色	果实成熟期：9月下旬（晚）
果肉粗细：细	叶片形状：椭圆形	果实发育期（d）：167
汁液：多	叶缘/刺芒：圆锯齿/无	营养生长天数（d）：222

帕顿　Patten

大连市农业科学研究院引进，西洋梨；树势较强，半开张，丰产性中等，贮藏性弱。

果实类型：软肉型　　　　　风味/香气：酸甜/微香　　　　每花序花朵数（朵）：4～8(6.3)
果实形状：短葫芦形　　　　果肉硬度（kg/cm²）：2.58　　雄蕊数（枚）：26～33（29.7）
单果重（g）：89　　　　　SSC/TA（%）：15.59/0.33　　花药颜色：紫红色（60C）
萼片状态：宿存　　　　　　内质综合评价：中　　　　　初花期：20190423
果实心室数：5～7　　　　　一年生枝颜色：黄褐色（166B）盛花期：20190426
果肉质地：软面　　　　　　幼叶颜色：绿色　　　　　　果实成熟期：8月中旬（早）
果肉粗细：较细　　　　　　叶片形状：卵圆形　　　　　果实发育期（d）：111
汁液：少　　　　　　　　　叶缘/刺芒：钝锯齿/无　　　营养生长天数（d）：215

早熟谢尔盖耶娃　Ранняя Сергеева

俄罗斯引进，西洋梨品种；贮藏性弱。

果实类型：软肉型

果实形状：细颈葫芦形

单果重（g）：148

萼片状态：宿存/残存

果实心室数：5～6

果肉质地：软

果肉粗细：细

汁液：中多—少

风味/香气：甜酸/微香

果肉硬度（kg/cm²）：3.71

SSC/TA（%）：12.60/0.26

内质综合评价：中上

一年生枝颜色：黄褐色（166A）

幼叶颜色：绿色

叶片形状：椭圆形

叶缘/刺芒：圆锯齿/无

每花序花朵数（朵）：6～8(7.0)

雄蕊数（枚）：22～30（25.7）

花药颜色：紫红色（59C）

初花期：20190419

盛花期：20190421

果实成熟期：7月中旬（早）

果实发育期（d）：77

营养生长天数（d）：217

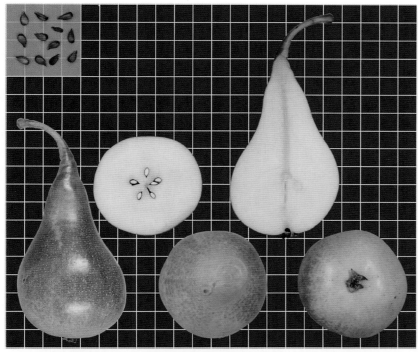

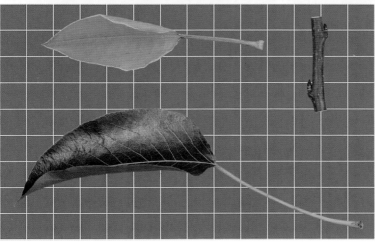

飞来松　Phileson

波兰引进，西洋梨品种，2*n*=34；树势中庸，半开张，丰产性中等，贮藏性弱。

果实类型：软肉型	风味/香气：酸甜/微香	每花序花朵数（朵）：6～7(6.4)
果实形状：葫芦形	果肉硬度（kg/cm²）：3.38	雄蕊数（枚）：26～30（27.7）
单果重（g）：204	SSC/TA（%）：12.75/0.45	花药颜色：紫红色（60C）
萼片状态：宿存/残存	内质综合评价：中上	初花期：20190416
果实心室数：5	一年生枝颜色：黄褐色（165A）	盛花期：20190419
果肉质地：紧密—软	幼叶颜色：绿色	果实成熟期：8月上旬（早）
果肉粗细：较细	叶片形状：椭圆形	果实发育期（d）：106
汁液：中多	叶缘/刺芒：钝锯齿/无	营养生长天数（d）：214

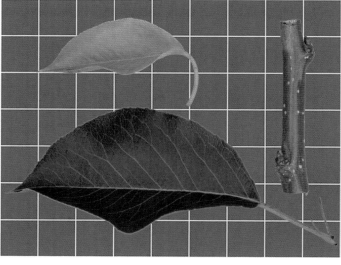

瓢梨 *Piaoli*

大连市农业科学研究院引进，西洋梨；树势较强，半开张，丰产性较强。

果实类型：软肉型　　　　风味/香气：甜/微香　　　　每花序花朵数（朵）：5～8(6.3)

果实形状：葫芦形　　　　果肉硬度（kg/cm²）：4.34　　雄蕊数（枚）：20～23（21.1）

单果重（g）：328　　　　SSC/TA（%）：14.08/0.23　　花药颜色：粉红色（58B）

萼片状态：宿存　　　　　内质综合评价：中　　　　　初花期：20190421

果实心室数：5　　　　　一年生枝颜色：黄褐色（N199B）盛花期：20190423

果肉质地：紧密—软面　　幼叶颜色：绿色　　　　　　果实成熟期：9月底（晚）

果肉粗细：中粗　　　　　叶片形状：椭圆形　　　　　果实发育期（d）：156

汁液：中多　　　　　　　叶缘/刺芒：钝锯齿/无　　　营养生长天数（d）：228

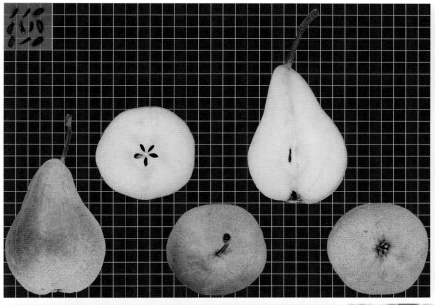

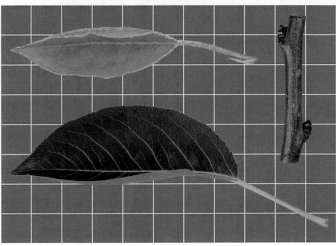

蓓蕾沙 **Placer**

美国引进，西洋梨品种。

果实类型：软肉型
果实形状：葫芦形
单果重（g）：93
萼片状态：宿存
果实心室数：5
果肉质地：软面
果肉粗细：细
汁液：少

风味：甜
果肉硬度（kg/cm²）：4.26
SSC（%）：14.61
内质综合评价：中上
一年生枝颜色：紫褐色（187A）
幼叶颜色：绿微着红色
叶片形状：椭圆形
叶缘/刺芒：圆锯齿/无

每花序花朵数（朵）：5～7(5.6)
雄蕊数（枚）：18～27（22.8）
花药颜色：紫红色（71A）
初花期：20160423
盛花期：20160425
果实成熟期：8月下旬（早）
果实发育期（d）：117
营养生长天数（d）：224

波罗底斯卡 **Plovdivska**

保加利亚引进，西洋梨品种；树势中庸，半开张，丰产性中等，贮藏性弱。

果实类型：软肉型	风味/香气：酸甜/粉香	每花序花朵数（朵）：4～7(6.0)
果实形状：葫芦形	果肉硬度（kg/cm²）：3.20	雄蕊数（枚）：17～20（19.4）
单果重（g）：53	SSC/TA（%）：13.59/0.07	花药颜色：紫红色（60C）
萼片状态：宿存	内质综合评价：中上	初花期：20190420
果实心室数：5	一年生枝颜色：红褐色（178A）	盛花期：20190422
果肉质地：软	幼叶颜色：绿色	果实成熟期：6月底（早）
果肉粗细：中粗	叶片形状：椭圆形	果实发育期（d）：66
汁液：中多	叶缘/刺芒：圆锯齿/无	营养生长天数（d）：225

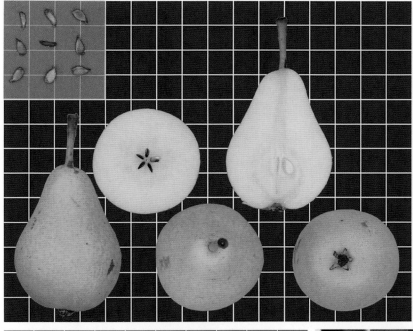

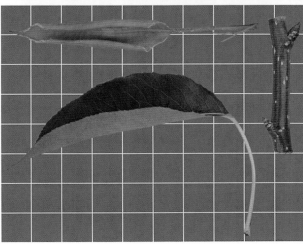

特雷沃　Precoce de Trevoux

原产法国，西洋梨品种；树势强，半开张，丰产性中等，贮藏性弱。

果实类型：软肉型	风味/香气：甜酸/粉香	每花序花朵数（朵）：3～6(4.3)
果实形状：葫芦形	果肉硬度（kg/cm²）：3.15	雄蕊数（枚）：20～27（23.8）
单果重（g）：153	SSC/TA（%）：14.75/0.33	花药颜色：紫红色（64C）
萼片状态：宿存	内质综合评价：中上	初花期：20190423
果实心室数：5	一年生枝颜色：黄褐色（N199C）	盛花期：20190426
果肉质地：紧密—软	幼叶颜色：绿微着红色	果实成熟期：8月上旬（早）
果肉粗细：细	叶片形状：椭圆形	果实发育期（d）：97
汁液：中多	叶缘/刺芒：圆锯齿/无	营养生长天数（d）：228

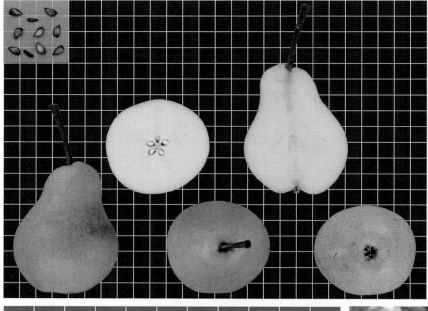

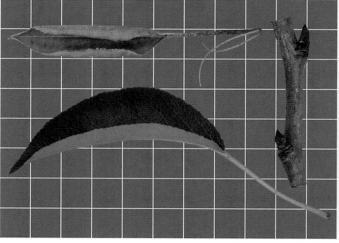

保利阿斯卡　**Ranna Bolyarska**

保加利亚引进，西洋梨品种；树势强，半开张，丰产性强，贮藏性弱。

果实类型：软肉型　　　　风味/香气：甜/微香　　　　每花序花朵数（朵）：5～9(6.8)
果实形状：葫芦形　　　　果肉硬度（kg/cm²）：3.93　　雄蕊数（枚）：20～27（23.5）
单果重（g）：54　　　　SSC/TA（%）：10.71/0.12　　花药颜色：紫红色（64B）
萼片状态：宿存　　　　　内质综合评价：中下　　　　初花期：20190417
果实心室数：4～5　　　一年生枝颜色：黄褐色（166A）盛花期：20190419
果肉质地：松软—软面　　幼叶颜色：绿色　　　　　　果实成熟期：6月下旬（早）
果肉粗细：较细　　　　　叶片形状：椭圆形　　　　　果实发育期（d）：61
汁液：少　　　　　　　　叶缘/刺芒：全缘/无　　　　营养生长天数（d）：223

763

红茄梨　**Red Clapp Favorite**

美国品种，茄梨的红色芽变，1950年发现，1956年Stark Brothers Nursery专利注册为Starkrimson，即红星；树势较强，半开张，丰产性较强，贮藏性弱。

果实类型：软肉型　　　　　风味/香气：酸甜/微香　　　　每花序花朵数（朵）：4～8(6.4)

果实形状：葫芦形　　　　　果肉硬度（kg/cm²）：1.52　　雄蕊数（枚）：22～26（24.3）

单果重（g）：176　　　　　SSC/TA（%）：13.59/0.24　　花药颜色：紫红色（63A）

萼片状态：宿存/残存　　　　内质综合评价：上　　　　　　初花期：20190421

果实心室数：4～5　　　　　一年生枝颜色：红褐色（183A）盛花期：20190423

果肉质地：紧密—软溶　　　幼叶颜色：绿色　　　　　　　果实成熟期：8月上旬（早）

果肉粗细：细　　　　　　　叶片形状：椭圆形　　　　　　果实发育期（d）：100

汁液：多　　　　　　　　　叶缘/刺芒：圆锯齿/无　　　　营养生长天数（d）：221

萨里斯来　**Salishury**

波兰引进，西洋梨品种，$2n=34$。

果实类型：软肉型

果实形状：葫芦形

单果重（g）138

萼片状态：宿存/残存

果实心室数：5

果肉质地：紧密—软

果肉粗细：较细

汁液：中多

风味/香气：酸甜/微香

果肉硬度（kg/cm²）：4.89

SSC/TA（%）：14.57/0.33

内质综合评价：中上

一年生枝颜色：黄褐色（N170A）

幼叶颜色：绿色

叶片形状：椭圆形

叶缘/刺芒：圆锯齿/无

每花序花朵数（朵）：5～9(7.3)

雄蕊数（枚）：19～23（21.0）

花药颜色：紫红色（64C）

初花期：20190422

盛花期：20190424

果实成熟期：8月中旬（早）

果实发育期（d）：111

营养生长天数（d）：219

玛利亚　**Santa Maria Morettini**

原产意大利，西洋梨品种，亲本为 Bartlett × Coscia；树势较强，半开张，丰产性中等。

果实类型：软肉型	风味/香气：酸甜/微香	每花序花朵数（朵）：7～9(7.7)
果实形状：葫芦形	果肉硬度（kg/cm²）：3.55	雄蕊数（枚）：20～24（21.2）
单果重（g）：287	SSC/TA（%）：12.74/0.37	花药颜色：淡紫红（63C）
萼片状态：宿存	内质综合评价：中上	初花期：20190427
果实心室数：5	一年生枝颜色：黄褐色（165B）	盛花期：20190430
果肉质地：紧密—软	幼叶颜色：绿色	果实成熟期：8月底（中）
果肉粗细：细	叶片形状：椭圆形	果实发育期（d）：126
汁液：中多	叶缘/刺芒：钝锯齿/无	营养生长天数（d）：223

洒普列染卡　**Saplezanka**

波兰引进，西洋梨品种，2*n*=34；贮藏性弱。

果实类型：软肉型
果实形状：短葫芦形
单果重（g）：111
萼片状态：宿存/残存
果实心室数：5
果肉质地：软面
果肉粗细：较细
汁液：少

风味/香气：甜酸/微香
果肉硬度（kg/cm²）：3.15
SSC/TA（%）：10.23/0.22
内质综合评价：中下
一年生枝颜色：黄褐色（N199C）
幼叶颜色：绿色
叶片形状：椭圆形
叶缘/刺芒：钝锯齿/无

每花序花朵数（朵）：5～9(7.2)
雄蕊数（枚）：20～26（21.9）
花药颜色：紫红色（61C）
初花期：20190418
盛花期：20190420
果实成熟期：7月底（早）
果实发育期（d）：94
营养生长天数（d）：227

斯伯丁　**Spalding**

美国品种，西洋梨，起源于美国佐治亚州；树势强，半开张，丰产性较强。

果实类型：软肉型　　　　风味/香气：酸甜/香　　　　每花序花朵数（朵）：3～8(6.0)

果实形状：葫芦形　　　　果肉硬度（kg/cm²）：5.74　　雄蕊数（枚）：19～26（22.9）

单果重（g）：184　　　　SSC/TA（%）：13.14/0.33　　花药颜色：淡紫红（73B）

萼片状态：宿存　　　　　内质综合评价：中　　　　　初花期：20190418

果实心室数：5～6　　　　一年生枝颜色：红褐色（183A）　盛花期：20190421

果肉质地：脆—软　　　　幼叶颜色：绿着红色　　　　果实成熟期：9月中旬（中晚）

果肉粗细：较细　　　　　叶片形状：椭圆形　　　　　果实发育期（d）：147

汁液：中多　　　　　　　叶缘/刺芒：锐锯齿/无　　　营养生长天数（d）：216

克拉斯卡　**Sraska**

捷克斯洛伐克引进，西洋梨品种，2*n*=34；树势较强，半开张，丰产性强。

果实类型：软肉型	风味/香气：酸甜/微香	每花序花朵数（朵）：6～8(7.1)
果实形状：短葫芦形	果肉硬度（kg/cm²）：2.41	雄蕊数（枚）：17～21（19.1）
单果重（g）：101	SSC/TA（%）：14.13/0.50	花药颜色：紫红色（64C）
萼片状态：宿存	内质综合评价：中上	初花期：20190414
果实心室数：5	一年生枝颜色：黄褐色（166A）	盛花期：20190416
果肉质地：紧密—软	幼叶颜色：绿色	果实成熟期：8月中旬（早）
果肉粗细：中粗	叶片形状：椭圆形	果实发育期（d）：109
汁液：中多	叶缘/刺芒：圆锯齿/无	营养生长天数（d）：214

夏血梨　Summer Blood Birne

原产德国，西洋梨品种；树势强，直立，丰产性中等，贮藏性弱；果肉红色。

果实类型：脆肉型—软肉型	风味：甜酸	每花序花朵数（朵）：3～7(5.6)
果实形状：短葫芦形	果肉硬度（kg/cm²）：2.91	雄蕊数（枚）：20～28（23.6）
单果重（g）：70	SSC/TA（%）：10.30/0.48	花药颜色：紫红色（61B）
萼片状态：宿存	内质综合评价：中	初花期：20190417
果实心室数：5	一年生枝颜色：紫褐色（187A）	盛花期：20190419
果肉质地：脆—软面	幼叶颜色：绿色	果实成熟期：7月中旬（早）
果肉粗细：中粗	叶片形状：椭圆形	果实发育期（d）：79
汁液：中多—少	叶缘/刺芒：全缘/无	营养生长天数（d）：220

托斯卡　Tosca

意大利品种，西洋梨，亲本为Coscia×William；树势较强，半开张，丰产性较强，贮藏性弱。

果实类型：软肉型

果实形状：葫芦形

单果重（g）：176

萼片状态：宿存

果实心室数：5

果肉质地：软

果肉粗细：细

汁液：中多

风味/香气：酸甜/粉香

果肉硬度（kg/cm²）：3.90

SSC/TA（%）：12.44/0.17

内质综合评价：上

一年生枝颜色：黄褐色（175A）

幼叶颜色：绿微着红色

叶片形状：椭圆形

叶缘/刺芒：圆锯齿/无

每花序花朵数（朵）：4～8(6.2)

雄蕊数（枚）：20～27（22.0）

花药颜色：淡紫红（70C）

初花期：20190423

盛花期：20190425

果实成熟期：8月中旬（早）

果实发育期（d）：107

营养生长天数（d）：222

德尚斯梨　Vereins Dechanstbirne

德国引进，西洋梨品种；树势较强，半开张，丰产性中等，不抗轮纹病。

果实类型：软肉型　　　　　风味/香气：酸甜/香　　　　　每花序花朵数（朵）：3～7(4.7)

果实形状：葫芦形　　　　　果肉硬度（kg/cm²）：2.74　　雄蕊数（枚）：18～22（19.8）

单果重（g）：219　　　　　SSC/TA（%）：14.74/0.25　　花药颜色：粉红色（58B）

萼片状态：宿存/残存　　　　内质综合评价：上　　　　　　初花期：20190426

果实心室数：4～5　　　　　一年生枝颜色：黄褐色（N199B）盛花期：20190429

果肉质地：紧密—软溶　　　　幼叶颜色：绿色　　　　　　　果实成熟期：8月中旬（早）

果肉粗细：细　　　　　　　叶片形状：椭圆形　　　　　　果实发育期（d）：110

汁液：多　　　　　　　　　叶缘/刺芒：圆锯齿/无　　　　营养生长天数（d）：219

维拉　**Vila**

捷克引进，西洋梨品种；树势强，半开张，丰产性中等。

果实类型：软肉型	风味/香气：酸甜/微香	每花序花朵数（朵）：3～8(5.5)
果实形状：葫芦形	果肉硬度（kg/cm²）：3.18	雄蕊数（枚）：19～24（20.9）
单果重（g）：88	SSC/TA（%）：12.92/0.19	花药颜色：淡粉色（62C）
萼片状态：宿存/残存/脱落	内质综合评价：中上	初花期：20190423
果实心室数：5	一年生枝颜色：绿黄色（199A）	盛花期：20190425
果肉质地：紧密—软	幼叶颜色：绿色	果实成熟期：7月底（早）
果肉粗细：细	叶片形状：椭圆形	果实发育期（d）：95
汁液：中多	叶缘/刺芒：全缘/无	营养生长天数（d）：231

拉斯帕夫　**William Laspave**

意大利引进，西洋梨品种；树势中庸，半开张。

果实类型：软肉型	风味/香气：酸甜/香	每花序花朵数（朵）：3～7(5.5)
果实形状：葫芦形	果肉硬度（kg/cm²）：3.63	雄蕊数（枚）：20～23（20.9）
单果重（g）：208	SSC/TA（%）：13.25/0.20	花药颜色：淡紫红（64D）
萼片状态：宿存	内质综合评价：上	初花期：20180428
果实心室数：5	一年生枝颜色：黄褐色（175A）	盛花期：20180430
果肉质地：软溶	幼叶颜色：绿色	果实成熟期：9月上旬（中）
果肉粗细：细	叶片形状：椭圆形	果实发育期（d）：126
汁液：多	叶缘/刺芒：锐锯齿/无	营养生长天数（d）：216

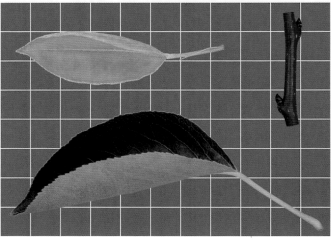

无籽　Wuzi

俄罗斯引进，西洋梨品种。

果实类型：软肉型	风味/香气：甜/粉香	每花序花朵数（朵）：6～11（8.4）
果实形状：短葫芦形	果肉硬度（kg/cm²）：2.83	雄蕊数（枚）：21～27（24.9）
单果重（g）：145	SSC/TA（%）：14.54/0.14	花药颜色：紫红色（59D）
萼片状态：宿存	内质综合评价：中	初花期：20190418
果实心室数：5	一年生枝颜色：黄褐色（165A）	盛花期：20190420
果肉质地：软—软面	幼叶颜色：绿色	果实成熟期：8月上旬（早）
果肉粗细：中粗	叶片形状：椭圆形	果实发育期（d）：112
汁液：中多—少	叶缘/刺芒：圆锯齿/无	营养生长天数（d）：222

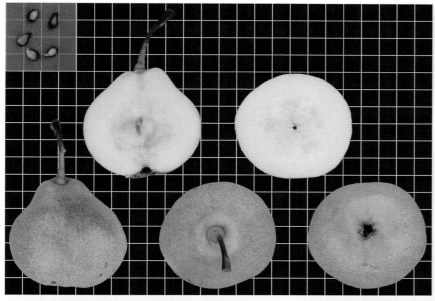

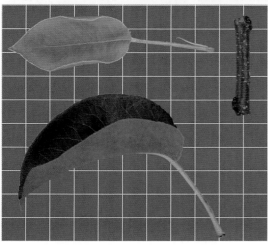

尤日卡　**Yourika**

原产苏联，西洋梨品种。

果实类型：软肉型

果实形状：葫芦形

单果重（g）：41

萼片状态：宿存

果实心室数：5

果肉质地：软溶

果肉粗细：细

汁液：中多

风味/香气：甜/微香

SSC/TA（%）：14.4/0.064

内质综合评价：中上

一年生枝颜色：绿黄色（199A）

幼叶颜色：绿色

叶片形状：椭圆形

叶缘/刺芒：钝锯齿/无

每花序花朵数（朵）：6～8(7.3)

雄蕊数（枚）：20～22（20.5）

花药颜色：红色（53B）

初花期：20180408（北京）

盛花期：20180410（北京）

果实成熟期：6月下旬（早）

果实发育期（d）：72

营养生长天数（d）：216

吾妻锦　*Azumanishiki*

日本砂梨品种；树势中庸，直立，丰产性较强，贮藏性较弱。

果实类型：脆肉型　　　　风味：甜　　　　　　　　　每花序花朵数（朵）：5～8(6.8)

果实形状：扁圆形　　　　果肉硬度（kg/cm²）：5.15　雄蕊数（枚）：20～28（23.9）

单果重（g）：176　　　　SSC/TA（%）：12.41/0.14　花药颜色：紫红色（59D）

萼片状态：脱落/宿存　　　内质综合评价：中上　　　　初花期：20190419

果实心室数：5　　　　　　一年生枝颜色：黄褐色（175C）盛花期：20190421

果肉质地：松脆　　　　　　幼叶颜色：绿着红色　　　　果实成熟期：8月中旬（中）

果肉粗细：细　　　　　　　叶片形状：卵圆形　　　　　果实发育期（d）：121

汁液：中多　　　　　　　　叶缘/刺芒：锐锯齿/有　　　营养生长天数（d）：216

长十郎　Choujuurou

原产日本神奈川县，砂梨品种，实生选种，1895年发表；树势中庸，半开张，丰产性强，贮藏性中等。

果实类型：脆肉型　　　　　　风味：淡甜　　　　　　　　　每花序花朵数（朵）：4～8(6.3)

果实形状：扁圆形　　　　　　果肉硬度（kg/cm²）：7.60　　雄蕊数（枚）：21～30（23.6）

单果重（g）：216　　　　　　SSC/TA（%）：12.47/0.10　　花药颜色：紫红色（64B）

萼片状态：脱落　　　　　　　内质综合评价：中　　　　　　初花期：20190418

果实心室数：4～5　　　　　　一年生枝颜色：绿黄色（199A）盛花期：20190421

果肉质地：松脆　　　　　　　幼叶颜色：红微着绿色　　　　果实成熟期：8月下旬（中）

果肉粗细：中粗　　　　　　　叶片形状：卵圆形　　　　　　果实发育期（d）：128

汁液：多　　　　　　　　　　叶缘/刺芒：锐锯齿/有　　　　营养生长天数（d）：217

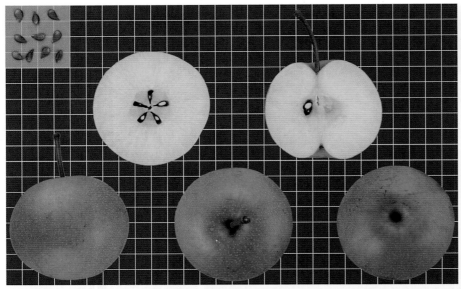

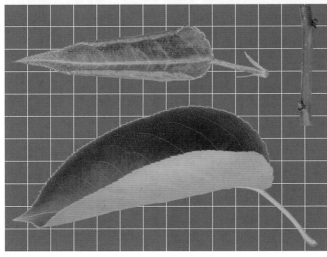

独逸 Doitsu

日本砂梨品种；树势中庸，半开张，丰产性较强，贮藏性弱。

果实类型：脆肉型

果实形状：扁圆形

单果重（g）：112

萼片状态：脱落/残存

果实心室数：5

果肉质地：松脆

果肉粗细：较细

汁液：多

风味：甜

果肉硬度（kg/cm²）：6.32

SSC/TA（%）：11.95/0.12

内质综合评价：中上

一年生枝颜色：黄褐色（175B）

幼叶颜色：红微着绿色

叶片形状：卵圆形

叶缘/刺芒：锐锯齿/有

每花序花朵数（朵）：3～8(6.1)

雄蕊数（枚）：16～24（20.7）

花药颜色：紫红色（61C）

初花期：20190416

盛花期：20190418

果实成熟期：8月中旬（早）

果实发育期（d）：105

营养生长天数（d）：214

江岛　Enoshima

日本砂梨品种，亲本为明月 × 真鍮；树势较强，半开张，丰产性强。

果实类型：脆肉型　　　　　风味：淡甜　　　　　　　每花序花朵数（朵）：4 ~ 7(6.0)

果实形状：近圆形 / 倒卵形　果肉硬度（kg/cm²）：6.62　雄蕊数（枚）：26 ~ 37（32.4）

单果重（g）：195　　　　　SSC/TA（%）：12.14/0.12　花药颜色：紫色（N79C）

萼片状态：脱落　　　　　　内质综合评价：中　　　　初花期：20190422

果实心室数：4 ~ 6　　　　一年生枝颜色：黄褐色（N199D）　盛花期：20190424

果肉质地：松脆　　　　　　幼叶颜色：绿微着红色　　果实成熟期：8月下旬（中）

果肉粗细：中粗　　　　　　叶片形状：卵圆形　　　　果实发育期（d）：127

汁液：多　　　　　　　　　叶缘 / 刺芒：锐锯齿 / 有　营养生长天数（d）：218

甘川　Gamcheonbae

韩国农村振兴厅园艺研究所1990年育成，砂梨品种，亲本为晚三吉 × 甜梨；树势中庸，半开张，抗病性强，丰产性强。

果实类型：脆肉型　　　　　　风味：甘甜　　　　　　　　　每花序花朵数（朵）：5 ～ 8（6.2）

果实形状：扁圆形　　　　　　果肉硬度（kg/cm²）：5.31　　雄蕊数（枚）：20 ～ 21（20.2）

单果重（g）：242　　　　　　SSC/TA（%）：12.30/0.11　　花药颜色：淡粉色（65B）

萼片状态：宿存　　　　　　　内质综合评价：上　　　　　　初花期：20190417

果实心室数：3 ～ 5　　　　　一年生枝颜色：绿黄色（199A）　盛花期：20190419

果肉质地：疏松　　　　　　　幼叶颜色：红微着绿色　　　　果实成熟期：9月下旬（晚）

果肉粗细：细　　　　　　　　叶片形状：卵圆形　　　　　　果实发育期（d）：155

汁液：多　　　　　　　　　　叶缘/刺芒：锐锯齿/有　　　　营养生长天数（d）：219

祇园　Gion

原产日本神奈川县，砂梨品种，亲本为长十郎×二十世纪；树势中庸，半开张，丰产性强，贮藏性弱。

果实类型：脆肉型	风味：淡甜	每花序花朵数（朵）：6～10（7.9）
果实形状：扁圆形	果肉硬度（kg/cm²）：5.01	雄蕊数（枚）：18～26（21.4）
单果重（g）：209	SSC/TA（%）：13.19/0.16	花药颜色：紫红色（71B）
萼片状态：脱落	内质综合评价：中	初花期：20190420
果实心室数：5	一年生枝颜色：黄褐色（166B）	盛花期：20190422
果肉质地：疏松	幼叶颜色：红微着绿色	果实成熟期：8月中旬（早）
果肉粗细：较细	叶片形状：卵圆形	果实发育期（d）：115
汁液：中多	叶缘/刺芒：锐锯齿/有	营养生长天数（d）：215

金二十世纪 **Gold Nijisseiki**

日本砂梨品种，为二十世纪梨的芽变。

果实类型：脆肉型　　　　　　风味：甜　　　　　　　　　每花序花朵数（朵）：7～9（8.3）

果实形状：圆形　　　　　　　果肉硬度（kg/cm²）：7.9　雄蕊数（枚）：23～34（29.9）

单果重（g）：223　　　　　　SSC/TA（%）：14.1/0.202　花药颜色：深紫红（59B）

萼片状态：脱落　　　　　　　内质综合评价：中上　　　初花期：20180406（北京）

果实心室数：5　　　　　　　一年生枝颜色：黄褐色（165B）盛花期：20180408（北京）

果肉质地：松脆　　　　　　　幼叶颜色：红色　　　　　　果实成熟期：8月下旬（中）

果肉粗细：细　　　　　　　　叶片形状：卵圆形　　　　　果实发育期（d）：137

汁液：多　　　　　　　　　　叶缘/刺芒：锐锯齿/有　　　营养生长天数（d）：215

博多青　Hakataao

日本砂梨品种，2*n*=34；树势中庸，半开张，丰产性中等。

果实类型：脆肉型

果实形状：圆形

单果重（g）：164

萼片状态：残存/宿存

果实心室数：5～6

果肉质地：松脆

果肉粗细：较细

汁液：多

风味：淡甜

果肉硬度（kg/cm²）：5.10

SSC/TA（%）：12.47/0.13

内质综合评价：中

一年生枝颜色：黄褐色（165A）

幼叶颜色：红微着绿色

叶片形状：卵圆形

叶缘/刺芒：锐锯齿/有

每花序花朵数（朵）：6～9(7.3)

雄蕊数（枚）：26～33（30.3）

花药颜色：紫色（77B）

初花期：20190417

盛花期：20190419

果实成熟期：8月上中旬（早）

果实发育期（d）：106

营养生长天数（d）：215

早玉　**Hayatama**

日本砂梨品种，亲本为君塚早生 × 祇园；树势中庸，较直立，丰产性强。

果实类型：脆肉型	风味：甜	每花序花朵数（朵）：5 ~ 8(6.7)
果实形状：扁圆形	果肉硬度（kg/cm²）：8.95	雄蕊数（枚）：20 ~ 25（21.8）
单果重（g）：201	SSC/TA（%）：12.83/0.13	花药颜色：紫红色（70B）
萼片状态：脱落	内质综合评价：中上	初花期：20190421
果实心室数：5	一年生枝颜色：黄褐色（165A）	盛花期：20190424
果肉质地：脆	幼叶颜色：红微着绿色	果实成熟期：7月底（早）
果肉粗细：细	叶片形状：卵圆形	果实发育期（d）：97
汁液：中多	叶缘/刺芒：锐锯齿/有	营养生长天数（d）：217

海州　*Haizhou*

朝鲜引进，砂梨品种；树势中庸，直立，丰产性强，贮藏性较强。

果实类型：脆肉型

果实形状：扁圆形

单果重（g）：136

萼片状态：脱落

果实心室数：5～6

果肉质地：松脆

果肉粗细：中粗

汁液：中多

风味：淡甜

果肉硬度（kg/cm²）：8.61

SSC/TA（%）：11.10/0.12

内质综合评价：中

一年生枝颜色：黄褐色（N199B）

幼叶颜色：红微着绿色

叶片形状：卵圆形

叶缘/刺芒：锐锯齿/有

每花序花朵数（朵）：7～9(7.9)

雄蕊数（枚）：23～26（24.6）

花药颜色：紫红色（70A）

初花期：20190421

盛花期：20190424

果实成熟期：8月下旬（中）

果实发育期（d）：126

营养生长天数（d）：219

久松 **Hisamatsu**

日本砂梨品种，亲本为国长 × 二十世纪；树势中庸，半开张，丰产性强。

果实类型：脆肉型	风味：酸甜	每花序花朵数（朵）：6～9（7.5）
果实形状：扁圆形	果肉硬度（kg/cm²）：5.30	雄蕊数（枚）：23～29（26.6）
单果重（g）：145	SSC/TA（%）：11.41/0.28	花药颜色：紫红色（61A）
萼片状态：脱落	内质综合评价：中上	初花期：20190420
果实心室数：5～6	一年生枝颜色：黄褐色（166B）	盛花期：20190422
果肉质地：松脆	幼叶颜色：红微着绿色	果实成熟期：8月下旬（中）
果肉粗细：较细	叶片形状：卵圆形	果实发育期（d）：129
汁液：多	叶缘/刺芒：锐锯齿/有	营养生长天数（d）：210

丰水　Housui

日本农林省园艺试验场1972年育成，砂梨品种，亲本为幸水×I-33；树势中庸，半开张，丰产性强，贮藏性较强。

果实类型：脆肉型

果实形状：扁圆形/圆形

单果重（g）：247

萼片状态：脱落/宿存

果实心室数：5～6

果肉质地：松脆—疏松

果肉粗细：细

汁液：多

风味：甜

果肉硬度（kg/cm²）：5.53

SSC/TA（%）：13.20/0.13

内质综合评价：上

一年生枝颜色：黄褐色（175A）

幼叶颜色：红微着绿色

叶片形状：卵圆形

叶缘/刺芒：锐锯齿/有

每花序花朵数（朵）：5～9（7.5）

雄蕊数（枚）：20～33（23.3）

花药颜色：紫红色（63B）

初花期：20190420

盛花期：20190422

果实成熟期：9月上旬（中）

果实发育期（d）：135

营养生长天数（d）：214

市原早生　**Ichiharawase**

日本砂梨品种，原产日本高知县，1882年发表；树势中庸，半开张，丰产性中等，贮藏性中等。

果实类型：脆肉型

果实形状：圆形

单果重（g）：143

萼片状态：脱落/宿存

果实心室数：4～5

果肉质地：松脆

果肉粗细：中粗

汁液：中多

风味：酸甜

果肉硬度（kg/cm²）：6.45

SSC/TA（%）：10.96/0.25

内质综合评价：中

一年生枝颜色：黄褐色（175A）

幼叶颜色：绿微着红色

叶片形状：卵圆形

叶缘/刺芒：锐锯齿/有

每花序花朵数（朵）：6～10（8.1）

雄蕊数（枚）：19～25（21.3）

花药颜色：深紫红（59A）

初花期：20190417

盛花期：20190419

果实成熟期：8月下旬（中）

果实发育期（d）：121

营养生长天数（d）：202

今村秋　**Imamuraaki**

日本砂梨品种，偶然实生，2*n*=34；树势较强，半开张，丰产性强，贮藏性强。

果实类型：脆肉型	风味：淡甜	每花序花朵数（朵）：4～7(6.1)
果实形状：扁圆形	果肉硬度（kg/cm²）：5.67	雄蕊数（枚）：20～24（21.4）
单果重（g）：179	SSC/TA（%）：11.76/0.18	花药颜色：紫红色（64A）
萼片状态：脱落/残存	内质综合评价：中上	初花期：20190417
果实心室数：5	一年生枝颜色：黄褐色（177A）	盛花期：20190419
果肉质地：疏松	幼叶颜色：红微着绿色	果实成熟期：9月下旬（晚）
果肉粗细：较细	叶片形状：卵圆形	果实发育期（d）：155
汁液：多	叶缘/刺芒：锐锯齿/有	营养生长天数（d）：213

黄蜜　Imamuranatsu

原产日本，砂梨；树势中庸，较直立，丰产性强，贮藏性较强。

果实类型：脆肉型

果实形状：扁圆形

单果重（g）：148

萼片状态：宿存

果实心室数：5

果肉质地：松脆

果肉粗细：较细

汁液：中多

风味：淡甜

果肉硬度（kg/cm²）：6.62

SSC/TA（%）：11.68/0.16

内质综合评价：中

一年生枝颜色：黄褐色（165A）

幼叶颜色：绿着红色

叶片形状：卵圆形

叶缘/刺芒：锐锯齿/有

每花序花朵数（朵）：5～8(6.4)

雄蕊数（枚）：18～21（20.2）

花药颜色：淡紫红（73B）

初花期：20190419

盛花期：20190421

果实成熟期：9月上旬（中）

果实发育期（d）：135

营养生长天数（d）：220

石井早生　Ishiiwase

日本砂梨品种，亲本为二十世纪 × 独逸，2n=34；树势强，开张，丰产性强，贮藏性较强。

果实类型：脆肉型	风味：淡甜	每花序花朵数（朵）：4 ~ 8（6.2）
果实形状：圆形	果肉硬度（kg/cm²）：8.46	雄蕊数（枚）：21 ~ 27（24.0）
单果重（g）：240	SSC/TA（%）：11.96/0.25	花药颜色：紫红色（64B）
萼片状态：宿存/残存	内质综合评价：中	初花期：20190418
果实心室数：5 ~ 6	一年生枝颜色：黄褐色（164A）	盛花期：20190421
果肉质地：脆	幼叶颜色：绿着红色	果实成熟期：8月下旬（中）
果肉粗细：中粗	叶片形状：椭圆形	果实发育期（d）：127
汁液：中多	叶缘/刺芒：锐锯齿/有	营养生长天数（d）：214

早生黄金　**Josengwhangkeum**

韩国农村振兴厅园艺研究所1998年育成，亲本为新高 × 新兴，砂梨品种。

果实类型：脆肉型	风味：甜	每花序花朵数（朵）：7～11（8.1）
果实形状：扁圆形	果肉硬度（kg/cm²）：6.2	雄蕊数（枚）：22～34（30.0）
单果重（g）：298	SSC（%）：13.6	花药颜色：淡紫红（70C）
萼片状态：脱落	内质综合评价：上	初花期：20180405（北京）
果实心室数：5	一年生枝颜色：黄褐色（165A）	盛花期：20180406（北京）
果肉质地：松脆	幼叶颜色：红微着绿色	果实成熟期：8月下旬（中）
果肉粗细：细	叶片形状：卵圆形	果实发育期（d）：141
汁液：多	叶缘/刺芒：锐锯齿/有	营养生长天数（d）：222

菊水　*Kikusui*

日本砂梨品种，菊池秋雄育成，亲本为太白×二十世纪；树势中庸，半开张，丰产性强，早果性强。

果实类型：脆肉型　　　　　风味：甜　　　　　　　　每花序花朵数（朵）：5～10（6.4）

果实形状：扁圆形　　　　　果肉硬度（kg/cm²）：5.54　雄蕊数（枚）：24～36（31.0）

单果重（g）：156　　　　　SSC/TA（%）：13.67/0.20　花药颜色：紫红色（64B）

萼片状态：脱落　　　　　　内质综合评价：上　　　　初花期：20190420

果实心室数：5～6　　　　　一年生枝颜色：黄褐色（165A）盛花期：20190422

果肉质地：疏松　　　　　　幼叶颜色：红色　　　　　果实成熟期：8月下旬（中）

果肉粗细：细　　　　　　　叶片形状：卵圆形　　　　果实发育期（d）：127

汁液：多　　　　　　　　　叶缘/刺芒：锐锯齿/有　　营养生长天数（d）：206

喜水　**Kisui**

日本砂梨品种，亲本为明月 × 丰水，2n=34；树势中庸。

果实类型：脆肉型　　　　风味：甜　　　　　　　雄蕊数（枚）：24.6
果实形状：扁圆形　　　　SSC/TA（%）：11.5/0.11　花药颜色：紫红色
单果重（g）：101　　　　内质综合评价：中上　　　初花期：20150326（武汉）
萼片状态：脱落　　　　　一年生枝颜色：黄褐色　　盛花期：20150327（武汉）
果实心室数：4～5　　　　幼叶颜色：绿微着红色　　果实成熟期：7月下旬（早）
果肉质地：脆　　　　　　叶片形状：椭圆形　　　　果实发育期（d）：117
果肉粗细：细　　　　　　叶缘/刺芒：锐锯齿/有　　营养生长天数（d）：221
汁液：多　　　　　　　　每花序花朵数（朵）：5.2

国长 Kokuchou

日本砂梨品种，2*n*=34；树势中庸，半开张，丰产性强。

果实类型：脆肉型

果实形状：扁圆形

单果重（g）：250

萼片状态：脱落

果实心室数：5～6

果肉质地：松脆

果肉粗细：较细

汁液：多

风味：酸甜

果肉硬度（kg/cm²）：5.70

SSC/TA（%）：9.91/0.20

内质综合评价：中上

一年生枝颜色：黄褐色（175B）

幼叶颜色：绿微着红色

叶片形状：卵圆形

叶缘/刺芒：锐锯齿/有

每花序花朵数（朵）：4～8(6.3)

雄蕊数（枚）：22～33（30.1）

花药颜色：紫红色（60C）

初花期：20190419

盛花期：20190421

果实成熟期：8月下旬（中）

果实发育期（d）：124

营养生长天数（d）：220

幸水 Kousui

日本砂梨品种，原产日本静冈县，亲本为菊水×早生幸藏，1959年发表，2*n*=34；树势中庸，半开张，丰产性强，贮藏性较强。

果实类型：脆肉型	风味：甘甜	每花序花朵数（朵）：5～9（7.1）
果实形状：扁圆形	果肉硬度（kg/cm²）：4.55	雄蕊数（枚）：30～34（32.9）
单果重（g）：260	SSC/TA（%）：12.69/0.20	花药颜色：紫红色（70B）
萼片状态：脱落	内质综合评价：上	初花期：20190420
果实心室数：5～8	一年生枝颜色：黄褐色（N199C）	盛花期：20190423
果肉质地：松脆	幼叶颜色：红着绿色	果实成熟期：8月中旬（早）
果肉粗细：极细	叶片形状：卵圆形	果实发育期（d）：116
汁液：多	叶缘/刺芒：锐锯齿/有	营养生长天数（d）：218

幸藏　Kouzou

日本砂梨品种；树势中庸，半开张，丰产性较强。

果实类型：脆肉型	风味：淡甜	每花序花朵数（朵）：3～8(5.1)
果实形状：扁圆形	果肉硬度（kg/cm²）：6.47	雄蕊数（枚）：20～27（23.1）
单果重（g）：134	SSC/TA（%）：12.26/0.24	花药颜色：紫红色（64B）
萼片状态：脱落	内质综合评价：中	初花期：20190419
果实心室数：5	一年生枝颜色：黄褐色（167A）	盛花期：20190421
果肉质地：松脆	幼叶颜色：红微着绿色	果实成熟期：8月下旬（中）
果肉粗细：中粗	叶片形状：卵圆形	果实发育期（d）：131
汁液：中多	叶缘/刺芒：锐锯齿/有	营养生长天数（d）：214

满丰　Manpoong

韩国农村振兴厅园艺研究所育成，亲本为丰水×晚三吉，1997年育成；树势较强，半开张，丰产性强。

果实类型：脆肉型	风味：甜	每花序花朵数（朵）：3～8(6.6)
果实形状：扁圆形	果肉硬度（kg/cm²）：5.07	雄蕊数（枚）：22～31（24.5）
单果重（g）：347	SSC/TA（%）：12.35/0.08	花药颜色：淡紫色（75A）
萼片状态：宿存/残存/脱落	内质综合评价：中上	初花期：20190420
果实心室数：5	一年生枝颜色：黄褐色（165A）	盛花期：20190422
果肉质地：疏松	幼叶颜色：红微着绿色	果实成熟期：9月下旬（晚）
果肉粗细：较细	叶片形状：卵圆形	果实发育期（d）：156
汁液：多	叶缘/刺芒：锐锯齿/有	营养生长天数（d）：217

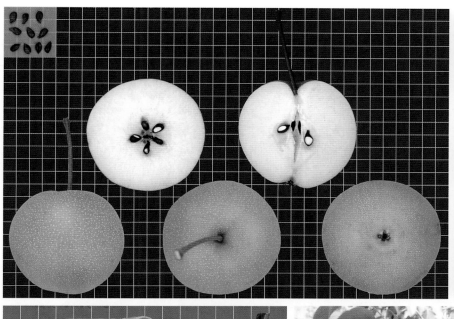

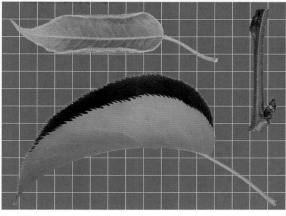

松岛　Matsushima

日本砂梨品种，原产日本神奈川县，菊池秋雄选育，亲本为真鍮×今村秋，1927年发表；树势中庸，半开张，丰产性强，贮藏性弱。

果实类型：脆肉型

果实形状：扁圆形

单果重（g）：215

萼片状态：脱落/残存

果实心室数：5

果肉质地：松脆

果肉粗细：较细

汁液：多

风味：甜酸

果肉硬度（kg/cm²）：4.78

SSC/TA（%）：12.72/0.26

内质综合评价：中

一年生枝颜色：黄褐色（N199C）

幼叶颜色：红着绿色

叶片形状：卵圆形

叶缘/刺芒：锐锯齿/有

每花序花朵数（朵）：4～8(5.9)

雄蕊数（枚）：20～28（24.1）

花药颜色：紫红色（61A）

初花期：20190419

盛花期：20190421

果实成熟期：8月下旬（中）

果实发育期（d）：126

营养生长天数（d）：217

明月　**Meigetsu**

日本砂梨品种，原产日本石川县，2*n*=34；树势强，半开张，丰产性强，贮藏性中等。

果实类型：脆肉型	风味：甜	每花序花朵数（朵）：5～8(6.7)
果实形状：圆形	果肉硬度（kg/cm²）：7.07	雄蕊数（枚）：20～29（21.2）
单果重（g）：242	SSC/TA（%）：12.32/0.20	花药颜色：紫红色（60B）
萼片状态：宿存/残存	内质综合评价：中上	初花期：20190416
果实心室数：4～5	一年生枝颜色：黄褐色（165B）	盛花期：20190418
果肉质地：松脆	幼叶颜色：绿着红色	果实成熟期：9月上旬（中）
果肉粗细：较细	叶片形状：卵圆形	果实发育期（d）：135
汁液：中多	叶缘/刺芒：锐锯齿/有	营养生长天数（d）：211

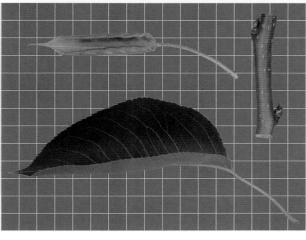

新高　Niitaka

日本砂梨品种，亲本为银河 × 今村秋。

果实类型：脆肉型
果实形状：扁圆形/阔圆锥形
单果重（g）：359
萼片状态：宿存
果实心室数：5
果肉质地：松脆
果肉粗细：较细
汁液：多

风味：甜
果肉硬度（kg/cm²）：9.0
SSC/TA（%）：12.9/0.11
内质综合评价：中上
一年生枝颜色：黄褐色（166B）
幼叶颜色：红色
叶片形状：卵圆形
叶缘/刺芒：锐锯齿/有

每花序花朵数（朵）：7～9(7.8)
雄蕊数（枚）：15～24（19.8）
花药颜色：淡紫红（73B）
初花期：20180405（北京）
盛花期：20180406（北京）
果实成熟期：9月底（晚）
果实发育期（d）：177
营养生长天数（d）：222

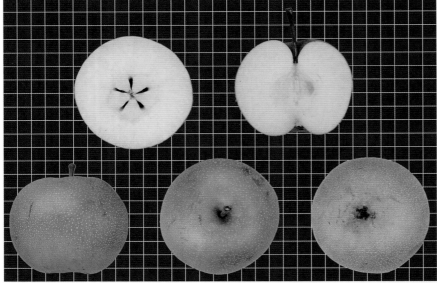

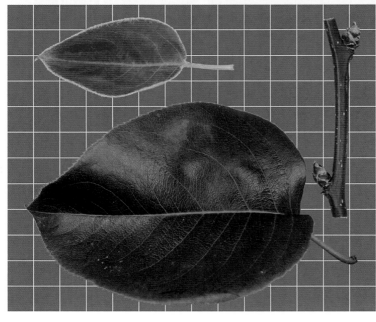

二宫白　**Ninomiyahuri**

日本砂梨品种，亲本为鸭梨×真鍮；树势中庸，半开张，丰产性较强，贮藏性中等。

果实类型：脆肉型　　　　风味：甜　　　　　　　　每花序花朵数（朵）：3～7(5.1)

果实形状：倒卵形　　　　果肉硬度（kg/cm²）：4.62　　雄蕊数（枚）：20～24（21.3）

单果重（g）：132　　　　SSC/TA（%）：11.70/0.15　　花药颜色：紫红色（63A）

萼片状态：脱落　　　　　内质综合评价：中上　　　　初花期：20190417

果实心室数：5～6　　　一年生枝颜色：黄褐色（165A）　盛花期：20190419

果肉质地：松脆　　　　　幼叶颜色：红微着绿色　　　果实成熟期：8月中旬（早）

果肉粗细：细　　　　　　叶片形状：椭圆形　　　　　果实发育期（d）：111

汁液：多　　　　　　　　叶缘/刺芒：锐锯齿/有　　　营养生长天数（d）：212

王冠　Okan

原产日本，砂梨品种，亲本为明月×真鍮；树势较强，半开张，丰产性强，贮藏性弱。

果实类型：脆肉型	风味：甜	每花序花朵数（朵）：4～7(5.5)
果实形状：圆形	果肉硬度（kg/cm²）：7.88	雄蕊数（枚）：23～30（26.3）
单果重（g）：130	SSC/TA（%）：11.07/0.13	花药颜色：紫红色（61A）
萼片状态：宿存/残存/脱落	内质综合评价：中上	初花期：20190418
果实心室数：5～6	一年生枝颜色：黄褐色（N199C）	盛花期：20190421
果肉质地：松脆	幼叶颜色：红微着绿色	果实成熟期：8月初（早）
果肉粗细：中粗	叶片形状：卵圆形	果实发育期（d）：102
汁液：多	叶缘/刺芒：锐锯齿/有	营养生长天数（d）：212

晚三吉　Okusankichi

原产日本新潟县，早生三吉实生，砂梨品种；树势中庸，半开张，丰产性强，贮藏性强。

果实类型：脆肉型　　　　　风味：甜酸　　　　　　　　每花序花朵数（朵）：4～9(6.8)

果实形状：近圆形/倒卵形　果肉硬度（kg/cm²）：7.16　雄蕊数（枚）：16～23 (19.3)

单果重（g）：259　　　　 SSC/TA（%）：12.93/0.30　 花药颜色：紫红色（60A）

萼片状态：残存/脱落　　　内质综合评价：上　　　　 初花期：20190420

果实心室数：3～5　　　　一年生枝颜色：黄褐色（165B）盛花期：20190422

果肉质地：松脆　　　　　 幼叶颜色：红微着绿色　　 果实成熟期：9月中下旬（晚）

果肉粗细：细　　　　　　 叶片形状：卵圆形　　　　 果实发育期（d）：151

汁液：多　　　　　　　　 叶缘/刺芒：锐锯齿/有　　 营养生长天数（d）：208

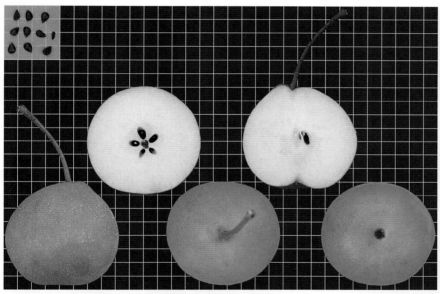

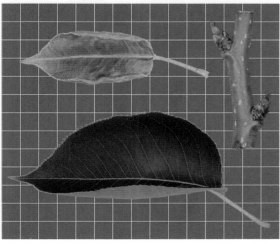

真鍮 **Shinchuu**

原产日本神奈川县，砂梨品种，1887年发表；树势中庸，半开张，丰产性较强。

果实类型：脆肉型	风味：甜	每花序花朵数（朵）：5～8(6.5)
果实形状：扁圆形	果肉硬度（kg/cm²）：6.38	雄蕊数（枚）：18～28（22.3）
单果重（g）：116	SSC/TA（%）：12.41/0.23	花药颜色：紫红色（61B）
萼片状态：脱落	内质综合评价：中上	初花期：20190417
果实心室数：5	一年生枝颜色：黄褐色（175C）	盛花期：20190419
果肉质地：松脆	幼叶颜色：绿着红色	果实成熟期：8月上旬（早）
果肉粗细：细	叶片形状：卵圆形	果实发育期（d）：106
汁液：多	叶缘/刺芒：锐锯齿/有	营养生长天数（d）：218

新兴　**Shinkou**

日本砂梨品种，新潟县农业试验场育成，二十世纪梨实生。

果实类型：脆肉型　　　　　风味：淡甜　　　　　每花序花朵数（朵）：6～8(6.9)

果实形状：扁圆形　　　　　果肉硬度（kg/cm^2）：8.2　　雄蕊数（枚）：22～32（27.7）

单果重（g）：308　　　　　SSC/TA（%）：12.1/0.15　　花药颜色：紫红色（61B）

萼片状态：残存　　　　　　内质综合评价：中上　　　初花期：20180406（北京）

果实心室数：5～6　　　　　一年生枝颜色：黄褐色（165B）盛花期：20180408（北京）

果肉质地：松脆　　　　　　幼叶颜色：红微着绿色　　果实成熟期：9月中旬（晚）

果肉粗细：细　　　　　　　叶片形状：卵圆形　　　　果实发育期（d）：164

汁液：多　　　　　　　　　叶缘/刺芒：锐锯齿/有　　营养生长天数（d）：214

新世纪　**Shinseiki**

原产日本，砂梨品种，亲本为二十世纪×长十郎；树势中庸，半开张，丰产性较强，贮藏性弱。

果实类型：脆肉型	风味：酸甜	每花序花朵数（朵）：6～9(7.4)
果实形状：扁圆形	果肉硬度（kg/cm²）：6.17	雄蕊数（枚）：20～30（23.5）
单果重（g）：152	SSC/TA（%）：13.08/0.22	花药颜色：紫红色（61B）
萼片状态：脱落/宿存	内质综合评价：上	初花期：20190418
果实心室数：5	一年生枝颜色：黄褐色（165A）	盛花期：20190420
果肉质地：松脆	幼叶颜色：绿色	果实成熟期：8月上中旬（早）
果肉粗细：细	叶片形状：卵圆形	果实发育期（d）：117
汁液：多	叶缘/刺芒：锐锯齿/有	营养生长天数（d）：218

新水　**Shinsui**

日本砂梨品种，亲本为菊水×君塚早生；树势中庸，半开张，丰产性强，贮藏性弱。

果实类型：脆肉型	风味：甜	每花序花朵数（朵）：6～9(7.8)
果实形状：扁圆形	果肉硬度（kg/cm²）：5.02	雄蕊数（枚）：30～38（33.5）
单果重（g）：146	SSC/TA（%）：11.44/0.12	花药颜色：紫色（N77B）
萼片状态：脱落	内质综合评价：上	初花期：20190421
果实心室数：5～8	一年生枝颜色：黄褐色（N199C）	盛花期：20190424
果肉质地：疏松	幼叶颜色：红色	果实成熟期：8月中旬（早）
果肉粗细：细	叶片形状：卵圆形	果实发育期（d）：107
汁液：多	叶缘/刺芒：锐锯齿/有	营养生长天数（d）：205

湘南　Shounan

日本砂梨品种，亲本为长十郎 × 今村秋；树势中庸，半开张，丰产性强，贮藏性中等。

果实类型：脆肉型	风味：淡甜	每花序花朵数（朵）：4～8(6.1)
果实形状：圆形	果肉硬度（kg/cm²）：4.88	雄蕊数（枚）：19～23（20.9）
单果重（g）：217	SSC/TA（%）：10.24/0.13	花药颜色：淡紫红（70C）
萼片状态：脱落/残存/宿存	内质综合评价：中上	初花期：20190419
果实心室数：5	一年生枝颜色：黄褐色（175A）	盛花期：20190421
果肉质地：疏松	幼叶颜色：红色	果实成熟期：9月上旬（中）
果肉粗细：细	叶片形状：卵圆形	果实发育期（d）：136
汁液：多	叶缘/刺芒：锐锯齿/有	营养生长天数（d）：213

土佐锦　**Tosanishiki**

日本砂梨品种；树势较强，半开张，丰产性强，抗病性强。

果实类型：脆肉型

果实形状：扁圆形

单果重（g）：268

萼片状态：宿存/残存

果实心室数：5

果肉质地：松脆

果肉粗细：较细

汁液：中多

风味：淡甜

果肉硬度（kg/cm^2）：7.69

SSC/TA（%）：13.04/0.16

内质综合评价：中上

一年生枝颜色：黄褐色（175C）

幼叶颜色：红微着绿色

叶片形状：卵圆形

叶缘/刺芒：锐锯齿/有

每花序花朵数（朵）：5～8(6.5)

雄蕊数（枚）：19～21（20.0）

花药颜色：紫红色（64C）

初花期：20190417

盛花期：20190419

果实成熟期：8月底（中）

果实发育期（d）：126

营养生长天数（d）：213

若光　Wakahikari

日本千叶县农业试验场育成，亲本为新水×丰水；丰产性中等，贮藏性中等。

果实类型：脆肉型	风味：甜	雄蕊数（枚）：16～29（22.1）
果实形状：扁圆形	SSC/TA（%）：12.0/0.10	花药颜色：淡紫红（70C）
单果重（g）：334	内质综合评价：中上	初花期：20190326（杭州）
萼片状态：脱落	一年生枝颜色：黄褐色（N199C）	盛花期：20190328（杭州）
果实心室数：5～7	幼叶颜色：绿微着红色	果实成熟期：7月下旬（早）
果肉质地：松脆	叶片形状：卵圆形	果实发育期（d）：116
果肉粗细：细	叶缘/刺芒：锐锯齿/有	
汁液：多	每花序花朵数（朵）：5～8(6.5)	

早生赤　**Waseaka**

原产日本新潟县，砂梨品种；树势中庸，半开张，丰产性强，贮藏性中等。

果实类型：脆肉型　　　　　风味：甜　　　　　　　每花序花朵数（朵）：5～8(6.8)

果实形状：扁圆形　　　　　果肉硬度（kg/cm²）：7.38　　雄蕊数（枚）：17～30（24.4）

单果重（g）：138　　　　　SSC/TA（%）：11.31/0.21　　花药颜色：紫红色（72B）

萼片状态：脱落　　　　　　内质综合评价：中上　　　　初花期：20190419

果实心室数：5～6　　　　　一年生枝颜色：黄褐色（165A）　盛花期：20190421

果肉质地：松脆　　　　　　幼叶颜色：红微着绿色　　　　果实成熟期：8月下旬（中）

果肉粗细：中粗　　　　　　叶片形状：卵圆形　　　　　　果实发育期（d）：125

汁液：多　　　　　　　　　叶缘/刺芒：锐锯齿/有　　　　营养生长天数（d）：220

黄金梨 Whangkeumbae

韩国农村振兴厅园艺研究所1984年育成，亲本为新高×二十世纪；树势中庸，半开张，丰产性强，贮藏性中等。

果实类型：脆肉型

果实形状：圆形/扁圆形

单果重（g）：251

萼片状态：宿存/脱落/残存

果实心室数：5～6

果肉质地：松脆

果肉粗细：细

汁液：多

风味：甜

果肉硬度（kg/cm²）：6.14

SSC/TA（%）：11.01/0.15

内质综合评价：上

一年生枝颜色：黄褐色（165A）

幼叶颜色：绿微着红色

叶片形状：卵圆形

叶缘/刺芒：锐锯齿/有

每花序花朵数（朵）：3～9(6.7)

雄蕊数（枚）：20～28（22.9）

花药颜色：紫红色（61C）

初花期：20190419

盛花期：20190421

果实成熟期：9月上旬（中）

果实发育期（d）：137

营养生长天数（d）：218

华山　Whasan

韩国农村振兴厅园艺研究所1992年育成，砂梨品种，亲本为丰水×晚三吉；树势中庸，开张，丰产性强。

果实类型：脆肉型

果实形状：圆形

单果重（g）：334

萼片状态：宿存/残存/脱落

果实心室数：4～5

果肉质地：松脆

果肉粗细：较细

汁液：多

风味：甜

果肉硬度（kg/cm²）：6.33

SSC/TA（%）：12.34/0.14

内质综合评价：上

一年生枝颜色：黄褐色（165A）

幼叶颜色：红微着绿色

叶片形状：卵圆形

叶缘/刺芒：锐锯齿/有

每花序花朵数（朵）：6～8(7.1)

雄蕊数（枚）：20～30（24.4）

花药颜色：淡紫色（75B）

初花期：20190418

盛花期：20190420

果实成熟期：9月上旬（中）

果实发育期（d）：141

营养生长天数（d）：213

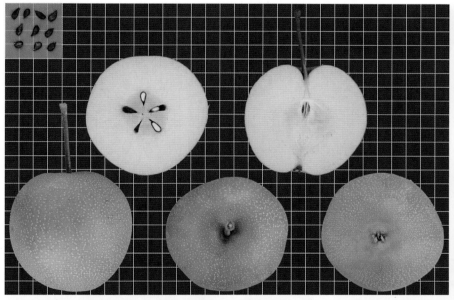

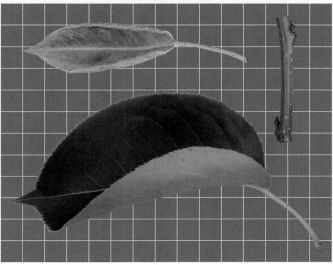

圆黄 Wonhwang

韩国农村振兴厅园艺研究所选育，亲本为早生赤/晚三吉，1996年育成；树势中庸，丰产性强，贮藏性较强。

果实类型：脆肉型

果实形状：圆形/扁圆形

单果重（g）：227

萼片状态：宿存/残存/脱落

果实心室数：5

果肉质地：松脆

果肉粗细：细

汁液：多

风味：甜

果肉硬度（kg/cm²）：6.37

SSC/TA（%）：12.17/0.15

内质综合评价：上

一年生枝颜色：黄褐色（165A）

幼叶颜色：绿着红色

叶片形状：卵圆形

叶缘/刺芒：锐锯齿/有

每花序花朵数（朵）：5～8(6.5)

雄蕊数（枚）：20～28（23.5）

花药颜色：黄白色（4D）

初花期：20190418

盛花期：20190420

果实成熟期：9月上旬（中）

果实发育期（d）：134

营养生长天数（d）：214

八云　**Yakumo**

日本砂梨品种；树势中庸，直立，丰产性强，贮藏性弱。

果实类型：脆肉型

果实形状：扁圆形

单果重（g）：102

萼片状态：脱落

果实心室数：5～6

果肉质地：松脆

果肉粗细：较细

汁液：多

风味：淡甜

果肉硬度（kg/cm²）：5.36

SSC/TA（%）：10.86/0.10

内质综合评价：中上

一年生枝颜色：黄褐色（166A）

幼叶颜色：绿着红色

叶片形状：卵圆形

叶缘/刺芒：锐锯齿/有

每花序花朵数（朵）：4～8(6.5)

雄蕊数（枚）：20～26（23.0）

花药颜色：紫红色（71B）

初花期：20190423

盛花期：20190425

果实成熟期：8月上中旬（早）

果实发育期（d）：113

营养生长天数（d）：209

第九节　国外引进其他

036

俄罗斯引进，秋子梨；树势中庸，半开张，丰产性中等，抗病性强。

果实类型：软肉型　　　　　风味/香气：甜酸稍涩/微香　　　　每花序花朵数（朵）：4～9(6.8)

果实形状：圆形　　　　　　果肉硬度（kg/cm²）：5.34　　　雄蕊数（枚）：18～24（20.7）

单果重（g）：64　　　　　 SSC/TA（%）：11.80/0.30　　　花药颜色：紫红色（60A）

萼片状态：宿存　　　　　　内质综合评价：中　　　　　　　初花期：20190413

果实心室数：5　　　　　　 一年生枝颜色：红褐色（178A）　盛花期：20190415

果肉质地：紧密—软　　　　幼叶颜色：绿色　　　　　　　　果实成熟期：7月下旬（早）

果肉粗细：粗　　　　　　　叶片形状：卵圆形　　　　　　　果实发育期（d）：96

汁液：中多　　　　　　　　叶缘/刺芒：锐锯齿/有　　　　　营养生长天数（d）：207

奥莲　Aoliya

苏联品种，别名奥利亚，秋子梨与西洋梨的种间杂交品种。

果实类型：软肉型
果实形状：倒卵形
单果重（g）：55
萼片状态：宿存
果实心室数：5～6
果肉质地：紧脆—软
果肉粗细：中粗
汁液：中多

风味/香气：酸涩/微香
果肉硬度（kg/cm²）：3.88
SSC/TA（%）：14.20/1.09
内质综合评价：中下
一年生枝颜色：黄褐色（N199C）
幼叶颜色：绿色
叶片形状：卵圆形
叶缘/刺芒：锐锯齿/有

每花序花朵数（朵）：6～9(8.3)
雄蕊数（枚）：19～24（20.5）
花药颜色：淡紫红（64D）
初花期：20190414
盛花期：20190416
果实成熟期：8月上旬（早）
果实发育期（d）：112
营养生长天数（d）：211

车头梨　Chetouli

朝鲜引进，别名朝鲜洋梨，可能为西洋梨与砂梨杂交品种，$2n=34$；树势较强，丰产性较强，贮藏性弱。

果实类型：脆肉型—软肉型　　　风味：酸甜　　　　　　　　　每花序花朵数（朵）：6~9(7.6)

果实形状：扁圆形/圆形　　　　果肉硬度（kg/cm²）：4.09　　雄蕊数（枚）：20~30（24.0）

单果重（g）：121　　　　　　SSC/TA（%）：11.48/0.20　　花药颜色：紫红色（61A）

萼片状态：宿存/脱落　　　　　内质综合评价：中上　　　　　初花期：20190417

果实心室数：5　　　　　　　　一年生枝颜色：黄褐色（N199D）　盛花期：20190419

果肉质地：稍脆—软　　　　　幼叶颜色：绿色　　　　　　　果实成熟期：8月下旬（中）

果肉粗细：较细　　　　　　　叶片形状：椭圆形　　　　　　果实发育期（d）：122

汁液：多　　　　　　　　　　叶缘/刺芒：锐锯齿/有　　　　营养生长天数（d）：210

贵妃　Kieffer

美国品种，砂梨与巴梨杂交后代；树势较强，丰产性较强，贮藏性中等，抗病性强。

果实类型：软肉型　　　　风味/香气：甜酸/微香　　　　每花序花朵数（朵）：3～6(5.3)

果实形状：纺锤形　　　　果肉硬度（kg/cm²）：6.57　　雄蕊数（枚）：19～28（20.6）

单果重（g）：244　　　　SSC/TA（%）：13.76/0.37　　花药颜色：淡紫红（73B）

萼片状态：宿存　　　　　内质综合评价：中上　　　　　初花期：20190418

果实心室数：5　　　　　一年生枝颜色：黄褐色（166B）盛花期：20190421

果肉质地：紧密—软　　　幼叶颜色：绿微着红色　　　　果实成熟期：9月下旬（晚）

果肉粗细：较细　　　　　叶片形状：卵圆形　　　　　　果实发育期（d）：157

汁液：中多　　　　　　　叶缘/刺芒：钝锯齿/无　　　　营养生长天数（d）：219

身不知　**Mishirazu**

日本品种，起源不详；树势较强，半开张，丰产性强，抗寒性强，贮藏性弱。

果实类型：脆肉型—软肉型	风味/香气：甜/微香	每花序花朵数（朵）：5～8(6.3)
果实形状：纺锤形	果肉硬度（kg/cm²）：5.98	雄蕊数（枚）：19～26（21.8）
单果重（g）：275	SSC/TA（%）：12.91/0.11	花药颜色：紫红色（60A）
萼片状态：脱落/残存	内质综合评价：中上	初花期：20190418
果实心室数：5	一年生枝颜色：黄褐色（175B）	盛花期：20190420
果肉质地：稍脆—软面	幼叶颜色：红着绿色	果实成熟期：8月中旬（中）
果肉粗细：较细	叶片形状：卵圆形	果实发育期（d）：125
汁液：中多	叶缘/刺芒：锐锯齿/有	营养生长天数（d）：214

索达克　**Sodak**

美国品种，种间杂交类型，亲本为 *P. sinensis* × Margueritte Marillat；树势强，半开张，丰产性较强。

果实类型：脆肉型—软肉型　　　风味/香气：酸甜/微香　　　每花序花朵数（朵）：3～11（8.1）

果实形状：葫芦形　　　　　　　果肉硬度（kg/cm²）：4.81　　雄蕊数（枚）：17～24（20.4）

单果重（g）：53　　　　　　　SSC/TA（%）：15.53/0.65　　花药颜色：紫红色（67A）

萼片状态：宿存　　　　　　　　内质综合评价：中上　　　　　初花期：20190419

果实心室数：5　　　　　　　　一年生枝颜色：黄褐色（165A）　盛花期：20190421

果肉质地：松脆—软　　　　　　幼叶颜色：绿色　　　　　　　果实成熟期：8月中旬（早）

果肉粗细：中粗　　　　　　　　叶片形状：卵圆形　　　　　　果实发育期（d）：114

汁液：中多　　　　　　　　　　叶缘/刺芒：锐锯齿/无　　　　营养生长天数（d）：213

乔玛　Тема

苏联品种，种间杂交选育；树势强，半开张，丰产性中等，抗寒性强。

果实类型：脆肉型—软肉型	风味/香气：甜酸涩/微香	每花序花朵数（朵）：5～8(6.7)
果实形状：倒卵圆	果肉硬度（kg/cm²）：2.56	雄蕊数（枚）：16～27（21.7）
单果重（g）：145	SSC/TA（%）：13.23/1.72	花药颜色：紫红色（64C）
萼片状态：宿存/残存	内质综合评价：下	初花期：20190412
果实心室数：5	一年生枝颜色：黄褐色（165A）	盛花期：20190414
果肉质地：松脆—软面	幼叶颜色：绿色	果实成熟期：8月上旬（早）
果肉粗细：中粗	叶片形状：卵圆形	果实发育期（d）：108
汁液：中多	叶缘/刺芒：锐锯齿/有	营养生长天数（d）：210

主 要 参 考 文 献

曹玉芬, 2006, 梨种质资源描述规范和数据标准 [M]. 北京: 中国农业出版社.

曹玉芬, 刘凤之, 高源, 等, 2007. 梨栽培品种 SSR 鉴定及遗传多样性 [J]. 园艺学报, 34(2): 305-310.

曹玉芬, 田路明, 李六林, 等, 2010. 梨品种果肉石细胞含量比较研究 [J]. 园艺学报 (37): 1220-1226.

曹玉芬, 2014. 中国梨品种 [M]. 北京: 中国农业出版社.

董星光, 曹玉芬, 田路明, 等, 2015. 中国野生山梨叶片形态及光合特性 [J]. 应用生态学报, 26 (3): 1327-1334.

刘超, 霍宏亮, 田路明, 等, 2018. 基于 MaxEnt 模型不同气候变化情景下的豆梨潜在地理分布 [J]. 应用生态学报, 29(11): 3696-3704.

蒲富慎, 王宇霖, 1963. 中国果树志: 第三卷 梨 [M]. 上海: 上海科学技术出版社.

张绍铃, 周建涛, 徐义流, 等, 2003. 梨花柱半离体培养法及品种自交不亲和基因型鉴定 [J]. 园艺学报, 30(6): 703-706.

张绍铃, 吴巨友, 吴俊, 等, 2012. 蔷薇科果树自交不亲和性分子机制研究进展 [J]. 南京农业大学学报, 35(5): 53-63.

张绍铃. 2013, 梨学 [M]. 北京: 中国农业出版社.

张绍铃, 钱铭, 殷豪, 等, 2018. 中国育成的梨品种 (系) 系谱分析 [J]. 园艺学报, 45(12): 2291-2307.

张莹, 曹玉芬, 霍宏亮, 等, 2016. 基于花表型性状的梨种质资源多样性研究 [J]. 园艺学报, 43(7): 1245–1256.

张莹, 曹玉芬, 霍宏亮, 等, 2018. 基于枝条和叶片表型性状的梨种质资源多样性 [J]. 中国农业科学, 51(17): 3353-3369.

CAO YUFEN, TIAN LUMING, GAO YUAN, et al. , 2012. Genetic diversity of cultivated and wild ussurian pear (*Pyrus ussuriensis* Maxim.) in China evaluated with M13-tailed SSR markers[J]. Genet. Resour. Crop Ev., 59: 9-17.

CHANG YAOJUN, CAO YUFEN, ZHANG JINMEI, et al., 2017. Study on chloroplast DNA diversity of cultivated and wild pears (*Pyrus* L.) in Northern China [J]. Tree Genet. Genomes, 13(2): 44.

CHEN J, LÜ J, HE Z, et al., 2019. Investigations into the production of volatile compounds in Korla fragrant pears (*Pyrus sinkiangensis* Yu) [J]. Food Chem, 302: 125337.

CHENG R, CHENG Y, LÜ J, et al., 2018. The gene *PbTMT4* from pear (*Pyrusbretschneideri*) mediates vacuolar sugar transport and strongly affects sugar accumulation in fruit[J]. Physiol. Plant, 164(3): 307-319.

DONG X, WANG Z, TIAN L, et al. , 2020. De novo assembly of a wild pear (*Pyrus betuleafolia*) genome[J]. Plant Biotechnol. J., 18(2): 581-595.

JIN C, LI K Q, XU X Y, et al., 2017. A novel NAC transcription factor, PbeNAC1, of *Pyrus betulifolia* confers cold and drought tolerance via interacting with PbeDREBs and activating the expression of stress-responsive genes[J]. Front. Plant Sci., 8: 1049.

LI X, SINGH J, QIN M, et al. , 2019. Development of an integrated 200K SNP genotyping array and application for genetic mapping, genome assembly improvement and genome wide association studies in pear (*Pyrus*)[J]. Plant Biotech. J., 17(8): 1582-1594.

LIU Q, SONG Y, LIU L, et al., 2015. Genetic diversity and population structure of pear (*Pyrus* spp.) collections revealed by a set of core genome-wide SSR markers[J]. Tree Genet. Genomes, 11(6): 128.

LIU Y, YANG T, LIN Z, et al., 2019. A WRKY transcription factor *PbrWRKY53* from *Pyrus betulaefolia* is involved in drought tolerance and AsA accumulation[J]. Plant Biotechnol. J., 17: 1770-1787.

LUMING TIAN, YUAN GAO, YUFEN CAO, 2012. Identification of Chinese white pear cultivars using SSR markers[J]. Genet. Resour. Crop Ev., 59(3): 317-326.

NI J, BAI S, ZHAO Y, et al. , 2019. Ethylene response factors *Pp4ERF24* and *Pp12ERF96* regulate blue light-induced anthocyanin biosynthesis in 'Red Zaosu' pear fruits by interacting with *MYB114* [J]. Plant Mol. Biol. , 99(1-2): 67-78.

QI Y J, WANG Y T, HAN Y X, et al., 2011. Self-compatibility of 'Zaoguan' (*Pyrus bretschneideri* Rehd.) is associated with style-part mutations[J]. Genetica, 139: 1149-1158.

QI Y J, WU H Q, CAO Y F, et al., 2011. Heteroallelic diploid pollen led to self-compatibility in tetraploid cultivar 'Sha 01' (*Pyrus sinkiangensis* Yü)[J]. Tree Genet. Genomes, 7: 685-695.

SHI S L, CHENG H Y, ZHANG S L, 2018. Identification of S-genotype in 18 pear accession and exploration of the breakdown of self-incompatibility in the pear cultivar Xinxue. Sci. Hortic., 238: 350-355.

SONG Y, FAN L, CHEN H, et al. , 2014. Identifying genetic diversity and a preliminary core collection of *Pyrus pyrifolia* cultivars by a genome-wide set of SSR markers[J]. Sci. Hortic., 167: 5-16.

TAO S, WANG D, JIN C, et al., 2015. Cinnamate-4-hydroxylase gene is involved in the step of lignin biosynthesis in Chinese white pear[J]. J. Am. Soc. Hortic. Sci., 140(6): 573-579.

WANG G M, GU C, ZHANG S L, et al. , 2017. Characteristic of pollen tube that grew into self style in pear cultivar and parent assignment for cross-pollination[J]. Sci. Hortic., 216: 226-233.

WU J, GU C, ZHANG S L et al., 2013. Molecular determinants and mechanisms of gametophytic self-incompatibility in fruit trees of rosaceae[J]. Crit. Rev. Plant Sci., 32: 53-68.

WU J, WANG Z, ZHANG S L, et al., 2013. The genome of the pear (*Pyrus bretschneideri* Rehd.) [J] Genome Res. , 23: 396-408.

WU JUN, WANG YINGTAO, XU JIABAO, et al., 2018. Diversification and independent domestication of Asian and European pears[J]. Genome Biology, 19(1): 77.

XING C, LIU Y, ZHAO L, et al., 2019. A novel MYB transcription factor regulates ascorbic acid synthesis and affects cold tolerance[J]. Plant Cell Environ., 42(3): 832-845.

XUE LEI, LIU QINGWEN, QIN MENGFAN, et al., 2017. Genetic variation and population structure of "Zangli" pear landraces in Tibet revealed by SSR markers[J]. Tree Genet. Genomes, 13(1): 26.

YAO G, MING M, ALLAN A C, et al., 2017. Map-based cloning of the pear gene *MYB114* identifies an interaction with other transcription factors to coordinately regulate fruit anthocyanin biosynthesis[J]. Plant J. , 92(3): 437-451.

YUE XIAOYAN, TENG YUANWEN, ZONG YU, et al. , 2018. Combined analyses of chloroplast DNA haplotypes and microsatellite markers reveal new insights into the origin and dissemination route of cultivated pears native to East Asia[J]. Front Plant Sci., 9: 591.

ZHAI R, WANG Z, ZHANG S, et al., 2016. Two MYB transcription factors regulate flavonoid biosynthesis in pear fruit (*Pyrus bretschneideri* Rehd.)[J]. J. Exp. Bot., 67(5): 1275-1284.

ZHAO B, QI K, YI X, et al., 2019. Identification of hexokinase family members in pear (*Pyrus* × *bretschneideri*) and functional exploration of *PbHXK1* in modulating sugar content and plant growth[J]. Gene. , 711: 143932.